パッケージには、使命がある。

暮らしをつつみ、明日をひらく。

緑のバトン
やさしい未来へ

大王グループは
環境配慮型企業として
地球の再生を目指し、
持続可能な森林経営を
行っています。

詳しくは
こちら▶

ZERO CO₂ 2050™

2050年への、北越グループの挑戦

北越グループは、CO₂ゼロ・エネルギー比率を段階的に高めるとともに、2050年にむけて、CO₂排出実質ゼロに挑戦します。

北越コーポレーション株式会社　www.hokuetsucorp.com

興亜工業株式会社

段ボール原紙・更紙・ペーパータオル原紙

https://www.koa-kogyo.co.jp/

本　社　〒417-0847　静岡県富士市比奈1286-2
　　　　Tel：0545-38-0123(代表)　　Fax：0545-38-1167

東京営業所　〒101-0052　東京都千代田区神田小川町1-7　小川町メセナビル7F
　　　　　　Tel：03-5280-2301(代表)　　Fax：03-5280-2307

名古屋営業所　〒460-0003　名古屋市中区錦2-2-2　名古屋丸紅ビル12F
　　　　　　　Tel：052-218-0844(代表)　　Fax：052-201-5040

TIMES DATA BOOK

紙パルプ

流通・原料・機械・資材・薬品 編

「紙」に携わるすべての人に

2025

株式会社 紙業タイムス社　株式会社 テックタイムス

タイムスデータブック 2025　目 次

◇◇◇企業別索引 (50音順) ◇◇◇

紙流通・原料編

◇あ◇

青木紙業	6
赤澤紙業	6
仙台支店	
アクアス	7
安倍紙業	7
アライの森	8
アリス	8
石川マテリアル	9
市川紙原	11
伊藤忠紙パルプ	11
井上勲紙店	12
岩田商店	12
インターナショナル・ペーパー・ジャパン	13
宇野紙	14
エイチケイエム紙商事	14
エイピーピー・ジャパン	15
えひめ洋紙	16
エヌエイシー	17
エム・ビー・エス	17
遠州紙商事	18
大久保	18
大空洋紙店	19
オービシ	20
大塚紙店	21
大西紙店	22
岡 田	22
岡山紙商事	23
オザックス	24
小津産業	25
小野田	26

◇か◇

柏原紙商事	28
大阪支店	
兼 子	29
釜谷紙業	30
KAMIOL	30
カミ商事	31
大阪支店　東京支店　名古屋支店　九州支店	
紙 弘	32
紙藤原	33
紙ぷらす	34
華陽紙業	35

川越紙店	35
関西紙業	36
九州紙商事	36
共栄紙業	37
共益商会	37
共和紙料	38
旭 洋	39
工藤商店	40
久保田紙店	41
栗原紙材	42
KPPグループホールディングス	43
国際紙パルプ商事	44
北日本支店 (札幌営業部) (仙台営業部)	
中部支店　関西支店　九州支店	
小池商店	47
コーエー	47
ゴークラ	48
東京支店　大阪支店	
國 光	49
後 藤	49
木野川紙業	50
小林紙商事	51
小林コマース	51
こんの	52

◇さ◇

斎藤英次商店	53
齋藤久七商店	54
榊紙店	54
坂田紙工	55
三 愛	55
サンオーク	57
三協商事	57
三弘紙業	58
三信商会	59
三和商工	60
四国紙商事	61
四国洋紙店	61
静岡和洋紙	62
七條紙商事	62
七星社	63
七洋紙業	64
實守紙業	65
尚美堂	66
昭和紙商事	67
シロキ	68

紙・板紙営業部　L＆M営業部
新生紙パルプ商事 ………………………… 70
　札幌支店　仙台支店　名古屋支店
　大阪支店　九州支店　富山支店
須　賀 ……………………………………… 73
杉　好 ……………………………………… 74
鈴　剛 ……………………………………… 74
セ　キ ……………………………………… 74

◇た◇
大一洋紙 …………………………………… 78
大日三協 …………………………………… 78
大　丸 ……………………………………… 79
大文字洋紙店 ……………………………… 81
大和紙料 …………………………………… 81
竹　尾 ……………………………………… 82
　大阪支店　仙台支店　名古屋支店　福岡支店
立川紙業 …………………………………… 84
タナックス ………………………………… 85
田村紙商事 ………………………………… 86
中央紙通商 ………………………………… 87
辻　和 ……………………………………… 88
寺松商店 …………………………………… 89
東京洋紙 …………………………………… 89
東新紙業 …………………………………… 90
東信洋紙 …………………………………… 91
トーチインターナショナル ……………… 91
東芳紙業 …………………………………… 92
富　澤 ……………………………………… 92
富　屋 ……………………………………… 93

◇な◇
永　池 ……………………………………… 94
永井産業 …………………………………… 94
中島商店 …………………………………… 95
中　庄 ……………………………………… 96
名古屋紙業 ………………………………… 97
夏　目 ……………………………………… 97
日本紙通商 ………………………………… 98
　札幌支社　中部支社　関西支社
　中国支社　九州支社
日本紙パルプ商事 ………………………101
　北日本支社（東北営業部　北海道営業部）
　中部支社　関西支社（京都営業部）九州支社
野崎紙商事 ………………………………104

◇は◇
フォレストネット ………………………105
深　山 ……………………………………105
福助工業 …………………………………106
福田三商 …………………………………106

福山商事 …………………………………108
富国紙業 …………………………………109
藤川紙業 …………………………………109
文昌堂 ……………………………………110
　大阪支店　名古屋支店　福岡支店　東北営業所
文昌堂埼玉 ………………………………111
文友社 ……………………………………112
　名古屋支店　大阪支店　浜松支店
平和紙業 …………………………………113
　東京本店　大阪本店　名古屋支店　福岡支店
　仙台支店　札幌事業所　広島事業所
北越紙販売 ………………………………116
　名古屋支店　大阪支店
北昭興業 …………………………………117
　富士紙業本部
北海紙管／もっかいトラスト …………117
本多商事 …………………………………118

◇ま◇
松村洋紙店 ………………………………119
丸　加 ……………………………………119
丸佐商店 …………………………………120
丸紅フォレストリンクス ………………121
丸升増田本店 ……………………………122
丸元紙業 …………………………………123
三菱王子紙販売 …………………………124
美濃紙業（東京）………………………125
美濃紙業（大阪）………………………126
ミフジ ……………………………………127
宮　崎 ……………………………………127
ムサシ ……………………………………130
村上紙業 …………………………………131
明　幸 ……………………………………131
明和製紙原料 ……………………………132
森紙販売 …………………………………132
　大阪支店　京都支店　東京支店　名古屋支店
森　川 ……………………………………134
森洋紙店 …………………………………135

◇や・ら◇
靖国紙料 …………………………………137
山上紙業 …………………………………137
ヤマト ……………………………………138
山　博 ……………………………………139
ユアサ ……………………………………139
ユニック …………………………………140
吉川紙商事 ………………………………141
吉　田 ……………………………………141
レイメイ藤井 ……………………………143

機械・資材・薬品編

◇あ◇

IHI フォイトペーパーテクノロジー …………146
相川鉄工 ………………………………146
赤 武 …………………………………148
ADEKA …………………………………148
アメテック ……………………………149
荒川化学工業 …………………………150
アルバニー・インターナショナル・ジャパン…152
アンドリッツ …………………………152
アンドリッツ・ファブリック＆ロール………154
飯田工業薬品 …………………………154
イチカワ ………………………………155
イチネンケミカルズ …………………157
伊藤忠マシンテクノス ………………157
猪川商店 ………………………………158
大鳥機業社 ……………………………159
奥多摩工業 ……………………………160

◇か◇

花 王 …………………………………161
片山ナルコ ……………………………161
川之江造機 ……………………………161
カンセンエキスパンダー工業………162
協立電機 ………………………………163
協和工機 ………………………………164
熊谷理機工業 …………………………164
倉敷ボーリング機工 …………………165
クラレ …………………………………166
栗田工業 ………………………………167
ケイ・アイ化成 ………………………168
CHEMIPAZ ……………………………169
小林製作所 ……………………………170

◇さ◇

栄工機 …………………………………172
サトミ製作所 …………………………172
佐野機械 ………………………………174
サンコウ電子研究所 …………………175
三 晶 …………………………………175
CTI ……………………………………176
ジー・エス・エル・ジャパン ………176
敷島カンバス …………………………177
新興エンジニヤ ………………………178
新浜ポンプ製作所 ……………………179
シンマルエンタープライゼス ………180
新菱工業 ………………………………180

◇た◇

大昌鉄工所 ……………………………182
大 善 …………………………………182
大和化学工業 …………………………183
大和紡績 ………………………………184
TMEIC …………………………………185
トーカロ ………………………………185
東興化学研究所 ………………………186
トクデン ………………………………187

◇な◇

日新化学研究所 ………………………189
日東商会 ………………………………189
日本エイアンドエル …………………190
日本車輌製造 …………………………191
日本ジョイント ………………………193
日本食品化工 …………………………193
日本ハネウェル ………………………194
日本フイルコン ………………………195
日本フエルト …………………………196
野村商事 ………………………………197

◇は◇

ハイモ …………………………………199
伯 東 …………………………………199
長谷川鉄工所 …………………………200
ハリマ化成グループ …………………201
バルメット ……………………………202
富国工業 ………………………………203
フジ産業 ………………………………204
保土谷化学工業 ………………………204
堀河製作所 ……………………………205

◇ま◇

マツボー ………………………………207
丸石製作所 ……………………………207
丸十鉄工所 ……………………………209
三菱ガス化学 …………………………209
明 産 …………………………………210
明成化学工業 …………………………210
メンテック ……………………………212

◇や・ら◇

UBE 過酸化水素 ……………………213
油化産業 ………………………………213
由利ロール ……………………………214
由利ロール機械 ………………………215
横河電機 ………………………………215
淀川芙蓉 ………………………………216
ラサ商事 ………………………………216

にっぽんの暮ら紙
JAPANESE LIFE PAPER

私たちコアレックスは独自の古紙再生技術によって、
地域や消費者の皆様に寄り添う紙づくりを実践しています。
それはつまり「さまざまな人生に関わる紙」。
未来につながる「にっぽんの暮ら紙」です。

JPコアレックスホールディングス株式会社

コアレックス信栄株式会社	本社／工場：静岡県富士市中之郷575-1	TEL:0545-56-2513
	東京営業所：東京都中央区勝どき3-12-1フォアフロントタワー	TEL:03-6204-9560
コアレックス三栄株式会社	本　　社：静岡県富士宮市安居山775-1	TEL:0544-23-0303
	東京工場：神奈川県川崎市川崎区水江町6-10	TEL:044-281-1100
	東京営業所：東京都中央区勝どき3-12-1フォアフロントタワー	TEL:03-6204-9560
コアレックス道栄株式会社	本　　社：北海道虻田郡倶知安町字比羅夫283	TEL:0136-23-2323
	富士工場：静岡県富士市比奈1280	TEL:0545-34-1096
	札幌営業所：北海道札幌市中央区北4条西15丁目1-14	TEL:011-633-2323

www.corelex.jp

機　能　紙

ISO14001　認証取得
ISO9001　認証取得
FSC COC　認証取得

金属中性合紙　　スーパーキャレンダー品
軟包装用紙　　　コーター品
建材用紙　　　　含浸加工紙
加工用紙　　　　CNF

代表取締役　金子　武正

本　　　社　〒419-0205　静岡県富士市天間２６４
　　　　　　電話　0545(71)2621
　　　　　　FAX　0545(71)4538
大阪営業所　〒532-0011　大阪市淀川区西中島5-3-4 新大阪高光ビル４階
　　　　　　電話　06(6885)6555(代表)
　　　　　　FAX　06(6885)6557

快適で安心な毎日を、皆様にお届けしたい。

 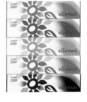   

●トイレットロール　●キッチンタオル　●ティシューペーパー　●大人用紙おむつ

カミ商事株式会社

本　　社／愛媛県四国中央市三島宮川1-2-27
〒799-0404　TEL.0896(23)5400　FAX.0896(23)5476

ご希望の商品をご自宅まで
お届け致します。

宅配便ホームページ　［エルモアいちばん宅配便］　検　索
https://shop.ellemoi.jp/
宅配受付専用ダイヤル（通話無料）0120-976-702
（受付時間：土・日・祝日を除く 9:00～12:00 13:00～17:00）

書道用紙　・　衛生用紙

大髙製紙株式会社

代表取締役社長　　　　宮﨑　茂　喜

〒799-0431　愛媛県四国中央市寒川町2437
TEL（0896）25-1000　　FAX（0896）25-1002

暮らしを変える。明日を変える。

特殊紙の見えない実力

毎日の快適な生活や産業の発展に欠かせない特殊紙。
私たち三木特種製紙は、その未知なる力を信じて、
これからも、紙を超えた紙を創り続けていきます。

三木特種製紙株式会社

代表取締役社長　三木　雅人

本　　　社：愛媛県四国中央市川之江町 156	TEL：0896-58-3373	FAX：0896-58-2105
寒 川 工 場：愛媛県四国中央市寒川町 3974-1	TEL：050-3626-2411	FAX：0896-28-2105
東京営業所：東京都台東区上野 1-18-11	TEL：03-3835-2939	FAX：03-3835-8295

E-mail：info@mikitoku.co.jp　　URL：https://www.mikitoku.co.jp/

医療介護の明るい未来へ支援いたします

Medical Care + Product
大富士製紙株式会社

医療介護♡衛　生　紙
医療介護♡衛生不織布

守るために、守るべきもの。

私たち森紙業グループはこれからも、
自然とテクノロジーとの調和というテーマについて、
取り組んでいきます。

やさしさが素材です

森紙業株式会社 京都市南区西九条南田町61番地
☎075(681)2111(代)　〒601-8441

森紙販売株式会社 京都市南区西九条南田町12番地の1
☎075(671)7700(代)　〒601-8441

ともに未来を拓く

 日本製紙パピリア株式会社

本　　社
〒101-0062　東京都千代田区神田駿河台 4-6
　　　　　　御茶ノ水ソラシティ
　　　　　　TEL 03-6665-5800
　　　　　　FAX 03-3251-1878

大阪営業支店
〒530-0055　大阪府大阪市北区野崎町 5-9
　　　　　　読売大阪ビル 4F
　　　　　　TEL 06-6948-8671
　　　　　　FAX 06-6948-8672

富士のふもとで
　パルプから紙までの一貫生産

代表取締役社長　塩川　好久

〒416-0942　静岡県富士市上横割10番地
電話(0545)61-2500　FAX:(0545)61-2513

紙でつなぐ、未来をつくる

文字の起源を遡ると紀元前4000年にたどりつきます。言葉のコミュニケーションに文字が加わり、紙が発明され、印刷技術も進化を遂げました。

中でも活版印刷はヨーロッパで起こったルネッサンスや宗教改革、科学革命に大きく寄与しました。紙は文字や活字と共に人類の進歩をサポートしてきた偉大なイノベーターであったと言えます。

そして今、豊かな自然環境を守るために、「紙」が新しい未来を切り拓いていきます。環境にやさしい素材である紙を使うこと、それは未来をつくることです。

KPPグループホールディングス株式会社
国際紙パルプ商事株式会社

104-0044 東京都中央区明石町6番24号　TEL：03-3542-4166（代）

「創造への挑戦」
紙の新しい可能性を拓く日本紙通商

木とともに未来を拓く
日本製紙グループ
日本紙通商株式会社

本　　社　東京都千代田区神田駿河台四丁目6番地
　　　　　〒101-8210　TEL.03-6665-7032㈹
　　　　　URL：https://www.np-t.co.jp/

支　　社／札幌・中部・関西・中国・九州
営業所／白老・宮城・静岡・八代・鹿児島
海　　外／バンコク（タイ）・ジャカルタ（インドネシア）
　　　　　クアラルンプール（マレーシア）・ホーチミン（ベトナム）
　　　　　台北（台湾）・パシッグ（フィリピン）

Towards Infinite Possibilities

新たな可能性を目指して
豊かな暮らしと未來を創造する

 旭洋株式会社

本　店　東京　大阪
支　店　名古屋　福岡　仙台
営業所　北関東　富士　高松
https://www.kyokuyo-pp.co.jp/

紙と環境の調和を目指して

代表取締役社長　白木　周作

名古屋市千種区千種三丁目26番18号
〒464-0858　TEL 052-744-1500　FAX 052-744-1501
本支店：名古屋・東京・大阪・東北・九州・四国

https://shiroki.com/

Paper, Design & Technology

1899年創業以来、竹尾は紙の専門商社として数多くの需要に多彩な商品を提供して参りました。
「紙」その素材の本質を見極め、「デザイン」を定着させる。「技術」があってこそなせること。
様々な表情を持つ「紙」の原点を見据え、「紙」の発展とともに躍進していきます。

株式会社　竹尾
本社／東京都千代田区神田錦町3-12-6　〒101-0054　TEL:03-3292-3611(代)
国内／大阪支店・名古屋支店・仙台支店・福岡支店・札幌営業所・見本帖本店・青山見本帖・淀屋橋見本帖・福岡見本帖
海外／上海・クアラルンプール・バンコク　www.takeo.co.jp

Paper links history

株式会社 文昌堂

代表取締役社長 髙橋房明

本　社　〒110-8532　東京都台東区上野5丁目1番1号
☎(03)3836−1151(大代表)

大 阪 支 店　〒530-0042 大阪市北区天満橋1丁目3番5号　☎(06)6352-1251(代表)
名古屋支店　〒461-0002 名古屋市東区代官町39番17号　☎(052)935-2661(代表)
福 岡 支 店　〒812-0016 福岡市博多区博多駅南1-3-11　☎(092)432-9522(代表)
東北営業所　〒990-0071 山形市流通センター1丁目5番地5　☎(023)633-2501(代表)

未来を拓く紙の総合商社

- エコロジー
- リサイクル
- ローコスト

多様化するニーズに応え
いま、企画開発力を強化し
さらに新領域へ

URL http://www.bunyusha.co.jp

株式会社 文友社　　取締役社長　水野　透

本　　社　〒130-0026　東京都墨田区両国3丁目19番地3号　TEL 03(5625)5111(代表)
東京本店　TEL 03(5625)5116(代表)　　大阪支店　TEL 06(4790)6891(代表)
名古屋支店　TEL 052(201)7911(代表)　　浜松支店　TEL 053(428)8111(代表)

この紙が
幸せな気持ちを
ふくらませる。

ショールームが併設された、カット判1枚から購入いただけるショップです。
様々な紙のご相談にも対応致します。

ペーパーボイス・東　京　〒104-0033　東京都中央区新川1-22-11　Tel.03-3206-8541
ペーパーボイス・大　阪　〒542-0081　大阪市中央区南船場2-3-23　Tel.06-6262-0902
ペーパーボイス・ヴェラム　〒460-0003　名古屋市中区錦1-3-7　　Tel.052-223-2314

平和紙業株式会社

東京・大阪・名古屋・福岡・仙台・札幌・広島・香港
www.heiwapaper.co.jp　　ISO14001:2015審査登録

私たちは、「紙」を通して

最高のご満足をお客様へお届けするとともに、

人々の豊かな暮らしに貢献してまいります。

北越紙販売株式会社

www.hokuetsu-kami.jp

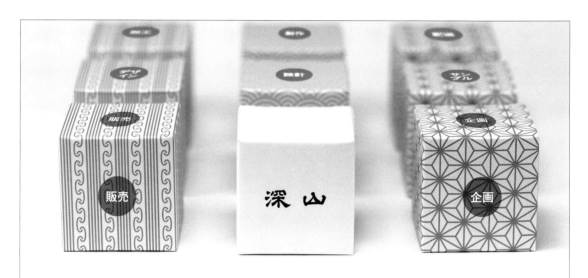

紙のトータルコーディネート

 深 山

創業　明治三十九年

株式会社深山

本　社：〒111-0041 東京都台東区元浅草1-1-3深山ビル　E-mail:kikakuka@kami-fukayama.co.jp
TEL：03-3842-1221(代表) FAX：03-3842-1299　URL:http//www.kami-fukayama.co.jp

大阪支店：〒543-0002　大阪府大阪市天王寺区上汐3-5-12 TEL:06-6772-1541（代表）FAX:06-6773-1224

 ◀HP
Mail▶

紙器用板紙・代理店

 柏原紙商事株式会社

取締役社長　　柏　原　昌　和

本　　店　〒103-0027　東京都中央区日本橋1丁目2番6号
　　　　　　　　　　　　電　話(03)3271-1211(代表)
　　　　　　　　　　　　ＦＡＸ(03)3271-5609
大阪支店　〒541-0059　大阪市中央区博労町1丁目3番6号
　　　　　　　　　　　　電　話(06)6271－0171(代表)
　　　　　　　　　　　　ＦＡＸ(06)6271－8615
布施倉庫　〒577-0835　東大阪市柏田西 3丁目8番35号
　　　　　　　　　　　　電　話(06)6728－9115
　　　　　　　　　　　　ＦＡＸ(06)6720－2421

考える、に光を。

世界がぱっと明るくなる瞬間がある。
そのきっかけをつくるのは、
いつだって考え続けた人だ。
オフィスやビジネスのソリューションから、
紙のご提案や文房具の開発まで。
私たちは考える全ての人に寄り添い、
事業やアイディアを新しい夜明けに導きます。
レイメイ藤井です。

株式会社 レイメイ藤井

福岡本社：福岡市博多区古門戸町5-15　TEL：092-262-2252
熊本本店：熊本市西区上熊本1-2-6　　TEL：096-328-6161
支　　店：北九州・大分・宮崎・鹿児島・沖縄
https://www.raymay.co.jp/

創造と提案、そして前進。

大丸株式会社

本社：札幌市白石区菊水3条1丁目8番20号
電話　代表(011)818-2111

代表取締役社長　芹田昭彦

札　幌	紙・板紙営業部 包装資材営業部 包材システム営業部 オフィスサプライ営業部 リテールサポート営業部 直需営業部／公共営業部 システム販売推進部／商・環境システム推進部 企画推進部／リコー販売推進部
支　店	道北(旭川)／道東(帯広)／道南(函館) 青森／東京／広域(東京)
出張所	室蘭／北見／釧路／仙台オフィス

Sketch THE NEW STANDARD

森林が生み出す多様で無限の可能性。
紙流通の枠を超えて、
「使う」「包む」「伝える」の価値を
最大限に高め社会に新たな価値を提供し、
人々の生活をより豊かなものへ。

Marubeni Forest LinX
丸紅フォレストリンクス株式会社
https://www.marubeni-flx.com

あらゆる「紙」の可能性をご提案します。

七條紙商事株式会社

代表取締役社長　七條克彦

〒103-0004 東京都中央区東日本橋2-20-10
TEL：03-3851-5221　FAX：03-3863-1657
大 阪 支 店　TEL.06(6762)1445
名古屋支店　TEL.052(915)8011
岡山営業所　TEL.086(227)0238

www.shichijokami.co.jp

新聞用巻取紙・一般紙類の倉庫業
貨物自動車運送・通運・港湾運送・通関

谷川運輸倉庫株式会社

代表取締役社長　谷　川　隆　史

本　　　社　〒530-0005　大阪市北区中之島6丁目2-40
　　　　　　　　　　　　中之島インテス16階
　　　　　　電話(06)6448－2261（代表）
阪神事業部　〒554-0041　大阪市此花区北港白津1－10－3
　　　　　　電話(06)6460－7755
東大阪事業部　〒577-0003　東大阪市稲田三島町2－58
　　　　　　電話(06)6745－0401
京滋事業部　〒601-8177　京都市南区上鳥羽廻町30
　　　　　　電話(075)681－0761
https://www.tanigawa-net.co.jp

和洋紙・文具・事務機
園芸資材・総合卸商

 株式会社　永池

代表取締役社長　永　池　明　裕

本　　社
〒849-0916
佐賀市高木瀬町大字東高木262－1　☎(0952)31-1151
長崎支社
〒851-0134
長崎市田中町1235番の2　☎(095)837-8123
長崎卸センター内
福岡支社
〒816-0904
福岡県大野城市大池2丁目24－6　☎(092)504-3400
配送センター
〒849-0923
佐賀市日の出1丁目16－30　☎(0952)31-1155
東京営業支社
〒181-0013
東京都三鷹市下連雀6-1-33三鷹ビル4階A　☎(0422)24-9536

洋　紙・板　紙
紙製品

合資会社　**井　上　勲　紙　店**

代表社員　井　上　雅　文
代表社員　井　上　順　平

〒850-0875　長崎県長崎市栄町4－20
☎　(095)826－8155
FAX (095)823－3372
E-mail iue-kami@d5.dion.ne.jp

洋紙・板紙／高級特殊紙
オリジナルメモ帳／ノベルティー商品

大日三協株式会社

本　　　　社／〒420-0922　静岡市葵区流通センター12番1号
　　　　　　　☎(054)263-2435(代)　FAX(054)263-2409
沼 津 支 店／〒410-0806　静岡県沼津市本丸子町716番4号
　　　　　　　☎(055)963-8155　FAX(055)962-5409
浜 松 支 店／〒435-0041　浜松市中央区北島町509
　　　　　　　☎(053)422-3771(代)　FAX(053)422-3773
東 京 支 店／〒101-0036　東京都千代田区神田北乗物町11番地
　　　　　　　乗物町第一ビル2F
　　　　　　　☎(03)3526-6611　FAX(03)3526-6613
大 阪 営 業 所／〒530-0022　大阪市北区浪花町13番38号
　　　　　　　千代田ビル北館8F
　　　　　　　☎(06)6359-7115(代)　FAX(06)6359-7118
名古屋営業所／〒452-0822　名古屋市西区中小田井
　　　　　　　5丁目360-306号室
　　　　　　　☎(052)684-5858　FAX(052)684-5859

環境の未来を育む優しい素材

代表取締役社長　栗　原　　　護

〒420-0011　静岡市葵区安西1丁目18
TEL 054-254-3431　FAX 054-252-3254
E-mail : sugikou@aurora.ocn.ne.jp

洋紙・板紙・高級特殊紙・情報産業用紙

安倍紙業株式会社

〒421-1212　静岡県静岡市葵区千代1－13－40
　　TEL(054)277－2233　FAX(054)277－0800
沼津支店　〒410-0063　静岡県沼津市緑ケ丘23－2
　　TEL(055)921－7487　FAX(055)923－5053

洋紙・板紙・特殊紙

株式会社小野田

代表取締役社長　小野田　　眞

〒421-1212　静岡県静岡市葵区千代1丁目14番33号
　　　　　TEL(054)-277-2001
　　　　　FAX(054)-277-2007
　　　E-mail : onoda@paper-onoda.co.jp
　　　URL : http://www.paper-onoda.co.jp/

― 前付17 ―

Axuas
紙・包材・省エネの
株式会社アクアス

〒460-0008　名古屋市中区栄一丁目25番35号
紙営業本部 (052)220-5511　包材営業部 (052)220-5507
開発営業部 (052)220-5518　管　理　部 (052)220-5571
U.R.L. https://www.axuas.jp　／　E-mail info@axuas.jp

紙の総合商社
株式會社 岡田

代表取締役社長　岡田　光弘

〈本　　社〉
〒460-0007　愛知県名古屋市中区新栄一丁目13番12号
TEL(052)241-9291　FAX(052)241-9277
〈東京営業所〉
〒101-0054　東京都千代田区神田錦町一丁目8番地 OPビル5階
TEL(03)5217-1501　FAX(03)3233-0101
HP: http：//www.okada-paper.co.jp

中央紙通商株式会社
Central Paper Trading Corporation

代表取締役社長　贄　　誠

本　社　〒460-0002
　　　　名古屋市中区丸の内2丁目1番36号 NUP・フジサワ丸の内ビル6F
　　　　TEL.052-307-5009(代表)　FAX.052-307-5015
東京支店　〒101-0047
　　　　東京都千代田区内神田1丁目15番2号 神田オーシャンビル5F
　　　　TEL.03-6700-4720(代表)　FAX.03-6700-4075

Keep Green
HOLDINGS
株式会社石川マテリアル

代表取締役社長　石川喜一朗
本社　〒466-0807　名古屋市昭和区山花町124番地
TEL 052-763-6697　FAX 052-763-6695
URL https://www.ishikawa-material.co.jp
E-mail info@ishikawa-material.co.jp

〔営業所〕　千種営業所　鳴海営業所　港リサイクルセンター
　　　　　守山営業所　豊明営業所
　　　　　シュレッドセンター　刈谷シュレッドセンター
　　　　　東郷センター　緑リサイクルセンター
〔関連会社〕　大幸商事㈱

KJ19-001　　　　　　　　　　　　なごやSDGs
　　　　　　　　　　　　　　　　グリーンパートナーズ

紙のリサイクル工場
出版印刷用紙　　中芯原紙

 日本紙パルプ商事グループ
株式会社エコペーパーJP

代表取締役社長　堀田　豊

〒488-0031　愛知県尾張旭市晴丘町東82番地1
☎(0561)53-3315　　Fax (0561)53-3362

　循環型社会へ貢献

福田三商株式会社

取締役会長　林　　寛子
取締役社長　藤澤　誠司

本　社　〒457-0071　名古屋市南区千竈通二丁目14番地1
T E L　052-825-2111

営業所　長野・柳原(出)・甲府・浜松・豊橋・岡崎・豊田・安城・半田・
　　　　名南・福船・藤前・名北・春日井・小牧・一宮・羽島・川越・四日市
関連会社　久保紙業㈱

www.fukudasansho.co.jp

資源回収のことなら、全国ネットワークを持ちトータルリサイクルを推進するMIYAZAKIまで！

UMEDA HOLDINGS
MIYAZAKI
株式会社 宮崎

代表取締役会長　梅田慎也
代表取締役社長　梅田慎吾
代表取締役副社長　伊藤智織

本　社　〒452-0911　愛知県清須市西須ヶ口93番地
　　　　電話〈052〉(409)2281代　FAX〈052〉(409)4174代
東京支店　〒136-0082　東京都江東区新木場二丁目7番1号
　　　　電話〈03〉(5569)6901　FAX〈03〉(5569)9020
横浜支店　〒224-0053　神奈川県横浜市都筑区池辺町3905-3
　　　　電話〈045〉(532)6300　FAX〈045〉(532)6760
九州支店　〒818-0115　福岡県太宰府市大字内山字野田445-1
　　　　電話〈092〉(918)7532　FAX〈092〉(408)4163
E-mail info@miyazaki-recycle.com　https://www.miyazaki-recycle.com

---

紙の旅は、終わらない。

新しい紙の可能性をプラスする、
紙だけでなく新しい事業もプラスしたい
という願いをこめたマークです。

〒930-0048　富山市白銀町2-5
TEL.076-423-1148
https://kamiplus.co.jp

 まごころプラス
紙ぷらす

もの、ひと、めくる。

北海紙管株式会社
HOKKAI SHIKAN CO., LTD.

株式会社もっかいトラスト
MOKKAI TRUST CO., LTD.

代表取締役社長　長谷川　裕一

本　社　北海道札幌市清田区清田1条1丁目7番23号

洋紙・各種紙類販売

北昭興業株式会社

富士営業所　静岡県富士市比奈字小麦田414-1
　　　☎(0545)38-3111　FAX(0545)38-3115
本　　社　北海道白老郡白老町北吉原159-4
　　　　　☎(0144)83-3000㈹

製紙原料全般

資源再利用と環境保全にチャレンジ

サスティナブルな循環をつくる

株式会社 大久保

代表取締役会長　大久保信隆
代表取締役社長　大久保　薫

本　社　〒116-0014　東京都荒川区東日暮里1-40-5
　　　　☎(03)3891-1188㈹　FAX(03)3891-6171
本 社 倉 庫　　☎(03)6806-5005
戸 田 営 業 所　☎(048)441-3086　FAX(048)441-1491
多摩故紙センター府中　☎(042)364-9771　FAX(042)364-9772
武 蔵 野 セ ン タ ー　☎・FAX(042)361-7149
武里古紙備蓄センター　☎(048)976-0411　FAX(048)978-0935
多摩古紙センター昭島　☎(042)545-4621　FAX(042)546-1880
新 潟 事 業 所　☎(025)274-8106　FAX(025)274-8107
座 間 事 業 所　☎(046)206-4255　FAX(046)206-4255
㈱東 北 紙 業　☎(022)384-4868　FAX(022)382-0734
北 越 紙 源 ㈱　☎(0258)23-3427　FAX(0258)23-3562
㈱大 久 保 東 海　☎(0564)55-8365　FAX(0564)55-8345
サンキョウリサイクル㈱　☎(022)359-9881　FAX(022)359-5595

製紙原料総合問屋
紙資源の確保に飛躍するグループ
■ 機密書類の保管と処理 ■

㋖ 栗原紙材株式会社

会　長　栗　原　正　雄
社　長　栗　原　　　護

本　　　　社　東京都荒川区東日暮里1-27-9
　〒116-0014　☎(03)3806-1751　FAX(03)3806-7490
日暮里事業所　東京都荒川区東日暮里1-27-9
　〒116-0014　☎(03)3806-1755　FAX(03)3806-7490
板橋事業所　東京都板橋区前野町3-32-7
　〒174-0063　☎(03)3965-1691
瑞穂事業所　東京都西多摩郡瑞穂町箱根ヶ崎東松原4-7
　〒190-1222　☎(042)556-1761
新利根事業所　茨城県稲敷市柴崎8236
　〒300-1412　☎(0297)87-5507
牛久事業所　茨城県牛久市遠山町112-19
　〒300-1215　☎(0298)73-2554
鎌ヶ谷事業所　千葉県鎌ケ谷市佐津間1171-1
　〒273-0136　☎(047)445-8175
水府事業所　茨城県ひたちなか市枝川2068
　〒312-0035　☎(029)226-8829
美野里事業所　茨城県小美玉市中野谷116-1
　〒319-0111　☎(0299)47-0221
高崎事業所　群馬県高崎市倉賀町2453-3
　〒370-1201　☎(027)345-0125
新田事業所　群馬県太田市新田村田町543-1
　〒370-0312　☎(0276)57-0385
久喜事業所　埼玉県久喜市下早見1885-1
　〒346-0022　☎(0480)23-0376
郡山事業所　福島県郡山市日和田町高倉字藤担1-70
　〒963-0531　☎(024)958-2950
札幌事業所　北海道札幌市東区北丘珠4条3丁目8
　〒007-0884　☎(011)785-1110
ひたちなか事業所　茨城県ひたちなか市足崎1476-18
　〒312-0003　☎(029)229-1860

三弘紙業株式会社

代表取締役社長　上田　晴健

本　　　社	〒113-0033　東京都文京区本郷1-30-17
	☎(03)3816-1171　FAX(03)3811-1575
	https://www.sankopaper.co.jp
文京営業所	☎(03)3816-1171
フェニックスリサイクルセンター	
白山営業所	☎(03)5689-0681
板橋営業所	☎(03)3955-4166
八王子営業所	☎(042)691-0221
昭島営業所	☎(042)544-3004
相模原営業所	☎(042)773-1194
朝霞営業所	☎(048)464-5255
鳩ヶ谷営業所	☎(048)284-5501
戸田営業所	☎(048)445-4646
大宮営業所	☎(048)852-6456
加須営業所	☎(0480)66-1601
みかもリサイクルセンター	☎(0283)27-3375
吉原営業所	☎(0545)34-1870
裾野営業所	☎(055)965-3523
静岡営業所	☎(054)281-7176
㈱OIMセンター	☎(048)451-3911

製紙原料問屋

⦿板紙原料から家庭紙原料まで全般⦿

 株式会社　富　澤

代表取締役社長　富澤　進一

本　　　社	〒332-0011　埼玉県川口市元郷3-21-31
	☎(048)227-3098(代表)　FAX(048)226-2044
三芳資源化センター	〒354-0044　埼玉県入間郡三芳町北永井834-1
	☎(049)274-7095　FAX(049)274-7125
草加リサイクルセンター	〒340-0833　埼玉県八潮市西袋565-1
	☎・FAX(048)928-1048
厚木紙資源センター	〒243-0806　神奈川県厚木市下依知1-8-1
	☎(046)245-2985　FAX(046)245-3825
彩京資源化センター	〒332-0011　埼玉県川口市元郷3-21-31
	☎(048)225-4301　FAX(048)225-4304

人を想い　未来を想う

 株式会社　國光

代表取締役社長　朝倉　行彦

パピエルくん®

本　社	〒110-0015　東京都台東区東上野5丁目2番5号
	☎03-6636-8525(代表)　📠03-6636-8520

東京事業所	☎03-3872-7163	横浜事業所	☎045-311-7131
中央事業所	☎03-5492-0211	横須賀事業所	☎045-783-6021
川崎事業所	☎045-502-4381	熊谷事業所	☎048-588-8121
株式会社WELL	〒340-0002　埼玉県草加市青柳2-18-40		
	☎048-935-7110　📠048-933-4471		

ISO14001／27001 認証取得

 美濃紙業株式会社

代表取締役会長　近藤　　勝
代表取締役社長　近藤　行輝

（ISO 14001及びISO 27001認証取得）
本社　〒120-0025　東京都足立区千住東2-23-3
(03)3882-4922代表　FAX(03)3888-6439
URL:https://www.minoshigyo.co.jp

足立営業所	(03)5875-9880
千住東営業所	(03)5284-5722
東雲営業所	(03)3527-5360
相模原営業所	(042)772-4626
草加営業所	(048)936-5871
戸田営業所	(048)421-1385
守谷営業所	(0297)48-5245
つくば営業所	(029)847-1731
筑西営業所	(0296)45-5657
宇都宮営業所	(0285)56-8441
石橋営業所	(0285)51-1522
芳賀営業所	(028)678-5451
八街営業所	(043)444-8701
野田営業所	(04)7168-0931

創業昭和12年
製紙原料直納問屋

 株式会社 共益商会

代表取締役社長　赤染 マリリン

本　社　〒140-0013　東京都品川区南大井 6-8-11
　　　　TEL 03-3763-9431　FAX 03-3763-9435
〔国内事業所〕
　品川営業所　東京都品川区南大井 6-8-11
　　　　　　　TEL 03-3763-1406
　横浜営業所　横浜市港北区大倉山 6-1-11
　　　　　　　TEL 045-546-1611
　町田営業所　東京都町田市鶴間 7-25-1
〔海外拠点〕（フィリピン）
　イザベラ第一工場　ブラカン第二工場
〔関連会社〕
　有限会社 丸 栄　静岡県沼津市東椎路 3-1
　　　　　　　　　TEL 055-921-3621
　株式会社 永野紙興　東京都町田市鶴間 7-25-1
　　　　　　　　　　TEL 03-6410-8753
　株式会社 南 紙 商　神奈川県横浜市都筑区
　　　　　　　　　　南山田町 4625-1
　　　　　　　　　　TEL 045-594-3831
〔リサイクル工場〕川崎・綾瀬・町田

製紙原料総合問屋

株式会社 須賀
SUGA CO., LTD.

代表取締役　須 賀 清 文

本　社　〒116-0014　東京都荒川区東日暮里2-28-11
　　　　☎(03)3891－6224
日暮里営業所　☎(03)3891－6226
柏　営 業 所　☎(04)7131－5512
加須営業所　☎(048)062－3885
鳩ヶ谷営業所　☎(048)283－3835
大宮営業所　☎(048)622－3910
館林営業所　☎(0276)86－3986
船堀営業所　☎(03)6231－5217
西多摩営業所　☎(042)568－1561

製紙原料全般―直納―

株式会社　齋藤久七商店

代表取締役　齋 藤 岳 二

本　　　社　東京都荒川区東日暮里4-14-2
〒116-0014　☎(03)3806-2897　FAX(03)3806-2277
工　　　場　東京都荒川区東日暮里4-13-9
〒116-0014　☎(03)3807-5245
八潮営業所　埼玉県八潮市大曽根1278
〒340-0834　☎(048)995-6295　FAX(048)995-3249

Creating A Sustainable Society
Since 1946

https://www.saito-eiji.co.jp
　　　　　　株式会社

斎藤英次商店

代表取締役社長　斎藤 大介

製紙原料事業 - 古紙全般
内職作業請負い

（本社）千葉県柏市柏6-1-1 流鉄柏ビル3F
TEL 04-7186-6701・FAX 04-7186-6702

「何かしなきゃ」を、「できてよかった」に。

株式会社 寺松商店

代表取締役社長　寺　松　哲　雄
専務取締役　　　寺　松　一　寿
常務取締役　　　寺　松　雄　次

本　　　社	久留米市津福今町３７１－２	
〒830-0061	☎(0942)35-2708　FAX(0942)35-2709	
久留米営業所	久留米市梅満町９１－１	
〒830-0048	☎(0942)35-1847	
鹿児島集荷センター	鹿児島市錦江町８－２０	
〒892-0836	☎(099)222-1877	
宮崎集荷センター	宮崎市大字田吉６３０４	
〒880-0911	☎(0985)51-6492	
大分集荷センター	大分市向原西１－６－６	
〒870-0905	☎(097)551-5767	
福岡集荷センター	福岡市博多区東比恵３－１５－５	
〒812-0007	☎(092)474-1347	
下関集荷センター	下関市東大和町１－４－８	
〒750-0066	☎(0832)67-2551	
筑紫野営業所	筑紫野市大字下見４４２－１	
〒818-0013	☎(092)926-0032	
徳山営業所	山口県周南市江口３丁目１－４８	
〒745-0862	☎(0834)22-0764	
博多港物流センター	福岡市東区箱崎ふ頭４丁目１３－２４	
〒812-0051	☎(092)642-7303	

〈関連会社〉
㈱ペーパーリサイクリング　　㈲ダイニチ　北九資源㈱
㈱西日本ペーパーリサイクル　㈱下関市ペーパーリサイクル
㈱RDVシステムズ　㈱寺松

環境社会への取り組み、運用など
企画・提案に尽力いたします。

靖国紙料株式会社

〒547－0001
大阪府大阪市平野区加美北5－8－47
TEL（06）6792－5080㈹
FAX（06）6792－5085
URL https://yasukunishiryo.co.jp

製紙原料問屋
ISO14001認証取得

山上紙業株式会社

代表取締役社長　山　上　　一
専務取締役　　　山　上　　惣

本　　社	大阪市平野区平野西１－10－21	
〒547-0033	☎(06)6702-1751㈹　FAX(06)6702-1752	
松原工場	松原市三宅東４－１４５０－２	
〒580-0041	☎(072)331-3873　FAX(072)332-1410	
泉北営業所	堺市大野芝町２２０	
〒599-8233	☎(072)235-1680㈹	

 製　紙　原　料

共栄紙業株式会社

代表取締役社長　阪　本　聖　健

［西宮浜工場］

本　　社	〒661-0033　尼崎市南武庫之荘10-7-9	
	☎(06)6437-0180　FAX(06)6432-6744	
	IPTEL:050-3532-0266	
潮江工場	〒661-0976　尼崎市潮江5-7-25	
	☎(06)4961-7738　FAX(06)4961-7739	
	IPTEL:050-3537-3439	
西宮浜工場	〒662-0934　西宮市西宮浜2-28	
	☎(0798)38-0302　FAX(0798)38-0303	
	IPTEL:050-3538-1165	
西宮浜第二工場	〒662-0934　西宮市西宮浜2-19-1	
	☎(0798)42-8575　FAX(0798)42-8576	
㈱タマヨリ	〒664-0027　伊丹市池尻7-154	
	☎(072)781-0242	
関西製紙原料㈱	〒595-0814　大阪府泉北郡忠岡町新浜1-1-15	
	☎(072)430-0381　FAX(072)430-0382	
㈱北摂リサイクルセンター　　能勢・宝塚		

古紙・パルプ・洋紙・紙加工
第20001261(004)号

實守紙業株式会社

〒581-0053 大阪府八尾市竹渕東2丁目119番地
電話〈06〉6708-1122(代) FAX〈06〉6709-2500
https://www.jitsumori-paper.com
E-mail: printer@jitsumori.co.jp

三平興業株式会社

〒573-0065 大阪府枚方市出口3丁目19番11号
電話〈072〉831-1705　FAX〈072〉832-0999
https://sanpei-kk.com

株式会社 オギノ

〒577-0006 大阪府東大阪市楠根1丁目5番26号
電話〈06〉6744-1751(代) FAX〈06〉6744-3482
https://www.ogino-paper.com

株式会社 大文字洋紙店

代表取締役社長　荒井愼一

本　　社　〒103-0024　東京都中央区日本橋小舟町8-4
　　　　　☎(03)3663—7558　　FAX(03)3663—7604
大阪営業所　〒541-0054　大阪市中央区南本町1-7-15
　　　　　　　　　　　　明治安田生命 堺筋本町ビル5F
　　　　　☎(06)6262—3641　　FAX(06)6262—3639

 新刊案内

今さら人に聞けない　基礎知識から最新の業界動向まで

知っておきたい 紙パの実際 2024/25

A5判　208頁
価格 2,200円　本体 2,000円
（送料別）

- 新入社員および入社3～5年程度の社員を対象にした教育用マニュアルです。
　（もちろん「もう一度おさらいしたい」という人にもオススメ！）
- 地域別に紙パルプ産業を解説、特色を探ります。
- 商品知識からマーケットの特徴まで平易に解説しています。
- 個別企業の動きなど、社内研修では行き届きにくい部分まで的確にフォロー。今回は時代変化の大きな要素についても分析しています。
- メーカー、代理店、卸商、紙加工、原料商、機械、資材・薬品それぞれの立場で活用できます。
- 最新の業界データや世界の統計も網羅しました。
- 体裁はハンディなA5判。

**紙パの歴史と現在／紙の作り方／紙パの原燃料事情／時代変化のインパクト
我が町の紙パ関連産業／業界構造とユーザー／紙パの基礎用語／基礎データ**

購入のお申し込みは
http://www.st-times.co.jp

株式会社 紙業タイムス社　　株式会社 テックタイムス

PlantLogMeister

PlantLogMeisterは、製造部門における操業日誌(運転日誌、引継簿、申し送り帳等)を電子化し、スケジュール、保全、DCSなどの情報と連携した、製造部門のコミュニケーションツールです。
PlantLogMeister導入で、安全・安定運転とノウハウの継承ができます。

導入効果

情報伝達 → コミュニケーション → 効率化 → 安全・安定運転 → ノウハウ継承

特長

簡単で分かりやすい文章の作成
入力支援機能で簡単入力、リッチテキスト方式で画像のビュア表示など分かりやすい文章作成ができます。表データとテキスト文が混在した文章の作成もでき、表データは時系列データとしてExcel出力ができます。

実施管理ができるスケジュール
定期作業、計画作業など簡単にスケジューリングでき週間工程表から今日の予定表にドリルダウンされます。今日の予定表は、To-doリストとして、作業実施管理ができます。

電子申し送りと班長日誌作成
入力した情報は、引継シートにまとめられ、モニターで電子申し送りができます。引継シートから班長日誌にピックアップでき、班長日誌が簡単に作成できます。

自然に管理できる懸案事項
懸案事項は、日誌に入力した情報(運転ログ)が自然に紐づけされ管理されます。ユーザが定義できる区分コードで懸案事項を様々な角度から分析ができます。

発行文書の電子化と日誌連携
ワークフローをサポートした電子文書が発行でき、発行した文書は、スケジュール、日誌と連携した管理ができます。ワークフローの設定で、既読確認ができる周知回覧ができます。

プロセスデータベースと連携
タグNo自動認識機能でトレンド連携ができます。日誌に数値データを取り込む、日誌に入力した数値データをプロセスデータDBに保存するなどデータの一元管理ができます。

構成

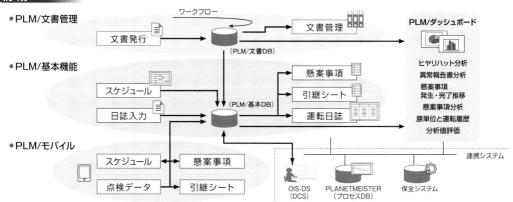

画面例

※PLM：PlantLogMeisterの略称

www.tmejc.co.jp　株式会社TMEIC　産業・エネルギーシステム第二事業部　営業第二部産業営業第一課
TEL 03-3277-5909　FAX 03-3277-4563

TIMES DATA BOOK 2025

紙流通・原料 編

青木紙業 株式会社

〒 322-0016　栃木県鹿沼市流通センター52

TEL 0289-76-0671　FAX 0289-76-1844

ホームページ http://aoki-paper.com/

倉庫・配送センター：本社倉庫（土地 5,000m²、建物 2,100m²）

【創業】　1909（明治42）年5月

【設立】　1976（昭和51）年9月

【資本金】　3,000 万円

【決算期】　7月

【役員】　会長＝青木由紀子　社長＝青木一憲
　取締役＝青木邦之　取締役＝青木英隆
　監査役＝樋口周二　監査役＝奥備一彦

【従業員数】　男子12名・女子3名　計15名（平均年齢46歳）

【主要株主】　㈱青木

【取引金融機関】　足利・宇都宮中央　栃木・本店　東邦・宇都宮

【コンピュータの使用状況】　ホスト：NPROTS

【設備】　IHI ラック式倉庫2基、断裁機3台、フォークリフトなど5台

【関係会社】　㈱青木（テナント業）

【販売品目】　紙類全般・紙製品・農業資材

【主要販売先】　県内一円および近県地域の印刷所、文具店、官公庁

【主要仕入先】　日本紙パルプ商事　三菱王子紙販売　新生紙パルプ商事　旭洋　竹尾　平和紙業　昭和紙商事　渡辺パイプ　東京インキ　ほか

【所属団体】　日本洋紙板紙卸商業組合　とちぎ流通センター卸協同組合

【沿革】　1909（明治42）年5月、宇都宮市大工町にて創業。1943（昭和18）年6月、㈲青木紙店となる。1953年5月、㈱青木紙店に改組、宇都宮市宿郷に移転。1974年6月、㈱青木に社名変更。1976年9月、青木紙業㈱設立、屋板町に移転。1989（平成元）年11月、鹿沼市流通センターに移転、現在に至る。

【特色】　栃木県紙卸業のリーディングカンパニーとして、常に顧客から信頼される企業を目指して

いる。

株式会社 赤澤紙業

〒 020-0182　岩手県盛岡市みたけ 2-22-50

TEL 019-641-1081　FAX 019-641-1303

【事業所】　仙台支店

【倉庫・配送センター】　本社・盛岡市（土地 6,237m²、建物 4,521m²）

【創業】　1897（明治30）年

【設立】　1952（昭和27）年7月

【資本金】　6,000 万円

【決算期】　6月

【役員】　代表取締役社長＝鈴木泰久　専務取締役＝間瀬浩之　取締役＝久保田 純　監査役＝北山俊彦　監査役＝佐々木智也

【従業員数】　男子7名・女子2名　計9名（平均年齢52歳）

【主要株主と持株比率】　日本紙パルプ商事 20.0％　みちのく会 15.9％　鈴木泰久 8.2％　カミカセンター 11.7％　赤澤会 11.4％　杜陵印刷 6.8％　間瀬浩之 5.8％

【取引金融機関】　岩手・本店　七十七・卸町、盛岡　日本政策公庫・盛岡　商工中金・盛岡　北日本・本店、原町

【関係会社】　東北紙器（段ボール紙器）　杜陵印刷（印刷）

【業績】	21.6	22.6	23.6	24.6
売上高 (100万円)	711	721	777	741
経常利益 (以下1万円)	△641	△487	1,445	1,422
当期利益	△2,745	△524	1,416	1,271

【品種別売上構成】　洋紙40％　包装資材58％　その他2％

【業種別販売分野】　印刷　包装資材

【主要仕入先】　日本紙パルプ商事　国際紙パルプ商事　ほか

【所属団体】　日本洋紙板紙卸商業組合

【企業の特色】　東北有数の卸商である。1950年代から日本紙パルプ商事との関係を強めている。

仙台支店

〒984-0015　仙台市若林区卸町2-12-11
TEL 022-235-4251　FAX 022-232-4256
【支店開設】1954（昭和29）年6月
【役員】支店長＝高畑英正
【従業員数】男子5名・女子1名　計6名
【主要販売先】遠山青葉印刷　佐々木印刷　山形日邦タイプ
【主要仕入先】日本紙パルプ商事　国際紙パルプ商事
【所属団体】日本洋紙板紙卸商業組合　仙台洋紙店会
【取引先との関係団体】JP会　東北燦紙会

株式会社 アクアス
AXUAS CO., LTD

〒460-0008　名古屋市中区栄1-25-35
TEL 052-220-5511
FAX 052-220-5522
ホームページ
https://www.axuas.jp
Eメール info@axuas.jp

大河内泰雄社長

【配送センター】小牧物流センター：〒485-0051　愛知県小牧市下小針中島1-78
TEL 0568-41-5581　FAX 0568-41-5681
【創業】1940（昭和15）年3月
【設立】1948（昭和23）年4月
【資本金】9,000万円
【決算期】12月
【役員】代表取締役会長＝大河内健二　代表取締役社長＝大河内泰雄　常務取締役＝大河内俊雄
【従業員数】男子63名・女子13名　計76名（平均年齢46歳）
【主要株主と持株比率】大幸62％　日本紙パルプ商事14％　林産業12％　キングコーポレーション12％
【取引金融機関】三菱UFJ・名古屋営業部　静岡・名古屋　日本政策金融公庫・名古屋　みずほ・名古屋駅前　名古屋・本店
【設備】断裁機5台　フォークリフト14台　トラック17台
【計数管理システム】紙卸商システム「PROTS 4」端末＝60台
【関係会社】大幸
【品種別売上構成】紙・加工品70％　産業資材15％　包材10％　その他5％
【主要販売先】トヨタ自動車　キングコーポレーション　ほか諸官庁、印刷業界、紙器業界、食品業界、自動車関連業界
【主要仕入先】日本紙パルプ商事　新生紙パルプ商事　北越紙販売　EBS　日本紙通商　伊藤忠紙パルプ　アールエム東セロ　メイワパックス
【所属団体】日本洋紙板紙卸商業組合　中部洋紙商連合会　愛知県紙商組合、名古屋洋紙同業会
【取引先との関係団体】JP会　SPP会　KPP会　サクラテラス
【沿革と特色】1940（昭和15）年大幸紙店として創業、1948年大河内紙業㈱設立。2008年林紙産業㈱との合併により㈱アクアスとなる。設立当初より印刷業界、産業資材関連を中心に発展してきたが、08年林紙産業㈱との合併により紙器業界、食品業界などを含む紙の総合商社として、幅広いニーズに対応している。

また2010年9月より、LED照明器具の販売を開始。本社1階ショールームでは紙製品のほか、LED照明器具の常設展示を行い、ユーザーのニーズに応えている。

2003年2月　ISO14001を認証取得、04年3月現在地に本社を移転、同年5月　FSCのCoC認証取得。2013年8月　ISO27001認証取得。

安倍紙業 株式会社

〒421-1212　静岡県静岡市葵区千代1-13-40
TEL 054-277-2233　FAX 054-277-0800
【事業所】沼津支店：〒410-0063　静岡県沼津市緑ケ丘23-2
TEL 055-921-7487　FAX 055-923-5053

【倉庫・配送センター】 本社倉庫：静岡市　沼津支店　倉庫：静岡県沼津市　静岡紙商協同組合：静岡市

【創業】 1946（昭和21）年9月

【設立】 1950（昭和25）年10月

【資本金】 2,000万円

【決算期】 8月

【役員】 社長＝中村祐介　取締役（支店長）＝中村省吾　取締役＝中村博美

【従業員数】 男子14名・女子7名　計21名

【取引銀行】 静岡・本店　みずほ・静岡　三菱UFJ・静岡

【品種別売上構成】 一般印刷紙45％　特殊紙30％　板紙10％　包装紙5％　ほか10％

【主要仕入先】 新生紙パルプ商事　エム・ビー・エス　平和紙業　日本紙通商

【沿革と特徴】 1946（昭和21年9月、中村米吉の個人経営により静岡市内で紙および印刷所を開設。50年10月、紙販売業務を法人に改め安倍紙業㈱を設立。78年5月、沼津営業所を沼津支店に改める。88年、中村直喜が社長に就任。93（平成5）年、本社を現住所に移転した。2007年3月、静岡紙業を合併。15年、中村祐介が社長に就任。17年、山崎紙店を合併。

株式会社 アライの森

〒619-0214 京都府木津川市木津奈良道73

TEL 0774-72-1444（代）　FAX 0774-72-3912

URL　https://arainomori.com/

【役員】 取締役会長＝新井清之　代表取締役社長＝新井賢士　常務取締役＝新井利章　監査役＝新井智恵子

【創業】 1963（昭和38）年7月1日

【設立】 1972（昭和47）年12月1日

【資本金】 1,000万円

【決算期】 3月

【従業員】 男子20名・女子6名　計26名

【主な納入先】 大津板紙　福山製紙　王子製紙　王子マテリア　丸住製紙　大王製紙　カミ商事

【主な仕入先】 近畿一円

【主な設備】 敷地1,980㎡・建物1,100㎡／B1台・TS1台　オートブレードカッター1台

【特色】 回収業者・紙器会社を主体に常に安定した集荷量を堅持し、時代や社会の変化に柔軟に対応できる健全経営を目指し今日に至っている。機密書類回収・処理サービスに加え、自社開発の古紙回収システム『古紙ドライブスルー®ユーカリ』を36号店まで拡充し、太陽光発電施設『プチソーラーユーカリ』を9基稼働させるなど、ISO認証取得企業として地域社会と一体となり環境保全に取り組んでいる。2019年3月には本社工場内の古紙選別ラインを更新、また、2022年6月にはSDGs宣言書の公表に踏み切り、さらなる企業価値の向上に努めている。

アリス 株式会社

〒206-0013　東京都多摩市桜ヶ丘1-24-1

《問合せ先》TEL 042-339-5333　　FAX 042-339-1133

ホームページ http://www.aliskk.co.jp/

Eメール alis＠aliskk.co.jp

【創業】 1995（平成7）年7月21日

【資本金】 5,000万円

【決算期】 3月

【役員】 会長兼社長＝福井健統（1942.1.23生、東大法卒、1995.7入）　取締役＝福井ゆかり（1945.9.28生、お茶の水女子大卒、1999.10入）　監査役＝室井一郎（1956.11.9生、一橋大経卒、2001.6入）

【従業員数】 男子1名（年齢55歳）

【主な株主】 福井健太郎100％

【取引金融機関】 みずほ・九段　三井住友・神田

【コンピュータの使用状況】 サーバー＝DELL：PowerEdge1300 ×1台　HP：Storageworks DAT72 ×1台　他4台　クライアント＝DELL：DIMENTION　C521 ×3台　他8台

【業績】(連結)	21.3	22.3	23.3	24.3
売上高 (以下、1万円)	272	245	270	312
経常利益	3	17	31	36
当期利益	3	11	21	25

【売上金額構成比】 トイレットペーパー・コピー用紙などの代理店向販売100％

【主要販売先】　明光商会　サニクリーン　エネサンス北海道（旧：住商第一石油ガス）

【主要仕入先】　国際紙パルプ商事、西日本衛材、紺屋製紙

【沿革】　1985（昭和60）年、住商紙パルプで開始したコアレス・トイレットペーパーの宅配取引の発展と新たに文具通販をするため、1995（平成7）年に住友商事の100％出資会社「住商アリス㈱」として住商紙パルプより分離独立。1999年10月、福井会長のMBO（Management Buy Out）により住友商事の会社分割により資本傘下から離れ、社名変更を行い独立企業として再発足した。2018年、ITの子会社に出資、IT会社としての発展も狙う。

【経営理念】　企画開発、提案、問題解決のできる商社を目指す。コンサルタントなど金融を含むサービスを提供する。子会社への投資で連結ベースでは　　　　　（詳細はHP参照）aliskk.co.jp

株式会社 石川マテリアル

〒466-0807　愛知県名古屋市昭和区山花町124
TEL 052-763-6697
FAX 052-763-6696
ホームページ https://www.ishikawa-material.co.jp/

石川喜一朗社長

【事業所】　千種営業所：〒464-0827　名古屋市千種区田代本通1-16　TEL 052-762-5261　東郷センター：〒470-0162　愛知郡東郷町大字春木字上正葉廻間3828　TEL 0561-39-0123　鳴海営業所：〒458-0845　名古屋市緑区鳴海町大字赤塚131-11　TEL 052-891-2729　守山営業所：〒463-0046　名古屋市守山区苗代2-3-20　TEL 052-797-8801　港リサイクルセンター：〒455-0044　名古屋市港区築三町3-1-2　TEL 052-659-1911　豊明営業所：470-1101　愛知県豊明市沓掛町切山242　TEL 0562-91-6560　シュレッドセンター：〒455-0054　名古屋市港区遠若町2-60-2　TEL 052-651-6181　緑リサイクルセンター：〒458-0801　名古屋市緑区鳴海町字杜若20　TEL 052-842-9472　刈谷シュレッドセンター：〒448-0015　愛知県刈谷市新田町1-63　TEL 0566-62-5055

【関連会社】　大幸商事株式会社　〒463-0044　名古屋市守山区太田井3-5

【土地と設備】　本社（古紙事業部、リサイクル推進事業部）：屋上緑化および壁面と屋上に太陽光発電システムを設置　東郷センター（メタル環境事業部）：土地1万5,180m²（大型ラージベール50HP、鉄プレス200HP、1,000tニューギロ、破砕機）　千種営業所：土地1,600m²（大型ラージベール150HP）　鳴海営業所：土地2,970m²（大型ラージベール150HP）　守山営業所：土地1,600m²（大型ラージベール150HP）　港リサイクルセンター：土地3,570m²（大型ラージベール150HP）　シュレッドセンター：土地2,975m²（大型ラージベール50HP、破砕機）　豊明営業所：土地4,200m²（大型ラージベール150HP）緑リサイクルセンター：土地1,920m²（飲料容器選別圧縮機）　刈谷シュレッドセンター：土地3,670m²（大型ラージベール50HP、廃プラ用破砕機）

【創業】　1953（昭和28）年6月

【設立】　1967（昭和42）年5月10日

【資本金】　3,000万円

【決算期】　2月

【役員】　代表取締役社長＝石川喜一朗　取締役副社長＝宮下雄一郎　取締役専務執行役員＝石川雅浩　取締役常務執行役員＝井上良介　取締役常務執行役員＝小野裕典　取締役執行役員＝石川将一朗　執行役員＝桑原郁嘉　執行役員＝石川貴義　監査役（非常勤）＝橋部吉輝

【従業員数】　170名（グループ会社含む）

【取引金融機関】　日本政策金融公庫・名古屋　商工中金・名古屋　三菱UFJ・平針　愛知・本山

【業績】　　　　　19.2　　20.2　　21.2　　22.2　　23.2
売上高　　　33億円　27億円　34億円　34億円　36億円

【営業品目】　製紙原料（古紙）　製鋼原料（鉄スクラップ）　非鉄金属（スクラップ）　繊維原料等の再生資源卸売業　廃棄物処分業（収集運搬・中間処理）　データ消去サービス業

【品種別取扱数量】　古紙：7,000t／月　金属スク

ラップ：3,000t ／月　廃棄物：1,000t ／月

【主要取引先】　丸紅テツゲン（中部支社）　エムエム建材（中部支社）　丸紅ペーパーリサイクル　日本紙パルプ商事（中部支社）　王子製紙（春日井工場）　王子マテリア（岐阜工場、祖父江工場）

【所属団体】　中部製紙原料商工組合　全国製紙原料商工組合連合会　愛知県古紙協同組合　名古屋リサイクル協同組合　日本鉄リサイクル工業会　愛知県産業廃棄物協会

【沿革】　1953（昭和28）年6月、故・石川忠勝が創業、製紙・製鋼原料商として業務を開始。56年4月、名古屋市千種区穂波町1丁目20番地で石川商店を創立、事業基盤を確立。67年5月、株式会社に組織変更し、資本金600万円で㈱石川商店を設立、石川ちゑが代表取締役に就任。69年3月、本社所在地を創立場所より名古屋市千種区田代本通1丁目18番地に移転。同年4月、愛知郡東郷町大字春木字上正葉廻間3828番地に東郷センターを建設、主として製鋼原料の集荷業務を行う。70年1月、名古屋市緑区鳴海大字赤塚131番地11に鳴海営業所を建設、主として製紙原料の集荷業務を行う。75年11月、資本金を1,800万円に増資する。76年5月、創業者である石川忠勝が代表取締役社長に就任。81年8月、名古屋市熱田区八番町19番16号に熱田営業所を建設、主として製紙原料の集荷業務を行う。87年11月、資本金を2,400万円に増資。石川忠勝の逝去に伴い、石川勝男が代表取締役社長に就任。90（平成2）年8月、機密文書のリサイクルを推進するための手段としてデータセキュリティサービスを目的としたDS事業部を開設。92年3月、産業廃棄物収集運搬業許可を取得し、環境事業部（東郷センター内）を開設、廃棄物処理業に進出。95年5月、産業廃棄物処分許可を取得（中間処理・破砕・圧縮）、廃棄物処分業に進出。2000年6月、DS事業部を事業拡張のため中川区宗円町に移転。同年10月、国よりリサイクル推進功労者通産大臣賞受賞。01年3月、社名を㈱石川マテリアルに変更、創業者の長男である石川喜一朗が代表取締役社長に就任。名古屋市守山区苗代2丁目3番20号に守山営業所を建設、主

として製紙原料の集荷業務を行う。同年5月、東郷センター敷地内に本社統括事務所を建設、これに伴い千種区田代本通の本社管理部門を本社統括事務所に移転。同年10月、愛知県より先導的資源化貢献企業として愛知県資源再生利用化貢献者表彰を受賞。03年8月、ISO 14001/JIS Q14001の認証を取得（本社統括事務所および東郷センター：登録番号 JQA-EM3343）。同年11月、ウェステック大賞2003の地域活動部門賞を受賞。04年7月、自動車リサイクル法対応のため解体業および破砕業の許可を取得。同年9月、名古屋市港区築三町3丁目1番2号に港リサイクルセンターを建設、熱田営業所を移転する。05年2月、名古屋市熱田区八番2丁目19番16号にシュレッドセンターを開設、DS事業部を移転。同年3月、日本国際博覧会（愛知万博）会場の紙製容器のリサイクルを行う。06年10月、個人情報保護法への対応のためプライバシーマークを取得。同年12月、名古屋市よりエコ事業所として認定される。07年1月、資本金を3,000万円に増資。09年3月、名古屋市昭和区山花町124番地に本社社屋を建設、本社所在地を名古屋市千種区から移転。同年9月、名古屋市港区遠若町2丁目60番2にシュレッドセンターを建設し熱田区から移転、処理設備を拡充する。同年11月旧シュレッドセンター（熱田区）の倉庫をNPO法人中部リサイクル運動市民の会に貸出、Re創庫あつたの協働事業を行う。10年4月、愛知県豊明市沓掛町切山149-1に豊明営業所を建設、東郷センターの古紙部門を移転する。12年9月、ISO27001認証を取得。14年3月名古屋市緑区鳴海町字杜若20番地に緑リサイクルセンターを建設、東郷センターの飲料容器選別圧縮機を移転する。16年5月資本金を3600万円に増資。17年3月大幸商事株式会社の事業を継承する。21年3月、持株会社 KeepGreen ホールディングス㈱の子会社となり資本金を3000万円に減資。23年10月、刈谷シュレッドセンターを開設。

【特色】　＜経営理念＞共存共栄（共に助け合って生き共に栄えること）

＜経営方針＞次の世代へより良い環境「KeepGreen」をモットーとして、環境の変化に適応でき

る人を育て、社会に貢献できる会社を創る。

　＜営業方針＞持続可能な資源循環型社会の構築をめざし、リサイクルの最先端を担う企業として、この地域の総合リサイクル業で一番になることを目標とする。

　＜行動方針＞〈1〉仕事は挨拶から始めよう（おはようございます・よろしくお願いします・ありがとうございました）〈2〉安全運転・安全作業を実践しよう〈3〉5S（整理・整頓・清掃・清潔・躾）を実践しよう〈4〉個人目標を達成しよう〈5〉報告・連絡・相談を実践しよう〈6〉お客様から「有難う」と言われる行動をしよう〈7〉健康管理を実践しよう〈8〉法令や規則などの決まり事を守ろう

市川紙原 株式会社

〒272-0031　千葉県市川市平田 1-20-11
TEL 047-322-3301　FAX 047-322-2976
【事業所】　船橋工場：〒274-0071　千葉県船橋市習志野 4-9-1
TEL 047-473-4106　FAX 047-476-0829
市川事業所：〒272-0802　千葉県市川市柏井町 2-78-3
TEL 047-369-7571　FAX 047-369-7572
【役員】　取締役会長＝栗原正幸　代表取締役社長＝栗原正光
【創業】　1940（昭和 15）年 9 月
【設立】　1961（昭和 36）年 6 月
【資本金】　1,000 万円
【従業員】　25 名
【月間取扱高】　古紙全般　6,000t
【主な納入先】　北越コーポレーション　レンゴー　日本製紙　日本紙通商　その他数社
【主な仕入先】　日本紙通商　県内集荷業者　ほか
【ヤードと設備】　船橋工場：敷地 5,000m²　B2 台、TS2 台・シュレッダー・紐取り機
【特色】　首都圏でも最大規模の船橋工場にはベーラー 2 台、トラックスケール 2 台を備えている。行政回収、学校回収は 60 年の実績を誇る。

伊藤忠紙パルプ 株式会社

〒103-0011　東京都中央区日本橋大伝馬町 1-4　野村不動産日本橋大伝馬町ビル 6 階
TEL 03-3639-7111　FAX 03-3639-7198
ホームページ https://www.itcpp.co.jp/
【事業所】　大阪支店：〒530-0001　大阪市北区梅田 3-1-3　ノースゲートビルディング 24 階
TEL 06-7638-2750　FAX 06-6455-9666
名古屋支店：〒460-0003　名古屋市中区錦 1-5-11　名古屋伊藤忠ビル 6 階
TEL 052-203-2788　FAX 052-203-2785
【設立】　1972（昭和 47）年 1 月 11 日
【資本金】　11 億円
【決算期】　3 月
【役員】　代表取締役社長 - 社長執行役員＝倉重猪知郎　取締役 - 専務執行役員（経営企画管掌 兼 リスクマネジメント部長）＝吉村良太　取締役 - 常務執行役員（第二グループ管掌）＝中谷佳幸　取締役 - 執行役員（ウッドチップグループ長）＝清水貴　取締役〈非常勤〉（伊藤忠商事 生活資材部長）＝熊丸敦　取締役〈非常勤〉（伊藤忠商事 生活資材部長代行）＝小林龍興　監査役　若井直樹　監査役〈非常勤〉（伊藤忠商事 住生活経理室長代行）＝岩田寛司　執行役員（第一グループ長）＝山下史夫　執行役員（兼 監査部長 兼 人事総務部長）＝堀井達也　執行役員（上海伊藤忠商事有限公司出向）＝顧冠宇
【従業員数】　計 158 名
【主要株主と持株比率】　伊藤忠商事 100％
【取引金融機関】　みずほ・横山町　ほか
【関係会社】　Southwood Export Limited、Southland Plantation Forest Company of New Zealand Limited、Albany Plantation Export Company Pty Limited、Albany Bulk Handling Pty Limited
【業績】　売上高 1,211 億円（2024 年 3 月期）
【取扱商品】　情報関連＝PPC 用紙、印刷物（カタログなど）　包装関連＝段ボール（ケース）、クラフト（袋）、パッケージ　物流関連＝統一伝票・ラベル、緩衝封筒（クッション封筒）、緩衝材　リー

テイル関連＝店舗用度品、店頭商品、不織布、各種食品包材　紙・板紙関連＝印刷・情報用紙、段ボール原紙　ウッドチップ
【主要仕入先】　王子マテリア　大王製紙　日本製紙　北越コーポレーション　中越パルプ工業
【所属団体】　日本製紙連合会　日本紙類輸出組合　日本紙類輸入組合　東京商工会議所
【沿革】　1972（昭和47）年1月、伊藤忠商事の国産紙・輸入紙の販売部門を継承し、同社の全額出資により資本金1億円で伊藤忠紙パルプ販売㈱を設立。78年4月に資本金を2億円、80年4月に3億円に増資。92（平成4）年7月、現商号に変更。95年6月、資本金を5億円に増資。20（令和2）年10月からは伊藤忠商事生活資材部のウッドチップ販売事業を継承、資本金11億円に増資し現在に至る。
【企業の特色】　1972年、伊藤忠商事の紙パルプ部門から独立し、設立された。伊藤忠グループの海外ネットワークをフル活用し、紙原料から最終紙製品まで多様な商材を提供している。また紙を扱う商社だからこそ、環境負荷の少ない商品を選択するなど、地球環境に配慮した商品の取り扱いに努めている。
【経営理念】　三方よしの精神で暮らしを豊かにする存在であり続けます。「売り手よし、買い手よし、世間よし」を実践します。変化を先取りするソリューションパートナーを目指します。社会と環境に貢献します。

合資会社 井上勲紙店

〒850-0875　長崎市栄町4-20
TEL 095-826-8155
FAX 095-823-3372
Eメール iue-kami@d5.dion.ne.jp

井上雅文代表社員社長

【創業】　1888（明治21）年
【設立】　1939（昭和14）年8月
【資本金】　3,300万円
【決算期】　8月
【役員】　代表社員会長＝井上順平　代表社員社長＝井上雅文
【従業員数】　男子10名・女子4名　計14名
【取引金融機関】　十八親和・長崎　十八親和・本店
【業績】　年商6億円
【品種別売上構成】　洋紙66％　板紙6％　家庭紙6％　紙製品18％　その他4％
【主要販売先】　印刷業者　紙器業　文具卸業者　官公庁（県内一円）
【主要仕入先】　国際紙パルプ商事　日本紙パルプ商事　新生紙パルプ商事　日本紙通商　イムラ
【企業の特色】　創業以来、地域に密着した事業展開を行い、地元長崎の紙流通を担う中核企業としてのポジションを確立している。井上順平会長が30歳の若さで代表に就任すると、持ち前のバイタリティーで業容を拡大するとともに、紙流通業界や地元経済界の活動にも積極的に取り組み、現在の事業基盤を築き上げた。その歴史と伝統を2015年春、井上雅文代表が受け継ぎ、紙へのこだわりを追求した成長戦略を推進している。

株式会社 岩田商店

〒432-8047　浜松市中央区神田町1488
TEL 053-441-1110　FAX 053-441-1077
ホームページ https://www.iwata-st.co.jp/

【事業所】　本社工場：本社に同じ　木戸工場：〒430-0806　浜松市中央区木戸町20-10　TEL・FAX 053-463-3141
【創業】　1942（昭和17）年6月1日
【設立】　1948（昭和23）年4月21日
【資本金】　1,000万円
【役員】　取締役会長＝岩田政行　代表取締役社長＝岩田浩輔
【従業員数】　25名
【取引金融機関】　浜松磐田信金・駅南　静岡・成子　商工中金・浜松
【関係会社】　㈲クリーンサービス岩田（廃棄物中間処理、工場清掃メンテナンス）、浜松トラック㈱

（一般区域貨物自動車輸送事業）

【最近期の年商】　約5億円

【営業品目】　資源リサイクル業務（製紙原料・製鋼原料・非鉄金属・古繊維）　産業廃棄物処分業　一般・産業廃棄物収集運搬業　機械等撤去・搬出・工事業務　工業用ウエス販売　建物解体業務

【主要販売先】　新東海製紙　王子製紙　興亜工業　Nextトレード　トージツ　ほか

【主要設備】　大型古紙梱包機×1基　古紙選別ライン×1基　トラックスケール×2基

【沿革】　1942（昭和17）年5月、静岡県浜松市海老塚町141番地で再生資源回収業を創業。48年4月21日、製紙・製鋼・非鉄金属・古繊維原料問屋として㈱岩田商店を設立。63年5月31日、現在地の浜松市海老塚町853番地へ増設移転。66年5月、資本金を560万円に増資。72年8月、浜松市木戸町20-10に製鋼原料部木戸工場を開業。80年7月、浜松市上浅田2丁目に古紙センターを開設し大型古紙梱包機を導入。84年7月、古紙センターの隣地にストックヤード増築。86年6月5日、建設業許可取得。88年4月、産業廃棄物収集運搬業許可取得（浜松市）。同年4月、産業廃棄物収集運搬業許可取得（静岡県）、91（平成3）年4月1日、一般廃棄物収集運搬業許可取得（浜松市）。92（平成4）年10月、資本金1,000万円に増資。94（平成6年11月29日、本社工場で廃棄物再生事業者登録（古繊維の再生事業）。95（平成7）年12月、浜松市神田町1488番地に古紙センター神田工場を移転、大型古紙梱包機最新鋭機を導入。同時に営業本部を設置。96（平成8）年6月18日、神田工場で廃棄物再生事業者登録（古紙の再生事業）。98（平成10）年4月1日、一般廃棄物収集運搬業許可を取得（袋井市）。2001（平成13）年12月20日、木戸工場が廃棄物再生事業者登録（金属くずの再生事業）。03（平成15）年1月15日、産業廃棄物収集運搬業許可を取得（愛知県）。同年1月17日、産業廃棄物収集運搬業許可を取得（豊橋市）。05（平成17）年6月9日、神田工場で産業廃棄物処分業許可を取得（浜松市）。20（令和2）年3月、大型古紙梱包機を更新。

【特色】　1942年（昭和17年）の創業以来、古紙をはじめ古繊維・金属屑の再生を手掛けている。「いつまでも美しい地球環境を護りたい」という使命感を持って資源リサイクルと産業廃棄物の適正処理に取り組んでいる。

株式会社 インターナショナル・ペーパー・ジャパン
International Paper Japan Limited

〒105-0003　東京都港区西新橋1-7-2　虎の門髙木ビル3階

TEL 03-6550-9779　FAX 03-6550-9897

ホームページ https://www.internationalpaper.com/JAPAN/JP/index.html

【開設】　1965（昭和40）年

【沿革と特徴】　米国に本社を置くインターナショナル・ペーパー社の日本における連絡窓口として開設された。パルプ、段ボール原紙、パッケージングなど紙製品について日本向け営業活動の支援を行っている。インターナショナル・ペーパー（グローバル本社：米国テネシー州メンフィス）は19世紀末に米国東部で誕生して以来、3世紀にまたがる100余年の歴史があるが、1990年代および今世紀に入ってからの合併により世界でもトップクラスの規模を持つ紙パルプ企業となった。2023年の連結業績は、売上高が189億1,600万ドル、純利益が21億8,800万ドル。また期末の総資産は232億6,100万ドルで、従業員数は3万9,000人に上る。

　現在は段ボール・段原紙などの産業用包装材料とパルプ製品という2つの分野に特化し、世界レベルにおいて適地生産、適地販売を行っている。2023年の売上高と構成比は産業用包材が売上高156億9,100万ドル＝83％、パルプが売上高28億9,000万ドル＝15％、その他が3億3500万ドル＝2％。

　日本では環境に優しいバルクパッケージに注力している。持続的かつ再生産可能な木材を原材料とするバルクパッケージは環境負荷が小さく、無公害で再利用可能、最終的な廃棄の際にもリサイ

クルペーパーとして再利用される。特殊段ボール製のパッケージは20tもの耐圧強度を持ち、液体充填後は4段積みを可能にしている。また自重も軽いので1人で持ち運びができ、組み立てもきわめて簡単。さらに折り畳めるので空容器の保管に場所をとらない。

【品目別生産能力】〈2022年〉段ボール原紙：1,380万st　パルプ：300万st

【主要設備】　北米、南米、欧州に多数の生産設備を有する。

【代表者】　日本代表＝門倉 明　担当者＝中山茂樹

【主要取引先】　各商社および直販先

宇野紙 株式会社

〒530-0043　大阪市北区天満2-1-29
TEL 06-6352-6461
FAX 06-6356-1741

【事業所】　東京営業所：〒101-0041　東京都千代田区神田須田町2-25-7-1101　TEL 03-5298-4155　FAX 03-5298-4156

四国事業所：〒799-0112　愛媛県四国中央市金生町山田井53　TEL 0896-57-1326

都島配送センター：〒534-0016　大阪市都島区友渕町3-8-27　TEL 06-6928-0493

宇野雄三代表取締役社長

【創業】　1925（大正14）年

【設立】　1949（昭和24）年

【資本金】　3,500万円

【役員】　代表取締役社長＝宇野雄三　取締役＝宇野京子　取締役＝西田知子　取締役＝宇野朋子　監査役＝松田茂

【取引銀行】　三菱UFJ・天神橋・天満、みずほ・天満橋、三井住友・天満橋

【取扱品目】　和紙、機能紙、レーヨン紙、食品自動包装用ラミネート紙、不織布、吸水紙、紙加工品、介護用紙製品

【販売先】　近畿30％、関東・東北40％、北陸・中部・中国・四国・九州30％

【主要仕入先】　トーヨー、金柳製紙、三木特種製紙、三和製紙、宝、リブドゥコーポレーション　ほか

【関連会社】　宝㈱：各種紙加工品　タカラ産商㈲：物流

【沿革】　1925（大正14）年、宇野靖一により大阪市東区博労町に和紙問屋創業。1949（昭和24）年㈲宇野商店と組織変更し、大阪市北区空心町に於いて初代社長宇野永太郎就任。資本金50万円。1964（昭和39）年大阪市北区天満に本社屋宇野ビル竣工。1965（昭和40）年資本金1,000万円に増資。1968（昭和43）年愛媛県四国中央市（旧川之江市）川之江町に紙加工品製造販売目的の宝㈱設立。1969（昭和44）年宇野紙㈱と組織変更。資本金2,500万円に増資。同年都島配送センター開設。1977（昭和52）年資本金3,500万円に増資。1985（昭和60）年前社長　宇野稔就任。1988（昭和63）年東京営業所開設。1993（平成5）年愛媛県四国中央市川之江町に物流会社タカラ産商㈲設立。2012（平成24）年現社長　宇野雄三就任。2016（平成28）年大阪市都島区に都島工場開設。

【特色】　当社の商品販売地域は、京阪神をはじめ、関東・東北・北陸・甲信越・東海・中四国・九州とほぼ日本全国に行き渡っています。堅実経営を徹底しながら、内容を充実させる、そうすることで多岐に及ぶお得意様から確かな信頼を得、多方面から業界で注目される企業へと成長してきました。今後とも仕入、販売の取引先とともに特殊紙の開発、新分野の開発に努力していきます。また自社紙製品加工工場を所有しており、自社オリジナル製品の開発製造に力を入れています。新しい力と感性を充分に活かし、紙・紙製品の分野で、広く社会に貢献できる企業を目指します。

エイチケイエム紙商事 株式会社
HK. M PAPER TRADING Co., LTD.

〒006-0832　北海道札幌市手稲区曙2条4-3-27
TEL 011-699-8686　FAX 011-699-8687
ホームページ http://www.hk-m.co.jp
Eメール info@hk-m.co.jp

【事業所】　製本事業部・工場：〒006-0832　北海

道札幌市手稲区曙2条4-3-27
TEL 011-699-7887　FAX 011-699-7888
室蘭営業所：〒050-0082　北海道室蘭市寿町2丁目16-5　TEL 0143-43-1843　FAX 0143-43-1712
帯広営業所：〒080-0035　北海道帯広市西5条北3丁目　TEL 0155-22-2420　FAX 0155-22-2421
旭川支店：〒079-8451　北海道旭川市永山北1条7丁目33番地1　TEL 0166-48-5221　FAX 0166-47-4230
【倉庫・物流基地】　本社事務所・倉庫：敷地面積＝8,672.8m²、建築年月＝2010年8月、建物仕様＝鉄骨造一部2階建て（製本工場含む）　第2倉庫：敷地面積＝1,179.47m²、建築年月＝2010年11月、建物仕様＝鉄骨造　第3倉庫：敷地面積＝1,041.42m²、建築年月＝2020年11月、建物仕様＝鉄骨造
【設立】　1941（昭和16）年8月
【資本金】　2,012万円
【決算期】　9月
【役員】　代表取締役社長＝森田伸介　取締役顧問＝本多宏　専務取締役＝津呂剛　取締役相談役（非常勤）＝高橋清剛
【従業員数】　計30名
【主要株主と持株比率】　エイチケイエムホールディング㈱100％
【取引銀行】　三井住友・札幌　商工中金・札幌　北海道・琴似　北洋・新手稲
【主な設備】　断裁機＝7台　フォークリフト＝12台　配送車輌＝トラック2台　ワゴン1台　関連会社所有トラック11台
【主要販売先】　印刷業者（札幌市内一円、近郊市町、旭川市、室蘭市、帯広市、函館市）、文具卸業者、官公庁　ほか
【主要仕入先】　日本紙パルプ商事　新生紙パルプ商事　国際紙パルプ商事　平和紙業　竹尾
【所属団体】　日本洋紙板紙卸商業組合
【沿革】　2010（平成22年）4月、北海道紙商事㈱と森田洋紙㈱が持株会社「紙商事森田ホールディングス㈱」を設立。2010年10月、北海道紙商事㈱と森田洋紙㈱が合併、社名を「エイチケイエム紙商事㈱」に変更し、森田伸介が代表取締役社長に就任。2013年1月、同社旭川支店は同じ「エイチケイエムホールディンググループ」の㈱タキザワと統合、㈱タキザワとして営業（〒079-8442 旭川市流通団地2条5-29）。2014年4月、グループ会社の北海道ペーパーワーク㈱を吸収・合併。2016年10月、グループ会社の㈱清都紙店を吸収・合併。6事業所、5拠点にて稼働。2017年10月、グループ会社の㈱タキザワを吸収・合併。

エイピーピー・ジャパン 株式会社
APP JAPAN LIMITED

〒141-0022　東京都品川区東五反田2-10-2　東五反田スクエア14階
TEL 03-5795-0021
FAX 03-5795-0061

タン・ウイ・シアン社長

【事業所】　大阪支店：〒541-0043　大阪府大阪市中央区高麗橋3-4-10　淀屋橋センタービル13階　TEL 06-4707-6670　FAX 06-4707-6671
【資本金】　1億3,500万円
【株主】　Asia Pulp & Paper Group（100％）
【代表者】　代表取締役社長＝タン・ウイ・シアン
【従業員数】　約55名（2024年12月現在）
【特色】　インドネシアを代表する紙パルプメーカー、APP（アジア・パルプ・アンド・ペーパー）グループの日本法人。1997年に伊藤忠商事株式会社との合弁事業として設立された。APPは1972年インドネシアで創業。現在、ジャカルタ（インドネシア）および上海（中国）に本社機能を持ち、両国に20ヵ所の工場を有している。また世界最大級の面積の植林地も自社グループで管理しており、植林木による原料調達から紙・紙製品の生産まで一貫して行うことができる総合製紙メーカーグループである。

グループの年間生産能力は約2,000万t。生産品種も、パルプ、印刷用紙、情報用紙、産業用紙、特殊紙、家庭紙など多岐にわたり、全世界150ヵ

国以上に製品を供給している。

　さらにAPPは森林保護を中心とする環境問題についても積極的に取り組んでおり、2013年2月に「森林保護方針」を発表し自然林伐採ゼロを誓約している。また2015年以降、総合火災管理システムを立ち上げて森林火災による管理地域の延焼を最低限に抑えているほか、地域住民が安定した生計を立てられるよう「森林火災防止のための地域活性化（DMPA）プログラム」を2016年から実施している。

　日本についてはアジアの最重要市場と位置づけ、主要品種である情報用紙を始め、印刷用紙、産業用紙、特殊紙の拡販に力を入れている。2020年には、売上げの一部をインドネシアの荒廃林再生に寄付する「森の再生プロジェクト〜いっしょにSDGsに取り組もう！〜」を開始し、紙製品とSDGsへの貢献を紐づけることで市場での共感獲得と取引先との関係強化を目指している。

えひめ洋紙 株式会社

〒791-8036　愛媛県松山市高岡町455-1
TEL 089-973-9200
FAX 089-973-9324

【事業所】　西予営業所：西予市宇和町郷内1265-1
【創業】　1985（昭和60）年10月16日
【資本金】　1,000万円
【取引金融機関】　愛媛・本町　伊予・本店営業部　日本公庫・松山
【決算期】　6月
【役員】　社長＝山本恒久　専務取締役＝乃万光生　常務取締役＝西谷勝洋　監査役＝山本理恵
【従業員】　男子23名・女子5名　計28名　パート4名
【販売品目】　印刷用紙　板紙　事務・OA用紙　封筒などの紙製品　包装資材　家庭紙　紙加工品　和紙　その他紙関連商品全般　封筒・パッケージの製造　保育用品　事務機　オフィス家具　日用雑貨

山本恒久社長

【主要仕入先】　新生紙パルプ商事　四国紙販売　日本紙パルプ商事　シロキ　平和紙業　竹尾　イムラ封筒　メイト　ほか
【主要販売先】　印刷会社　官公庁　文具事務機販売会社　紙器会社　一般企業　幼稚園・保育園　ほか
【所属団体】　愛媛経済同友会（2017〜18年度代表幹事歴任）　日本洋紙板紙卸商業組合　ほか
【特色】　紙卸・販売・加工会社として、紙関連商品を総合的に扱っている。

　平袋製造や貼箱製造、箔押・ミシンなどの紙加工設備を保有し、紙製品の付加価値向上を目指して加工力を高めている。また機密文書回収事業を立ち上げ、古紙回収の促進に注力。少子化の時代にあって子育て支援の重要性が取り上げられる中、保育用品事業にも力を入れている。

　2019年には海洋プラスチック汚染の解決に向けて本社にアンテナショップを設け、紙容器や紙カトラリー、ヒートシール紙袋といった紙系材料の受注を推進している。2020年には小学校でプログラミング教育が必修化されるのに伴い、SONYのMESH公式アクセサリーとして『MESHティンカリングキット』の製造販売を開始。加えて、アフターコロナで続く衛生意識の高まりから、日用雑貨を強化している。

　今後も高齢化対策が進む医療・介護分野に関連した商品、デジタル化が進むオフィスの環境に対応した商品、生活に必要不可欠な「包む」「拭く」機能を備えた紙製品など、時代の変化に適応した経営を心がけていく考え。またオリジナル知育玩具『KUMEL』の誕生を機に、ネットやDM、出店販売や小売店卸などあらゆる販売方法にチャレンジし、未来創造に向けて全国に通用する新たな商品開発に挑戦している。

　わが国において地方創生が叫ばれる中、当社はペーパーショーを開催するなどして、紙の魅力や可能性を広くPR。またデザインや機能をうまく取り入れた製品事例の紹介やSDGsに関する情報発信を通じて、ステイクホルダーとともに地域の活

性化に貢献している。また、デジタル化による業務効率化や生産性向上、データ活用を進めている。

エヌエイシー 株式会社

〒103-0023　東京都中央区日本橋本町1-8-3
TEL 03-3245-1327　FAX 03-3245-0364
【創業】　1967（昭和42）年2月
【設立】　1967年2月21日
【資本金】　4,400万円
【決算期】　1月
【役員】　代表取締役社長＝中野 彰　常務取締役（営業本部長）＝竹田哲夫　監査役＝中野浩子
【従業員数】　男子16名・女子5名　計21名
【取引金融機関】　りそな・室町　みずほ・八重洲口
【コンピュータの使用状況】　ホスト＝富士通：FMV×1台　端末＝富士通：FMV×28台
【業績】　　　　　22.1　　23.1　　24.1
売上高　　　　　3,694　3,952　4,304
(100万円)
【品種別売上構成】　印刷用紙80%　板紙14%　その他6%
【業種別販売分野】　印刷会社69%　出版社16%　卸商1%　その他14%
【主要販売先】　毎日新聞社　大日本印刷　金羊社
【所属団体】　日本洋紙板紙卸商業組合　東京都紙商組合　東京商工会議所
【沿革】　1967（昭和42）年2月1日、江商㈱東京紙パルプ部を主体として設立。78年3月、大阪営業所（現支店）開設。83年5月、本社新社屋完成。

エム・ビー・エス 株式会社

〒104-0033　東京都中央区新川1-24-1　DAIHO ANNEX 5F
TEL 03-5244-9590
FAX 03-5542-7771
ホームページ　http://www.mbsnet.co.jp/

牧羽誠代表取締役社長

【事業所】　大阪支店：大阪府東大阪市　TEL 06-6743-5850　名古屋営業所：名古屋市中区　TEL 052-228-0168　福岡営業所：福岡市博多区　TEL 092-260-3438　仙台営業所：仙台市青葉区　TEL 022-796-2102　札幌営業所：札幌市北区　TEL 011-788-3012
【創業】　1949（昭和24）年7月21日
【設立】　2017（平成29）年9月1日
【資本金】　6,000万円
【決算期】　3月
【役員】　代表取締役社長＝牧羽 誠　取締役＝武藤秀行　取締役＝岡田英孝　取締役＝内野哲也　取締役（非常勤）＝山本義明
【従業員数】　計59名
【主要株主と持株比率】　㈱ムサシ100%
【取引金融機関】　三井住友銀行　みずほ銀行
【沿革】　1949（昭和24）年に富士写真フイルムの代理店、㈱大化洋紙店として資本金100万円で設立。67年12月、富士特殊紙㈱に社名変更。68年8月、富士写真フイルム㈱の100%出資会社となる。93（平成5）年1月、商号を「富士フイルムビジネスサプライ」に変更。2017（平成29）年9月1日「エム・ビー・エス株式会社」（㈱ムサシの100%出資）を設立。
【特色】　2017年9月1日より、「エム・ビー・エス株式会社」として新たにスタートした。行動方針は「スピーディーで、常に新しい発想・行動に挑戦し、誠実な企業であることを目指す」である。創業以来、顧客のニーズに的確に応えるビジネスパートナーとして歩んできたが、今後も富士フイルムのテクノロジーを活かした感圧紙やPHOなどの情報用紙製品、ポスタープリンターなどのプリンターシステム製品、機能性フイルムなどの機能性商材を取り扱う事業を基軸に、新たな質の高いサービスやシステムを提供することで安全・安心な世の中の発展に寄与し、企業活動全般を通じて人々のくらしの向上に貢献することを目指す。
【製品・取扱品の特色】　①洋紙関連＝感圧紙：ノーカーボン紙、ほか感圧紙関連商品　一般洋紙：高級印刷用紙（PHO）、環境対応封筒（セパブル）ほか特殊用紙全般　印刷機材②プリンターシステム関連＝拡大プリンターシステム「ポスタープリン

ター」シリーズ、インクジェット用消耗品「フォトアートシリーズ」、大判ポスター作成ソフト「ポスターマジックシリーズ」③機能性商材＝各種機能性フィルム、機能紙、関連商材の販売

遠州紙商事 株式会社

〒431-3105 静岡県浜松市中央区笠井新田町891
TEL 053-433-8004　FAX 053-435-0695
Eメール info@enkami.co.jp
【事業所】　南営所：浜松市中央区卸本町50
TEL 053-444-3688　FAX 053-444-3689
【倉庫・配送センター】　本社倉庫：静岡県浜松市
【小売店舗】　Papel en sol（パペル・エン・ソル）
〒433-8104 浜松市中央区東三方町211-19
TEL 053-488-7557　FAX 053-488-7558
【創業・設立】　1976（昭和51）年8月1日
【資本金】　1,000万円
【決算期】　12月
【役員】　社長＝加藤哲也　会長＝加藤和三
【幹部】　常務＝中村文夫　取締役（仕入担当）＝加藤和成　取締役＝安藤仁希　取締役＝伊藤知己
【従業員数】　男子20名・女子2名　計22名
【主要株主と持株比率】　加藤哲也100％
【取引金融機関】　静岡・成子　浜信・笠井
【関係会社】　㈱ケイ（不動産事業）、㈱KINGS
【品種別売上構成】　印刷用紙80％　コートボールほか5％　包装資材15％
【主要販売先】　県内印刷会社、紙器会社、一般企業
【主要仕入先】　国際紙パルプ商事、大王紙パルプ販売、シロキ
【品種別売上構成】　印刷用紙80％　コートボールほか5％　包装資材15％
【所属団体】　日本洋紙板紙卸商業組合、中部洋紙商連合会
【沿革】　遠州紙グループ（遠州製紙㈱など）の販売会社として1976（昭和51）年8月に設立。89（平成元）年1月、加藤和三が二代目社長に就任。2019年12月、加藤哲也が社長に就任。
【企業の特色】　印刷用紙の販売事業を主体に紙製品、印刷加工品の販売に力を入れてきた。2018年7月末から開店したペーパーショップであるPapel en sol（パペル・エン・ソル）では1枚から紙を購入でき、紙製品・紙雑貨や木製玩具も取り扱っている。今後はオリジナルの箱や袋などの紙加工事業にも参入。また㈱ケイ（不動産事業）とは別に不動産事業（投資型）や、㈱KINGSにて飲食業を展開している。

株式会社 大久保

〒116-0014　東京都荒川区東日暮里1-40-5
TEL 03-3891-1188
FAX 03-3891-6171
ホームページ https://www.kk-okubo.co.jp/
【事業所】　本社倉庫：〒116-0014　東京都荒川区東日暮里2-45-2　TEL 03-6806-5005

大久保信隆会長

大久保薫社長

　戸田営業所：〒338-0026　埼玉県戸田市新曽南3-5-12　TEL 048-441-3086
　多摩故紙センター府中：〒183-0045　東京都府中市美好町2-28-4　TEL 042-364-9771
　武蔵野センター：〒183-0003　東京都府中市朝日町1-27-11　TEL 042-361-7149
　武里古紙備蓄センター：〒343-0002　埼玉県越谷市平方南代1631　TEL 048-976-0411
　多摩古紙センター昭島：〒196-0021　東京都昭島市武蔵野2-9-33　TEL 042-545-4621
　新潟事業所：〒950-0041　新潟市臨港町2-4914　TEL 025-274-8106
　座間事業所：〒252-0013　神奈川県座間市栗原873-16　TEL 046-206-4255
　北越長岡事業所：〒940-1143　長岡市片田町623　TEL 0258-23-3427
　㈱東北紙業：〒981-1225 名取市飯野坂字南沖38

番地　TEL 022-384-4868

【創業】　1923（大正12）年10月

【設立】　1967（昭和42）年9月1日

【資本金】　8,800万円

【決算期】　8月

【役員】　代表取締役会長＝大久保 信隆　代表取締役社長＝大久保 薫　取締役＝阿部 貞二　取締役＝五十嵐 勝（㈱東北紙業取締役）　監査役＝茨木 仁　相談役＝中川 重敏

【幹部】　東日本エリア統括＝遠藤龍二　関東中央エリア統括＝福浦秀樹　戸田営業所副所長＝佐藤茂和　座間事業所副所長＝岩永健一　武里営業所所長＝藤本林　昭島営業所倉庫長＝山城健人　武蔵野センター倉庫長＝萩原好己

【従業員】　計120名

【ヤードと設備】　本社：敷地300m²。日暮里倉庫：敷地385m²。

　　戸田：敷地1,980m²、ベーラー（B）2台、トラックスケール（TS）1台。

　　府中：敷地1,264m²、B1台、TS1台。

　　武里：敷地2,600m²、B2台、TS1台。

　　昭島：敷地1,980m²、B1台、TS1台。

　　武蔵野：敷地500m²、B1台、TS1台。

　　新潟：敷地4,465m²、B1台、TS1台。

　　座間：敷地3,647.8m²、B1台、TS1台。

【関連会社】　㈱大久保東海　サンキョウリサイクル㈱

【月間取扱高】　古紙全般2万t

【主な納入先】　レンゴー　北越コーポレーション　王子製紙　王子マテリア　日本製紙　三菱製紙　丸井製紙　鶴見製紙　丸三製紙　ほか

【沿革】　1923（大正12）年創業、67（昭和42）年㈱大久保設立。68年 戸田営業所、72年 多摩故紙センター府中、78年 武里古紙備蓄センター、81年㈱東北紙業、83年 多摩故紙センター昭島と次々にヤードを開設。88年9月 本社新ビル完成。91（平成3）年11月より愛知県岡崎市で集荷回収の関連会社、大久保東海が営業を開始、96年 武蔵野センターを継承、97年 多摩故紙センター府中を近隣対策で改築。98年2月 新潟県長岡市に北越紙源㈱を

設立。また同年11月より機密書類処理事業を開始。

　2003年6月 資本金を8,800万円に増資。06年2月 サンキョウリサイクル廃蛍光管処理施設を宮城県黒川郡に建設。06年3月 新潟、9月 横浜事業所を開設。08年9月 本社RDV事業部がISO27001の認証を取得。14年3月 座間事業所を開設、横浜事業所を閉鎖。19年3月 本社を含む5事業所でISO9001およびISO14001の認証を取得。23年 創業100周年を迎えたのを機に、本社事務所1階フロアをリニューアル。またWEBサイトには創業100周年の特設サイトを設け、一世紀にわたる自社の歴史を興味深いエピソードとともに紹介している。

【特色】　『精力善用』、『自他共栄』の社訓のもと「集荷即直納」を心がけ、安定した数量、安定した価格をモットーに、顧客のニーズに合わせる態勢づくりに注力し、取引先メーカーの信頼も厚い。

　大久保信隆会長は全国製紙原料商工組合連合会理事長、（公財）古紙再生促進センター副理事長、北越コーポレーション星友会会長、荒川区リサイクル事業協同組合理事長として、それぞれ業界の発展・地位向上に尽力。業界に対する長年の功績により、2017年春の叙勲で旭日双光章を受章した。

　また、大久保薫社長も（一社）機密情報抹消事業協議会代表理事、関東製紙原料直納商工組合・安全防災委員会委員長を務めている。

株式会社 大空洋紙店

〒870-0018　大分市豊海5丁目3-14

TEL 097-532-0271　FAX 097-532-0247

URL https://www.ozora-yoshi.com/

【創業】　1913（大正2）年

【設立】　1974（昭和49）年7月

【資本金】　1,000万円

【決算期】　7月

【役員】　取締役会長＝大空 学　代表取締役＝大空 功典　常務取締役＝松浦 正裕　取締役＝大空京子　監査役＝岩尾隆志

【従業員数】　17名

【取引金融機関】　大分・本店　商工中金・大分

伊予・大分

【販売品目】　洋紙　板紙　家庭紙　ほか

【主要販売先】　佐伯印刷　インタープリンツ　いづみ印刷　極東印刷紙工　双林社　小野高速印刷　築上印刷

【主要仕入先】　国際紙パルプ商事　日本紙パルプ商事　新生紙パルプ商事　平和紙業　イムラ封筒

【沿革】　1913（大正2）年、大分市西新町にて大空清祐が紙問屋、大空和洋紙店を創業。1943（昭和18）年、紙の統制により大分市西新町の店舗を閉鎖。1948（昭和23）年、大分市中島六条にて営業を再開。1952（昭和27）年、㈲大空洋紙店に改組。1957（昭和32）年、大空務が社長に就任。1960（昭和35）年、愛媛県松山市に出張所を開設。1964（昭和39）年、大分市王子町に本社倉庫を移転。1974（昭和49）年、㈱大空洋紙店に改組。1991（平成3）年、大空学が社長に就任。2002（平成14）年、日豊紙販㈱と合併、日田営業所を開設。2007（平成19）年、大分市豊海5丁目に本社倉庫を移転。2024（令和6）年、大空功典が社長に就任。

【企業の特色】　大分地区の有力卸商として110余年の社歴を誇る老舗。堅実経営をモットーとして発展を続けている。大空学会長は九州洋紙商連合会常任幹事として、九州地区紙流通業界の発展に向け取り組んでいる。

株式会社 オービシ

〒578-0982　東大阪市吉田本町3-5-28
TEL 072-960-0790　FAX 072-960-0795
ホームページ
http://www.kamino-ohbishi.co.jp/

【事業所】　東大阪物流センター：東大阪市吉田本町3-5-28　TEL 072-967-5551　FAX 072-967-1555

【創業】　1937（昭和12）年12月

【設立】　1950（昭和25）年9月

【資本金】　4,800万円

【役員】　社長＝増田善彦　専務取締役＝堀江潤一　取締役＝宮田仁　取締役＝出原久和　監査役＝重田豊子

【従業員数】　21名

【取引金融機関】　みずほ・今里　三井住友・玉造　商工中金・大阪　りそな・鶴橋

【関係会社】　㈱大登

【品種別売上構成】　紙器用板紙（白板ほか）70％　洋紙（印刷用紙、情報用紙ほか）30％

【主要仕入先】　レンゴー　アテナ製紙　国際紙パルプ商事　日本紙パルプ商事　新生紙パルプ商事　三菱王子紙販売　旭洋　日本紙通商　北越紙販売　竹尾　平和紙業　佐賀板紙　日本コーバン　栄和化学工業　ヨシモリ　吉森ホイル　マルコウ

【主要設備】　断裁機4台　トムソン機L全判1台　リフト10台　車両21台

【沿革】　1937（昭和12）年12月　増田清次が増田商店として個人営業を開始、紙類販売を創業。1950（同25）年9月　㈱大菱商店を設立（資本金100万円）。1961（同36）年11月　玉津物流センター竣工。1964（同39）年3月　商号を大菱㈱と変更。1970（同45）年4月　東大阪物流センター竣工。1971（同46）年6月　税務署より優良法人表敬状下付。同年12月　資本金を3,000万円に増資。1973（同48）年12月　資本金を4,800万円に増資。1975（同50）年2月　大阪府知事より商業振興発展卸商表彰状下付。1976（同51）年3月　八尾物流センター竣工。1978（同53）年5月　大阪府知事より産業功労賞受賞。1982（同57）年11月　大阪府中小企業団体中央会より表彰状下付。1989（平成元）年9月　本社新社屋完成。同年10月　商号を「株式会社オービシ」に変更。2002（平成14）年11月　税務署より連続7度目の優良法人表敬状下付。2007（同19）年12月　創業70周年。同年12月　税務署より連続8度目の優良法人表敬状下付。2011（同23）年9月　3営業倉庫を集約し新東大阪物流センター開設。2012（同24）年11月　税務署より連続9度目の優良法人表敬状下付。2017（同29年）創業80周年。2018（同30）年　税務署より連続10度目の優良法人表敬状下付。2019（令和元）年2月　健康経営優良法人2019（中小規模法人部門）認定。同年11月　国土強靭化貢献団体認証（レジリエンス認証）を取得。2020（令和2）年3月　健康経営優良法人2020（中小規模法人部門）認定。2022（令和4）年5月　本

社事務所を東大阪市吉田本町に移転。2024（令和6）年11月 税務署より連続11度目の優良法人表敬状下付。

【特色】 1937年の創業以来、約90年にわたり紙の販売に関わってき。伝える・表現する・包む・運ぶ・快適に暮らす——紙は人々のあらゆる生活シーンで活用されている。紙という素材が引き続き、そうした役割の重要な一部を担っていくことは間違いないだろう。だが、今まさに社会が直面している人口減少や人口構成の変化（高齢化）、電子媒体や別素材への転換などにより、紙が担う分野や規模は「今までの90年」と「これから先の20年」では確実に変化する。当社は100年企業を目指すべく、これから先の10年を見据え、「紙という素材」と「組織という企業の骨組み」に「＋α（プラスアルファ）の新しい価値」を加えることで、その変化に対応していく。特に得意分野であるパッケージ用の紙は、加工や別素材との組み合わせにより新しい価値や需要を創造できる可能性を今後も秘めており、製品開発や用途開発に力を入れることで、「自らが紙の新しい価値や需要を創造する」企業となって社会（取引先・地域社会）に貢献していきたいと考えております。

社是：①和合と共栄 ②感謝と報恩 ③無常の常 ④自主独立 ⑤未知への挑戦

経営理念：「個として組織として何事にも挑戦し、変化し、進化し続け、企業の発展を通じて働く人々（社員とその家族）の生活と心を豊かにし、人とのつながりで成り立つ社会（取引先・地域社会）に貢献します。」

行動指針：個として組織として何事にも挑戦し、変化し、進化する。すなわち、自己の成長を求め、仲間の成長を支えることが企業の発展、働く人々や社会への貢献につながる。

企業ビジョン：スモールジャイアンツ企業（規模を目指すのではなく、小さくても偉大な会社）への成長を目指す。それは、自らが紙の新しい価値と需要を創造し、顧客が必要とする商品・サービス・情報を提供することで、社会に信頼され選ばれる企業へ成長し、その成長を通して当社にかかわる人々や社会の恩に報いることを意味する。

経営戦略：「紙＋α（プラスアルファ）」と「組織＋α」で企業ビジョン達成に向けてチャレンジしていく。

（1）「紙＋α」とは、別素材とのコラボレーションや加工により、紙という素材に新しい価値を付加することを意味する。

（2）「組織＋α」とは、自社組織だけでは成し得ることができない、もしくは時間を要する取り組みを、ビジネスパートナー（顧客、仕入先、外注先etc.）を含めた他組織とのコラボレーションで早期に実現可能としていくことを意味する。

株式会社 大塚紙店

〒355-0328　埼玉県比企郡小川町大塚108

TEL 0493-72-0030　FAX 0493-74-1086

ホームページ https://ootsuka-kami.co.jp

Eメール info@ootsuka-kami.co.jp

【事業所】 東京支店：〒111-0043　東京都台東区駒形2-7-3

TEL 03-3841-6318　FAX 03-3841-6756

Eメール info @ ootsuka-kami.co.jp

【倉庫・配送センター】 葛飾店舗：〒125-0031 東京都葛飾区西水元3-25-6（土地300m²、倉庫270m²）TEL 03-5876-4216

【創業】 1932（昭和7）年4月

【設立】 1948（昭和23）年4月

【資本金】 1,000万円

【決算期】 9月

【役員】 代表取締役社長＝大塚暁（1969.8.13生、東京国際大学卒、1995.10.1入）　取締役会長＝大塚良助（193611.17生、東京薬科大学卒、1962.4.1入）　取締役副社長＝大塚淳（1979.7.10生、2009.4.1入）　監査役＝清野幸美

【従業員数】 男子18名・女子2名　計20名

【主な株主と持株比率】 大塚良助70%　大塚紀子3%　大塚暁10%　大塚雅士7%　大塚和彦7%　大塚幸彦2%　大塚英男1%

【取引金融機関】 埼玉りそな・小川　埼玉縣信金・小川　東和・小川　武蔵野・小川　みずほ・雷門　りそな・浅草　三菱UFJ・浅草橋

【計数管理システム】　サーバー：HP Compac
【主な設備】　断裁機＝ギロチン断裁機×4台（橋本マシナリー）　タイコ機×1台（橋本マシナリー）　フォークリフト＝リーチ式×4台（MHI東京）　配送車両＝計5台（3t車2台、2t車3台）
【取扱商品】　一般包装用紙（両更クラフト紙、筋入クラフト紙、純白ロール紙、更紙、グラシン、薄葉紙）、農業用包装紙（白菜包装紙）、包装用加工紙（ポリラミ紙、ポリクロス紙、防錆紙）、印刷用紙、板紙、合成紙、和紙
【主要販売先】　関東近郊：梱包・包装資材会社500数社、農業資材会社20数社、全国：看板資材会社50数社、県看板組合、看板店300数社
【主要仕入先】　新生紙パルプ商事　旭洋　小津産業　カミ商事　森紙業　巴川コーポレーション　リンテック　竹尾　EBS
【所属団体】　日本洋紙板紙卸商業組合
【沿革】　1932（昭和7）年、大塚幸次郎により創業。1947年、東京浅草に東京支店を開設。1948年、会社組織に改組、株式会社大塚紙店として新たなスタート。1963年、初代社長大塚幸次郎の死去にともない、二代目社長に大塚良助が就任。1988年、東京支店の新社屋が完成。1994（平成6）年、本社の新社屋が完成。2011年、三代目社長に大塚暁が就任。2012年、本社の新倉庫が完成。2017年葛飾新社屋が完成。
【経営理念】
1. 多くの人から愛され、そしてスタッフ一人一人が自分自身を愛せる会社運営を目指します。
2. 世の中全ての人の幸せを願えるよう心がけて、日々の仕事に邁進致します。
3. 自由に物が言い合える職場環境を目指します。
4. 文化としての紙の良さを伝え、社会に貢献致します。
5. 紙を通して、日々の暮らしが豊かになるような会社運営を目指します。

株式会社 大西紙店
ONISHI KAMITEN CO. LTD.

〒079-8441　北海道旭川市流通団地1条3丁目26-4　TEL 0166-48-6211　FAX 0166-48-9405

大西肇社長

【創業】　1946（昭和21）年6月
【設立】　1960（昭和35）年12月
【資本金】　2,000万円
【決算期】　6月
【役員】　会長＝大西耕司　社長＝大西肇　監査役＝一条邦彦
【従業員数】　男子10名・女子1名　計11名（平均年齢42歳）
【主要株主と持株比率】　大西耕司
【取引金融機関】　北洋・旭川中央　旭川信金・旭川流通団地
【コンピュータの使用状況】　ホスト＝東芝：MAGNIA3300×1台　端末＝東芝：Dynabook×7台
【設備】　断裁機（余田機械）1台　フォークリフト（トヨタ）2台　トラック3台（2t車2台、軽トラック1台）
【品種別売上構成】　洋紙85%　その他包装資材・OA機器オフィスサプライ15%
【業種別販売分野】　印刷業75%　卸売業5%　小売業5%　ほか15%
【主要販売先】　市内および道内の主要印刷会社
【主要仕入先と比率】　日本紙パルプ商事　新生紙パルプ商事　日本紙通商
【所属団体】　日本洋紙板紙卸商業組合　北海道洋紙同業会
【取引先との関係団体】　JP会　SPP会　NP会

株式会社 岡　田

〒460-0007　名古屋市中区新栄1-13-12
TEL 052-241-9291
FAX 052-241-9277
【事業所】　東京営業所
〒101-0054　東京都千代田区神田錦町1-8 OPビ

岡田光弘代取社長

ル5F
TEL 03-5217-1501　FAX 03-3233-0101
【倉庫・配送センター】　小牧物流センター　〒485-0072　愛知県小牧市元町2-180
TEL 0568-76-3689　FAX 0568-75-5444
【創業】　1924（大正13）年5月
【設立】　1964（昭和39）年3月
【資本金】　4,500万円
【決算期】　3月
【役員】　代表取締役社長＝岡田光弘　専務取締役＝岡田治　常務取締役＝加藤秀樹
【従業員数】　45名
【取引金融機関】　名古屋・葵　静岡・名古屋　三井住友・名古屋
【関係会社】　㈱ネオパック
【主要仕入先】　アテナ製紙　新生紙パルプ商事　日本紙パルプ商事　北越紙販売　日本紙通商
【所属団体】　日本洋紙板紙卸商業組合　中部洋紙商連合会　愛知県紙商組合　名古屋洋紙同業会
【沿革と特色】　大正13年、中区東瓦町に岡田洋紙店として板紙、洋紙、小間紙の販売を目的として創業。昭和4年、組織を合名会社岡田洋紙店として法人に改組。昭和37年、小牧配送センターを建設。昭和39年、株式会社岡田と社名改称。会社設立後は板紙、段ボール、包装用紙等紙器と包装関係の商材を中心に事業を展開し、平成10年には東京営業所を設置。以降トータルパッケージサービスを目指し、資材提供から企画・立案・製造そして梱包・出荷業務に至るまで多彩なニーズに応えた企業活動を展開。

岡山紙商事 株式会社

〒700-0936　岡山市北区富田53-1
【事業所】　紙営業部：TEL 086-225-5151
FAX 086-232-7351
包装営業部、軽包装営業部：TEL 086-230-5155
FAX 086-230-5159

柳井 淳会長

【設立】　2015（平成27）年2月23日
【資本金】　5,000万円
【決算期】　3月
【役員】　会長＝柳井淳　社長＝櫻井將平　取締役＝米良邦雄

櫻井將平社長

【従業員】　44名
【株主】　国際紙パルプ商事100%
【取引銀行】　中国・岡山駅前
【設備】　断裁機2台、トラック10台、ライトバン12台、フォークリフト8台、乗用車6台、スイーパー1台
【コンピュータの使用状況】　NPROTS（クラウドシステム）
【品種別売上構成】　洋紙40%　包装資材・包装機械53%　板紙7%
【業種別販売分野】　印刷48%　包装資材52%
【主要仕入先】　国際紙パルプ商事　エフピコ　日本紙通商　中央化学　イムラ
【所属団体】　日本洋紙板紙卸商業組合　岡山県洋紙商連合会
【取引先との関係団体】　大阪KPP会　双鳩会
【特色】　1945年10月柳井秀男氏が紙製品卸売業として個人創業後、1950年12月岡山紙業㈱に改組し設立。その後、市場の成熟化・多様化に積極的に応えるべく業容の拡大を図り、中国地区紙流通の中核を担う紙卸商へと成長を遂げるとともに、業界の発展と活性化に貢献してきた。そして2015年2月、国際紙パルプ商事㈱が100%出資の子会社として岡山紙商事㈱を設立、同年4月に岡山紙業㈱の紙・製品包装資材等の販売事業を譲り受け新たにスタートした。櫻井將平社長のもと、紙卸商の持続的発展を目指し、長年培ってきた事業基盤と卸機能を最大限に活用したビジネスモデルの構築に全社一丸となって取り組んでいる。

オザックス 株式会社
OZAX CORPORATION

東京オフィス：〒101-8504　東京都千代田区神田三崎町 3-1-16　神保町北東急ビル 5・6・7 階
TEL 03-6758-0770
FAX 03-6758-0771

大阪オフィス：〒541-8589　大阪府大阪市中央区博労町 1-6-6　TEL 06-6271-2701　FAX 06-6264-7376

尾﨑豊弘会長兼社長

ホームページ http://www.ozax.co.jp

【事業所】〈国内〉大阪オフィス　札幌支店　名古屋支店　福岡支店　仙台営業所　山梨営業所　沖縄営業所　〈海外〉シンガポール　上海　台北　バンコク　クアラルンプール　ホーチミン

【倉庫・配送センター】GOLC 札幌　GOLC 東松山　GOLC 流山　GOLC 山梨　GOLC 枚方　GOLC 福岡　GOLC 沖縄

【創業】1910（明治 43）年
【設立】1920（大正 9）年 9 月 1 日
【資本金】5 億円
【決算期】3 月
【役員】代表取締役会長兼社長（本社部門統轄）＝尾﨑豊弘　代表取締役副社長執行役員＝松田和久　取締役専務執行役員＝長島高宏　取締役専務執行役員＝尾嵜敏万　専務執行役員＝藤川清彦　専務執行役員＝富山友貴　常務執行役員＝眞鍋英治　常務執行役員＝須藤仁　常務執行役員＝市原直人　常務執行役員＝福原圭一　上席執行役員＝松下弘一　上席執行役員＝臼井大介　執行役員＝畠田安彦　執行役員＝前川智行　執行役員＝坂井隆秋　常勤監査役＝齊藤千春
【従業員数】243 名
【主要株主と持株比率】オザックス社員持株会 13.2%　日本製紙 10.0%　グローバルオーキッド 8.2%　東京製紙 8.0%　昌栄印刷 6.0%　みずほ銀行 5.0%　レンゴー 5.0%

【取引金融機関】みずほ　三井住友　三菱 UFJ　りそな　池田泉州
【関係会社】《オーキッドグループ企業》富士工業㈱（ガムテープの製造販売、包装資材全般販売）グローバル・オーキッド・ロジスティクス㈱（配送センターの管理運営業）オーキッドシステムソリューションズ㈱（コンピュータシステムの設計・開発・管理運営）

《海外現地法人》ORCHID SHANGHAI CORPORATION　OSD NETWORK（THAILAND）CO.,LTD. TAIWAN OZAX CORPORATION　OZAX VIETNAM CO., LTD　OZAX SINGAPORE　CORPORATION,PTE,LTD.　GLOBAL ORCHID MALAYSIA SDN. BHD.

《海外関連企業》JOSIN PTE LTD.　OSD NETWORK（M）SDN.BHD.　FURUBAYASHI（SHANGHAI）PRINTING & PACKAGING CO.,LTD.　THAI UNITED AWA PAPER CO.,LTD.

【業績】年商 617 億円（2021 年 3 月期）
【品種別売上構成】洋紙 14%　板紙 14%　紙加工品 17%　生活関連資材ほか 55%
【業種別販売分野】卸商　出版　印刷　段ボール　紙器コンバーター　外食　ホームセンター　その他
【主要販売先】レンゴー　コクヨ　凸版印刷　大日本印刷　東罐興業　共同印刷　ひかりのくに　江崎グリコ　日本トーカンパッケージ　ダイゴー　医学書院　白夜書房　シダックス　すかいらーく　日本マクドナルド　ワタミ　ムサシ　佐川印刷　ほか
【主要仕入先】日本製紙　北越コーポレーション　大王製紙　特種東海製紙　巴川コーポレーション　東京製紙　レンゴー　阿波製紙　UPM キュンメネ　リケン　ファブロ　旭化成ホームプロダクツ　クラレクラフレックス　東洋アルミエコプロダクツ　トライフ
【所属団体】日本紙類輸出組合　日本洋紙代理店会連合会　日本板紙代理店会連合会　東京都紙商組合　大阪府紙商組合　大阪洋紙代理店会　大阪

板紙代理店会

【沿革】 1910（明治43）年 尾﨑洋紙店として初代社長の尾﨑鐵太郎が個人創業。1920（大正9）年 ㈱尾﨑洋紙店として資本金10万円で法人組織に改組。1962（昭和37）年 資本金5,000万円に増資。1964年 社名を尾﨑商産㈱に変更、資本金を1億円に増資。1966年 名古屋営業所開設。1970年 創業60周年行事挙行。1972年 九州営業所開設。1973年 東京支店社屋を新築。1974年 資本金を2億円に増資。同年 札幌および広島に営業所を開設、九州営業所を福岡営業所と改称。1975年 仙台営業所、シンガポール駐在員事務所を開設。1978年 尾﨑敏紘が代表取締役社長に就任。1980年 創業70周年行事挙行。1981年 大阪・東京両本部制に移行。同年 大阪本社新館を新築。1989（平成元）年 オザキ U.S.A Corp 設立。1990年 オザキシンガポール Corp 設立。1991年 オザキヨーロッパ Corp 設立。同年 創業80周年記念式典をシンガポールで挙行。同年 CI を導入し社名を尾崎商産からオザックス㈱に変更。1993年 上海駐在員事務所設立。

2001年 沖縄営業所開設。2003年8月 オーキッド USA コーポレーションを創設。2004年4月 奥吉徳上海国際貿易有限公司を設立。2008年7月 OSD ネットワーク（タイ）社設立。2010年2月 グローバルオーキッドマレーシア社設立。同年 尾﨑敏紘が代表取締役会長に、尾﨑豊弘が代表取締役社長に就任。同年 グローバル・オーキッド・ロジスティクスセンターを新設。2013年5月 台灣歐薩克欺有限公司を設立。2015年1月 尾﨑豊弘が代表取締役会長兼社長に就任。2019年（平成31年）ロジスティクスセンター枚方、枚方第2新設。OZAX VIETNAM 設立。2020年（令和2年）東京本社移転。

【特色】 創業1910年、創業以来、黒字経営が続く。紙・フィルムの調達／販売や、外食・小売・アミューズメント業界などの大手企業に、包装資材や消耗品などの業務用資材を物流やシステムを含め提供。顧客の受発注・支払業務を一手に引き受ける独自のビジネスモデルを展開し、仕入先は国内外2,600社以上、取扱いアイテムは10万点を超えるラインナップ。オザックスを中心とするオーキッドグループは国内5社、海外6社（上海・シンガポール・台湾・タイ・マレーシア・ベトナム）のネットワークを活かし、企業の業務推進を強力にサポートする。

小津産業 株式会社
OZU CORPORATION

〒103-8435　東京都中央区日本橋本町3-6-2
TEL 03-3661-9400
FAX 03-3249-0686
ホームページ https://www.ozu.co.jp/

柴﨑治社長

【事業所】 大阪支店：〒541-0048　大阪市中央区瓦町2-3-10　瓦町中央ビル　TEL 06-6226-4184
【倉庫・配送センター】 埼玉物流センター：埼玉県さいたま市
【創業】 1653（承応2）年
【設立】 1939（昭和14）年12月6日
【資本金】 13億2,221万円
【決算期】 5月
【役員】 取締役会長＝今枝英治　代表取締役社長＝柴﨑治　取締役＝村尾茂　取締役＝三﨑剛志　取締役＝立野智之　取締役＝穴田信次　取締役＝山下俊史　取締役＝阿部光伸　常勤監査役＝近藤聡　監査役＝深山徹　監査役＝山本千鶴子
【従業員数】 計99名〈2022.5期〉
【主要株主と持株比率】 小津商店28.92％　取引先持株会3.43％　日本マスタートラスト信託銀行㈱ 1.53％
【取引金融機関】 みずほ　三井住友　三菱UFJ　静岡　みずほ信託
【関係会社】 オズテクノ㈱（東京都中央区／不織布の加工＝資本金2,500万円）　日本プラントシーダー㈱（東京都中央区／農業用資材および機材の製造、販売＝資本金8,500万円）　㈱ディプロ（愛媛県四国中央市／不織布製品の製造、販売＝資本金8,160万円）、エンビロテックジャパン㈱（東京都中央区／過酢酸製剤の販売、仲介、輸出入＝資

本金1億円） 小津（上海）貿易有限公司（中国上海市／中国における不織布製品の販売、輸出入＝資本金100万人民元） ㈱旭小津（東京都中央区／不織布製品の加工＝資本金2,000万円）

【所属団体】 東京都紙商組合　日本洋紙板紙卸商業組合　東京洋紙同業会　全国家庭紙同業会連合会　東京紙商家庭紙同業会　東京商工会議所　日本不織布協会　社団法人日本衛生材料工業連合会　全国マスク工業会（順不同）

【沿革】 1653（承応2）年8月、伊勢松阪出身の小津清左衛門長弘が江戸の商業地、大伝馬町（現本社所在地）に全国の地方問屋に和紙を販売する中央問屋として創業。江戸時代は木綿や鰹節なども取り扱う。明治・大正時代には、洋紙の販売を始め、紡績会社や銀行などを経営する。

　1929（昭和4）年、法人組織化すべく合資会社小津商店を設立。不動産管理、火災損害保険代理業などを手掛ける。1939（昭和14）年、小津商事株式会社を設立。1944年（昭和19）年、現在の社名である小津産業株式会社に社名変更。昭和時代には、洋紙と家庭紙・日用雑貨の取り扱いを中心に調布、大阪、千葉、埼玉などに営業所や物流センターを設けた他、グループ会社の合併や会社設立など業容拡大に意欲的に努める。1973（昭和48）年、不織布製品の加工を目的として、旭化成工業㈱（現旭化成㈱）と折半出資により㈱旭小津を設立。

　平成時代には、1989（平成元）年に東日本の加工拠点としてオヅテクノ㈱を設立したことを皮切りに、5カ所の物流センターの設立および移転、国内外に9カ所の営業所の新設、2カ所の海外現地法人設立などを行う。また、1996（平成8）年2月に日本証券業協会に株式を店頭公開、2001（平成13）年6月に東京証券取引所 市場第二部に株式を上場、2014（平成26）年7月には市場第一部に株式を上場。1997（平成9）年11月に厚生省（現厚生労働省）より医療用具製造許可（GMP）取得、2007（平成19）年4月品質マネジメントシステム ISO9001取得など、公開会社として業務体制を整えた。

　1999（平成11）年3月に新事業への進出を目的としてアグリ関連事業を営む日本プラントシーダー㈱、2006（平成18）年9月に家庭紙卸の基盤拡大を目的として㈱紙叶（現アズフィット㈱）、2013（平成25）年5月に不織布のウェット加工を行う株式会社ディプロ、それぞれの発行済全株式を取得し子会社化。

　業容を拡大する一方で、営業拠点などの統廃合や事業ポートフォリオの見直しを行い、2021（令和3）年には、家庭紙卸であるアズフィット㈱の80％の株式をセンコーグループホールディングスに譲渡。現在では、様々な分野における機能性不織布製品の企画開発から製造・販売をメインとしている。

【特色】 創業1653年。不織布専門商社として、半導体や電子部品、製薬等のクリーン環境下の製造現場、医療・介護、コスメ、コンシューマー等幅広くビジネスを展開。「より清潔・より快適」をキーワードに、400年超えて在り続けるために発展し続ける。

【企業理念】『わたしたちは、伝統とは継続的な開拓の歴史との認識のもと、お客さまの満足や喜びを第一に考えた新しい付加価値を提案し、豊かな暮らしと文化に貢献してまいります。』という企業理念を掲げています。温故知新の精神を具現化し続けることで、お客さまに安心感を提供し、さらなる高みを目指していくことができると考えています。

株式会社 小野田

〒421-1212 静岡市葵区千代1-14-33
TEL 054-277-2001
FAX 054-277-2007

【事業所】 倉庫：静岡市
TEL 054-278-7575

【設立】 1945（昭和20）年11月

小野田眞社長

【資本金】 1,200万円

【決算期】 3月

【役員】 社長＝小野田眞　取締役＝小林博巳　監査役＝岡崎庄策

【従業員数】 17名

【主要株主と持株比率】 小野田眞75%、ほか25%

【取引金融機関】 静岡・本店、静岡信用金庫

【品種別売上構成】 洋紙40%、板紙40%、特殊紙、包材20%

【主要販売先】 理研軽金属工業、ほか県庁などの官公庁および静岡市内の印刷・紙器業者

【主要仕入先】 齊藤商会、旭洋、エム・ビー・エス

【所属団体】 日本洋紙板紙卸商業組合、中部洋紙商連合会、静岡県洋紙会、静岡紙商協同組合

【企業の特色】 地元のユーザーニーズに即応した商品開発で売上げの向上を目指す。また特殊紙など他社で扱わないものを扱い、さらに紙を加工した高付加価値化製品やブランド品の開発にも努める。今後とも健全経営を行っていく方針。

柏原紙商事 株式会社

〒103-0027　東京都中央区日本橋1丁目2番6号
黒江屋国分ビル4F
TEL 03-3271-1211
FAX 03-3271-5609
ホームページ http://www.kashiwabara-kami.co.jp/
Eメール kashiwabarakami@nifty.com

柏原昌和社長

【事業所】　大阪支店：〒541-0059　大阪市中央区博労町1丁目3番6号
TEL 06-6271-0171　FAX 06-6271-8615
【倉庫・配送センター】　柏原倉庫㈱：〒104-0044 東京都中央区明石町1番33号　布施倉庫：〒577-0835 東大阪市柏田西3丁目8番35号
【創業】　1884（明治17）年7月1日
【設立】　1924（大正13）年1月4日
【資本金】　2億円
【決算期】　9月
【役員】　取締役会長＝柏原孫左衛門　代表取締役社長＝柏原昌和　代表取締役副社長（大阪支店長）＝岸 能弘　取締役（東京本店長）＝吉留 勝　取締役（大阪支店次長）＝髙山利夫　監査役＝前本隆夫　監査役＝上野 朗
【従業員数】　男子29名・女子14名　計43名（うち東京：男子10名・女子8名　計18名）
【取引金融機関】　三菱UFJ・日本橋、船場中央　百五・東京、大阪　八十二・大阪　南都・大阪
【計数管理システム】　サーバー＝IBM：IBMi×2台
【関係会社】　㈱黒江屋　柏原倉庫㈱　柏栄サービス㈱　柏原ビル㈱　丸柏ビル㈱　ほか数社

【業績】
	21.9	22.9	23.9	24.9
売上高 (100万円)	5,975	6,640	7,054	6,931
当期利益 (1万円)	6,720	9,635	1,969	1,508

【主要販売先】　〈板紙関係〉コクヨ　ナカバヤシ　リヒトラブ　榊紙店　明幸　三輪商店　シミズ　高山徳洋紙店　永井産業　FPタイコー　木野川紙業　熊田洋紙店　昭和　松村洋紙店　大同紙販売　飯島　ほか卸商約150社　〈洋紙関係〉羊土社　診断と治療社　ロータリーの友　ワニブックス　瀬味証券印刷　山本海苔店　ほか約100社
【主要仕入先】　日本製紙　王子マテリア　アテナ製紙　大和板紙　王子エフテックス　富士共和製紙　岡山製紙　大昭和加工紙業　大昭和紙工産業　三菱王子紙販売　国際紙パルプ商事　北越紙販売　旭洋　丸紅　金星製紙　ほか
【所属団体】　大阪板紙代理店会　大阪府紙商組合　日本洋紙板紙卸商業組合　東京板紙代理店会　東京洋紙同業会　東京都紙商組合
【沿革】　1884（明治17）年7月1日、9代柏原孫左衛門の個人商店として三菱製紙㈱の前身、神戸製紙所の関東における一手販売代理店として発足。

1898（明治31）年、神戸製紙所が三菱製紙の経営に移ったが、引き続き同社製品の代理店として営業を行う。1917（大正6）年11月、現在地に大阪支店を開設。1924（大正13）年1月、㈱柏原洋紙店となる。

1972（昭和47）年4月、流通機構の改革により菱三商会と営業部門を分割合併、新会社の三菱製紙販売㈱が設立され、柏原洋紙店の三菱製紙代理店の営業は中止となる。大阪支店は従来から取り扱っていた板紙の専門代理店として営業を継続。

75年1月、柏原紙商事㈱に商号変更。83年1月、本店は板紙メーカーの代理店として営業を再開。

96（平成8）年4月、関連会社の柏和紙業㈱と合併。柏原紙商事㈱が存続会社となり、現在に至る。

大阪支店

〒541-0059　大阪市中央区博労町1丁目3番6号
TEL 06-6271-0171　FAX 06-6271-8615
【倉庫・配送センター】　布施倉庫：〒577-0835 東大阪市柏田西3丁目8番35号　TEL 06-6728-9115
【土地・建物】　大阪支店：土地 1,681m^2、建物 2,321m^2　布施倉庫：土地 5,000m^2、建物 5,500m^2
【支店開設】　1917（大正6）年11月
【役員】　代表取締役副社長（大阪支店長）＝岸 能

弘　取締役（大阪支店次長）＝髙山利夫　監査役＝前本隆夫

【幹部】　営業部長＝清水秀樹　営業部長＝橋本雅晴　業務部長＝木村俊哉　仕入部長＝石田貴久　総務部長＝原和幸

岸能弘代表取締役副社長

【従業員数】　25名

【取扱品目】　高級板紙　特殊板紙　白ボール　色板紙　機能紙　環境対応紙　紙管原紙　ほか

【仕入先】　アテナ製紙　王子エフテックス　王子マテリア　岡山製紙　大和板紙　日本製紙　富士共和製紙　金星製紙　ほか

【販売先】　関西・中四国地区卸商130社、コクヨ、ナカバヤシ、リヒトラブ、ほか直需数社

【沿革】　1884（明治17）年、9代目・柏原孫左衛門の個人商店として三菱製紙の前身、神戸製紙所の製品を関東において一手販売する代理店として発足し、1917（大正6）年には現在地の大阪博労町1の5に大阪支店を開設。72（昭和47）年、三菱製紙の代理店部門を分離し、㈱カシワを設立。㈱カシワは㈱菱三商会と合併して三菱製紙販売㈱となり、柏原洋紙店の三菱製紙の代理店としての業務は中止。大阪支店は従来から扱っていた板紙の専門代理店として営業を続行。2017年11月には大阪支店開設100周年を迎えた。

【営業方針】　板紙専業代理店としてメーカー、得意先と協力して安定供給責任を果たし、市況の安定を図り、人の和を大切にして共生を目指し、無益なシェア争いをせず、価格を大切にした順当な営業成績を得ることを営業の基本方針としている。

「自らの利益だけではなく、社会を利することを根本にせよ」との社訓に従って仕入先、得意先と相互信頼に基づいた営業活動を実行したいと心掛けている。

株式会社 兼 子

〒424-0204　静岡県静岡市清水区興津中町990番地　TEL 054-369-1178　FAX 054-369-2177

ホームページ https://www. k.kaneko.com

Eメール info@k-kaneko.com

【事業所】　本社静岡オフィス、関東支社、東京事務所　工場；本社第1、本社第2、船橋、市原、埼玉、埼玉戸田、川越、川崎、横浜、横浜戸塚、湘南、静岡、御殿場、浜松、長野、金沢、高松、福岡　出張所：群馬、川口、神辺、浜松南、福岡飯塚、神戸、福岡古賀、滝野

【関連会社】　㈱ECO兼子　本社；〒463-0089　愛知県名古屋市守山区西川原町273　TEL 052-792-3038　FAX 052-792-6858　工場；名古屋、名古屋港、小牧、岐阜　徳三運輸倉庫㈱　駿興製紙㈱　上海友興紙業有限公司　NPO法人資源リサイクルネットワーク

【役員】　代表取締役社長＝兼子卓三　専務取締役＝早川義一　専務取締役＝上野秀之　常務取締役＝田中善光　監査役＝兼子裕章

【創業】　昭和23（1948）年

【設立】　昭和56（1981）年3月

【資本金】　2,000万円

【決算期】　10月

【従業員】　407名（グループ計1,000名）

【主要機械設備】　昭和製ラージベーラー48台、エモト機工ラージベーラー15台、渡辺鉄工ラージベーラー8台、その他ラージベーラー13台、破砕機15台、断裁機15台、減容機19台、溶解機4基

【月間取扱高】　45,000t

【主要仕入先】　各官庁　印刷会社　製本会社　段ボール製造各社　印刷紙器会社　各学校　金融機関　一般企業

【主な納入先】　王子グループ　日本製紙　大王製紙　レンゴー　特種東海ホールディングス　興亜工業　丸富製紙　駿興製紙　ほか

【取引銀行】　三井住友　三菱UFJ　静岡

【沿革】　1948（昭和23）年、清水市興津にて兼子商店創立。74年8月、静岡工場開設、81年4月、

法人に改組し株式会社兼子設立。1989（平成元）年6月名古屋工場、95年7月埼玉工場、96年10月岐阜工場、98年11月湘南工場、99年10月横浜工場、同年12月金沢工場、2000年11月長野工場、01年10月浜松工場、02年1月富士工場、03年10月船橋工場、04年10月横浜戸塚工場、05年7月福岡工場、同年8月埼玉戸田工場、08年4月高松工場、10年6月関東支社、14年10月川崎工場、17年10月浜松南出張所、18年2月福岡飯塚出張所、同年6月川越工場、20（令和2）年4月神戸出張所、23年5月本社静岡オフィス、24年4月滝野出張所、同年11月に㈱コスモ紙業、㈱みくりや紙業、㈲末広商店を吸収合併し、市原工場、御殿場工場を順次開設。

【特色】 ISO14001、ISO27001、ISO9001、プライバシーマークの使用許諾認定を受けている。関連企業に製紙会社と運輸倉庫会社を配し、厳重な管理下で機密書類の回収・輸送、溶解、製紙・加工を一貫して行っている。

釜谷紙業 株式会社

本社：〒675-0038　兵庫県加古川市加古川町木村85＝包材部
TEL 079-424-2222 代表
FAX 079-425-5555

釜谷泰造社長

【事業所】 姫路事業所：〒671-0223　兵庫県姫路市別所町北宿1156　洋紙部・特販部＝TEL 079-253-2222　FAX 079-253-0055　段ボール部＝TEL 079-253-3333　FAX 079-253-4444　神戸営業所：〒652-0812　神戸市兵庫区湊町1-14-9　TEL 078-671-3333　FAX 078-671-3384
【創業】 明治23（1890）年
【設立】 昭和26（1951）年5月
【資本金】 4,800万円
【決算期】 2月
【取引銀行】 三井住友、姫路信用金庫、但陽信用金庫各加古川

【役員】 代表取締役社長＝釜谷泰造　会長＝釜谷雅文　名誉会長＝釜谷和明　相談役＝釜谷研造
【従業員】 80名
【関係会社】 神戸釜谷紙業㈱　太陽紙工㈱　釜谷商事㈱
【仕入先】 三菱王子紙販売　EBS　国際紙パルプ商事　台湾龍盟　Hansol製紙　積水化学　積水樹脂　レンゴー　ほか
【沿革と特色】 明治以前、高砂において乾物・紙・日用雑貨商を営む。1890（明治23）年、釜谷とくがその先代釜谷庄一郎より紙部門の新宅分けを受け、釜谷紙店として創業。初代釜谷竹松が代表者となる。明治後期、三菱製紙高砂工場創設とともに特約販売店となる。1923（大正12）年二代目釜谷竹松が代表となる。1951（昭和26）年法人に改組し釜谷紙業㈱となり、釜谷定雄が社長に就任した。1954（昭和29）年本社を加古川に移転。1963（昭和38）年神戸営業所を開設。1966（昭和41）年姫路工場建設、段ボール事業部を移転。1977（昭和52）年洋紙事業部を姫路事業所に移転。

1989（平成元）年本社事務所新築。1992（平成4）年姫路事業所事務所新築。洋紙・板紙卸売、段ボールケース製造販売、包装資材、包装機械販売と多角経営を進め、特に台湾龍盟の「ストーンペーパー」については、2025（令和7）年1月に社長に就任した釜谷泰造が常務時代の2010（平成22）年に輸入元となり、それを切っ掛けに、「オリジナル環境商品のサプライヤー」を標榜し、世に発信している。本年創業135年を迎えた老舗企業である。釜谷研造相談役は兵庫県議会議員を2019年4月まで7期28年間務め地方自治の発展に貢献した。
【キャッチフレーズ】 対内的には「社員の幸福応援企業」、対外的には「伝統の力で未来を創る」を掲げている。

株式会社 KAMIOL

〒940-0004　新潟県長岡市高見町17-1
TEL 0258-24-2300　FAX 0258-24-1340
ホームページ http://www.kamiol.co.jp
【事業所】 新潟支店：〒950-0162 新潟市江南区亀

田 大月 2-5-30　TEL 025-381-1800　FAX 025-381-1588
東京支店：〒101-0042　東京都千代田区神田東松下町43　工業ビル3F　TEL 03-5289-7326　FAX 03-3257-0635
大阪支店：〒533-0033　大阪市東淀川区東中島 1-21-2-508　TEL 06-6323-0001　FAX 06-6323-0002

【創業】　1924（大正13）年1月
【設立】　1971（昭和46）年2月
【資本金】　5,000万円
【決算期】　3月
【役員】　会長＝荒木次雄（1951.8.10生、慶応義塾大卒）　代表取締役社長＝荒木亨崇（1985.11.20生、青山学院大卒）　取締役＝荒木理崇　取締役＝荒木利奈
【従業員数】　42名
【関係会社】　eeevo malaysia Sdn Bha　㈱eeevo japan　㈱アソピア
【主要販売先】　県内一円印刷業者・関東一円印刷業者
【主要仕入先】　新生紙パルプ商事　大王製紙　丸紅　日本紙パルプ商事　シロキ　イムラ封筒
【所属団体】　日本洋紙板紙卸商業組合
【取引先との関係団体】　サクラテラス　SPP会　JP会　白菱会　双鳩会

カミ商事 株式会社
Kami shoji Co., Ltd.

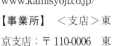

〒799-0404　愛媛県四国中央市三島宮川 1-2-27
TEL 0896-23-5400
FAX 0896-23-5476
ホームページ http://www.kamisyoji.co.jp/

井川博明社長

【事業所】　＜支店＞東京支店：〒110-0006　東京都台東区秋葉原1-1　秋葉原ビジネスセンタービル7階　TEL 03-5207-8171　FAX 03-5207-8177　名古屋支店：〒460-0003　名古屋市中区錦 2-5-12　パシフィックスクエア名古屋錦6階　TEL 052-209-7611　FAX 052-209-7550　大阪支店：〒530-0043　大阪市北区天満 1-25-17　TEL 06-6354-1221　FAX 06-6354-3750　九州支店：〒812-0006　福岡市博多区上牟田 2-9-26　TEL 092-472-2635　FAX 092-472-4299
＜営業所＞仙台営業所：〒984-0015　仙台市若林区卸町 2-2-1　パックス第2ビル1F　TEL 022-283-1521　FAX 022-283-1523　広島営業所：〒734-0013　広島市南区出島 1-3-1　TEL 082-250-1203　FAX 082-250-1208　鳥取営業所：〒680-0865　鳥取市古市185　三洋製紙㈱内　TEL 0857-27-7130　FAX 0857-27-6320
＜連絡所＞札幌連絡所：〒063-0869　札幌市西区八軒九条東 4-3-7-101号　TEL 080-6847-7059　盛岡連絡所：〒020-0837　盛岡市津志田町 1-1-85-603号　TEL・FAX 019-681-8425

【倉庫・配送センター】　川崎物流センター、大阪南港物流センター、鳥取流通センター、寒川物流センター、関東物流センター
【創業】　1913（大正2）年
【設立】　1962（昭和37）年4月26日
【資本金】　4,800万円
【決算期】　6月
【役員】　代表取締役＝井川英明　代表取締役社長＝井川博明　取締役会長（非常勤）＝井川和康　常務取締役（総務部門兼情報システム部門管掌）＝藤田耕　常務取締役（資材部門管掌）＝岡誠司　常務取締役（家庭紙部門兼衛材部門管掌）＝苅田哲也　取締役相談役（非常勤）＝井川和永　取締役（非常勤）＝井川正　取締役（板紙営業本部長）＝村上直史　監査役＝大西政広
【従業員数】　男子125名・女子76名　計201名
【主要株主と持株比率】　愛媛製紙40％　㈱丸和15％　日本興運12％　その他33％
【取引金融機関】　愛媛・三島　農林中金・高松　商工中金・松山　農林中金・高松
【関係会社】　愛媛製紙㈱、三洋製紙㈱、日本興運㈱、㈱丸和、エルモア㈱、エルモア関東㈱、広島段ボール㈱、九州ケース㈱、日本紙器㈱、オークラ製紙㈱、カミ鉄工㈱、㈱ニッキ、ハクビ化学㈱

【業績】	21.6	22.6	23.6	24.6
売上高 (100万円)	101,957	104,768	111,648	116,277
営業利益 (以下1万円)	435,332	222,999	2,983	254,033
経常利益	475,437	268,748	41,931	301,008
当期利益	325,459	179,534	56,974	191,546

【品種別売上構成】 家庭紙・衛材 40％ 板紙 30％ 古紙・パルプ・工業薬品 25.3％ 洋紙 4.7％

【主要販売先】 愛媛製紙 あらた 丸和 三洋製紙 アスト 関 旭洋 伊藤忠紙パルプ J-NET カルタス ダイヤトレーディング 日商岩井紙パルプ 王子コンテナー 文昌堂 九州ケース セキ ニック その他

【主要仕入先】 愛媛製紙 三洋製紙 丸和 丸紅 伊藤忠商事 国際紙パルプ商事 日商岩井紙パルプ 新和産業 出光興産 丸総商店 ニッキ カネシロ その他

【所属団体】 日本家庭紙工業会 日本衛生材料工業連合会 機械すき和紙連合会 日本製紙連合会 段ボール原紙委員会 （公財）古紙再生促進センター

【沿革】 1913（大正2）年3月に創業。62（昭37）年4月、資本金1,500万円で現社設立。64年8月、現資本金に増資。73年、現本社社屋完成。78年4月、家庭紙の生産を開始。86年4月、紙おむつ加工工場を新設。93（平成5）年、農用再生紙"カミマルチ"を開発し販売を開始。97年10月、紙おむつの新工場を建設。2000年11月、伊予三島市（現・四国中央市）寒川町に物流センターを建設するとともに大型自動ラック倉庫を建設。02年7月、同倉庫を増設。05年、烟台大茂包装制品有限公司（中国・山東省）設立（パルプモールド生産）。07年、茶殻配合紙の特許取得。15年、紙おむつで、医療機器の品質マネジメント国際規格 ISO13485/2003 の認証を取得。20（令和2）年10月、三島事業所自動倉庫新設。

【企業の特色】 「古紙のリサイクル」と「環境へのいたわり」を念頭に、原料の調達から製紙・加工・物流・流通までを手がける紙の総合商社。取扱製品は中芯、ライナーをはじめとする産業用紙、新聞用紙、印刷やOA関連などに使用されている一般洋紙、ティシューペーパーやトイレットロールなどの家庭紙、大人用紙おむつ、古紙・パルプなどの製紙原料、古紙を利用した包装材・パルプモールド製品、農用再生紙など。最近ではアモルファス化セルロース成形体（アモルセル®）の研究、羽毛の特色を生かした羽毛紙や茶殻の有効成分・カテキンを再利用した茶香紙などの商品開発にも取り組んでいる。

【経営理念】 努力・和・誠実

東京支店

〒110-0006 東京都台東区秋葉原 1-1 秋葉原ビジネスセンタービル7階

TEL 03-5207-8171 FAX 03-5207-8177

【支店長】 取締役＝苅田哲也

【従業員数】 38名

名古屋支店

〒460-0003 名古屋市中区錦 2-5-12 パシフィックスクエア名古屋錦6階

TEL 052-209-7611 FAX 052-209-7550

【支店長】 執行役員＝渡辺毅

【従業員数】 17名

大阪支店

〒530-0043 大阪市北区天満 1-25-17

TEL 06-6354-1221 FAX 06-6354-3750

【支店長】 執行役員＝西原研二

【従業員数】 24名

九州支店

〒812-0006 福岡市博多区上牟田 2-9-26

TEL 092-472-2635 FAX 092-472-4299

【支店長】 執行役員＝山本 勉

【従業員数】 18名

株式会社 紙 弘

〒860-0823 熊本市中央区世安町 378-4

TEL 096-353-3381 FAX 096-352-4566

【事業所】 福岡支店：〒812-0051 福岡市東区箱

崎ふ頭 6-6-37　TEL 092-651-7961　FAX 092-631-0100

富合物流センター：TEL 096-284-6161　FAX 096-284-6162

【創業】　1946（昭和 21）年 9 月

深浦 修 社長

【設立】　1948（昭和 23）年 6 月 18 日
【資本金】　4,000 万円
【役員】　社長＝深浦 修
【従業員】　男子 56 名・女子 16 名　計 72 名
【売上高】　35 億円
【取扱品目】　洋紙 70％　板紙 5％　家庭紙 5％　その他 20％
【販売先】　熊本県下 55％　福岡県下 35％　その他 10％
【主要仕入先】　日本紙パルプ商事　新生紙パルプ商事　大王製紙　国際紙パルプ商事　エム・ビー・エス　日本紙通商
【沿革】　1946（昭和 21）年、深浦弘氏が熊本市塩屋町（現新町）で個人創業。その後、48 年 6 月㈲紙弘商店を設立、51 年本社を唐人町に移転、62 年福岡支店を開設、69 年には本社を現在の熊本市世安町に移転、77 年福岡市東区に箱崎店を開設するなど積極的な事業展開を図り、業容を拡大した。83 年には株式会社への改組を機に㈱紙弘に社名を変更、2000 年には安田紙商事㈱を合併し、地元熊本市場の深耕を強化した。そして 08 年 6 月には創業 60 周年を迎え、同年 11 月には収容能力約 2,000t、敷地面積 4,480m² の富合物流センターを竣工して物流機能の高度化を実現している。

　販売品目も紙だけにとらわれず、OA 機器によるオフィスのトータルプランニングや事務用品の販売ほか、顧客の幅広いニーズに対応できる物流体制を確立するなど、九州地区を代表する卸商として地域密着型の営業展開を進めている。

深浦修社長は一橋大学経済学部卒業後、三井物産、日本紙パルプ商事を経て㈱紙弘に入社、94 年社長に就任した。九州卸商業界の論客としても著名で、10 年までの 7 年間、九州洋紙商連合会々長に就き、また日紙商副理事長を務めて中央とのパイプ役を果たしてきた。その間、一貫して地方卸商の立場を主張し、紙流通業界の課題解決に向け取り組んできた九州卸商業界の傑人として知られている。

株式会社 紙藤原

〒158-0097　東京都世田谷区用賀 1-27-22
TEL 03-3700-4411　FAX 03-3700-8739
ホームページ http://www.kamifujiwara.co.jp
E メール info@kamifujiwara.co.jp
【創業】　1903（明治 36）年 8 月
【設立】　1959（昭和 34）年 8 月
【倉庫・配送センター】　本社（土地 1,380m²、建物 2,220m²）
【資本金】　5,000 万円
【決算期】　6 月
【役員】　社長＝藤原健時
【従業員数】　37 名
【取引金融機関】　横浜・玉川　三井住友・二子玉川　みずほ・玉川　三菱 UFJ・玉川
【設備】　機械：断裁機 4 台、スタッカー、梱包機、結束機　車両：営業車 7 台、貨物車 8 台、フォークリフト 6 台
【主要販売先】　世田谷区　総務省統計局　東京都　各公共団体　そのほか印刷会社を主体に 400 社程度
【主要仕入先】　新生紙パルプ商事　小津産業　北越紙販売　竹尾　平和紙業
【所属団体】　日本洋紙板紙卸商業組合　東京洋紙同業会　東京都印刷工業組合
【沿革】　1903（明治 36）年 藤原光太郎が東京・牛込余丁町で和紙商を個人創業。32（昭和 7）年 世田谷区北沢 3 丁目に移転。戦後の 59（昭和 34）年 株式会社に改組。62 年 藤原清が代表取締役に就任。64 年 現在地へ移転。72 年 資本金を 400 万円に増資。73 年 資本金を 1,000 万円に増資。76 年資本金を 3,000 万円に増資。86 年 新倉庫完成。90（平成 2）年 新社屋完成。97 年 藤原喜久子が代表取締役社長に就任。

2002（平成14）年 ISO14001 認証取得。03年 創業100年。第1回無担保社債発行。04年 隣接地を取得し倉庫、工場を増設。05年 森林管理協業会（FSC）のCoC認証を取得。09年 東京都中小企業投資育成㈱の出資を受け資本金を5,000万円に増資。14年 藤原健時専務が代表取締役社長に就任。

【企業の特色】　1903年の創業以来、一貫して「紙の供給」を通じて社会に貢献することに励んできた。主要顧客には官公庁、横浜銀行など大手中堅企業も多く、この数十年来安定した収益を上げている。正確な受注システムと高い紙加工、配送ノウハウを合わせ高品質短納期のデリバリーを実現し顧客の支持も高い。近年は紙加工や印刷分野にも力を入れ、事業の柱の一つとしている。

【経営理念】　紙についての幅広い専門知識とフットワークを活かして、紙に関する顧客のあらゆる要望に応えするとともに、より豊かな紙の利用の提案を通じて、より一層社会に貢献し続けていくことを願っている。

紙ぷらす株式会社
Kamiplus Co., LTD.

〒930-0048　富山市白銀町2-5
TEL 076-423-1148
FAX 076-424-0909
ホームページ https://www.kamiplus.co.jp
Eメール general@kamiplus.co.jp

若林啓介 代取会長

【倉庫・配送センター】　富山物流センター：〒939-8221　富山県富山市八日町247-19（土地7,514㎡　建物3,389㎡）　射水物流センター（土地4,641㎡、建物2,758㎡）
【創業】　1873（明治6）年3月
【設立】　1948（昭和23）年3月
【資本金】　3,000万円
【決算期】　12月
【役員】　代表取締役会長＝若林啓介（1952.10.29生、一橋大卒、1988.4.1入）　代表取締役社長＝金子淳志（1967.6.17生、1992.4.1入）　常務取締役＝阿部泰人（1957.3.28生、1979.4.2入）　常務取締役＝松岡親生（1958.3.27生、1980.4.1入）　取締役（営業本部長）＝成瀬崇（1970.10.24生 1991.3.25入）　取締役（物流部長）＝竹部勝　取締役（非常勤）＝浅野李沙　監査役（常勤）＝若林範子（1954.4.27生、2009.3.21入）　監査役（非常勤）＝橋本康（1953.1.12生）
【幹部】　射水物流センター長＝成川勝
【従業員数】　男子24名・女子21名　計45名（平均年齢54歳）
【主要株主】　若林啓介49.75%　浅野李沙15%
【取引金融機関】　北陸・本店　富山信金・本店　富山第一・本店
【計数管理システム】　サーバー＝ホスティング　端末＝30台
【設備】　断裁機5台＝イトーテック：JAC-137×3、JAC-115×1、同：JAC-100×1（給紙機4台＝イトーテック：RFL1.4×2　排紙機4台＝イトーテック：RU4.0LB×2　RU1.3×1　RU1.4×1）フォークリフト11台＝トヨタ：7FBE他×7　トラック10台＝7t車1台、3t車1台、2t車4台、1t車2台、0.75t車2台
【関係会社】　第一共同印刷㈱（印刷＝持株比率31%）
【品種別売上構成】　洋紙34%　板紙54%　紙製品12%
【主要販売先】　北陸地区の印刷・紙器業者
【主要仕入先】　北越紙販売　日本紙パルプ商事　新生紙パルプ商事　立山製紙　三菱王子紙販売　イムラ
【所属団体】　日本洋紙板紙卸商業組合　中部洋紙商連合会　北陸洋紙商連合会　富山県洋紙会
【取引先との関係団体】　JP会　中部菱紙会 中部燦紙会　双鳩会
【沿革】　1873（明治6）年、二代目・若林元四郎によって創業。以来、合名会社から有限会社へと組織を変更し、1948（昭和23）年3月に株式会社に改組。当初より富山市中町（現 中央通り）に店舗があったが、58年5月より現在地に移転、富山市

中町の地域は再開発中。94（平成6）年にはコンピュータ制御による自動ラック倉庫を射水物流センターに増設。97年には情報化対応のため、本社の改装を行った。

2001（平成13）年　若林啓介社長就任。03（平成15）年㈱富山コクヨの株式をコクヨ㈱へ譲渡。14（平成26）年スダコー㈱の株式51％を取得、業務提携開始。20（令和2）年子会社インフォの清算に伴い一般建設業許可取得。23（令和5）年スダコー㈱と合併し社名を『紙ぷらす株式会社』に変更。

【社是・社訓】　「誠心誠意」

【企業の特色】　1873（明治6）年の創業以来、すでに150年になる。その間1971（昭和46）年には小杉町に物流センターを建設、94（平成6）年にはコンピュータ制御による自動ラック倉庫を増設し物流の効率化を図っている。子会社、関連会社を含め紙とその関連商品に注力している。2005年にISO9001とISO14001を同時取得するとともに、本社で屋上緑化を開始、また07年にFSCのCoC認証を取得するなど、"環境にやさしい"企業を目指している。

華陽紙業 株式会社

〒501-6123　岐阜県岐阜市柳津町流通センター1-14-1　アーバンスビル3F

TEL 058-279-3145　FAX 058-279-3144

ホームページ http://www.e-kayo.co.jp/

【創業】　1947年9月

【資本金】　3,500万円

【決算期】　12月

【役員】　社長＝白木雄一郎（1974.5.15生）

【従業員数】　30名

【取引金融機関】　十六・流通センター　岐阜信金・流通センター　大垣共立・岐阜

【主要販売先】　岐阜近隣の印刷会社　その他官公庁

【主要仕入先】　日本紙パルプ商事　新生紙パルプ商事　日本紙通商　EBS　北越紙販売　平和紙業　イムラ

【所属団体】　日本洋紙板紙卸商業組合

株式会社 川越紙店

〒880-0803　宮崎市旭1-1-4

TEL 0985-22-7105

FAX 0985-27-8515

ホームページ https://www.kawagoep.co.jp

川越聡社長

【事業所】　生目台パピックス（紙業部）：〒880-0943　宮崎市生目台西3-4-1　TEL 0985-54-0220　FAX 0985-54-0226　日向営業所：〒883-0062　宮崎県日向市大字日知屋字塩田16274　TEL 0982-52-0231　FAX 0982-52-0260

【創業】　1907（明治40）年3月

【設立】　1950（昭和25）年3月

【資本金】　1,200万円

【決算期】　7月

【役員】　社長＝川越　聡　専務取締役＝川越大輔　常務取締役＝永友英樹　取締役＝西山忠康　監査役＝川越ひろみ　社外取締役＝梅宮喜義

【従業員】　男子28名・女子16名　計44名

【取引金融機関】　宮崎・宮崎　日本公庫・宮崎

【関係会社】　㈲川越システム　㈱オフィスナガトモ

【主要販売先】　県下の印刷業者、官公庁、学校、一般企業など

【主要仕入先】　国際紙パルプ商事　新生紙パルプ商事　日本紙通商　平和紙業

【所属団体】　日本洋紙板紙卸商業組合　宮崎商工会議所　宮崎法人会

【特色】　1907（明治40）年の創業から118年の歴史を持つ宮崎県下トップクラスの紙卸商。印刷用紙を主力に地元紙流通の基幹的な役割を担うとともに、文具事務用品・事務機器・オフィス家具・OA機器などオフィス関連品のトータルコストアドバイザーとしての営業活動も展開している。

　印刷・情報用紙などの需要構造が変化する中、最適な提案や情報提供によって顧客満足度を高め、九州南部・宮崎から全国に発信できる創造的な企業経営を目指している。

関西紙業 株式会社
Kansai Papers Co. Ltd

〒 514-8546　三重県津市桜橋 3-53-5

TEL 059-225-8146　FAX 059-226-9929

ホームページ http://www.za.ztv.ne.jp/kansai/

E メール kansai @ za.ztv.ne.jp

【創業・設立】　1946（昭和 21）年 11 月

【資本金】　4,500 万円

【決算期】　5 月

【役員】　取締役会長＝鈴木秀昭（1944.10.26 生、慶応大卒、1970.3.31 入）　代表取締役社長＝鈴木琢也　常務取締役＝保地 源

【従業員数】　男子 21 名・女子 9 名　計 30 名（平均年齢 41 歳）

【主要株主と持株比率】　鈴木琢也 16.15％　鈴木秀昭 14.04％　国際紙パルプ商事 13.11％

【取引金融機関】　百五・津駅前　りそな・津

【設備】　断裁機 3 台　フォークリフト 5 台　トラック 6 台（2t 車）

【主要販売先】　三重県下の主要印刷会社

【主要仕入先と比率】　国際紙パルプ商事 45％　新生紙パルプ商事 20％

【所属団体】　日本洋紙板紙卸商業組合　中部洋紙商連合会　三重県紙商組合

【取引先との関係団体】　白羊会

【沿革】　1946（昭和 21）年 11 月 30 日、前会長の鈴木光夫が津市栄町 3 で創業・設立（資本金 18 万円）。51 年 6 月 1 日、本社を津市宿屋町 666 に移転。資本金を 200 万円に増資。64 年 12 月 28 日、本社を津市西検校町 1847 に移転。資本金を 800 万円に増資。74 年 7 月 31 日、本社を現在地の津市桜橋 3-53-5 に移転。資本金を 1,600 万円に増資。82 年 1 月 31 日、資本金を 3,600 万円に増資。2009 年 11 月 15 日、資本金を 4,500 万円に増資。

【社是・社訓】　＜社員の心がまえ＞＊私たちは、お客様に喜んでいただける仕事をします。＊私たちは、仕事を通じて地域社会のお役に立ちます。＊私たちは感謝の心を持ち、仲良く喜んで、進んで働きます。＊私たちは限られた資源を生かし、

大切に使います。

【特色】　1946 年の創業以来、一貫して三重県下全域に文化の担い手たる "紙" を安定供給することを使命とし、時代とともに変化する要求に的確に対応、小さい会社であっても「お客様に安心していただける会社」を目指し、努力してきた。"紙" を扱うことを誇りに、役員・従業員が一丸となって堅実経営に徹し、業務の発展を通して地域社会の繁栄に貢献していく。

九州紙商事 株式会社

〒 812-0857　福岡市博多区西月隈 3-2-14

TEL 092-401-0010

FAX 092-403-0040

【事業所】

佐賀支店：〒 847-0022　佐賀県唐津市鏡 2545-1

TEL 0955-77-2531　FAX 0955-77-3146

【設立】　2009（平成 21）年 10 月 1 日

【資本金】　2,000 万円

【決算期】　3 月

【役員】　代表取締役社長＝永井孝　取締役（非常勤）＝水木康雄　取締役（非常勤）＝山田貴史

【幹部】　営業本部長兼福岡本店長＝中澤規雄　佐賀支店長＝宮崎成樹

【従業員数】　男子 19 名・女子 3 名　計 22 名（嘱託を含む）

【取引金融機関】　福岡銀行　西日本シティ銀行

【品種別売上構成】　洋紙 60％　板紙 8％、その他 32％

【主要販売先】　福岡、佐賀、長崎県内を中心とする印刷会社、文具業者

【主要仕入先】　国際紙パルプ商事　新生紙パルプ商事　平和紙業　竹尾 ほか

【特色】　2009 年 10 月に旧佐世保紙㈱（長崎県：1948 年創業）と旧小松洋紙㈱（佐賀県：1948 年創業）が合併し、九州紙商事として発足。2011 年 4 月に㈳筑後紙商会（久留米市）、2013 年 6 月に㈱河原田和洋紙店（福岡市）を加え、地域密着型の老舗紙商として存在価値を発揮してきた 4 社が、長年にわたって築いた卸商機能と顧客の信頼を九紙（略

称）に集約し、未来志向の紙商として布石を打った。紙商があるべき将来像の実現に向けた取組みが期待されている。

共栄紙業 株式会社

阪本聖健社長

〒661-0033　兵庫県尼崎市南武庫之荘10-7-9
TEL 06-6437-0180
FAX 06-6432-6744
【事業所】　潮江工場：〒661-0976　兵庫県尼崎市潮江5-7-25　TEL 06-4961-7738　FAX 06-4961-7739　西宮浜工場：〒662-0934　兵庫県西宮市西宮浜2-28　TEL 0798-38-0302　FAX 0798-38-0303　西宮浜第二工場：〒662-0934　兵庫県西宮市西宮浜2-19-1　TEL 0798-42-8575　FAX 0798-42-8576　㈱タマヨリ：〒664-0027　兵庫県伊丹市池尻7-154　TEL 072-781-0242　FAX 0727-81-0242　関西製紙原料㈱：〒595-0814　大阪府泉北郡忠岡町新浜1-1-15　TEL 072-430-0381　FAX 072-430-0382
【役員】　社長＝阪本聖健　取締役＝中村誠　取締役＝阪本千代子
【創業】　1955（昭和30）年8月1日
【設立】　1993（平成5）年3月16日
【資本金】　5,000万円
【従業員】　86名
【主な納入先】　レンゴー　大津板紙　丸住製紙　大王製紙　日本紙パルプ商事　日商岩井紙パルプ　ほか
【主な仕入先】　大阪・阪神間
【ヤードと設備】　本社工場：敷地1,440㎡　B1台・TS1台　潮江工場：敷地1,545㎡　B1台・TS1台・破砕機1台　西宮浜工場：敷地3,300㎡　B1台・TS1台　溶融・減容機1台　西宮浜第二工場：敷地943㎡　大型選別・圧縮・梱包機1台　㈱タマヨリ：600㎡　B1台・TS1台　関西製紙原料㈱：3,823㎡　B1台・TS1台　減容機1台　選別ライン1台　破袋機1台

【特色】　1955年、阪本龍八氏が共栄商会として尼崎市南竹谷町で創設。地元大手メーカーであるレンゴー（旧セッツ）の古紙消費量が増加する中、73年に現在の本社工場を開設したことによりメーカーの量産に対応できる供給体制を確立し、取扱量は飛躍的に増加した。93年に法人組織に改め共栄紙業㈱を設立し、龍八氏の長男である阪本聖哲氏が社長に就任。その後、99年に古紙の輸出ヤードとなる西宮浜工場を開設し、溶融減容施設による発泡スチロールのリサイクルを開始。06年には機密処理の大型破砕施設を完備した潮江工場を開設。11年には飲料容器選別施設を完備したビン・缶・ペットボトル等の専用工場で、中間処理も行う西宮浜第二工場を開設。その後もヤードの拡充を進め、大本紙料との合弁で㈱北摂リサイクルセンター能勢工場・宝塚工場を開設。また、非鉄金属を扱う㈱タマヨリを開設。21年には関西製紙原料事業協同組合の継承により、古紙を主軸に廃プラ・RPF・中間処理なども手掛ける関西製紙原料㈱を設立し、問屋機能の強化と産廃処理能力の向上を図っている。

現社長の聖健氏（龍八氏の三男）は、近畿製紙原料直納商工組合の副理事長を務め、古紙業界の発展に尽力している。このような事業展開、業界活動への取組み、歴代社長の人柄から関係者の信頼も厚く、業界の正統派として循環型社会の形成を積極的に推進している。

共益商会グループ

赤染マリリン社長

〒140-0013　東京都品川区南大井6-8-11
TEL 03-3763-9431
FAX 03-3763-9435
ホームページ http://www.kyoeki-s.co.jp
【国内事業所】　品川営業所：〒140-0013　東京都品川区大井6-8-11　TEL 03-3763-1406　横浜営業所：〒222-0037　神奈川県横浜市港北区大倉山6-1-11　TEL 045-546-1611　横浜資源化センター：

〒222-0037　神奈川県横浜市港北区大倉山7-1-6　TEL 045-541-1150　町田営業所：〒194-0004　東京都町田市鶴間 7-25-1

【海外拠点】　フィリピン：イサベラ第一工場　ブラカン第二工場

【関連会社】　㈲丸栄：〒410-0302　静岡県沼津市東椎路 3-1　TEL 055-921-3621　㈱永野紙興：〒194-0004　東京都町田市鶴間 7-25-1　TEL 03-6410-8753　㈱南紙商：〒224-0026　神奈川県横浜市都筑区南山田町 4625-1　TEL 045-594-3831

【創業】　1937（昭和12）年6月7日

【資本金】　5,000万円

【決算期】　2月

【役員】　代表取締役社長＝赤染マリリン　取締役＝赤染朋子　取締役＝中村正実　取締役＝菊池ひとみ　監査役＝島野雅人

【従業員】　250名（グループ全体）

【年間売上高】　27億円（グループ全体）

【主な納入先】　王子マテリア　レンゴー　興亜工業　丸三製紙　春日製紙工業　特種東海エコロジー　ほか

【主な仕入先】　京浜地区集荷業者・産廃業者を中心に大手スーパーチェーン、各種自治体ほか

【沿革】　1937（昭和12）年6月、先々代・赤染房太郎氏が合資会社共益・商会を東京都品川区鈴ヶ森町で創業。38年4月、品川区南大井 1-18-3 に本社および倉庫を建て営業を開始。48年4月、大森営業所開設。51年11月、㈱共益・商会に改組。58年、横浜営業所開設・96（平成8）年、赤染清康氏が社長に就任。97年9月、本社を移転。2009（平成21）年11月、静岡県沼津市の㈲丸栄をグループ企業化。15年3月、横浜資源化センターを開設。海外ではフィリピンにおいて15年にイサベラ第一工場、18年にブラカン第二工場を開設。16年11月、京浜地区の㈱永野紙興および㈱環境整備をグループ化。またグローバル化を推進するため、2000（平成12）年8月設立の㈲エム・エー・インターナショナルもグループ化した。社員の福利厚生にも注力し、2017年2月には横浜市港北区大倉山に5階建社宅を建設した。2018年9月、赤染マリリン氏が社長に就任。2023年に町田営業所を開設し、永野紙興を同地へ移転。2024年6月、㈱南紙商をグループ化。

【特色】　1937（昭和12）年創業の古紙直納問屋。常に時流に沿った会社の運営を目指している。東京都・神奈川県・静岡県を基盤に古紙・機密書類の処理、古着などの回収も行っている。古紙商品化適格事業所、エコアクション21を認証取得。

企業理念は〈顧客・取引先や近隣住民のほか、社業に関わる関係者、そして、当社の従業員が安心して有意義な生活ができる環境を構築すること〉で、この理念に基づき企業活動を行っている。世界的にリサイクルへの関心が高まる中、社業の社会貢献の重要性を再認識し、常識に囚われず、常に新たなことに挑戦し続けることができる企業でありたいと考えている。

また、近年では経営の刷新・合理化を図り、アルミ、古着、廃プラスティックなど取扱品目も増やしている。海外においてはフィリピンで2015年にイサベラ第一工場、18年にブラカン第二工場を開設。国内では16年11月に東京・大田区に本社のある㈱永野紙興および㈱環境整備をグループ化した。これで廃棄物からリサイクルまで、静脈産業を一貫して扱えるようになり、相乗効果は大きなものとなった。

共和紙料 株式会社

〒569-0833　大阪府高槻市唐崎南 2-5-1

TEL 072-678-0858㈹　FAX 072-677-4943

ホームページ http://www.kyowashiryo.co.jp

Eメール info@kyowashiryo.co.jp

【事業所】　高槻営業所：〒569-0833　高槻市唐崎南 2-5-1　高槻第二営業所：〒569-0831　高槻市唐崎北 2-23-1　長田営業所：〒577-0013　大東市長田中 5-2-8　東大阪営業所：〒577-0006　東大阪市楠根 2-2-34　門真営業所：〒571-0002　門真市四宮 2-10-6　八尾営業所：〒581-0026　大阪府八尾市曙町 1-54-2　港営業所：〒552-0013　大阪市港区福崎 3-1-91

【関連会社】　信和商事㈱　㈱天馬　㈱ケーアール

シー

【創業】 1951（昭和26）年4月

【設立】 1967（昭和42）年12月

【資本金】 3,000万円

【決算期】 9月

【役員】 代表取締役社長＝中村昌延　取締役＝二村孝文　取締役＝池原隆史

【従業員数】 50名

【取扱比率】 段ボール65％　新聞20％　雑誌5％　上物5％　その他5％

【主な納入先】 丸紅　福山製紙

【主な仕入先】 近畿一円

【主要設備】 ラージベール　トラックスケール　ショベル・リフト各種　自動選別解砕機　古紙選別ライン　プラスチック減容器　大型破砕機　パッカー車　ほか

【認証関係】 エコアクション21取得　プライバシーマーク取得　経営革新計画企業の認定（大阪府）

【受賞】 3R推進功労者等表彰　大阪府産業功労者表彰

【特色】 1951（昭和26）年の創業から74年の歴史を刻む大手古紙問屋。裾物3品を主力に高い品質基準の確保と安定供給に努めており、製紙メーカーからの信頼も厚い。主要得意先は、丸紅とその関係会社の福山製紙。丸紅との長年にわたる取引では一貫して同社の意向に沿った販売姿勢を堅持するとともに、初代社長の中村博前氏が〈共・信・和〉の経営理念を根底に据えた事業を展開し、現在の事業基盤を確立した。中村博氏の時代変化に即した取組みは2代社長の中村市太郎氏に受け継がれ、08年に引取車両中継地の港営業所を開設して物流機能の効率化・強化を図り、98年に開設した破砕による機密書類処理の専用ヤードである高槻第二営業所では、16年1月に機密情報処理用破砕機に入れ替えて処理能力を大幅に増強した。〈プライバシーマーク〉〈エコアクション21〉を取得し、3R推進功労者等表彰、大阪府計量協会関係功労者表彰（大阪府知事表彰）も受賞している。

2018年に3代社長に就任した中村昌延氏は、廃棄物減量化の社会的使命を事業活動の中核に据え、循環型社会形成推進のリーディングカンパニーとして躍進を続けている。

旭　洋 株式会社
KYOKUYO CO.,LTD

〒103-8262　東京都中央区日本橋本町1丁目1番1号 METLIFE日本橋本町ビル

TEL 03-3271-2751

FAX 03-3271-2750

ホームページ https://www.kyokuyo-pp.co.jp

岡　良平社長

【事業所】 大阪本店：〒541-8563 大阪市中央区瓦町 3-1-15 旭洋ビル　TEL 06-6229-7600　FAX 06-6229-7640　名古屋支店：〒450-0003　名古屋市中村区名駅南1-21-19 名駅サウスサイドスクエア　TEL 052-582-1936　FAX 052-582-5488　福岡支店：〒810-0001 福岡市中央区天神1-6-8 天神ツインビル　TEL 092-771-7716　FAX 092-752-2046　仙台支店：〒980-0013 仙台市青葉区花京院1-1-10 あいおいニッセイ同和損保仙台ビル TEL 022-221-7256　FAX 022-266-2865　北関東営業所：〒370-0007 高崎市問屋町西1-2-11　TEL 027-361-3223　FAX 027-362-9717　富士営業所：〒416-0906　富士市本市場411-1 富士王子ビル　TEL 0545-61-0752　FAX 0545-65-0668　高松営業所：〒761-0130 高松市庵治町6391-15　TEL 087-870-3881　FAX 087-870-3882

【倉庫・物流基地】 東大阪配送センター：〒577-0013 大阪府東大阪市長田中3-2-14

【創業】 1946（昭和21）年3月21日

【設立】 1996（平成8）年7月1日

【資本金】 13億円

【決算期】 3月

【役員】 代表取締役社長＝岡　良平　常務取締役（管理本部長、内部監査室管掌）＝江田好政　常務取締役（産業資材営業本部長、海外事業部長、東京本店長）＝坂入譲司　取締役（洋紙営業本部長）＝山中勝実　取締役（化成品・機能材営業本部長、

市場開発部、品質管理室管掌）＝奥野喜博　監査役＝竹中健幸　監査役（非常勤）＝満島義行　執行役員（産業資材営業本部副本部長）＝藤田和彦　執行役員（産業資材営業本部副本部長）＝星野一善　執行役員（化成品・機能材営業本部副本部長兼大阪本店化成品営業第二部部長）＝東　真史

【従業員数】　男子244名・女子166名　合計410名

【株主と持株比率】　王子ホールディングス90％　中越パルプ工業10％

【取引金融機関】　みずほ　三菱UFJ　広島　宮崎　百十四　三十三　商工中金

【関係会社】　㈱ギンポーパック（プラスチック容器の製造販売）　富士加工㈱（特殊塗工紙および模造紙の製造販売）

【品種別売上構成】　産業資材46.2％　化成品・機能材28.4％　洋紙15.7％　海外等9.5％

【主要販売先】　王子コンテナー　レンゴーペーパービジネス　王子グリーンリソース　王子マテリア

【主要仕入先】　王子マテリア　王子製紙　王子エフテックス　中越パルプ工業

【所属団体】　日本紙商団体連合会　日本洋紙代理店会連合会　日本板紙代理店会連合会　他

【業績】　　　21.3　　22.3　　23.3　　24.3
売上高　　150,979　161,694　184,788　184,253
(100万円)
経常利益　　2,162　　2,794　　3,695　　3,418
当期利益　　1,378　　1,870　　2,213　　2,383

【沿革】　1946（昭和21）年3月、旭洋商事社を宮崎県日南市に設立、資本金19万5,000円。1952（昭和27）年6月、㈱旭洋洋紙店と商号変更し本店所在地を大阪市東区道修町に移転。1964（昭和39）年4月、商号を旭洋㈱に変更。1999（平成11）年12月、旭洋紙パルプ㈱が旭洋㈱より紙パルプおよび化成品事業を譲受、資本金5億円に増資。2007（平成19）年7月、本店所在地を東京都中央区日本橋に移転。2009（平成21）年4月、資本金13億円に増資。2011年（平成23）年2月、本店事務所を東京都中央区日本橋本町に移転。2011（平成23）年10月、王子通商㈱より、紙・化成品関連の販売代理店機能を譲受。2012（平成24）年7月、王子通商㈱の商事機能を譲受。

　2017（平成29）年3月、王子通商㈱より薬品事業を譲受。2018（平成30）年1月、商号を旭洋㈱に変更。

【経営理念】　私たちは、豊かな暮らしを支える商品を広くお客様に提供し、より良い社会の実現に貢献するよう、誠実で活力にあふれた企業グループを目指します。

【行動指針】　(1) 顧客満足の実現　(2) 安全最優先　(3) コンプライアンスの徹底　(4) 従業員満足の実現

【特色】　王子グループの商事機能を担い、紙・パルプのほか合成樹脂の原料および製品、包装資材、薬品、機械器具等を扱う専門商社。

株式会社 工藤商店

〒174-0063　東京都板橋区前野町4-40-18
TEL 03-3965-5101
FAX 03-3965-5105
ホームページ https://www.kudoroup.co.jp

工藤嗣人社長

【事業所】　高島平営業所：〒175-0082　東京都板橋区高島平6-2-6　TEL 03-3979-2101

戸田笹目営業所：〒335-0034　埼玉県戸田市笹目7-13-4　TEL 048-421-9158

戸田美女木営業所：〒335-0031　埼玉県戸田市美女木北3-1-2　TEL 048-422-2922

北戸田営業所：〒335-0031　埼玉県戸田市美女木北1-7-7　TEL 048-486-9871

浦和松本営業所：〒336-0035　埼玉県さいたま市南区松本4-17-1　TEL 048-866-3351

浦和白幡営業所：〒336-0022　埼玉県さいたま市南区白幡4-9　TEL 048-839-4771

秩父営業所：〒369-1411　埼玉県秩父郡皆野町三沢913-1　TEL 0494-65-0326

【関連会社】　㈱工藤出版サービス　㈱工企画　㈱工パブリック

【設立】　1952（昭和27）年　改組1959（昭和34）

年12月

【資本金】 1,600万円

【決算期】 1月

【役員】 代表取締役会長＝工藤裕樹　代表取締役社長＝工藤嗣人　専務取締役＝工藤真由美　常務取締役＝戸田敬三　取締役＝島田秀彦

【従業員数】 15名　パート・アルバイト230名（グループ合計）

【主な納入先】 王子製紙　王子マテリア　日本製紙　大王製紙　東京紙パルプ交易　丸紅ペーパーリサイクル　日商岩井紙パルプ　美国中南日本　王子エコマテリアル

【主な仕入先】 出版社　出版販売会社　倉庫会社　運送会社　印刷会社　製本会社　工藤出版サービス　各オフィス

【特色】 ㈱工藤商店は個人創業から73年余の歴史があり、工藤グループの中核である。主に出版販売会社より発生した返本雑誌古紙を組合にて選別・プレス加工し、製紙会社へ販売している。また機密書類およびプラスチックのリサイクルも手がけ、ゼロ・エミッションを目指している。

　関連会社の㈱工藤出版サービスは出版物の商品管理および納品代行を行っており、出版業界の一翼を担っている。また㈱工企画は自社倉庫管理システムおよび出版社システムなどのソフトウェアを開発。2019年12月に設立した㈱工パブリックは出版業を営んでおり、近刊では年間8000人以上を治療する美容のプロフェッショナルによる著書『美容は貯えられる』（著者：今泉明子）がある。

株式会社 久保田紙店

〒440-0092　愛知県豊橋市瓜郷町一新替30

TEL 0532-53-5353　FAX 0532-53-7785

【倉庫・配送センター】 自社倉庫：愛知県豊橋市瓜郷町（土地3,630m²、建物1,980m²）

【創業】 1946（昭和21）年4月1日

【設立】 1959（昭和34）年8月1日

【資本金】 1,000万円

【決算期】 5月

【役員】 会長＝久保田裕三　代表取締役社長＝久保田充三（立命館大1997卒、1999入）　常務取締役＝久保田美喜子

【従業員数】 男子11名・女子1名　計12名（平均年齢43歳）

【主要株主】 久保田裕三20%　久保田充三80%

【取引金融機関】 三井住友・豊橋　蒲郡信金・豊橋　豊橋信金・下地

【計数管理システム】 JPIC：PROTS

【設備】 断裁機＝イトーテック2台　フォークリフト＝4台（ニチユ）　配送車両＝9台（3t車4台、0.75t車5台）

【業績】	22.5	23.5	24.5
売上高 (100万円)	457	456	430

【販売品目】 上質紙26.4%　塗工紙15.6%　情報用紙27.8%　特殊紙9.0%　板紙9.4%　紙製品ほか11.8%

【業種別販売分野】 印刷業50%　出版業28%　紙器3%　ほか19%

【主要販売先】 大陽出版　あいち印刷　大陽社印刷　共和印刷　豊橋合同印刷　プレイズ出版

【主要仕入先】 日本紙パルプ商事71.1%　日本紙通商6.4%　杉好4.4%　平和紙業6.4%　ほか11.7%

【所属団体】 日本洋紙板紙卸商業組合　名古屋洋紙同業会

【取引先との関係団体】 JP会

【沿革】 豊橋市で戦後まもなく久保田三次（戦前に林紙店勤務）が創業。1949（昭和24）年、豊橋市西小田原町へ移転後、社業を伸ばす。59年、有限会社に改組。71年、現在地へ移転。77年、株式会社に改組。78年、久保田裕三が代表取締役社長に就任。86年、JPICコンピュータ・システム導入。92（平成4）年、ラック倉庫完成。93年、資本金を1,000万円に増資。97（平成9）年、新社屋建築。2001年、久保田充三が代表取締役社長に、久保田裕三が会長に就任。

【経営理念】 「愛品敬客」をモットーに紙の販売を通じて地域社会の経済・文化・教育に貢献するとともに、環境についても配慮する。

【企業の特色】 ジャスト・タイムに徹して品揃え

と在庫に力点を置いている。特に王子製紙および日本製紙の製品を中心としている。

栗原紙材 株式会社

〒116-0014　東京都荒川区東日暮里1-27-9
TEL 03-3806-1751
FAX 03-3806-7490

栗原正雄会長

栗原護社長

【事業所】
日暮里：（敷地1,210m²、本社内）：〒116-0014　東京都荒川区東日暮里1-27-9　TEL 03-3806-1755
板橋：（敷地770m²）：〒174-0063　東京都板橋区前野町3-32-7　TEL 03-3965-1691
瑞穂：（敷地940m²）：〒190-1221　東京都西多摩郡瑞穂町箱根ヶ崎東松原4-7　TEL 042-556-1761
鎌ヶ谷：（敷地4,720m²）：〒273-0136　千葉県鎌ヶ谷市佐津間1171-1　TEL 047-445-8175
牛久：（敷地3,230m²）：〒300-1215　茨城県牛久市遠山町112-19　TEL 0298-73-2554
美野里：（敷地8,100m²）：〒319-0111　茨城県小美玉市中野谷116-1　TEL 0299-47-0221
水府：（敷地3,640m²）：〒312-0035　茨城県ひたちなか市枝川2068　TEL 029-226-8829
ひたちなか：（敷地8,430m²）：〒312-0003　茨城県ひたちなか市足崎1476　TEL 029-229-1860
久喜：（敷地1,600m²）：〒346-0022　埼玉県久喜市下早見1885-1　TEL 0480-23-0376
新田：（敷地6,730m²）：〒373-0312　群馬県太田市新田村田町543-1　TEL 0276-57-0385
高崎：（敷地2,670m²）：〒370-1201　群馬県高崎市倉賀野町2453-3　TEL 027-345-0125
郡山：（敷地6,110m²）：〒963-0531　福島県郡山市日和田町高倉藤担1-70　TEL 024-958-2950
札幌：（敷地2,330m²）：〒007-0884　札幌市東区北丘珠4条3-8　TEL 011-785-1110
新利根：（敷地6,100m²）：〒300-1412　茨城県稲敷市柴崎8236　TEL 0297-87-5507
開発営業部（本社内）：〒116-0014　東京都荒川区東日暮里1-27-9　TEL 03-3806-1753
ジェイ・ケイリサイクル㈱　鴻巣：埼玉県鴻巣市天神287-1　TEL 048-540-1561

【創業】1938（昭和13）年3月
【設立】1967（昭和42）年6月
【資本金】5,000万円
【役員】会長＝栗原正雄　代表取締役社長＝栗原護　取締役＝坂下強志　取締役＝髙橋伸　取締役＝栗原智子　取締役＝丸木和子　監査役＝永田佑佳
【従業員数】300名
【年商】100億円
【主な納入先】日本製紙、レンゴー、王子製紙、王子マテリア、高砂製紙、三菱製紙、丸三製紙、春日製紙工業、高萩大建工業ほか
【外部認証取得】プライバシーマーク、ISO14001、エコアクション21、FSC認証
【許認可】廃棄物収集運搬（東京、千葉、埼玉、茨城、群馬、福島、北海道）
【特色】1938（昭和13年）に先々代の故・栗原三郎が独立し、製紙原料商を営む。52年、資本金500万円で㈲栗原三郎商店を設立。67年、成長に伴って栗原紙材㈱を設立。68年、中野事業所開設、以後次々と東日本を中心に事業所を開設。現在では13ヵ所を有し、日本を代表する製紙原料商に発展を遂げ、取引先も大手メーカーを中心に全国規模で展開している。

　2021（令和3）年6月、栗原正雄氏が会長に、栗原護氏が社長に就任した。

　現会長の栗原正雄氏は2024年5月、18年間にわたって務めた全国製紙原料商工組合連合会の理事長職を退いたが、現在も大所高所から後進の指導に当たっている。永年にわたる功績により2018（平成30）年春の叙勲でリサイクル業界初の旭日中綬章を受章した。一方、現社長の栗原護氏は関東製紙原料直納商工組合副理事長／経営革新委員会副

なお、当社では機密文書処理やその他新規事業の専門部署である開発営業部を設立して機密書類の回収処理事業を行っており、2005（平成17）年1月にはプライバシーマークの認証も取得している。また同開発営業部では1993（平成5）年より紙の立体成型物であるパルプモウルドの製造も手がけ、新利根事業所の機密文書処理工場の同じ敷地内に生産設備を保有するなど、製造事業者としての機能も併せ持つ。このほか馬の敷ワラの代わりとなるペーパベッドも製造しており、製紙以外の古紙の用途開発も進めている。

KPPグループホールディングス株式会社

KPP GROUP HOLDINGS CO., LTD.

〒104-0044　東京都中央区明石町6-24
TEL 03-3542-4166
FAX 03-3542-4282
ホームページ
https://www.kpp-gr.com/

田辺　円
代表取締役会長 兼 CEO

坂田　保之
代表取締役社長 兼 COO

【事業内容】　子会社等の株式又は持分を所有することによる子会社の事業活動の支配・管理並びに不動産の保有、賃貸等
【設立】　1924（大正13）年11月27日
【資本金】　47億2,353万円
【決算月】　3月
【役員】　代表取締役会長 兼 CEO＝田辺　円　代表取締役社長 兼 COO＝坂田　保之　取締役＝栗原　正　取締役＝デイビッド・マーティン　取締役＝エルベ・ポンサン　取締役（社外）＝矢野　達司　取締役（社外）＝伊藤　三奈　取締役 監査等委員＝富田　雄象　取締役 監査等委員（社外）＝片岡　詳子　取締役 監査等委員（社外）＝近江　惠吾
【従業員数】　52名（単体）（2024年3月末現在）5,624名（連結）（2024年3月末現在）
【主要株主】　王子ホールディングス 18.3%　日本マスタートラスト信託銀行（信託口）9.9%　日本製紙 7.5%　日本カストディ銀行（りそな銀行再信託分・北越コーポレーション退職給付信託口）3.3%　ＫＰＰグループホールディングス従業員持株会 3.2%　三井住友海上火災保険 2.6%　日本カストディ銀行（信託口）2.5%　日本マスタートラスト信託銀行（役員報酬BIP信託口）1.8%　みずほ銀行 1.7%　三菱UFJ銀行 1.5%　三井住友銀行 1.5%　農林中央金庫 1.5%（2024年9月末現在）
【取引金融機関】　みずほ銀行　農林中央金庫　三菱UFJ銀行　三井住友銀行
【業績】〈連結〉

	22.3	23.3	24.3
売上高(単位100万円)	563,414	659,656	644,435
営業利益	9,379	20,401	15,819
経常利益	8,844	18,404	12,475
当期利益	7,497	15,722	10,613

【所属団体】　日本製紙連合会　他
【沿革】　1924（大正13）年11月、㈱大同洋紙店設立、本店／大阪。1968（昭和43）年9月、本店を東京に移転。1971（同46）年4月、海外法人豪州大同（現在の豪州大永）設立。1973（同48）年3月、王子連合通商㈱と合併、社名を大永紙通商㈱に改称。1975（同50）年10月、大成紙業㈱と合併。1976（同51）年12月、海外法人香港大永設立。1982（同57）年7月、海外法人米国大永設立。1997（平成9）年4月、海外法人シンガポール大永設立。1999（同11）年10月、㈱日亜と合併、社名を国際紙パルプ商事㈱に改称。2006（同18）年10月、服部紙商事㈱と合併。2007（同19）年10月、柏井紙業㈱と合併。2013（同25）年1月、住商紙パルプ㈱と合併。2014（同26）年10月、仙台支店と札幌支店を統合し、北日本支店を新設。2015（同27）年4月、大阪支店を関西支店に、名古屋支店を中部支店に改称。京都支店を関西支店に統合。同年6月、海外法人KPPアジアパシフィック設立。2018（同30）年6月東京証券取引所市場第一部に

上場。2019（令和元）年7月、オーストラリアのSpicers Limited を子会社化。2020（同2）年7月、フランスの Antalis S.A.S. を子会社化。国際紙パルプ商事は、2022（同4）年10月1日にホールディングス制に移行し、KPP グループホールディングス株式会社が成立。

【KPP グループの理念体系】
KPP グループホールディングス株式会社は、2022年10月1日のホールディングス制移行に合わせて、グループの理念体系である「KPP GROUP WAY」を刷新した。

【KPP グループのミッション】
循環型社会の実現に貢献する

【KPP グループのビジョン】
GIFT
Globalization： グローバルなネットワークを活かし、紙パルプのリーディングカンパニーへ
Innovation ： 「創紙力」で未来を切り拓き、地球と人に寄り添うグリーンビジネスで社会に貢献する
Function ： Eコマースの推進と新たな事業領域への挑戦
Trust ： ステークホルダーから信頼される誠実な企業であり続ける

【KPP グループのバリュー】
創紙力で未来を切り拓く
自律的な人材の育成
オープンマインドな組織

【特色】 2018年6月に東証一部に上場、2022年4月にはプライム市場へと移行。2022年10月にホールディングス化し、国際紙パルプ商事から KPP グループホールディングスへと生まれ変わった。ホールディングス化を機に、事業規模の拡大に伴うグローバル・ガバナンスの強化とポートフォリオ改革、新規事業の拡大並びにサステナビリティ・マネジメントの推進などの課題に取り組む。また、これに合わせてグループの理念体系である「KPP GROUP WAY」を、パーパス経営の考え方を取り込んで刷新し、グループ全体に展開する。2024年3月末時点で世界47か国・地域の182都市に187か所の拠点を保有し、グローバルネットワークを活かして多角的にビジネスを展開する。海外売上高比率はすでに5割を超え、海外市場の成長を取り込み、長期経営ビジョン「GIFT+1 2024」達成に向けて邁進する。

グループの構成としては、国際紙パルプ商事、スパイサーズ、アンタリスの3社を主な事業会社と位置付ける。それぞれの事業会社の担当地域は、国際紙パルプ商事が日本及び中国等を含む北東アジア、スパイサーズがオセアニア・東南アジア・インド、アンタリスが欧州・米州となっている。グループ全体の事業ポートフォリオは、「ペーパー＆ボード事業」、「パッケージング事業」、「ビジュアルコミュニケーション事業」、「製紙原料（パルプ・古紙）事業」、「環境関連事業」の5本柱で構成されている。

今後は、世界トップクラスの紙の総合商社として、グループシナジーを創出し、持続的な成長に向けさらなる飛躍を目指す。

国際紙パルプ商事 株式会社
KOKUSAI PULP & PAPER CO., LTD.

〒104-0044　東京都中央区明石町 6-24
TEL 03-3542-4111
FAX 03-3542-4282
ホームページ
https://www.kpp-gr.com/kpp/

栗原　正
代表取締役 社長執行役員

【事業所】　北日本支店／札幌営業部：〒060-0002
　札幌市中央区北2条西 2-1-5　リージェントビル
　TEL 011-241-2291　FAX 011-251-5726
北日本支店／仙台営業部：〒980-0021 仙台市青葉区中央 2-2-10　仙都会館ビル　TEL 022-266-2027　FAX 022-267-5273
中部支店：〒460-0003 名古屋市中区錦 1-11-20 TEL 052-201-6341　FAX 052-201-6358
関西支店：〒541-0052　大阪市中央区安土町 1-8-6
　TEL 06-6271-2291　FAX 06-6271-2292

九州支店：〒 812-0025　福岡市博多区店屋町 5-22 朝日生命福岡第二ビル 2 階 TEL 092-291-8851 FAX 092-271-3117

【国内関連物流施設】　戸田物流センター：埼玉県戸田市美女木　川越物流センター：埼玉県川越市南台　日本興運㈱新木場倉庫：東京都江東区新木場　丸武運輸㈱新木場ロジスティクスセンター：東京都江東区新木場　板橋紙流通センター：東京都板橋区高島平　戸田流通：埼玉県戸田市美女木　大阪紙共同倉庫：大阪府東大阪市宝町　北港ヤード：大阪府大阪市此花区梅町

【設立】　2022（令和 4）年 4 月 1 日

【資本金】　3 億 5,000 万円

【決算期】　3 月

【役員】　代表取締役 社長執行役員＝栗原 正　取締役 常務執行役員（第 2 事業統括本部長）＝池田 正俊　取締役 常務執行役員（管理統括本部長）＝小馬井 秀臣　取締役 常務執行役員（第 1 事業統括本部長）＝清水 弘貴　取締役＝田辺 円　取締役＝坂田 保之　監査役＝橘 辰彦

【執行役員】　常務執行役員（中部支店長）＝村本 光正　上席執行役員（業務改革・物流担当 兼 KPP ロジスティックス株式会社代表取締役社長）＝北隅 賢一　上席執行役員（出版・直需営業本部長）＝野尻 裕彦　上席執行役員（第 1 事業統括本部副本部長 兼 製紙原料営業本部長）＝中道 徹　上席執行役員（中部支店長代理）＝菅谷 宗和　上席執行役員（システム特命事項担当）＝仲澤 健悟　執行役員（関西支店長）＝吉田 健介　執行役員（北日本支店長）＝関根 達也　執行役員（卸商営業本部長）＝茅島 誠司　執行役員（パルプ営業本部長）＝越路 裕文　執行役員（九州支店長）＝水木 康雄　執行役員（管理本部長）＝中根 隆治　執行役員（財務企画本部長）＝足立 章之郎　執行役員（社長付）＝佐藤 修司　執行役員（人事本部長 兼 人事部長）＝坂下 哲也

【従業員数】　540 名（2024 年 3 月末現在）

【主要株主】　KPP グループホールディングス 100%

【取引金融機関】　みずほ銀行　農林中央金庫　三菱 UFJ 銀行　三井住友銀行

【業種別販売分野】　卸商　印刷　出版社　段ボール　紙器・フィルム　紙加工・紙製品　新聞社　官公庁　製袋　他

【主要仕入先】　王子製紙　日本製紙　王子マテリア　北越コーポレーション　中越パルプ工業　日本東海インダストリアルペーパーサプライ　王子イメージングメディア　王子エフテックス　他

【所属団体】　日本洋紙代理店会連合会　日本板紙代理店会連合会　他

【沿革】　2022（令和 4）年 4 月「国際紙パルプ商事分割準備株式会社」として設立。同年 10 月、会社分割による持株会社体制への移行に伴い、紙パルプ等卸売事業を承継し、商号を「国際紙パルプ商事株式会社」に変更。

【経営理念】　循環型社会の実現に貢献する

【特色】　2022 年 10 月、国際紙パルプ商事株式会社はホールディングス制に移行し、KPP グループホールディングス株式会社が成立。これに合わせ、「国際紙パルプ商事分割準備株式会社」が紙パルプ等卸売事業を承継し、ホールディングス傘下の事業会社として「国際紙パルプ商事株式会社」へと商号を変更。同社は大手製紙メーカー各社と幅広く取引があり、国内では、出版や印刷から川下の大手ユーザーに至るまで安定的な顧客基盤を持つ。また、卸商を含む強固な販売・物流ネットワークを形成しており、紙・板紙流通市場における重要な役割を担っている。さらに、古紙回収・再資源化等の事業も手掛けている。

　紙・板紙卸売事業を「動脈ビジネス」、古紙回収を主とした製紙原料事業を「静脈ビジネス」と位置付け、循環型社会の形成に寄与する「循環型ビジネスモデル」を構築していることが同社の特徴。環境負荷低減に資するソリューションとして「ecomo シリーズ」を展開しており、オフィスの機密文書を回収する「オフィス ecomo」や家庭から発生する古紙を回収する「タウン ecomo」などを通じて古紙の再資源化に取り組んでいる。

　近年では ecomo シリーズの一つとして、「ecomo クローズドリサイクルサービス」という資源のリ

サイクルループ構築をサポートするシステムを開発。継続性・合理性・実現性のあるリサイクルスキームの提案から構築までを支援し、取引先にとって最適なクローズドリサイクルソリューションを提供。また、バイオマス発電事業所の課題解決に向けて、最新テクノロジーを活用し、燃焼効率・保全管理の向上や技術継承を支える運転支援システム「BM（バイオマスマイスター）ecomo」を開発。すでにバイオマス発電所においてサービスを開始している。近年ではNON-FIT型バイオマス発電所に出資し、木質系燃料に加えて、従前は廃棄処分されてきたキノコの廃菌床や清涼飲料水の茶滓やコーヒー滓などの生産副産物を燃料として供給し、廃棄物の削減という社会課題の解決を目指す事業も展開している。

国内におけるインオーガニック戦略として、紙糸を製造・販売する王子ファイバー株式会社の子会社化など、今後の環境関連マーケットの伸長を見据えた動きを加速させている。M&Aや資本提携以外にも、若手社員を中心に社内横断的に立ち上げた「Green Biz Project」から環境負荷低減に資する「グリーンプロダクト」を生み出し、上市している。循環型ビジネスモデルを軸に環境負荷低減に資するプロダクトやソリューションの開発・流通に取り組み、環境負荷低減の実現に貢献する。

北日本支店（札幌営業部）

〒060-0002　札幌市中央区北2条西2-1-5　リージェントビル
TEL 011-241-2291
FAX 011-251-5726
【開設】　1948（昭和23）年6月
【支店長】　執行役員（北日本支店長）＝関根　達也
【所属団体】　北海道洋紙代理店会、北海道板紙代理店会

関根　達也
執行役員 北日本支店長

北日本支店（仙台営業部）

〒980-0021　仙台市青葉区中央2-2-10　仙都会館ビル
TEL 022-266-2027　FAX 022-267-5273
【開設】　1972（昭和47）年7月
【支店長】　執行役員（北日本支店長）＝関根　達也
【所属団体】　仙台洋紙代理店会、仙台板紙代理店会

中部支店

〒460-0003　名古屋市中区錦1-11-20
TEL 052-201-6341
FAX 052-201-6358
【開設】　1924（大正13）年11月
【支店長】　常務執行役員（中部支店長）＝村本　光正
【所属団体】　愛知県紙商組合、名古屋洋紙代理店会、名古屋板紙代理店会

村本　光正
常務執行役員 中部支店長

関西支店

〒541-0052　大阪市中央区安土町1-8-6
TEL 06-6271-2291
FAX 06-6271-2292
【開設】　1924（大正13）年11月
【支店長】　執行役員（関西支店長）＝吉田　健介
【所属団体】　大阪府紙商組合、大阪洋紙代理店会、大阪板紙代理店会

吉田　健介
常務執行役員 関西支店長

九州支店

〒812-0025　福岡市博多区店屋町5-22　朝日生命福岡第二ビル2階
TEL 092-291-8851
FAX 092-271-3117
【開設】　1926（大正15）年1月

水木　康雄
九州支店長

【支店長】 執行役員（九州支店長）＝水木 康雄
【所属団体】 九州洋紙代理店会、九州板紙代理店会、九州紙商組合

株式会社 小池商店

〒160-0022　東京都新宿区新宿1-20-2
TEL 03-3354-9321
FAX 03-3354-9322
【事業所】 府中営業所：〒183-0035　東京都府中市四谷6-56　TEL 042-363-2596　FAX 042-363-2597　稲城営業所：〒206-0801　東京都稲城市大丸295　TEL 042-377-6028　FAX 042-377-6081

小池茂男社長

【創業】 1937（昭和12）年
【設立】 1950（昭和25）年
【資本金】 1,000万円
【決算期】 2月
【役員】 社長＝小池茂男　専務取締役＝小池幸恵　取締役（総務部長）＝堀内隆　監査役＝諸岡清伸
【従業員】 28名
【取引金融機関】 三井住友　さわやか信金
【月間取扱高】 2,000t
【主な仕入先】 新宿区リサイクル協同組合　府中市役所　ほか
【主な販売先】 日本製紙　興亜工業　丸富製紙　丸茂製紙　大津板紙　いわき大王製紙　丸紅フォレストリンクス　ほか数十社
【ヤードの設備】 プレス機3台　紐取り機2台　選別ライン2系列
【沿革と特色】 1937（昭和12）年に東京四谷で創業し、戦後まもなく新宿区花園町（現在の新宿1丁目）に移転、古紙回収卸業者として再出発した。現在は71年に設立した府中営業所を中心とした多摩地区で、長年にわたり古紙リサイクルに取り組み、地元とともに歩んでいる。2001（平成13）年に府中営業所第二工場を開業。06年10月、全事業所でISO14001の認証を取得。多摩地区での古紙リサイクルニーズの受入先としての責任・使命を果たす体制をつくり上げた。今後も古紙リサイクルを通して資源循環型社会の形成とゴミの減量に取り組んでいく。

コーエー 株式会社
KOEI Co.,Ltd.

〒751-0817　山口県下関市一の宮卸本町3-11
TEL 083-231-1411
FAX 083-232-7783
ホームページ http://www.koei-paper.jp/

弘永裕紀社長

【事業所】 九州支店：〒803-0801　北九州市小倉北区西港町125-12　TEL 093-561-1938　FAX 093-592-6449　段ボール工場：〒752-0927　下関市長府扇町9-40　TEL 083-249-1133　FAX 083-249-1139
【倉庫・物流基地】 本店倉庫：〒751-0817　下関市一の宮卸本町3-11　支店倉庫：〒803-0801　北九州市小倉北区西港町
【創業】 1922（大正11）年
【設立】 1948（昭和23）年
【資本金】 3,630万円
【決算期】 3月
【役員】 取締役社長＝弘永裕紀　取締役＝彦坂知史　取締役＝高木範之　監査役＝坂本誠二
【従業員数】 男子32名・女子9名　計41名
【取引金融機関】 山口・本店　福岡・下関
【関係会社】 ㈲丸安運送店（配送・荷役・加工＝同100％）
【主要販売先】 印刷業　紙文具卸業　紙器業　一般企業
【主要仕入先】 日本紙パルプ商事　新生紙パルプ商事
【所属団体】 日本洋紙板紙卸商業組合
【特色】 1922（大正11）年宮崎市で和洋紙卸商として創業、35（昭和10）年に営業の本拠を下関市に移転し、48年下関紙業㈱設立、70年に現社名へ

変更した。創業以来「紙を通じて地域社会に奉仕を」の経営理念で山口県、福岡県を中心に積極的な事業展開をしている。07年にはFSC／CoC認証を取得し、環境保全に配慮した事業活動を行っている。2024年7月より新生紙パルプ商事（SPP）の関連子会社となった。（SPP保有比率95％）

株式会社 ゴークラ

〒799-0401　愛媛県四国中央市村松町887
TEL 0896-24-2520
FAX 0896-24-2089
ホームページ http://www.gokura.co.jp/

望月康平社長

【事業所】　東京支店：〒110-0016　東京都台東区台東三丁目29番1号　中央法規ビル2階　TEL 03-5807-2520　FAX 03-5807-2523　大阪支店：〒578-0904　東大阪市吉原2-3-7　TEL 072-962-5980　FAX 072-962-5996　ゴークラ加工・物流センター：〒799-0422　愛媛県四国中央市中之庄町1701　TEL 0896-28-8180　FAX 0896-28-8182
【創業】　1905（明治38）年1月
【設立】　1953（昭和28）年1月19日
【資本金】　4,500万円
【役員】　代表取締役社長＝望月康平　取締役（大阪支店長）＝髙石竜二　取締役（東京支店長）＝吉良正樹　執行役員（本店長）＝髙橋竜治　執行役員（管理本部長）＝太田崇夫　監査役＝木下透
【従業員】　91名
【取引金融機関】　伊予・三島、広島・三島
【業績】

	21.3	22.3	23.3	24.3
売上高 (単位100万円)	5,434	5,881	6,428	6,301

【取扱品目】　洋紙65％（板紙含む）　機械抄き和紙・紙加工品20％　化成品・パルプ・工業薬品・産業資材・建材15％
【仕入先】　リンテック　日本紙パルプ商事　新生紙パルプ商事　白川製紙　カミ商事　星光PMC　デンカ　タキロンシーアイ
【販売先】　全国各地の大口需要家、紙文具、卸問屋、印刷、紙加工、製紙工場など2,000社
【沿革】　1905（明治38）年、合田倉太郎初代社長が紙および製紙原料販売業を創業。大正期に小樽に支店を設置し、北海道、東北地方へ販売を始める。39（昭和14）年、新京・大連・台北・京城に支店を設置（終戦により海外支店を閉鎖）。46年、東京と大阪に支店を開設。53年、株式会社に改組。88年1月、新社屋の竣工に伴って社名を変更、㈱ゴークラとして発足。2004年8月に本社中之庄加工場を竣工。05年、創業100周年を迎える。10年2月、日本紙パルプ商事グループに入る。25年、創業120周年を迎える。
【特色】　紙の総合商社として1905年の創業以来、紙の流通に携わり、現在の扱い商品は2,000品目以上に及ぶ。和紙・洋紙・板紙から印刷用紙、包装用紙、家庭紙、産業用紙、特殊紙と紙需要のあらゆる分野をカバー。さらにメーカー向けの各種原料、薬品、紙加工用機械、資材のほか、特殊建材、セメントなど紙のジャンルを超えた総合的事業分野へ展開中である。国内でも有数の紙の生産地に位置するというロケーション、長年積み重ねた経験、販売・購入両面で全国をカバーする展開、そのいずれもがゴークラを特徴づける要素になっており、単なるメーカーとユーザーの中間に位置する商社機能を超えた企業スタンスへと結びついている。

　82年に東京、89年に東大阪市に支店・倉庫を新築移転し流通拠点の整備を完了。

　88年、社名を現在名に変更し新社屋完成とともにCIを導入した。

　経営の根底に流れる思想は、紙における最先端の技術動向をキャッチするセンサーと、市場の現状を敏感に察知するアンテナを併せ持つ「研究する商社」であり、紙流通における新しいスタイルの確立を目指している。

東京支店

〒110-0016　東京都台東区台東三丁目29番1号
中央法規ビル2階
TEL 03-5807-2520　FAX 03-5807-2523

【支店開設】 1946（昭和21）年
【役員】 取締役（支店長）＝吉良正樹
【従業員数】 20名

大阪支店

〒578-0904 大阪府東大阪市吉原2-3-7
TEL 072-962-5980 FAX 072-962-5996
【支店開設】 1946（昭和21）年
【役員】 取締役（支店長）＝髙石竜二
【従業員数】 17名

株式会社 國 光

〒110-0015 東京都台東区東上野5-2-5
TEL 03-6636-8525
ホームページ https://www.kokko-eco.co.jp/

朝倉行彦社長

【事業所】 東京事業所：台東区三ノ輪1-5-3（豊沢竜也所長）中央事業所：大田区京浜島2-14-7（森鎮一所長） 川崎事業所：横浜市鶴見区朝日町1-24-1（栗原淳一所長） 横浜事業所：横浜市西区浅間町4-331-1（市村敏明所長）
　熊谷事業所：埼玉県熊谷市西野104-2（立石祐二所長） 横須賀事業所：横浜市金沢区福浦1-15-11（加藤秀紀所長）
【関連会社】 ㈱WELL
【創業】 1937（昭和12）年4月1日
【設立】 1948（昭和23）年12月16日
【資本金】 9,900万円
【役員】 社長＝朝倉行彦 常務取締役＝肥後 章 取締役＝佐藤正昭 監査役＝深田利幸 監査役＝古河法子
【取引金融機関】 りそな・千住 三菱UFJ・浅草　みずほ・三ノ輪 日本政策金融公庫 商工中金・上野
【主な納入先】 日本製紙 興亜工業 レンゴー 丸富製紙 いわき大王製紙
【主な仕入先】 都内および地方古紙業者
【沿革】 1948（昭和23）年12月、現東京事業所のある台東区三ノ輪にて國光紙業㈱として設立。設立当初より銀行の機密書類の処理を行った。60年5月、川崎事業所を開設。61年11月、横浜事業所を開設。同年12月、富士工場を開設し古紙パルプを生産。65年4月、熊谷事業所開設。71年12月、㈱國光に改称。77年10月、川崎事業所を現在の朝日町に移転。78年6月、熊谷事業所を現在の妻沼に移転。82年6月、横須賀事業所開設。97（平成9）年11月、中央事業所開設。2002年3月、㈱ウェルを丸紅㈱と設立（機密書類処理設備）。03年7月、横須賀事業所に機密処理設備増強。06年8月、横浜事業所全面改築完成。14年8月、川崎事業所全面改築完成。15年10月、中央事業所全面改築完成。
【特色】 古紙裾物3品の大手直納問屋である一方、創業以来機密書類処理のノウハウを蓄積し、現在の事業系古紙の処理提案に結び付けている。
　設備面でも㈱ウェルならびに横須賀事業所、熊谷事業所に大型破砕機を有し、製紙メーカーによる溶解処理と自社設備による破砕処理の、いずれの顧客ニーズにも応えられる処理体制を整えている。またリサイクル紙製品も取り扱っており、いわゆる循環型のクローズド・リサイクルに積極的に取り組んでいる。
　なお、当社ではISO14001並びにISO27001を認証取得している。

株式会社 後 藤

〒650-0001 神戸市中央区加納町2-4-1
TEL 078-221-5807㈹ FAX 078-241-3401
【事業所】 神戸営業所：〒658-0044 神戸市東灘区御影塚町3-3-8 TEL 078-822-0151㈹ FAX 078-842-1868 神戸みなと営業所：〒650-0045 神戸市中央区港島7-15-3 TEL 078-304-7658 FAX 078-304-7651 大阪営業所：〒571-0017 大阪府門真市四宮6-3-3 TEL 0728-83-6888 FAX 0728-84-1874 南大阪営業所：〒581-0081 八尾市南本町9-5-18 TEL 0729-92-3789 FAX 0729-92-7341 名古屋営業所：〒485-0012 小牧市小牧原4-121 TEL 0568-76-2151 FAX 0568-76-3351 岐阜営業所：〒503-0304 岐阜県加茂郡八百津町上牧野字米之210-1 TEL

0574-43-1959　FAX 0574-43-1993　名古屋南営業所：〒490-1437 愛知県海部郡飛島村大字飛島新田字元起之郷チノ割679-1　TEL 0567-55-3151　FAX 0567-55-2220

【役員】　代表取締役＝後藤典一　専務＝後藤公生（大阪担当）　常務＝後藤昌紀（名古屋担当）

【創業】　1956（昭和31）年3月15日
　　　　　1971（昭和46）年2月1日（有限会社設立）
　　　　　1981（昭和56）年（株式会社に改組）

【資本金】　4,500万円

【従業員】　80名

【傍系会社】　㈱アースグリーン（家庭紙販売）　㈲松岡商店

【取引銀行】　みずほ・山手　池田泉州・神戸

【取扱品目】　上物古紙・裾物古紙　家庭紙販売

【月間取扱高】　上物70％・下物30％　合計13,000t

【主な納入先】　王子マテリア　王子製紙　大王製紙　ダイオーペーパーテクノ　丸住製紙　大分製紙ほか九州・四国・近畿・岐阜・静岡地区洋紙・板紙・家庭紙メーカー約50社

【主な仕入先】　近畿・中部・北陸・関東一円の仲間業者、ほか

【ヤードと設備】　神戸：敷地1,600㎡／B1台・TS1台　神戸みなと：敷地3,300㎡／B1台・TS1台　大阪：敷地2,700㎡／B1台・TS1台　南大阪：敷地1,452㎡／B1台・TS1台　名古屋：敷地1,780㎡／B1台・TS1台　岐阜：敷地2,600㎡／B1台・TS1台　名古屋南：敷地6,000㎡／B2台・TS1台

【特色】　1956（昭和31）年、神戸市で創業以来、安定供給と品質確保に努め、信頼と実績を積み重ねてきた。その後、70年の神戸営業所開設を皮切りに業容の拡大を進め、78年神戸工場を新設、80年大阪営業所を開設。81年現社名に改称し、翌82年本社ビルを新築。85年名古屋営業所を開設し中部地区に進出。87年神戸工場を増改築、89年南大阪営業所、97年岐阜営業所を開設。05年神戸ポートアイランドに大型ヤードの神戸みなと営業所を開設、同年神戸営業所の機密文書処理リサイクルセンター増設により機密古紙回収に本格的に参入。そして10年に開設した機密文書処理リサイクル施設併設型の大型ヤード・名古屋南営業所"飛島古紙リサイクルセンター"で中部地区3営業所の物流体制が確立し、全社的な物流ネットワークを確立した。16年6月には本社ビルを新築移転した。ISMS認証は神戸営業所、神戸みなと営業所、名古屋営業所、名古屋南営業所で取得している。

このような企業力を発揮して、さらなる古紙回収システムの整備と処理技術の向上に取り組んでおり、後藤典一社長をトップに、大阪市区担当の後藤公生専務、中部地区担当の後藤昌紀常務の三兄弟が一丸となり、大手上物古紙問屋として躍進を続けている。

木野川紙業 株式会社

広島本社：〒733-0833 広島市西区商工センター6-1-22
TEL 082-277-5411　FAX 082-277-5415
URL http://konogawa.jp
本店：〒739-0613　広島県大竹市本町1-1-23
東京支店：東京都江東区
TEL 03-5632-0911　FAX 03-5632-0916

陣場健社長

【創業】　1941（昭和16）年12月12日

【資本金】　5,000万円

【決算期】　5月

【役員】　代表取締役社長＝陣場健　専務取締役＝田渕英太郎　執行役員＝広知隆　執行役員＝沖尾和寿　執行役員＝森正治　特別顧問＝田渕清文

【従業員】　男子29名・女子6名　計35名

【取引銀行】　四国・大竹　広島・広島西　商工中金・広島西部　日本政策金融公庫・広島　広信・西部

【品種別売上構成】　洋紙70％　板紙22％　ほか8％

【業種別販売分野】　卸商48％　印刷25％　加工15％　ほか12％

【主要販売先】　榊紙店　セキ　吉川紙店　広島洋紙　中川製袋化工　カモ井加工紙　大村印刷　中国

新聞印刷　ユニバーサルポスト　第一美術印刷
大日本印刷　凸版印刷

【主要仕入先】　日本製紙　日本製紙パピリア　レンゴー　新生紙パルプ商事　国際紙パルプ商事　日本紙通商　柏原紙商事　ほか

【所属団体】　日本洋紙板紙卸商業組合　広島県洋紙商連合会　広島洋紙板紙代理店会　日本板紙代理店会

【沿革】　1941（昭和16）年12月創立。61年8月広島出張所開設。77年5月東京出張所開設。78年8月広島営業所を広島西部流通センターに新築移転。88年5月本社事務所を港町に移転。92年2月東京支店、東京物流センターとともに江東区塩浜に新築移転。01年7月本社事務所を広島に統合。

【企業の特色】　本店のある大竹市は古くから手漉き和紙の里として伝統ある町。当社は創立以来積極的な営業展開で販売地域を中国・四国地区から関東地区へと事業を拡大してきた。現在、日本製紙を中心に数社メーカーの代理店卸売業を行っている。地元に立地するメーカーの主力製品を地産地消の観点で中四国地域のお客様へ、〈感謝・迅速・工夫〉をもって、安定供給を図っている。また、お客様のニーズ・シーズを他のお客様の加工設備と結び付けることにより、商材の幅を広げ、更なる連携を深めている。その一貫として広島平和公園の折り鶴再生紙「平和おりひめ」を開発して販売をしている。

小林紙商事 株式会社

〒310-0845 茨城県水戸市吉沢町333番地の2
TEL 029-247-3131 代表　FAX 029-248-2302
ホームページ　http://www.kobayashi-paper.co.jp

【事業所】　宇都宮支店：〒322-0026 栃木県鹿沼市茂呂 662-129

【倉庫・配送センター】　本社倉庫：茨城県水戸市

【創業】　1897（明治30）年

【設立】　1951（昭和26）年10月20日

【資本金】　3,750万円

【決算期】　3月

【役員】　代表取締役社長＝小林裕明　専務取締役

＝小林久晃　常務取締役＝大和田幸男　取締役営業部次長＝大沼賢治

【従業員】　男子45名　女子8名　常勤パート4名　計57名

【企業の特色】　顧客のあらゆる要望に応えられるよう、適正な在庫と配送ネットワークを駆使してリアルタイムの商品配送を行っている。

【経営理念】　。紙を通して地域社会に奉仕する　。健全経営　。地域社会との共生

小林コマース 株式会社

〒448-0813　愛知県刈谷市小垣江町北高根115
TEL 0566-27-8211　FAX 0566-27-8216
Eメール commerce@k-cr.jp

【創業】　1976（昭和51）年10月1日

【設立】　1976年9月27日

【資本金】　2,000万円

【決算期】　9月

【役員】　代表取締役会長＝小林友也　代表取締役社長＝伊藤信司　取締役（非常勤）＝若尾禎　取締役（非常勤）＝内田智久　監査役（非常勤）＝野村秀之

【従業員数】　男子2名・女子2名　計4名

【主要株主】　小林クリエイトホールディングス㈱100％

【取引金融機関】　三菱UFJ・名古屋営業部

【計数管理システム】　販売管理システム＝販売幕僚Ⅲ　端末（パソコン）＝NEC×5台

【品種別売上構成】　情報用紙類　板紙・段ボール原紙　段ボール・紙器　軟包装材

【業種別販売分野】　印刷業　段ボール加工業

【主要販売先】　小林クリエイト　小林クリエイト九州　伊藤段ボール　アコーダ　コウナン　カナオカプラケミカル

【主要仕入先】　リコー　日本紙パルプ商事　国際紙パルプ商事　日本製紙　大王製紙　ほか

【沿革】　1976（昭和51）年10月、安宅産業㈱名古屋支社紙パルプ課より独立、興和紙業㈱を設立。92（平成4）年4月、小林記録紙（現 小林クリエイト）グループとなり、現在の社名に変更。

株式会社 こんの

〒960-8032　福島市陣場町2-20
TEL 024-524-2345
FAX 024-524-2040
ホームページ
https://www.konno.gr.jp/

紺野道昭社長

【事業所】　仙台営業所：TEL 022-287-2291　仙南営業所：TEL 0224-51-3350　福島営業所：TEL 024-557-8131　郡山営業所：TEL 024-944-8001　春日部営業所：TEL 048-761-2150　坂戸鶴ヶ島営業所：TEL049-272-5577　東京営業所：TEL 03-5735-9177　八王子営業所：TEL 042-643-4340

【関連会社】　㈱アイクリーン（機密書類処分・文具・事務機・OA機器販売・OA用紙・家庭紙各種再生紙販売・オフィス廃用紙リサイクルなどの販売・産業廃棄物収集運搬）

【役員】　社長＝紺野道昭　専務＝紺野敏昭

【創業】　1951（昭和26）年3月

【資本金】　3,000万円

【決算期】　2月

【従業員数】　150名

【取扱高】　17万6,000t（2021年度）

【主な仕入先】　福島民報社　福島エスパル　日進堂印刷所　福島印刷センター　福島オフセット　東北6県および関東地方業者　ほか

【主な納入先】　王子製紙　日本製紙　丸三製紙　いわき大王製紙

【主要設備】　B8 台、TS（40t）8台、産業特殊車両25台、トラック5台

【沿革】　1951（昭和26）年、紺野嘉吉が紺野嘉吉商店を福島市陣場町に創業。57年、事業所在地を福島市三河北町に移転し㈲紺野嘉吉商店を設立、資本金40万円。70年、本社を福島市三河北町に移転。73年、福島市笹木野に福島営業所開設、社名を「㈱こんの」と改称、資本金1,000万円に増資。74年、福島県郡山市田村町に郡山営業所を開設。75年福島市笹木野に本社新築移転。82年、資本金3,000万円に増資。84年、宮城県仙台市若林区に仙台営業所を開設。86年、福島市陣場町に本社新築移転。88年、産業廃棄物処理部門を設立、㈲アイクリーンを設立。90（平成2）年、埼玉県春日部市粕壁東に春日部営業所を開設。91年、アイクリーン福島センターを福島市太平寺に開設。92年、アイクリーン仙台センターを宮城県仙台市若林区に開設。96年、福島営業所隣接地に土地取得。97年、福島営業所工場改修。アイクリーン福島センターを福島市松山町に移転。98年、㈱アイクリーンへ組織変更。99年、東京都大田区に東京営業所を開設、宮城県柴田郡に仙南営業所を開設、富士通アイソテック㈱と古紙処理業務請負契約。2000年、春日部営業所を埼玉県春日部市不動院野に移転。アイクリーン郡山センターを福島県郡山市に開設。04年、東京都八王子市に八王子営業所を開設。FC事業部、ドトールコーヒーショップを開設。08年、アイクリーン春日部センターを埼玉県春日部市に開設。10年、アイクリーン福島センターを福島市笹木野に移転。12年10月、坂戸鶴ヶ島営業所を埼玉県鶴ヶ島市に開設。14年、春日部営業所で埼玉県産業廃棄物処分業許可を取得。18年、大戸屋福島北矢野目店を福島県福島市内に開店。

【特色】　創業75年を迎える"東北の雄"であり、近年はコーヒーショップ、福島県内初出店の「大江戸屋ごはん処」、一般住宅の生前整理や片付け事業など多方面に事業を拡大して業績を伸ばしている。紺野社長は人望が篤く、地元経済界でも活躍、加えて厚労省による"もにす認定"を取得しており、障がい者雇用にも注力し、地域社会に貢献している。また、「第5回 日本でいちばん大切にしたい会社大賞」の審査委員会特別賞を受賞するなど、『社員第一主義』で経営品質の向上に取り組んでいる。

毎年、全ヤードに地元の小学生や近隣住民を招き、紙リサイクルの意義や仕組み、古紙問屋の役割などをクイズも交えて分かりやすく説明する「オープンヤード」は地域社会に大変好評であり、各ヤードが毎回独自の工夫を凝らして地域社会との融和、共存を図っている。

株式会社 斎藤英次商店

〒277-0005　千葉県柏市柏6-1-1　流鉄柏ビル3F
TEL 04-7186-6701
FAX 04-7186-6702

斎藤大介社長

【事業所】　柏沼南営業所：〒277-0922　千葉県柏市大島田2-18-3　TEL 04-7192-8053　FAX 04-7192-8054　流山営業所：〒270-0132　千葉県流山市駒木518-2　TEL 04-7156-8710　FAX 04-7156-8712　松戸営業所：〒270-2232　千葉県松戸市和名ヶ谷954-7　TEL 047-703-3663　FAX 047-703-3664　船橋営業所：〒273-0047　千葉県船橋市藤原3-19-15　TEL 047-406-9088　FAX 047-406-9089　千葉営業所：〒264-0031　千葉県千葉市若葉区愛生町23　TEL 043-255-8704　FAX 043-255-4420　土気営業所：〒267-0056　千葉県千葉市緑区大野台2-1-6　TEL 043-205-5720　FAX 043-205-5721　北茨城営業所：〒319-1566　茨城県茨城市中郷町日棚644-95　TEL 0293-24-7555　FAX 0293-24-7556　土浦営業所：〒300-0013　茨城県土浦市神立町3881-1　TEL 029-896-3321　FAX 029-896-3325　牛久営業所：〒300-1231　茨城県牛久市猪子町989-2　TEL 029-878-0065　FAX 029-878-0066　取手営業所：〒300-1544　茨城県取手市山王1474　TEL 0297-82-3072　FAX 0297-71-6105　内職市場・土気緑の森店：〒267-0056　千葉県千葉市緑区大野台2-1-6　TEL 04-7186-6701　FAX 04-7186-6702　内職市場・柏の葉キャンパス店：〒277-0871　千葉県柏市若柴267番地中央182街区7　TEL 04-7186-6701　FAX 04-7186-6702

【創業】　1946（昭和21）年3月1日
【設立】　1959（昭和34）年11月17日
【資本金】　1億5,700万円
【決算期】　10月
【役員】　代表取締役社長＝斎藤大介　専務取締役＝斎藤元司　取締役＝森塚伸　監査役＝斎藤英三
【従業員数】　135名

【取引金融機関】　京葉銀行・柏支店　商工中金・上野支店　常陽銀行・柏支店　千葉銀行・花野井支店　日本政策金融公庫・千住支店　みずほ銀行・柏支店　三井住友銀行・柏支店　三菱東京UFJ銀行・柏中央支店　他数社（社名50音順）
【月間取扱高】　1.6万t
【主な取引先】　いわき大王製紙　王子マテリア　コアレックスグループ　高砂製紙　鶴見製紙　日本製紙　丸三製紙　丸富製紙　レンゴー　他数社（社名50音順）
【特色】　1946（昭和21）年に創業者である斎藤英次が東京都荒川区日暮里にて斎藤英次商店を開業。柏営業所、土浦営業所を設立した後、本社を千葉県柏市に移転。良質の古紙をより多く供給するため、千葉県と茨城県に10営業所を設け、どのような状況でも古紙再生の循環を止めないことを使命と考え、備蓄場、ミノワダ倉庫を保有している。各営業所では良質の古紙を、より高い価格で仕入れ、より安い価格で販売できるように従業員が日々努力を重ね、同時に再生紙の原料となる古紙を必要な時に必要な量だけメーカーに届けるための物流システムの改善も行っている。

　『人や社会に環境貢献を実感できる商品やサービスを提供し、世の中に物の価値と心の価値を循環させたい』という企業理念のもと、環境配慮型事業の一環として、2017年6月からLED照明販売を皮切りに防鳥網や遮熱塗装の販売事業を展開している。

　また近年、あらゆる業界において自動化、機械化が進む一方で、従業員の手による軽作業が減らないという悩みの声が多く寄せられていることに目を向け、日本最大級の内職専門店「内職市場（ないしょくいちば）」とフランチャイズ契約を結び、2018年11月に「内職市場・土気緑の森店」、2019年5月に「内職市場・柏の葉キャンパス店」を開業した。手作業・軽作業のプロとして、単純な手作業からデータ入力をはじめとするデジタル分野の内職作業や敷地の広さを活かした40フィートコンテナのデバンニング・検品作業の請負にも積極的に取り組むなど、顧客の多種多様な要望に対応

し、「いつでも安心して任せられるお客様のパートナー」を目指している。2023年6月には内職市場の3号店となる土浦店を茨城県土浦市に開設。

■企業理念…物の価値と心の価値をつなぎ、「できてよかった」の幸せで世界を豊かにします。

■ブランドビジョン…知性とセンスで環境問題を解決へと導く「スマートなリサイクルカンパニー」

現在は100年企業を目指し、廃棄物削減・脱炭素で、さらなる先進的な目標を掲げている。

株式会社 齋藤久七商店

〒116-0014　東京都荒川区東日暮里4-14-2
TEL 03-3806-2897　FAX 03-3806-2277
【事業所】　工場：〒116-0014　東京都荒川区東日暮里4-13-9　TEL 03-3807-5245　八潮営業所：〒340-0834　埼玉県八潮市大曾根1278　TEL 048-995-6295　FAX 048-995-3249　八潮備蓄場：〒340-0813　埼玉県八潮市木曽根1246-1
【役員】　社長＝齋藤岳二　取締役＝齋藤久子
【監査役】　齋藤良子
【創業】　1922（大正11）年
【設立】　1952（昭和27）年7月
【資本金】　1,000万円
【主な納入先】　レンゴー　北越コーポレーション　王子マテリア　高砂製紙　丸井製紙　東京紙パルプ交易　ほか
【主な仕入先】　光文社　ほか
【特色】　初代・齋藤久七の代より信用第一の堅実経営を旨としているが、昨今は経営の合理化・近代化にも意欲的で、活性化のための若返りや人材教育にも取り組んでいる。また、同社は守りの経営から攻めの経営に転ずるべく経営の多角化にも取り組み、産業廃棄物処理業の資格も取得している。

株式会社 榊紙店

〒760-0065　香川県高松市朝日町5-3-81
TEL 087-822-3332
FAX 087-822-9511

【事業所】　新居浜支店：愛媛県新居浜市多喜浜6-9-46
TEL 0897-45-2700
FAX 0897-45-3323
【倉庫・配送センター】
本社：香川県高松市（土地 10,996m^2、建物 8,745m^2）　新居浜支店：愛媛県新居浜市（土地 6,612m^2、建物 1,350m^2）
【創業】　1918（大正7）年4月
【設立】　1948（昭和23）年12月
【資本金】　5,000万円
【決算期】　6月
【役員】　取締役会長＝榊邦佳　代表取締役社長＝榊英雄　常務取締役（新居浜支店長）＝平田英士　取締役＝谷口正行　取締役＝津嶋英樹　取締役＝大町光洋　監査役＝谷本隆彦
【従業員数】　男子75名・女子10名　計85名
【取引金融機関】　中国・高松　高松信金・本店　商工中金・高松　百十四・本店　伊予・高松
【設備】　本社：四六全判断裁機10台　巻取カッター2台　スリッター3台　ニューオートン自動打抜機2台　ラベル印刷機3台　自動包装機2台　新居浜支店：断裁機3台
【品種別売上構成】　洋紙74％（上質紙24％、塗工紙37％、情報用紙25％、色上質紙・ファンシーペーパー14％）　板紙18％（白板紙60％、その他板紙40％）　その他　和紙・紙製品8％
【業種別販売分野】　洋紙：印刷業83％　官公庁3％　卸商・小売商7％　板紙：紙器製造業7％
【主要販売先】　小松印刷　新日本印刷　ムレコミュニケーションズほか県下印刷業者、紙器業者と官公庁
【主要仕入先】　日本紙パルプ商事　日本紙通商　柏原紙商事　木野川紙業　三信商会　四国紙販売　新生紙パルプ商事　三菱王子紙販売　レンゴー　竹尾　平和紙業　カミ商事　合英　ほか
【所属団体】　日本洋紙板紙卸商業組合　日本板紙代理店会連合会

榊英雄社長

【取引先との関係団体】　JP会　SPP会　NPT会
菱和会　四国大王会

【沿革】　1918（大正7）年4月、先代の榊人治が高松市瓦町で創業。48（昭和23）年12月、資本金30万円で株式会社を設立し、榊一郎が社長に就任。66（昭和41）年、藤塚町へ本社新築移転。72（昭和47）年、円座倉庫新築、74（昭和49）年、東ハゼ、75（昭和50）年、成合に工場を設立。85（昭和60）年、朝日町に新築移転し、社屋と三ヶ所の工場を統合する。86（昭和61）年より、コンピュータによる倉庫管理システム稼働。88（昭和63）年、榊保憲が代表取締役に就任。89（平成元）年愛媛県新居浜営業所を開設。97（平成9）年、創立50周年を迎え、翌年、榊邦佳が代表取締役に就任。07（平成19）年、FSC－COC森林認証を取得。15（平成27年）、新居浜営業所に太陽光発電装置を設置。20（令和2）年9月、榊邦佳が会長、榊英雄が社長に就任。

【企業の特色】　常にお得意先のニーズに応えられる営業力と物流力をモットーにしている。

坂田紙工 株式会社

〒834-0052　福岡県八女市大字新庄397
TEL 0943-23-6147　FAX 0943-23-6160
ホームページ https://sakatashiko.com
Eメール info@sakatashiko.com

【創業】　1918（大正7）年
【設立】　1948（昭和23）年
【資本金】　2,000万円
【決算期】　3月
【役員】　代表取締役社長＝坂田徳治（1958生、東洋大卒、1984入）　取締役＝酒井広悦（1951生、1976入）取締役＝坂田万美
【従業員数】　32名
【取引金融機関】　福岡・八女　筑邦・八女
【設備】　断裁機2台　トラック2台（2t車1台、3t車1台）
【品種別売上構成】　化成品45％　紙製品43％　和・洋紙12％
【業種別販売分野】　包材店40％　折箱店28％　そ

の他32％
【主要販売先】　ニシヤ商事　酒井物産
【主要仕入先】　日本紙パルプ商事　新生紙パルプ商事　福助工業
【営業品目】　＊紙加工品（手提げ袋、包装紙、角底袋、ロー引き紙、伝票、メニュー、チラシ、箸袋、テーブルマットなど）　＊和紙、洋紙（コピー用紙、上質紙、更紙、クラフト紙、産業用紙、奉書紙、特殊紙など）　＊化成品（ポリ袋、レジ袋、OPボードン袋、ラミネート製品、シュリンクフィルム、加工用フィルムなど）　＊花用資材（フラワー袋、ロール巻き、シートなどのOPP製品）　＊梱包資材（クラフトテープ、セロテープ、ストレッチフィルム、PPバンド、PP縄など）　＊その他、トレー、フードパック、弁当箱などの食品容器、食品包装資材全般、農業資材全般
【所属団体】　日本洋紙板紙卸商業組合　九州洋紙商連合会
【沿革】　1918（大正7）年、坂田徳次郎商店として創業。福岡県筑後市において手漉き和紙の卸売、製造、加工を手がけ、時代の変遷とともに洋紙の販売を始める。48（昭和23）年、坂田紙工㈱を設立。

三 愛 株式会社

〒546-0033　大阪府大阪市東住吉区南田辺3丁目3-3　TEL 06-6692-3377　FAX 06-6696-3169
ホームページ https://sanai-3377.co.jp/
【事業所】　寝屋川工場：〒572-0076　寝屋川市仁和寺本町2丁目15-5　TEL 072-838-1031　FAX 072-829-3349

寝屋川第二工場：〒572-0076　寝屋川市仁和寺本町3丁目19-25　TEL 072-838-1199　FAX 072-829-3349

富田林工場：〒584-0022　富田林市中野町東2丁目5-12（中小企業団地）　TEL 0721-24-5851　FAX 0721-24-5811

四国工場：〒799-0113　愛媛県四国中央市妻鳥町1094-2　TEL 0896-58-2598　FAX 0896-58-2593

【創業】　1964（昭和39）年9月30日

【設立】 1965（昭和40）年9月30日

【資本金】 9,900万円

【決算期】 1月

【役員】 代表取締役社長＝星川　茂　取締役＝大塚義之　取締役＝三好政之　取締役＝阿波広志　取締役＝星川元美　監査役＝星川雅美

【従業員数】 166名（正社員）

【取引金融機関】 三井住友・／駒川町　三菱UFJ・針中野　日本政策金融公庫・阿倍野　関西みらい・谷町　商工中金・船場　伊予・大阪

【業績】 年商61億円（2024年1月度）

【営業品目】 ＜産業資材関連＞包装用紙＝クラフト紙類（未晒・晒・色）、防湿紙、防錆紙　印刷用紙＝上質紙、色上質紙　フィルム・化成品＝保護フィルム、抜き加工品、成型用材料、印刷用材料　剥離紙＝粘着用、工程用、転写用　紙加工品＝薬袋、封筒　不織布＝メディカル製品、ウエットタオル、フィルター用　情報用紙＝感熱紙、レジロール、Faxロール　粘着テープ＝OCAテープ、両面テープ、各種フィルムテープ抜き加工製品　特殊材料＝金属箔、合成樹脂　農業用資材＝育果紙、出荷用資材　板紙＝貼合紙、白板紙、紙管原紙　紙管＝内面紙（印刷）、表面紙　特殊紙・雑種紙＝金属合紙、ガラス合紙、グラシン紙　シール原紙＝各種ラベル　養生用紙＝筋入クラフト紙、片艶クラフト紙　梱包用資材＝ストレッチフィルム、結束用テープ、粘着テープ、PE袋　抜き加工品＝モバイル・家電関連、雑貨類、パッキン類、車載用

＜電材関連＞フィルム・化成品＝エンボス・カバーテープ、保護フィルム、抜き加工品、成型用材料、印刷用材料　剥離紙＝粘着用、工程用、転写用　不織布＝フィルター用　粘着テープ＝OCAテープ、両面テープ、各種フィルムテープ抜き加工製品　特殊材料＝金属箔、合成樹脂　特殊紙・雑種紙＝金属合紙、ガラス合紙　抜き加工品＝モバイル・家電関連、パッキン類、車載用

＜食品・生活関連資材＞不織布＝メディカル製品、ウエットタオル、フィルター用　ワックスペーパー＝育果紙、食品用ペーパー、ラッピング用品　ウエット製品＝ウエットタオル、OA用品　日用雑貨品＝紙タオル　粘着テープ＝両面テープ、各種フィルムテープ　抜き加工品＝雑貨類、パッキン類

【主な販売先】 日榮新化　丸住エンジニアリング　ナガセケムテックス　北陸紙業　福島太陽誘電

【主な仕入先】 新生紙パルプ商事　リンテック　YKアクロス　丸紅フォレストリンクス　日本バイリーン

【沿革】 1964（昭和39）年4月、星川晃が個人にて紙の断裁加工および紙製品販売業を創業、工場を守口市金田町5-26に開設。65年9月、大阪市東住吉区田辺本町8丁目33にて法人に改組、資本金100万円で三愛㈱を設立。78年3月、寝屋川工場を開設（寝屋川市仁和寺本町2-15-5）。84年7月、本社を現在地（大阪市東住吉区南田辺3-3-3）に新築移転。89（平成元）年8月、富田林工場開設（富田林市中野町東2丁目 中小企業団地内）。92年4月、数次の増資を経て資本金9,900万円とする。99年9月、星川智子が代表取締役に就任。2003年2月、寝屋川工場がISO 9001：2000登録承認取得。同年4月、寝屋川第二工場を開設（寝屋川市仁和寺本町3-19-25）。04年6月、四国工場を開設（愛媛県四国中央市妻鳥町1094-2）。05年8月、富田林工場がISO 9001：2000登録承認取得。同年11月、寝屋川工場がISO 14001：2004登録承認取得。07年11月、星川智子が代表取締役会長、星川誠吾が代表取締役社長に就任。09年10月、四国工場増設。同年11月、富田林工場がISO 14001：2004登録承認取得。

【企業の特徴】 "紙の可能性に挑"んできた当社の歴史は、また"独自の加工方法開発"の歴史でもある。顧客の気持ちになって作業工程の一端を担い、改善し、紙の使い勝手を良くするという工夫の姿勢が、三愛の創業以来の目標である。紙・フィルム類の裁断加工で切れないものはない、切れなければやってみよう、挑戦しよう——のポリシーに基づきノウハウの総力を挙げてニーズに応え、顧客満足度を高めている。

株式会社 サンオーク
SAN OAK Co., LTD.

〒101-0054　東京都千代田区神田錦町3丁目12-10
神田竹尾ビル3階
TEL 03-3219-8466　FAX 03-3219-8467
ホームページ http://www.sun-oak.co.jp/

【設立】　1968（昭和43）年5月23日
【資本金】　7,500万円
【決算期】　3月
【役員】　代表取締役社長＝川中清史　常務取締役（管理本部長）＝瀬戸井伸夫　取締役（営業本部長兼機能品部長）＝内山隆康　監査役＝金木誠
【従業員数】　14名（除：役員）
【株主】　日本製紙パピリア㈱100%
【取引金融機関】　三井住友・本店営業部
【事業内容】　(1) 各種紙類とその加工品、製紙用機材とその原料の販売。(2) 各種紙類の加工、断裁、印刷と、これらに関連する機械、器具、その付属品の販売。(3) 医薬品、医薬部外品、食品、各種化成品とその加工品の販売。(4) 燃料物、事務用品、日用雑貨などの販売。(5) その他前各項に関連する一切の事業。
【業績】　年商31億円（2024年3月期）
【取扱商品】　〈洋紙：薄葉紙〉インディアペーパー、約款用紙、超軽量印刷用紙、複写用紙 ほか　〈洋紙：特殊紙〉各種ファインペーパー　〈洋紙；その他〉各種一般紙、嵩高紙 ほか　〈機能品〉脂取紙、パウダーペーパー、水溶紙（水溶性紙灯籠など）、食品包材用紙、耐油紙、水筆用紙、水像紙、合成紙（オーパー）、不織布、剥離紙、剥離フィルム、工程紙、粘着紙、粘着フィルム、粘着テープ ほか　〈その他〉製紙用原料、填料、薬品、包装資材 ほか
【主な仕入先】　日本製紙パピリア　日本製紙　リンテック　竹尾　平和紙業　ほか
【主な販売先】　アルビオン　岩岡印刷工業　エルソルプロダクツ　花王　Gakken　コーセー　三省堂　資生堂　星光社印刷　ダイオーミウラ　大修館書店　筑摩書房　DIC　ニッカン工業　日本製紙パピリア　ベネッセコーポレーション　ほか

【沿革】　1968（昭和43）年5月、三宝紙業㈱として資本金1,000万円で設立。同年6月、五十嵐商事の全営業権を譲受。1974年7月、資本金4,000万円に増資。1975年6月、三島興業㈱と合併、㈱三島三宝に改称。三島製紙（現 日本製紙パピリア）の全額出資関係会社となる。資本金5,500万円。1984年6月、星光産業が三島三宝を合併、㈱サンオークと改称。資本金7,500万円となる。2008（平成20）年2月、FSC森林認証のCoC認証を取得。2010年6月、本店事務所を東京都千代田区神田駿河台4-4より現在地に移転。2011年4月、日本製紙グループ本社（現日本製紙）の連結会社となる。2020（令和2）年11月、事務所を東京都千代田区神田錦町3－12－10に移転。

三協商事 株式会社
SANKYO CORPORATION

〒102-0084　東京都千代田区二番町6-3
TEL 03-5226-8791　FAX 03-5226-8691
ホームページ http://www.sankyo-shouji.co.jp/

【事業所】　大阪支店：TEL 06-6341-8981　FAX 06-6341-8986　名古屋支店：TEL 052-203-0581　FAX 052-203-0748
【創業】　1946（昭和21）年12月23日
【資本金】　5,500万円
【決算期】　11月
【役員】　代表取締役社長＝竹村和之　常務取締役＝松本幹夫　取締役＝服部隆行　監査役＝津留芳和
【従業員】　男子30名・女子8名　計38名
【取引金融機関】　三井住友・日本橋　三菱UFJ・神保町　みずほ・日本橋
【関係会社】　㈱ダイヤ（加工事業部＝コンデンサー台紙、フィルムキャリアテープの製造・販売　商品販売事業部＝紙・板紙・各種紙加工製品の販売）
【業績】　年商約60億円
【品種別売上構成】　洋紙50%　フィルム20%　板紙5%　和紙5%　ほか20%
【業種別販売分野】　建材関係45%　メーカー20%　フィルム関係10%　代理店・卸商5%　紙加工

業5%　印刷業5%　その他10%

【主要得意先】　TOPPAN　トッパン・コスモ　トッパン建装プロダクツ　アイカ工業　日本デコラックス　エステー　メイワパックス　富士高分子　キョーテック　サカエグラビヤ印刷　中本パックス　アルプス　ルビコン　ダイトー　トライフ　アルフレッサファーマ　ウラワオビックス　住友林業クレスト　ダイソーケミカル

【主要仕入先】　三菱製紙　三菱王子紙販売　特種東海製紙　アイカ工業　日本デコラックス　興人フィルム＆ケミカルズ　王子エフテックス　TENTOK　大福製紙　日本東海インダストリアルペーパーサプライ　ユニチカ　オリベスト　メイワパックス　サンエー化研　トライフ　トッパン・コスモ　アールエム東セロ　日本製紙クレシア　三菱商事プラスチック　大王製紙

【所属団体】　東京都紙商組合　大阪府紙商組合　愛知県紙商組合　日本洋紙板紙卸商業組合　東京商工会議所　名古屋商工会議所

【沿革】　1946（昭和21）年、初代社長・西山昇が東京・日本橋本町に三協商事㈱を設立。1959年、千代田区神田駿河台に社屋建設に伴い移転。1963年、大阪支店開設。1968年、名古屋支店開設。1977年、資本金を5,500万円に増資。1988年、千代田区外神田に本社を移転。1990（平成2）年、共同ビル「東亜・三協ビル」を神田駿河台に竣工。1999年、㈱ダイヤに資本参加・経営参画することにより製造業に進出。2001年、「二番町三協ビル」が竣工。同年、本社・本店を現在地に移転。2009年、FSC認証取得。2016年創立70周年。

【特色と経営理念】　弊社は1946（昭和21）年に紙・パルプ商社として誕生し2016年に創業70周年を迎えることができた。三協商事の社名は、生産・販売・需要の商品（モノ）の流れの中でメーカーとユーザーがしっかりと結ばれることに奉仕する会社の姿勢を表している。取扱い商品は時代とともに変化し、素材にとどまらず建装材分野、紙の加工分野、包装フィルム分野、化成品分野など、幅広い商品の取扱いを進めている。

弊社はこれからも時代の流れを見据え、さらに多様な事業に意欲的にチャレンジしていく。その底流として常に意識するのは、当社の経営理念である「全力貢献・幸栄一如」すなわち「取引先の役に立つことによって、取引先・会社・社員の物心共なる幸せと継続的繁栄を築く」ということであり、そのためにはサービス（奉仕の精神）およびサポート（物心両面の支援）を指針として、力強く実践していく所存だ。人間（ヒト）を大切にしてきた"三協商事"は顧客の繁栄に貢献することを喜びとする心豊かな社員を育成し、新時代の進展の実を皆さまと享受していきたい、と考えている。

三弘紙業 株式会社

〒113-0033　東京都文京区本郷1-30-17
TEL 03-3816-1171
FAX 03-3811-1575

上田晴健社長

【事業所】　文京営業所：〒113-0033　東京都文京区本郷1-30-17　TEL 03-3816-1171　FAX 03-3811-1575　フェニックスリサイクルセンター白山営業所：〒112-0001　東京都文京区白山3-1-6　TEL 03-5689-0681　FAX 03-5689-0682　板橋営業所：〒173-0031　東京都板橋区大谷口北町6　TEL 03-3955-4166　FAX 03-3955-4169　八王子営業所：〒192-0005　東京都八王子市宮下町54-1　TEL 042-691-0221　FAX 042-691-0223　昭島営業所：〒196-0003　東京都昭島市松原町2-3-17　TEL・FAX 042-544-3004　相模原営業所：〒252-0131　神奈川県相模原市緑区西橋本1-19-19　TEL 042-773-1194　FAX 042-779-3574　朝霞営業所：〒351-0024　埼玉県朝霞市泉水1-8-21　TEL 048-464-5255　FAX 048-464-6349　鳩ヶ谷営業所：〒334-0013　埼玉県川口市南鳩ヶ谷6-11-1　TEL 048-284-5501　FAX 048-284-5048　戸田営業所：〒335-0037　埼玉県戸田市下笹目矢口165-1　TEL 048-445-4646　FAX 048-432-8183　大宮営業所：〒338-0007　埼玉県さいたま市中央区円阿弥5-4-7

TEL 048-852-6456　FAX 048-858-0574　加須営業所：〒347-0000　埼玉県加須市大桑2-12-1　TEL 0480-66-1601　FAX 0480-67-1387　みかもリサイクルセンター：〒327-0031　栃木県佐野市田島町236-1　TEL 0283-27-3375　FAX 0283-27-3376　吉原営業所：〒417-0811　静岡県富士市江尾字中原135-2　TEL 0545-34-1870　FAX 0545-34-1871　裾野営業所：〒410-1104　静岡県裾野市今里542-7　TEL 055-965-3523　FAX 055-965-3526　静岡営業所：〒422-8046　静岡市駿河区中島613-1　TEL 054-281-7176　FAX 054-281-7175

【関連会社】㈱OIMセンター
【役員】代表取締役社長＝上田晴健　専務取締役＝小田嶋新　常務取締役＝持永毅　常務取締役＝関髙男　常務取締役＝柴田晶弘　取締役＝貞弘眞孝　取締役＝山中秋信　執行役員＝中島純雄　執行役員＝竹内慎也　執行役員＝吉住英樹
【創業】1924（大正13）年
【設立】1946（昭和21）年10月25日
【資本金】3,000万円
【決算期】12月
【月間取扱高】古紙全般35,000t
【主な納入先】王子製紙　日本製紙　特種東海製紙　レンゴー　北越コーポレーション　興亜工業　その他販売先50数社
【主な仕入先】共同印刷　昭和図書　NTTグループ　埼玉トヨタ自動車　関東運輸局　その他約1,200社および各自治体
【特色】古紙全般を取り扱っており、我が国を代表する直納問屋である。上物のウェイトが高い（36％）のが特徴で、仕入先、取引メーカーの数が多く商売もバラエティに富んでいる。組織的にも近代経営を行っており、コンピュータの導入、ソフト開発なども先駆けて進め、人材が豊富・多彩なことでもよく知られている。

大手古紙問屋で初めてISO14001を取得した後、ISO27001を認証取得し、環境問題、情報セキュリティ問題にも積極的に取り組んでいる。朝霞営業所に大規模な機密書類処理工場を設置し、さまざまな企業・官公庁・団体の機密書類の処理を行っている。

関係会社に返本雑誌仕入加工販売の㈱OIMセンターがあり、出版物の在庫管理および古紙化処理を行っている。

上田晴健社長は東京都製紙原料協同組合の理事長、全国製紙原料商工組合連合会の理事として古紙業界をリードする存在である。

【会社の強み】＊創業100年以上の歴史…大正13年の創業以来、100年以上、リサイクル事業一筋。培った古紙回収と再資源化の経験とノウハウをもとに、豊かな社会と環境保全の実現を目指している。＊豊富な車種と車両台数…豊富な車種と車両台数を保有しており、荷物の量や道路状況などに応じて細かな対応が可能。また、計量器付き回収車も保有しているので、回収時の正確な計量に対応することができる。＊ネットワークによる一元管理…東京、埼玉エリアを中心とした関東一円と、静岡エリアを中心とした東海エリアで、自社車輌を使い回収している。また、協力会社とのネットワークを活用することにより、全国どこでも回収対応の実績がある。＊万全なセキュリティ体制…国際規格であるISO27001（情報セキュリティマネジメントシステム）に基づいた機密書類処理業務システムを構築・運用し、厳重に管理された機密工場で要望に合わせた処理を行う。また、全車両にドライブレコーダーを完備し、乗車前後のドライバーのアルコールチェックと定期的な運転指導を行うなど、回収時から万全のセキュリティ体制を敷いている。

株式会社 三信商会

〒541-0047　大阪市中央区淡路町1-5-2
TEL 06-6226-1131
FAX 06-6226-1130
http://www.sanshin-paper.co.jp
【事業所】㈱ツルミ・サンシン：大阪市鶴見区諸口

矢倉裕始会長

1-6-8　TEL 06-6913-1181
　　　　FAX 06-6913-1184
【設立】1947（昭和22）年2月28日
【資本金】5,000万円
【決算期】10月
【役員】会長＝矢倉裕始　社長＝山本哲也　取締役（仕入部長）＝池井哲郎　同（経理部長）＝米澤和光　執行役員（営業部長）＝良元進恒
【従業員】男子22名・女子6名計28名
【取引銀行】りそな・船場　商工中金・船場　近畿大阪・船場　池田泉州・堺筋
【品種別売上構成】上質紙15％、情報用紙20％、色上質紙25％、加工原紙30％、その他10％
【主要販売先】大日本印刷　大阪シーリング印刷　丸楽紙業　榊紙店　ほか近畿・中国・四国一円
【主要仕入先】北越コーポレーション
【関係会社】大和紙料
【企業の特色】創業以来68年の社歴を有し、旧紀州製紙の最初の代理店として着実に発展している。堅実な経営を商風とし「商いは永続することと見つけたり」を社訓に、信用第一をモットーとしている。北越コーポレーションの専門代理店として色上質紙ではトップクラスの扱い高を上げ、一心同体の精神で営業方針を立て、どこよりもサービス向上に努め、供給責任を果たすとともに信頼される代理店としてメーカーの発展とともに歩むことを信条としている。1987年4月より大阪洋紙代理店会にも加入し、秩序ある取引を行っている。

ツルミサンシンでは全自動ラックシステム・市内シャトル便（無料小口配送便）などを活用、07年10月には紙・製本加工機を設備し、紀州の色上質紙をはじめ多品種小ロット対応を強化、得意先の好評を得ている。

99年11月には「地球環境を考える企業」をテーマに社内プロジェクトを発足し、環境対応商品の開発を進めている。01年3月JQA（日本品質保証機構）よりISO14001を取得し、05年2月にはFSC森林認証における加工流通過程の管理認証（CoC認証）を受けている。

また、業務プロセスのスピードアップを目的に、06年7月にシステム更新プロジェクトを発足。得意先からの受発注オンライン化の要望に応え、WEB－EDIを導入、得意先の業務効率化にも貢献する。これらのシステムは08年秋に稼働した。

人の住む地球を美しくするため、明日に向かって日々着実に実績を重ねている。

山本哲也社長

三和商工 株式会社
Sanwa Shoko Limited

〒417-0004　静岡県富士市新橋町8-19
TEL 0545-52-0195　FAX 0545-52-7143
ホームページ http://www.sanwa-syoko.co.jp/
Eメール webmaster@sanwa-syoko.co.jp
【創立】1940（昭和15）年9月10日
【資本金】8,000万円
【決算期】5月
【事業内容】製紙原料卸売　一般紙製品販売　製紙用薬品・製紙用機材販売　倉庫業　機密書類出張細断・廃棄物処理業
【役員】代表取締役社長＝齋藤知治
【従業員数】20名
【取引金融機関】静岡・吉原北　富士信金・吉原清水・吉原　富士宮信金・国久保
【主要得意先】朝日新聞東京本社　朝日プリンテック　日本製紙　国際紙パルプ商事　王子製紙　王子マテリア　大昭和紙工産業　ナカバヤシ　三和澱粉工業
【沿革】1940（昭和15）年9月、資本金19万円で三和商工㈱設立。46年4月、朝日新聞東京本社（有楽町）と取引開始。75年3月、社有地有効利用のため倉庫を建設。81年11月、資本金3,840万円に増資。82年4月、在庫管理・財務・給与計算などでコンピュータ管理を導入。87年4月、大型コンピュータに更新、各種業務をワークステーション、パソコンによりデータ入力し、ホストコンピュータにより集中管理処理を実現。89（平成元）年10月、トラックスケール（40t）を設置し検量業務の効率化を図る。90年7月、資本金3,000万円で関連会

社の㈱国窪を設立（事業内容：リース業、不動産管理・賃貸、運送業ほか）。同年同月、自動大型古紙梱包機（60馬力）を設置し梱包作業、輸送の効率化を図る。93年5月、産業廃棄物収集運搬業としての静岡県知事許可（第220100325号）を受け業務を開始。95年7月、廃棄物再生事業者として県知事登録（廃再第22号）。また運輸省中部運輸局より営業倉庫業の許可を受ける。96年3月、一般廃棄物処理業の許可を取得、富士市指令生還（第33号）。99年1月、産業廃棄物処理業としての静岡県知事許可（第222100325号）を受け業務を開始。同年6月、オフコンからPCサーバーを用いた各種業務の一括管理に移行完了。2001年7月、webサーバー設置。05年2月、エコポリスバンによる機密書類出張細断事業を開始。14年10月、倉庫屋根にソーラーパネルを設置し、発電売電事業を開始。

【特色と経営理念】 昭和15（1940）年、初代社長・齋藤清作により製紙原料の製造・販売会社として設立された三和商工は「物を活かし、社員・家族を大切に、社会貢献を果たす」ことを経営理念に掲げ、誠実で確かな製品づくりに励んできた。創業以来、一貫した"物を大切にして活かす"という精神は、現在のリサイクル事業にしっかり受け継がれている。

四国紙商事 株式会社

〒101-0047　東京都千代田区内神田1-13-7
TEL 03-3293-4591　FAX 03-3293-3284
ホームページ http://www.shikokupaper.co.jp
【事業所】 城東営業所：〒135-0062　東京都江東区東雲2-5-30　TEL 03-3529-0551　FAX 03-3529-0558　城北営業所：〒165-0023　東京都中野区江原町2-7-12　TEL 03-3954-2811　FAX 03-3954-2831　平塚営業所：〒254-0019　神奈川県平塚市西真土3-21-41　TEL0463-55-8220　FAX0463-55-8129
【倉庫・配送センター】 三国倉庫／東雲：東京都江東区（土地3,971m²）　三国倉庫／船橋：千葉県船橋市（土地5,460m²）　三国倉庫／戸田：埼玉県戸田市（土地1,143m²）　三国倉庫／平塚：神奈川県平塚市（土地1,485m²）
【設立】 1966（昭和41）年8月4日
【資本金】 9,000万円
【決算期】 9月
【役員】 代表取締役社長＝刈谷洋彦　専務取締役＝刈谷雅由　常務取締役（営業本部長）＝永井 厚　取締役（本店長）＝輿石 誠
【従業員数】 男子22名・女子12名　計34名（平均年齢38.09歳）
【取引金融機関】 四国・東京　三菱UFJ・神田駅前　みずほ・神田　りそな・神田
【計数管理システム】 サーバー＝1台　端末＝65台
【関係会社】 ㈱四国洋紙店（紙販売）　三国倉庫㈱（倉庫業）　㈱三協商運（運送）　四国建物㈱（テナント管理）　四国紙販売㈱（紙製品）
【品種別売上構成】 洋紙95.1%　板紙2.3%　ほか2.6%
【業種別販売分野】 印刷79.8%　出版15.1%　ほか5.1%
【主要仕入先】 四国洋紙店　三菱王子紙販売　日本紙通商　国際紙パルプ商事　新生紙パルプ商事
【所属団体】 東京都紙商組合
【沿革と特色】 1946（昭和21）年3月創業の㈱四国洋紙店より、1966年8月に分離独立、販路充実のため本所支店（現・城東営業所）、中野支店（現・城北営業所）、城南支店（現・城南営業所）を順次開設。物流面でも江東区・東雲、船橋、戸田、平塚のグループ間の設備をフルに活用し、本社営業部と併せ地域密着型の営業を展開し現在に至る。

株式会社 四国洋紙店

〒101-0047　東京都千代田区内神田1-13-7
TEL 03-3293-3171　FAX 03-3293-0480
ホームページ http://www.shikokupaper.co.jp/
【倉庫・配送センター】 三国倉庫／東雲：東京都江東区（土地3,971m²）　三国倉庫／船橋：千葉県船橋市（土地5,460m²）　三国倉庫／戸田：埼玉県戸田市（土地1,143m²）
【創業】 1946（昭和21）年3月16日

【設立】 1951（昭和26）年5月18日

【資本金】 4,800万円

【決算期】 3月

【役員】 代表取締役社長＝刈谷洋彦 専務取締役＝刈谷雅由 常務取締役＝刈谷芳浩 常務取締役（営業本部長）＝永井 厚 取締役（管理）＝岡田雅則

【従業員数】 男子6名・女子0名 計6名（平均年齢50.09歳）

【取引金融機関】 四国・東京 りそな・神田 三菱UFJ・神田駅前 みずほ・神田

【計数管理システム】 サーバー＝1台 端末＝15台

【関係会社】 四国紙商事㈱（紙販売） 三国倉庫㈱（倉庫） ㈱三協商運（運送） 四国建物㈱（テナント管理） 四国紙販売㈱（紙製品）

【品種別売上構成】 洋紙97.5％ 板紙1.5％ ほか1.0％

【業種別販売分野】 同業卸86.4％ 紙製品9.9％ ほか3.7％

【主要仕入先】 北越コーポレーション 日本紙通商 国際紙パルプ商事 日本紙パルプ商事 新生紙パルプ商事

【沿革】 1946（昭和21）年3月に小島朋之が個人創業。1951年5月に四国グループの母体となる㈱四国洋紙店を設立。1966年、販路拡充のため四国紙業（現・四国紙商事）を設立し、㈱四国洋紙店より分社。1969年、都内江東区東雲に東雲配送センター（99年10月改築）を完成。物流部門を分社し、四国紙流通㈱（現・三国倉庫㈱）を設立。物流面でも江東区・東雲、千葉・船橋、埼玉・戸田の設備をフルに活用した営業を展開し、現在に至る。

静岡和洋紙 株式会社

〒420-0065 静岡県静岡市葵区新通2-2-5

TEL 054-254-7421（代表） FAX 054-254-7425

【創業】 1889（明治22）年

【設立】 1946（昭和21）年12月

【資本金】 2,000万円

【決算期】 6月

【役員】 代表取締役社長＝森 徹也

【従業員数】 12名

【取引銀行】 みずほ・静岡 静岡・新通支店 静岡信用金庫・駒形支店

【販売品種】 洋紙、板紙、特殊紙、封筒

【主要仕入先】 日本紙パルプ商事、シロキ、齋藤商会、イムラ封筒、ほか

【主要販売先】 県内印刷および紙器業者、官公庁、一般企業

七條紙商事 株式会社
SHICHIJO PAPER TRADING CO., LTD.

〒103-0004 東京都中央区東日本橋2-20-10

TEL 03-3851-5221 FAX 03-3863-1657

ホームページ http://www.shichijokami.co.jp

Eメール webmaster @ shichijokami.co.jp

【事業所】 大阪支店：大阪市中央区玉造2-28-6 TEL 06-6762-1445 FAX 06-6761-5943 名古屋支店：名古屋市北区金城4-1-17 TEL 052-915-8011 FAX 052-915-8119 岡山営業所：岡山市北区磨屋町10-20 磨屋町ビル2F TEL 086-227-0238 FAX 086-227-3678

【倉庫・配送センター】 東京ベストプラン：千葉県市川市 東大阪倉庫：東大阪市

【創業】 1892（明治25）年10月

【設立】 1938（昭和13）年2月

【資本金】 2,250万円

【決算期】 1月

【役員】 代表取締役社長＝七條克彦 専務取締役（総務・経理部長）＝押田武夫 常務取締役（大阪支店長）＝田村和彦 常務取締役（本店営業副本部長）＝日守新一 取締役（名古屋支店長）＝冨田善昭 取締役相談役＝加藤重四郎 取締役（本店営業第一部部長兼仕入部部長）＝関野博之 執行役員（本店営業第二部部長）＝長坂幸哉 執行役員（大阪支店営業第二部部長）＝宮原隆司 監査役＝林 壹岐

【従業員数】 男子24名・女子8名 計32名（除：役員）

【主要株主と持株比率】　七條克彦 46%　ほか

【取引金融機関】　みずほ・横山町　三菱 UFJ・大伝馬町　三井住友・玉造

【関係会社】　昭栄段ボール（段ボール箱製造＝持株比率 18%）

【品種別売上構成】　段ボール原紙 67%　白板紙 24%　チップ・色ボール 3%　洋紙ほか 6%

【業種別販売分野】　段ボール製造 60%　紙器製造・紙器印刷 35%　ほか 5%

【主要販売先】　ザ・パック　セッツカートン　エースパッケージ　フィールドパック　中央パッケージ　池田紙業　中部紙業　福原紙器　福井洋樽　天星紙器　尚山堂

【主要仕入先】　レンゴー　北越コーポレーション　兵庫製紙　日本東海インダストリアルペーパー　大王製紙

【所属団体】　東京都紙商組合　日本板紙代理店会連合会　日本洋紙板紙卸商業組合

【沿革】　1892（明治 25）年 10 月、現社長の曾祖父・佐市郎が個人営業として現本店地にて紙商を創業。1938（昭和 13）年 2 月、㈱七條洋紙店を資本金 15 万円で設立。54 年 8 月、大阪支店を開設。66 年 2 月、名古屋支店を開設。69 年 8 月、山陽四国営業所（現岡山営業所）を岡山市に開設。73 年 3 月、資本金を 2,250 万円に増資。85 年 6 月、本社新社屋完成、㈱七條洋紙店より七條紙商事㈱に商号変更。2003（平成 15）年 5 月、東大阪市に東大阪倉庫を新設。2016（平成 28）年 7 月、FSC 森林認証を取得。22 年 10 月、創業 130 年を迎えた。

【企業の特色】　創業以来一貫して産業用紙（板紙）の販売に携わり、包装産業の発展の一翼を担う企業として着実に成長しつつ各方面の評価を得ている。

【経営理念】　「信頼と誠実の原則」を経営の基本姿勢としている。

株式会社 七星社
SHICHISEISHA Co., LTD

〒 986-0846　宮城県石巻市三河町 8 番地

TEL 0225-22-3101　FAX 0225-22-3106

ホームページ http://shichiseisha.co.jp

E メール kanrika @ shichiseisha.co.jp

【事業所】　仙台営業所：宮城県仙台市　TEL 022-284-9011　FAX 022-284-9012　気仙沼営業所：宮城県気仙沼市　TEL 0226-22-6003　FAX 0226-22-8381　魚町営業所：宮城県石巻市　TEL 0225-21-6761　FAX 0225-22-7241

【業種】　洋紙・加工販売、印刷、段ボール製造・販売、ポリ・包装資材全般

【創業】　1948（昭和 23）年 7 月 23 日

【設立】　1964（昭和 39）年 6 月 8 日

【資本金】　3,200 万円

【決算期】　3 月

【役員】　取締役会長＝安達瑞雄（1943.12.18 生）代表取締役社長＝松本治久（1959.9.5 生）　常務取締役＝星 浩章（1960.9.18 生）　常務取締役＝大橋克則（1956.2.4 生）　監査役＝熊谷眞人（1941.11.7 生）

【従業員数】　男子 58 名・女子 21 名　計 79 名（平均年齢 43.4 歳）

【主要株主と持株比率】　株式会社七星社 74%　松本治久 7%　安達瑞雄 7%　熊谷眞人 3%

【取引金融機関】　七十七・石巻　日本政策金融公庫・仙台　商工中金・仙台　石巻商工信組・本店

【設備】　裁断機 4 台　リフト 9 台　オンデマンド印刷機一式　ダンボール印刷機　ストレートグルアー　ロータリーダイカッター

【コンピュータの使用状況】　ホスト＝ NEC：PC-98 Ra20 × 2 台　端末＝ NEC：PC-98 Xa13 × 13 台

【関係会社】　石巻倉庫㈱（倉庫業＝同 60%）　セブンライン㈱（運送業＝同 100%）

【業績】

	2021.3	2022.3	2023.3	2024.3
売上高 (100万円)	2,826	2,900	3,141	3,181
営業利益 (以下1万円)	△536	646	3.564	2,066
経常利益	4,275	5,039	7,757	3,780
当期利益	1,167	1,767	△9,894	1,583

【品種別売上構成】　洋紙 11%　スチロール 12%　ポリエチレン 14%　洋紙加工 10%　段ボール 7%　印刷 3%　その他包材 43%

【業種別販売分野】　紙・パルプ 25%　水産 25%

印刷 20%　その他 30%

【主要販売先】　日本製紙　仙台森紙業　末永海産　マルダイ長沼商店　日本ケミコン　石巻市　岩手日日新聞

【主要仕入先と比率】　日本紙パルプ商事 18%　東北資材工業 9%　三宝化成工業 7%　羽根 7%　国際紙パルプ商事 7%

【所属団体】　宮城県紙商組合　宮城県印刷工業組合

【取引先との関係団体】　JP 会

【沿革】　1948（昭和 23）年 7 月、洋紙の加工販売を目的に資本金 30 万円で合資会社「七星社」を創立。東北パルプ（現 日本製紙）石巻工場で抄造された洋紙の加工販売を開始。1949 年 5 月、印刷部を新設、操業開始。1950 年 12 月、資本金 150 万円に増資。

1962 年 2 月、工場と顧客の直結サービスを図るため、石巻市内に営業所開設。紙仕上工場を新設、操業。東北パルプ石巻工場の抄紙機増設に伴い、紙の断裁、撰別、包装、荷造、貨車積みまでの一貫作業を開始。1963 年 9 月、資本金 300 万円に増資。1964 年 6 月、資本金 2,000 万円に増資、株式会社「七星社」に組織変更。1967 年 6 月、本社・工場を新築し移転。同年 10 月、気仙沼営業所開設。1968 年 12 月、七星社のグループ会社として、石巻パッケージ㈱設立。1969 年 9 月、資本金 3,200 万円に増資。1971 年 11 月、合理化のため石巻営業所を本社に統合。1974 年 11 月、巻取紙の一時保管業務を行う石巻倉庫㈱設立。1978 年 11 月、魚町営業所開設。1979 年 9 月、仙台営業所開設。

1981 年 6 月、女川営業所開設。1983 年 7 月、本社事務所社屋を増築。1988 年 10 月、グループの配送業務を行うセブンライン㈱を設立。

1994（平成 6）年 3 月、石巻倉庫、石巻パッケージ、セブンラインの 3 社合同事務所を新築。1996 年 3 月、セブンラインが一般貨物自動車運送事業許可。

2004 年 8 月、セブンラインの特定労働者派遣事業届出受理さる。

2011 年 3 月、東日本大震災と、それに伴って発生した津波により全損。同年 11 月、三河町へ本社移転。2012 年 8 月、営業倉庫・印刷室棟新築。2012 年 10 月、洋紙加工工場新築。2022 年 10 月、関係会社の石巻パッケージ㈱を吸収合併。

【社是】　「誠実と奉仕」。まごころだけが人と人を、人と社会を深く結びつけ最も信頼される唯一の手段である。そして、人に尽くし、世に尽くす、これが奉仕である。まごころをもって、人に社会に尽くしていきたい。

七洋紙業 株式会社

〒 104-0032　東京都中央区明石町 1-29　掖済ビル 7 階

TEL 03-3545-6665　FAX 03-3545-6679

【倉庫・配送センター】　明石町倉庫：東京都中央区（建物 990m²）

【創業】　1947（昭和 22）年 6 月

【資本金】　4,000 万円

【決算期】　3 月

【年商】　25 億円

【役員】　社長＝茂原昌來　取締役＝茂原隆久　取締役＝石森揮代次　監査役＝原 康継

【従業員数】　11 名

【主要株主と持株比率】　タナックス 100%

【取引金融機関】　三菱 UFJ・八重洲通　北陸・木田

【設備】　断裁機 2 台　トラック 2t 車 4 台

【計数管理】　自社販売管理システム　端末＝ 12 台

【取扱品目】　洋紙（印刷用紙、出版用紙、特殊紙、包装用紙、和紙 ほか）　板紙（高板、特板、黄板、段ボール ほか）　情報関連用紙（感圧紙、感熱紙、圧着紙、フォーム紙、タック紙 ほか）　家庭紙（ティシュ、トイレットペーパー、タオルペーパー ほか）

【品種別売上構成】　コーテッド紙　上質紙類　情報用紙　ほか

【業種別販売分野】　印刷業　卸商　出版業　ほか

【主要販売先】　ダイオーミウラ　エイト印刷　公和印刷　医歯薬出版　欧文印刷　光村印刷　吉田印刷所　更伸企画　サンヨー　三報社印刷

【主要仕入先】　三菱王子紙販売　新生紙パルプ商事

【所属団体】 東京都紙商組合　日本洋紙板紙卸商業組合
【取引先との関係団体】 菱和会
【企業の特色】 主力の三菱製紙、大王製紙をはじめ、日本製紙、王子製紙、中越パルプ工業、北越コーポレーションと大手各社の製品を幅広く扱っている。洋紙、板紙、情報関連用紙、家庭紙のほか、備品・消耗品などの通信販売（TPS-SHOP）も行っている。卸商ならではの機動力を備え、得意先の信頼を得ている。

實守紙業 株式会社

〒581-0053　大阪府八尾市竹渕東2-119
TEL 06-6708-1122（代）
FAX 06-6709-2500
八尾工場：〒581-0035　大阪府八尾市西弓削3-21
TEL 072-949-6651
FAX 072-948-1756

實守康敏社長

【関連会社】 三平興業㈱（本社：〒573-0065 枚方市出口3-19-11　TEL 072-831-1705　八尾工場：〒581-0035　八尾市西弓削3-21　TEL 072-949-6651）　㈱オギノ：〒577-0006　東大阪市楠根1-5-26　TEL 06-6744-1751　新光資業㈱：大阪市平野区長吉出戸3-1-66　TEL 06-6799-2340
【役員】 代表取締役会長＝實守敏訓　代表取締役社長＝實守康敏　取締役工場長＝吉村浩二　取締役経理部長＝寺岡清久　監査役＝實守久美子
【創業】 1969（昭和44）年7月1日
【設立】 1983（昭和58）年8月1日
【資本金】 5,500万円
【決算期】 7月
【従業員】 27名（グループ計94名）
【取引銀行】 三井住友・阿倍野、みなと・大阪、商工中金・船場、りそな・長吉
【取扱品目】 古紙・パルプ・洋紙
【主な納入先】 王子製紙　日本製紙　大王製紙　丸住製紙　レンゴーペーパービジネス　服部製紙　AIPA　ダイオーペーパーテクノ　大和板紙　八幡浜紙業　大阪製紙　藤枝製紙　広光印刷
【主な仕入先】 日本紙パルプ商事　旭洋　日商岩井紙パルプ　日本紙通商　EBS　富士ゼロックス　富士精版印刷　三平興業ほか印刷会社・紙加工会社　ほか
【ヤードと主な設備】 本社：敷地6,000㎡／B1台・TS2台　八尾工場：敷地2,890㎡／全自動断裁設備一式
【特色】 1969年、實守俊雄氏が古紙問屋と家庭紙代理店の2事業を運営していた大同紙業から独立・創業。以来、取引先に信頼される誠実な企業であり続けることをモットーに躍進を続ける産業古紙の大手直納問屋である。

　第一次オイルショック発生の翌74年、現在のグループ会社である三平興業から排出される産業古紙の直納権取得を皮切りに、徐々にメーカー・代理店との取引関係を拡大。それと並行して、洋紙販売・パルプ販売へと業容を拡大した。91年には再生資源利用促進法制定を機にオフィス古紙の回収に進出した。プライバシーマーク・FSC森林認証も取得済みである。

　00年に紙卸商の「紙のサンリツ」、03年に「大同紙業」、05年に巻取紙断裁委託加工業の「三平興業」、10年に三平興業と同業の「安原紙工」（現三平興業八尾工場）、22年に紙卸商の「オギノ」、24年には古紙回収業の「新光資業」の6社の事業を継承。現在は、古紙・パルプ・洋紙販売業の「實守紙業」、巻取紙断裁委託加工業の「三平興業」、不動産管理業の「大同紙業」、洋紙・板紙・紙製品販売業の「オギノ」の4社による経営体制を確立している。

　實守敏訓現会長は、業容の拡大を進め現在の経営基盤を確立。業界活動にも積極的に取り組み、16年から大阪府紙料協同組合の理事長を3期・6年務め、22年秋の叙勲で旭日双光章を受章。現在は同組合の相談役理事、近畿製紙原料直納商工組合副理事長ほか、日本巻取紙工業連合会会長、大阪府巻取紙工業協同組合理事長などを務めている。

　實守康敏社長は、ステークホルダーとの強固な信頼関係と、リサイクル・紙パルプ販売・紙加工

による独自の3事業体制で展開する實守グループの強みを活かし、サーキュラーエコノミーを推進する環境配慮型企業として更なる発展を目指している。同時に、大阪洋紙同業会の理事を務め、業界の発展に努めている。

株式会社 尚美堂
SHOBIDO CO.,LTD.

〒111-0035　東京都台東区西浅草2-10-4
TEL 03-3847-6311　FAX 03-3847-6391
ホームページ https://www.fuji-shobido.com/
Eメール soumu-osa@fuji-shobido.com

【事業所】　大阪本社：〒543-0012　大阪市天王寺区空堀町13-5　TEL 06-6762-8761　FAX 06-6768-5801 札幌営業所：〒063-0829　札幌市西区発寒9条11-8-1　TEL 011-669-7731　FAX 011-669-7732 仙台営業所：〒984-0015　仙台市若林区卸町2-12-8　TEL 022-783-1211　FAX 022-783-1210　名古屋営業所：〒486-0806　愛知県春日井市大手田酉町1-1-1　TEL 0568-86-7751　FAX 0568-86-7753　広島営業所：〒733-0002　広島市西区楠木町2-9-14　TEL 082-537-0331　FAX 082-537-0332　福岡営業所：〒812-0062　福岡市東区松島2-8-33　TEL 092-627-3001　FAX 092-627-3003

【倉庫・物流基地】　大阪本社工場：〒543-0012　大阪市天王寺区空堀町12-15　関西工場物流センター：〒550-0021　大阪市西区川口3-6-2　関東工場物流（行田）：〒361-0021　埼玉県行田市富士見町1-16-6　関東工場（草加）：〒340-0017　埼玉県草加市吉町3-4-52　関東物流（三郷）彦成1丁目323-1　関東物流（八潮）：〒340-0803　埼玉県八潮市上馬場608-3　名古屋工場物流：〒486-0806　愛知県春日井市大手田酉町1-1-1　福岡工場物流：〒812-0062　福岡市東区松島2-8-33　札幌工場物流：〒063-0829　札幌市西区発寒九条11-8-1　仙台工場物流：〒984-0015　仙台市若林区卸町2-12-8

【創業】　1959（昭和34）年9月10日
【設立】　1973（昭和48）年1月1日
【資本金】　2,000万円
【決算期】　6月

【役員】　代表取締役会長＝木崎泰吉　代表取締役社長＝奥田雅彦　代表取締役副社長＝木崎泰弘　常務取締役＝平林達也　取締役相談役＝松本秀文　取締役部長＝松本徳子
【従業員数】　男子121名・女子141名　計262名
【取引金融機関】　りそな・玉造　三菱UFJ・玉造　三井住友・玉造　みずほ・難波
【関係会社】　フジナップ㈱
【事業内容】　(1) 食品用紙製品の製造販売　(2) 食品用包装資材、容器などの販売　(3) 外食・ホテル・レストラン・飲食用紙製品の総合メーカー　(4) 食品包装・容器・厨房・医療・衛生用品関連資材の総合商社
【主要販売先】　全国一円食品包装資材容器関係ディーラー
【主要仕入先】　旭化成　ライオンハイジーン　三菱ケミカル　リケンテクノス　クレシア　エリエール　エステートレーディング　花王　ユニ・チャーム　3M　クレハ　クラレ　ダンロップ
【沿革】　1959（昭和34）年9月　大阪本社所在地において現 代表取締役会長の木崎泰吉が飲食用紙製品製造販売および食品包装容器関係の販売を個人経営にて開始。73年1月　業績の進展に伴い資本金500万円で㈱尚美堂を設立。76年8月　業績拡大に伴い、資本金を1,000万円に増資。78年6月　生産合理化のため、鉄骨四階建て本社工場を建設する。また配送および事務合理化のため、鉄骨四階建て本社ビルを建設。80年7月　東京支店開設のため、中野区中野に鉄骨三階建てビルを建設。同年8月東京支店を開設し営業を開始。81年9月　業容の拡大に伴い、資本金を1,500万円に増資。82年3月九州地区福岡営業所を開設。83年8月　資本金を2,000万円に増資。

1990（平成2）年9月　本社工場が手狭になり、愛知県春日井市に鉄骨三階建て事務所・倉庫および工場を建設する。91年1月　名古屋営業所を開設、名古屋工場が稼動。92年12月　本社前に鉄骨四階建ての工場と配送センターを建設。96年6月　東京支店が手狭になり、台東区西浅草に鉄骨五階建て事務所・倉庫を建設し、中野より移転。同年11月

北海道地区札幌営業所を開設。96年9月 東北地区仙台営業所を開設。同年10月 山陽地区広島営業所を開設。99年2月 名古屋第一工場が手狭になったため、鉄骨四階建て第二工場および倉庫を建設。

2001年8月 仙台営業所が手狭になり、三階建て事務所・倉庫へ移転。同年11月 広島営業所が手狭になり、三階建て事務所・倉庫へ移転。02年10月 東京支店事務所・倉庫が手狭になり、埼玉県草加市に鉄骨三階建ての関東工場物流センターを開設。

04年6月 大阪本社倉庫・配送センターが手狭になり、大阪市西区に鉄骨三階建ての関西工場物流センターを開設。06年1月 札幌営業所事務所・倉庫が手狭になったため増築。同年同月 関西工場・物流センターが手狭になり増築。同年5月 関東工場・物流センターが手狭になり増築。同年同月 中国大連工場を大連市金州区に開設。08年1月関東工場物流センターが手狭になったため関東工場のみの施設とし、埼玉県三郷市に関東物流センターを開設。09年6月 福岡市東区に新たに福岡工場・物流センターを開設し、福岡営業所を移転。10年5月 札幌市西区で新たに札幌工場・物流センターを開設し、札幌営業所を移転。同年11月 仙台市若林区に新たに仙台工場・物流センターを開設し、仙台営業所を移転。11年1月 大阪市西区に鉄筋7階建ての倉庫関西物流センターを増設。12年5月 仙台工場物流センターが手狭になったため、隣接地に拡張増設。13年3月 関東物流センターが手狭になり、埼玉県八潮市に関東八潮物流センターを開設。15年4月 本社を大阪から東京へ移転。21年3月埼玉県行田市に9000㎡の新たな関東物流センターを増設。

【企業理念】 「すべては笑顔のために」…清潔で安全・衛生的な環境創りを通して、笑顔あふれる豊かな暮らしを応援します。

【ビジョン】 「メリットをベネフィットに変えて提供する」

【特色】 外食産業を中心に事業を展開。その食品衛生の知識を活かし、衛生管理の実績から医療介護の分野にも参入。「フードサービス事業」「医療

介護事業」「量販一般消費者向け事業」へ幅広く事業展開を図っています。

昭和紙商事 株式会社

〒103-0004　東京都中央区東日本橋2-27-6

TEL 03-3862-0260　FAX 03-3862-0437

ホームページ http://www.showa-paper.co.jp

【事業所】 江東支店：東京都江東区新木場3-5-8

TEL 03-5569-7231　FAX 03-5569-5776

【倉庫・配送センター】 新木場配送センター：東京都江東区新木場3-5-8

TEL 03-5569-7170　FAX 03-5569-2919

【設立】 昭和14年12月

【資本金】 8,000万円

【決算期】 10月

【役員】 代表取締役社長＝大辻智　取締役＝仲勝義　取締役＝甲斐健　取締役＝星野正　監査役＝大辻嘉代子

【主要株主】 昭和配送㈱

【取引金融機関】 三菱UFJ・浅草橋　三井住友・浅草橋　みずほ・横山町

【関係会社】 昭和配送㈱

【業績】

	2022.10	2023.10	2024.10
売上高 (単位100万円)	9,037	10,328	10,230
経常利益	171	343	231

【品種別売上構成】 印刷用紙75%　板紙15%　包装用紙7%　他3%

【業種別販売分野】 印刷業70%　紙器製造業15%　卸売業10%　他5%

【主要仕入先】 国際紙パルプ商事　新生紙パルプ商事　大王製紙　日本紙通商　日本紙パルプ商事　北越紙販売　三菱王子紙販売　他（50音順）

【所属団体】 日本洋紙板紙卸商業組合　東京都紙商組合　東京洋紙同業会

【取引先との関係団体】 HK会　JP会　KPP会　NPT会　SPP会　菱和会　他

【沿革】

昭和14年12月 協成商事㈱設立

昭和17年7月 富士興業㈱に社名変更

昭和21年1月 大辻 吉三郎が富士興業㈱の社長に

就任
昭和25年11月 ㈱昭和洋紙店に社名変更
昭和34年10月 資本金を1,000万円に増資。日本橋両国から現在地に移転、本社ビル竣工
昭和39年11月 昭和配送㈱設立
昭和40年11月 東砂配送センター開設
昭和43年10月 昭栄紙工㈱設立
昭和46年3月 千葉営業所開設
昭和48年11月 グリーンビルディング㈱設立
昭和49年4月 千葉営業所を支店に昇格
昭和49年10月 江東営業所開設
昭和56年2月 板橋配送センター開設
昭和56年8月 資本金を8,000万円に増資
昭和56年9月 板橋支店開設
昭和63年5月 昭和紙商事㈱に社名変更
平成元年5月 千葉支店を千葉市都町から四街道市に移転
平成8年8月 江東営業所と東砂配送センターを新木場へ移転、新木場配送センターへ改称、江東営業所を支店に昇格
平成15年5月 新本社ビル竣工
平成15年10月 板橋支店を本社へ統合
平成16年7月 FSC/CoC認証取得
平成21年8月 昭和配送と昭栄紙工を合併させ存続会社を昭和配送㈱とする
平成28年2月 千葉支店廃店
令和2年11月 昭和配送とグリーンビルディング及び宏大商事を合併させ存続会社を昭和配送㈱とする

【経営理念】 社会と取引先から期待される役割を果たし、信頼される会社を志向する。

　　利益は、
　　社員の生活向上
　　株主への還元
　　社会への貢献
　　発展のための蓄積
　　──という四つの目標に充てる。

株式会社 シロキ
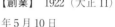
SHIROKI Co., Ltd.

〒464-0858　名古屋市千種区千種3-26-18
ホームページ https://shiroki.com

白木周作社長

【組織】 紙・板紙営業部、ライフ＆マーケティング営業部
【創業】 1922（大正11）年5月10日
【資本金】 3億1,500万円
【決算期】 12月
【役員】 代表取締役会長＝白木栄次郎　代表取締役社長＝白木周作　取締役相談役＝白木和夫　取締役＝白木良彦　同＝砂川弘
【執行役員】 執行役員（名古屋本店長）＝大野工太　同（東京本店長）＝幸成志郎　同（大阪支店長）＝小森清和　同（経営企画室室長兼ライフ＆マーケティング営業部営業統括部長）＝戸田和幸
【幹部】 東北支店長＝栗原一平　九州営業所長＝髙村茂典
【従業員数】 男子51名・女子29名　計80名
【主要株主】 シロキホールディングス100％（持株会社）
【業績】（単体） 20.12　21.12　22.12　23.12
売上高　　　25,413　25,840　27,219　28,534
（百万円）
【販売品目】 印刷用紙　情報用紙　機能紙　包装用紙　包装資材　機能商材　ほか
【業種別販売分野】 卸商　出版業　印刷業　紙製品製造業　紙袋製造業　段ボール製造業　紙器製造業　ほか
【主要販売先】 ブラザー工業　エーザイ　大日本印刷　TOPPANホールディングス　レンゴー　日本紙工業　ほか
【主要仕入先】 三菱王子紙販売　大王製紙　日本東海インダストリアルペーパーサプライ　加賀製紙　中川製紙　丸虹　ほか
【所属団体】 日本製紙連合会　名古屋商工会議所

愛知県紙商組合　名古屋洋紙代理店会　板紙代理店会

【沿革】　1922（大正11）年、創業者 白木松次郎が合名会社 白木洋紙店を創設。72年、社名を株式会社シロキに変更。91（平成3）年、本社ビル・名古屋本店ビルを移転。2006年、名古屋本店春日井倉庫を新装。2008年、社内カンパニー制を導入。2009年、代表取締役会長に白木和夫、代表取締役社長に白木栄次郎がそれぞれ就任。2012年、四国営業所と東京本店の事務所をそれぞれ移転。2015年、㈱シロキ産業にアスクル事業を営業譲渡。2016年、九州営業所の事務所を移転。2017年、創業95周年を機に会社分割による持株会社制に移行。持株会社を㈱シロキホールディングスとし、100％子会社の当社に紙板紙事業とL＆M事業を承継、同じく100％子会社のシロキコーポレーション㈱に環境ソリューション事業を承継。2022年、創業100周年を迎える。2023年、代表取締役会長に白木栄次郎、代表取締役社長に白木周作がそれぞれ就任。

【特色】　三菱製紙品、大王製紙品をメインに中部10県下に展開を図っている。顧客満足、人とITとの融和、環境への配慮を理念に、100年以上の歴史で築き上げた多種多様なノウハウを活かし、最適な商品・ソリューションを提案する。

【経営理念】　「わたしたちは、未来を切り拓く価値創造企業として、人と地球が調和する“持続可能な社会の実現”に貢献します。」

【紙・板紙営業部】

名古屋本店

〒464-0858　名古屋市千種区千種 3-26-18

TEL 052-744-1500　FAX 052-744-1501

【幹部】　名古屋本店長＝大野工太　販売仕入グループ＝河田規雄　販売グループ＝石原則行

【従業員】　男子11名・女子6名　計17名

東京本店

〒112-0003　東京都文京区春日 2-2-7

TEL 03-6880-7231　FAX 03-6880-7232

【幹部】　東京本店長＝幸 成志郎　業務グループ＝

清水 将　販売グループ＝梅田明弘

【従業員】　男子17名・女子8名　計25名

大阪支店

〒550-0005　大阪市西区西本町 2-2-2

TEL 06-7670-4451　FAX 06-7670-4456

【幹部】　大阪支店長＝小森清和　仕入グループ＝土師渉一

【従業員】　男子6名・女子4名　計10名

東北支店

〒984-0015　仙台市若林区卸町 2-5-1

TEL 022-284-2751　FAX 022-284-2776

【幹部】　東北支店長＝栗原一平

【従業員】　男子3名・女子2名　計5名

九州営業所

〒812-0018　福岡市博多区住吉 4-3-2　博多エイトビル4階

TEL 092-233-1116　FAX 092-233-1094

【幹部】　九州営業所長＝髙村茂典

【従業員】　男子3名・女子2名　計5名

四国営業所

〒760-0079　香川県高松市松縄町 1118-13

TEL 087-815-0510　FAX 087-815-0511

【幹部】　四国営業所長＝小森清和

【従業員】　男子3名・女子2名　計5名

春日井物流センター

〒486-0918　愛知県春日井市如意申町 4-3-11

TEL 0568-31-4118　FAX 0568-32-4317

【ライフ＆マーケティング営業部】

名古屋グループ

〒464-0858　名古屋市千種区千種 3-26-18

TEL 052-744-1531　FAX 052-744-1530

東京グループ

〒112-0003　東京都文京区春日 2-2-7

TEL 03-6880-7433　FAX 03-6880-7232

【幹部】　名古屋グループ＝河野正樹　東京グループ＝武元広居

【従業員】　男子8名・女子5名　計13名

新生紙パルプ商事 株式会社
SHINSEI PULP & PAPER COMPANY LIMITED

〒101-8451　東京都千代田区神田錦町1-8
TEL 03-3259-5080
FAX 03-3233-0991
ホームページ https://www.sppcl.co.jp

三瓶悦男社長

【事業所】　大阪支店：〒542-0081 大阪市中央区南船場1-16-10　TEL 06-6262-8800　FAX 06-6261-2916　名古屋支店：〒450-0003　名古屋市中村区名駅南2-9-18　TEL 052-584-6200　FAX 052-584-6306　九州支店：〒812-0025　福岡市博多区店屋町4-12　TEL 092-271-2800　FAX 092-271-2810　札幌支店：〒060-0063　札幌市中央区南三条西10-1001-5　TEL 011-241-2106　FAX 011-241-6110　仙台支店：〒984-0015　仙台市若林区卸町2-10-1　TEL 022-235-6878　FAX 022-236-1573　富山支店：〒930-0019　富山市弥生町1-10-11　TEL 076-441-2866　FAX 076-431-5839

【海外事務所】　上海・広州・台北・バンコク・クアラルンプール・メルボルン・ロサンゼルス

【倉庫・物流センター】　足立ロジスティックス：〒121-0836 東京都足立区入谷6-2-3　新座物流センター：〒352-0016 埼玉県新座市馬場1-13-3　朝霞倉庫：〒352-0012 埼玉県新座市畑中1-5-2　若洲物流センター：〒136-0083 東京都江東区若洲2-4-18

【創業】　1889（明治22）年11月3日
【設立】　1918（大正7）年3月14日
【資本金】　32億2,800万円
【決算期】　3月

【役員】　代表取締役社長＝三瓶 悦男　取締役 専務執行役員（営業統括本部長）＝鳥羽 登　取締役 常務執行役員（管理統括本部長）＝重田 栄治　取締役 常務執行役員（営業統括本部 副本部長 兼 営業統括津本部 パッケージング〈パッケージ・化成品〉担当）＝上羽 昌雄　取締役 上席執行役員（東京本店 第三ペーパー事業部長 兼 営業統括本部 印刷担当）＝栗原 光晴　取締役（社外取締役）＝上田 淳史

【監査役】　監査役（常勤）＝井上 眞樹夫　監査役（常勤）＝森田 好則　監査役（非常勤）＝佐藤 誠一〈社外監査役〉　監査役（非常勤）＝清水 貴雄〈社外監査役〉

【執行役員】　常務執行役員（営業統括本部 海外担当 兼 営業統括本部 海外事業部長 兼 営業統括本部 電材担当）＝木村 正史　常務執行役員（名古屋支店長）＝成木 勝之　上席執行役員（大阪支店長 兼 営業統括本部 西日本担当）＝彦坂 知史　執行役員（札幌支店長 兼 札幌支店 総務部長）＝厨川 秀樹　執行役員（営業統括本部 業務本部長）＝新保 浩司　執行役員（東京本店 第一ペーパー事業部長）＝高橋 雄康　執行役員（管理統括本部 財務本部長 兼 不動産部長）＝山口 重之　執行役員（東京本店 情報機能材事業部長 兼 営業統括本部 情報機能材担当）＝漆原 裕則　執行役員（九州支店長）＝林 利行

【従業員数】　男子354名・女子188名　計542名（2025年3月末日現在）

【主な株主と持株比率】　日本製紙 11.4%　北越コーポレーション 11.3%　特種東海製紙 5.2%　王子ホールディングス 4.4%　昭和パックス 3.5%　サンエー化研 3.5%　新生紙パルプ商事従業員持株会 3.3%　北越パッケージ 2.7%　中越パルプ工業 2.6%　公益財団法人睦育英会 1.7%（2024年3月末日現在）

【取引金融機関】　三井住友・人形町　三菱UFJ・東京営業部　みずほ・小舟町

【計数管理システム】　サーバー＝NEC：Express5800　ホスト＝NEC：i-PX9800　クライアント＝DELL：OPTIPLEX3070

【関係会社】　新生物流㈱（倉庫・運送業）札幌OS物流㈱（倉庫・運送業）協同紙商事㈱（紙類販売業）㈱大文字洋紙店（紙類販売業）堤紙業㈱（紙・文具販売業）㈱ヤスヒロ商会（紙・紙製品販売業）コーエー㈱（紙類販売・紙加工製造業（段ボール）　オーピーパーム㈱（紙製品販売業）㈱興栄（紙加工製

造業〈段ボール〉）㈱コアパック（紙加工製造業〈段ボール〉）山一加工紙㈱（紙加工業）㈱ムロマチ（成型品加工業）極東高分子㈱（フィルム加工業）オーピーパック㈱（フイルム加工業）北海紙工業㈱（フィルム加工業）サンコーフォームズ㈱（紙加工製造業〈情報記録紙〉）㈱タイボー（再生原材料・成型品販売業）タイボープロダクツ㈱（再生プラスチック原材料・成型製品製造業）

【業績：単体】

	21.3	22.3	23.3	24.3
売上高(以下100万円)	223,001	221,556	238,241	240,568
営業利益	4,061	4,433	5,114	4,876
経常利益	4,615	5,308	6,093	6,117
当期利益	2,980	3,625	4,343	4,325

【品種別売上構成】 洋紙 53.4％ 板紙 21.1％ 化成品 19.3％ パルプ・合成紙ほか 6.2％

【業種別販売分野】 卸商 新聞業 出版業 印刷業 加工紙製造業・紙製品製造業 段ボール製造業 紙器製造業 その他

【主要販売先】 大日本印刷 TOPPAN 集英社 小学館 講談社 中庄 昭和紙商事 ジェイフイルム 朋和産業 大成セラミック 大塚商会 大和紙器 佐川印刷

【主要仕入先】 日本製紙 北越コーポレーション 中越パルプ工業 レンゴー 王子製紙 王子エフテックス 特種東海製紙 フタムラ化学 東洋紡

【所属業界団体】 日本紙商団体連合会 日本洋紙代理店会連合会 日本板紙代理店会連合会

【沿革】 1889（明治22）年11月、大倉孫兵衛洋紙店創業。1918（大正7）年3月、株式会社に改組し社名を㈱大倉洋紙店とする。1962（昭和37）年11月に㈱愛知洋紙店と、64（同39）年11月に㈱五輪堂洋紙店とそれぞれ合併。71（同46）年4月、㈱博進社と合併し社名を㈱大倉博進とする。85（同60）年12月、社名を大倉紙パルプ商事㈱とする。2000（平成12）年4月に三幸㈱と合併、社名を大倉三幸㈱とする。05（同17）年10月に㈱岡本と合併、社名を新生紙パルプ商事㈱とする。

【経営理念】 革新と挑戦の情熱を持って時代の変化に対応し、社会と共に成長します。

《経営方針》

○環境に配慮した企業活動を通じ、豊かな社会づくりへの責任を果たし続けます。

○「支持され」「必要とされ」「選ばれる」会社として成長を続けます。

○「紙」から広がる木質系天然素材の無限の可能性を追求し続けます。

○一人ひとりが志を高く持ち、プロ集団として力を発揮し続けします。

【企業の特色】 当社は高品質の商品とサービスを提供し、多岐にわたるニーズに適した素材を提供することを最大の使命と考えている。洋紙、板紙に加えて特殊紙（ファンシーペーパー、工業用紙、情報用紙、機能紙）や化成品、合成樹脂フィルムなど業界を網羅する商品を取り揃え、グループ全体として紙製品・加工品などの企画・開発を推進することで、いかなる顧客ニーズにも対応できる体制を構築している。

また海外に7拠点（上海、広州、台北、バンコク、クアラルンプール、メルボルン、ロサンゼルス）を構え、国際競争力の強化を図りつつ、グローバルな市場に対応した事業展開を推進している。一方、国内においては、代理店機能の充実を目的に物流体制を整備し、社会的使命を果たすと共に企業体質の強化に注力している。

2022年4月より、第6次中期3ヵ年計画「Growth 2024」の最終年を終えて、物流改革の具体的推進が今後の課題である。SPPグループの総合力発揮による市場開拓と、用途・商材開発への挑戦をスローガンとし、サステナブルをキーワードに需要構造の変化や生活環境の変化に対応しつつ、持続的な成長を目指している。

今後も情報力・人財力の強化および積極的な投資活動により、新たな企業価値の剔出と、事業活動を通じて限りある資源を有効活用した環境経営及び健康経営を推進することで、活力と夢にあふれる社会の実現に貢献していく。

札幌支店

〒060-0063 札幌市中央区南三条西 10-1001-5
TEL 011-241-2106　FAX 011-241-6110

【倉庫・物流基地】 札幌OS物流：〒063-0850 札幌市西区八軒10条西12-6-15

【支店開設】 1928（昭和3年）11月

厨川秀樹執行役員支店長

【執行役員】 執行役員（札幌支店長）＝厨川秀樹

【従業員数】 男子10名・女子5名 計15名

【取引金融機関】 北海道・南一条 三菱UFJ・札幌中央 北洋・本店

【業種別販売分野】 卸商 新聞業 出版業 印刷業 加工紙製造業 紙製品製造業 段ボール製造業 紙器製造業 ほか

【主要販売先】 大日本印刷 TOPPAN 大丸 エイチケイエム紙商事 極東高分子 合同容器

【主要仕入先】 日本製紙 王子製紙 王子マテリア エム・ビー・エス 東洋紡 フタムラ化学 三井化学東セロ

【所属業界団体】 北海道洋紙代理店会 北海道板紙代理店会

【取引先との関係団体】 北海道NP会 北海道SPP会

仙台支店

〒984-0015 仙台市若林区卸町2-10-1
TEL 022-235-6878
FAX 022-236-1573

【倉庫・物流センター】
仙台物流センター：〒981-0001 宮城県仙台市宮城野区港4-15-5
（管理委託先：日本塩回送（株））

伊藤吉昭支店長

【支店開設】 1962（昭和37）年8月

【支店長】 仙台支店長＝伊藤吉昭

【従業員数】 男子8名・女子7名 計15名

【取引金融機関】 七十七・卸町

【業種別販売分野】 卸商 新聞業 出版業 印刷業 加工紙製造業 紙製品製造業 段ボール製造業 紙器製造業 ほか

【主要販売先】 大日本印刷 TOPPAN 常盤洋紙 吉田 常盤化工

【主要仕入先】 日本製紙 フタムラ化学 北越コーポレーション 東洋紡 エム・ビー・エス

【所属業界団体】 仙台洋紙代理店会 仙台板紙代理店会

【取引先との関係団体】 東北SPP会 東北NP会

名古屋支店

〒450-0003 名古屋市中村区名駅南2-9-18
TEL 052-584-6200
FAX 052-584-6306

【倉庫・配送センター】
名古屋物流センター：〒486-0918 愛知県春日井市如意申町5-8-1

成木勝之常務執行役員支店長

【支店開設】 1962（昭和37）年11月

【執行役員】 常務執行役員（名古屋支店長）＝成木勝之

【従業員数】 男子39名・女子19名 計58名

【取引金融機関】 静岡・名古屋 三菱UFJ・柳橋

【業種別販売分野】 各地区卸商 新聞社 印刷会社 出版社 段ボール製造会社 紙製品・製袋会社 加工紙製造会社

【主要仕入先】 日本製紙 王子エフテックス 王子マテリア 王子製紙 北越コーポレーション 中越パルプ工業 特種東海製紙 興亜工業 富山製紙 エム・ビー・エス 東洋紡 フタムラ化学 ダイセルミライズ 出光ユニテック DIC 東レ ほか

【所属団体】 名古屋洋紙代理店会 名古屋板紙代理店会 愛知県紙商組合 名古屋商工会議所／印刷・紙・木材部会

【取引先との関係団体】 中部SPP会

大阪支店

〒542-0081　大阪市中央区南船場1-16-10
TEL 06-6262-8800　FAX 06-6261-2916

【倉庫・物流センター】
長田倉庫：〒577-0013 大阪府東大阪市長田中3-6-27　東大阪倉庫：〒578-0921 大阪府東大阪市水走4-5-15

彦坂知史上席執行役員支店長

【支店開設】　1903（明治36）年6月
【執行役員】　上席執行役員（大阪支店長）＝彦坂知史
【従業員数】　男子80名・女子36名　計116名
【取引金融機関】　三井住友・大阪中央　三菱UFJ・瓦町
【業種別販売分野】　卸商　新聞業　出版業　印刷業　加工紙・紙製品製造業　段ボール製造業　紙器製造業　ほか
【主要仕入先】　日本製紙　北越コーポレーション　王子製紙　中越パルプ工業　王子タック　レンゴー　フタムラ化学　王子マテリア　NTI　アールエム東セロ　東洋紡　リンテック　ほか
【所属団体】　大阪府紙商組合　大阪洋紙代理店会　大阪板紙代理店会　京都府紙商組合　京都洋紙代理店会　京都板紙代理店会　大阪商工会議所
【取引先との関係団体】　関西SPP会

九州支店

〒812-0025　福岡市博多区店屋町4-12
TEL 092-271-2800
FAX 092-271-2810

【支店開設】　1918（大正7）年6月
【執行役員】　執行役員（九州支店長）＝林 利行

林利行執行役員支店長

【従業員数】　男子26名・女子15名　計41名
【取引金融機関】　三井住友・福岡　福岡・天神町
【業種別販売分野】　卸商　印刷・紙器・製袋・段ボール製造業　軟包装コンバーター
【主要仕入先】　日本製紙　王子製紙　王子マテリア　北越コーポレーション　中越パルプ工業　大王製紙　特種東海製紙　エム・ビー・エス　NTI　レンゴー　フタムラ化学　東洋紡　ダイセルミライズ　東レフィルム加工　ほか
【所属業界団体】　九州洋紙代理店会　九州板紙代理店会　九州紙商組合
【取引先との関係団体】　九州SPP会

富山支店

〒930-0019　富山市弥生町1-10-11
TEL 076-441-2866
FAX 076-431-5839

【倉庫・物流基地】　小杉倉庫：〒939-0305　富山県射水市鷲塚140番地

吉原健史支店長

【支店開設】　1949（昭和24）年4月
【支店長】　富山支店長＝吉原健史
【従業員数】　男子5名・女子1名　計6名
【取引金融機関】　北陸・富山駅前
【業種別販売分野】　新聞業　卸商　製袋会社　段ボール製造業
【主要仕入先】　中越パルプ工業　富山製紙
【取引先との関係団体】　中部SPP会

株式会社 須　賀

〒116-0014　東京都荒川区東日暮里2-28-11
TEL 03-3891-6224

【事業所】　日暮里営業所：〒116-0014　東京都荒川区東日暮里2-39-2　TEL 03-3891-6226　柏：〒277-0871　千葉県柏市若柴入谷津1-31　TEL 04-7131-5512　加須：〒347-0042　埼玉県加須市志多見2252　TEL 0480-62-3885　鳩ヶ谷：〒334-0005　埼玉県川口市里1119-16　TEL 048-283-3835　大宮：〒331-0046　埼玉県さいたま市西区宮前町541-1　TEL 048-622-3910　館林：〒370-0503　群

馬県邑楽郡千代田町大字赤岩字新田 3189-9　TEL 0276-86-3986　船堀営業所：〒132-0033　東京都江戸川区東小松川 4-35-17　TEL 03-6231-5217　西多摩：〒190-1203　東京都西多摩郡瑞穂町大字高根 650　TEL 042-568-1561

【役員】　社長＝須賀清文　常務取締役＝金井達矢　取締役＝須賀みのり　取締役＝金井由美子　取締役＝金井謙登　監査役＝西千沙希

【創業】　1952（昭和 27）年 12 月 1 日

【資本金】　3,000 万円

【主な納入先】　王子製紙　日本製紙　王子マテリア　北越コーポレーション　三菱製紙　レンゴー　ほか

【主な仕入先】　関東一円および海外

【特色】　2 大メーカー、王子製紙・日本製紙の直納問屋として、バイタリティ溢れる営業施策により、近年飛躍的な発展を遂げている。

杉　好 株式会社

〒420-0011　静岡市葵区安西 1-18
TEL 054-254-3431　FAX 054-252-3254

【事業所】　支店：神奈川県小田原市飯泉 1235
TEL 0465-36-5138　FAX 0465-36-5732

【設立】　1913 年 6 月

【資本金】　1,000 万円

【決算期】　6 月

【役員】　代表取締役社長＝栗原 護　常務取締役＝高塚康之　営業部長＝宮坂俊一　総務部長＝土谷仁志　仕入部長＝吉田 守　監査役＝増田悦男

【取引金融機関】　スルガ・静岡　静岡・本店　静岡信金・安西

【従業員数】　30 名

【販売品目】　板紙 50％、加工品 40％、洋紙 5％、その他 5％

【主要仕入先】　日本紙パルプ商事、旭洋、富士ラミネート、シロキ、平和紙業、文昌堂、ほか

【企業の特色】　創業 111 年の歴史によって、あらゆる仕入先とお客様に信頼を得ている。主力の板紙に留まらず、企画提案にもとづいてトータルパッケージを中心にお客様の高い評価を得ている。

株式会社 鈴　剛

〒416-0917　静岡県富士市本町 10-1
TEL 0545-61-4021（代表）　FAX 0545-61-4023
URL：http://suzugou.jp/
E-mail：s.suzuki.suzugo@gmail.com

【営業所】　長野営業所：〒381-2206　長野県長野市青木島町綱島 751-34　電話：026-285-3300　FAX：026-284-8448

【資本金】　1,000 万円

【設立】　1931（昭和 6）年 1 月

【決算期】　8 月

【役員】　代表取締役社長＝鈴木滋敏

【主要取引先】　日本製紙　新東海製紙　ほか

【取引銀行】　静岡銀行富士支店

【事業内容】　古紙回収、機密文書回収、古着回収

【沿革と特色】　戦前創業の長い歴史をもつ原料商。雄大な富士山のふもと富士市に本社を、また自然豊かな長野市に営業所をもつ。限りある資源と自然を有効活用する事で、自然を後世に残すお手伝いが出来ればと考えている。製紙産業の静脈としての役割を担うとともに、紙を扱う工場・会社だけでなく、オフィスや各団体一般のご家庭など多くの人々とかかわる仕事として、物と物を繋いで循環させることで人から人へ思いを繋ぐ、そんな会社づくりを目指している。

セ　キ 株式会社
seki.co.,Ltd

松山本社：〒790-8686
愛媛県松山市湊町七丁目 7-1
TEL 089-945-0111　FAX 089-932-0860
ホームページ https://www.seki.co.jp/

関宏孝代取社長

【事業所】　東京本社：
〒151-0053　東京都渋谷区代々木 3 丁目 2 番 8 号　TEL 03-3377-1230　FAX 03-3377-1301　大阪支店：〒532-0011　大阪市淀川区西中島 4 丁目 3 番

22号　新大阪長谷ビル605号　TEL 06-6307-0001　FAX 06-6307-0100　高松支店：〒760-0017　高松市番町3丁目3番17号　第一讃機ビル5階　TEL 087-831-1777　FAX 087-833-4116　名古屋営業所：〒460-0003　名古屋市中区錦1丁目7番32号　名古屋SIビル4階　TEL 052-307-4157　FAX 052-307-4158　広島営業所：〒730-0017　広島市中区鉄砲町1番20号　第3ウエノヤビル3階B号室　TEL 082-563-6730　FAX 082-563-6731　福岡営業所：〒812-0011　福岡市博多区博多駅前3丁目7番35号　博多ハイテックビル603号室　TEL 092-433-8680　FAX 092-433-8682　高知営業所：〒780-8040　高知市神田971番地1　TEL 088-832-0274　FAX 088-831-4022　伊予工場：〒799-3105　伊予市下三谷290番地1　TEL 089-945-0111　FAX 089-983-5315　SEKI BLUE FACTORY：〒799-3105　伊予市下三谷1番地8　TEL 089-945-0111　FAX 089-983-5315

【創業】　1908（明治41年）7月

【設立】　1949（昭和24）年3月

【資本金】　12億170万円

【決算期】　3月

【役員】　代表取締役社長＝関　宏孝　代表取締役会長＝関　啓三　専務取締役＝関　宏晃　取締役（松山本社事業本部長）＝松友孝之　取締役（㈱エス・ピー・シー代表取締役社長）＝岡田克志　社外取締役＝宮部高至　監査役（常勤）＝西上慎司　社外監査役＝成松　勲　社外監査役＝十河嘉彦

【執行役員】　上席執行役員東京本社事業本部長＝板東良数　執行役員経営管理本部副本部長＝吉川浩司　執行役員東京本社事業本部副本部長＝坂川平　執行役員松山本社事業本部副本部長＝笹田一樹

【従業員数】　計304名（平均年齢42.4歳）

【主要株主と持株比率】　関　啓三 19.09％　宏栄産 10.65％　関奉仕財団 5.95％　伊予銀行 4.61％　自社従業員持株会 4.58％　セキ取引先持株会 3.92％　愛媛銀行 3.64％　関　一 2.29％　藤田多嘉子 2.27％　フジシールインターナショナル 1.46％

【取引金融機関】　伊予銀行　愛媛銀行

【関係会社】　㈱エス・ピー・シー（出版・広告代理関連事業＝持株比率81.0％）　コープ印刷㈱（印刷関連事業＝同80.0％）　関興産㈱（美術館関連事業＝100.0％）　㈲こづつみ倶楽部（カタログ販売関連事業＝100.0％）　メディアプレス瀬戸内㈱（印刷関連事業＝65.0％）　㈲渡部紙工（印刷関連事業＝100.0％）　㈱ユニマック・アド（印刷関連事業＝100.0％）　メディア発送㈱（新聞の発送梱包事業＝65.0％）

【業績】

〈連結〉	21.3	22.3	23.3	24.3 期
売上高 (100万円)	11,620	11,165	11,906	11,988
経常利益 (以下1万円)	33,161	42,261	59,310	47,899
当期利益	20,183	32,389	42,952	36,531

【営業品目】　総合印刷、洋紙板紙販売、パッケージ、出版、広告宣伝に関する企画・デザイン制作、各種プロモーション、記念事業・イベント企画運営、WEBサイト企画・制作・運用、デジタルマーケティング、システム開発、地域商社事業、郵便局広告代理業務、アスクル代理店業務、労働者派遣業務ほか

【部門別売上構成】　〈連結ベース〉　印刷関連事業 72.9％　洋紙・板紙販売関連事業 3.4％　出版・広告代理関連事業 10.8％　美術館関連事業 0.02％　カタログ販売関連事業 12.9％

【主要販売先】　愛媛県　松山市　伊予鉄髙島屋　伊予銀行　四国電力　大和証券　アスクル　読売新聞大阪本社

【主要仕入先】　国際紙パルプ商事　三菱王子紙販売　カミ商事　四国紙販売　新生紙パルプ商事　木野川紙業　富士フイルムグラフィックソリューションズ　DIC

【沿革】　1908（明治41）年7月に創立者・関定（故人で前会長）が和洋紙販売店を設立。22（大正11）年に四国初のオフセット印刷を開始。45（昭和20年）7月に戦災を受け焼失も、終戦後の翌46年6月直ちに復興、操業を開始。49年3月、現在地に「和洋紙の二次製品製造販売に関する業務」「和洋紙類の販売に関する業務」を目的として㈱関印刷所を設立、個人事業だった関洋紙店印刷所の事業のす

べてを継承。

52年5月、㈱関洋紙店印刷所に商号変更。66年10月、高知県進出の拠点として高知出張所（現・高知営業所）を開設。67年10月、本社・本社工場を新築。同年11月、香川県進出の拠点として高松出張所（現・高松支店）を開設。71年4月、関東地域の販路拡張を目的に東京出張所（現・東京支店）を開設。72年5月、関興産㈱を設立。同年11月、事務合理化のためコンピュータを導入。事業の拡大に対応すべく順次システムを更新。

73年7月、愛媛県松山市竹原町に竹原工場を新設。紙器印刷、製本工程の充実、生産性の向上を図る。75年4月、企画デザイン部門を独立させ、㈱エス・ピー・シーを設立。月刊誌「タウン情報まつやま」を創刊、出版・広告代理事業に進出。出版物などの印刷を自社で担当。78年4月、コープ印刷㈱を設立し、愛媛県内農協関係への営業活動を強化。80年12月、用紙入出庫管理業務省力化のため、コンピュータ管理による立体全自動ラック倉庫を竹原工場に隣接して新設。84年10月CIプログラム導入。86年4月、セキ㈱に商号変更。89（平成元）年8月、東海地域の販路拡大を目的として、名古屋出張所（現・名古屋営業所）を開設。90年5月、愛媛県伊予市に伊予工場を新設。印刷の前工程を本社工場、印刷および加工業務を伊予工場に集約。用紙自動ラック倉庫を伊予工場内に併設。また、これに先立ち同年4月末日をもって竹原工場を廃止。同年7月、本社、本社工場、伊予工場を専用のデジタル回線とマイクロウェーブ回線で結び、コンピュータデータ、動画像をオンライン化。96年3月、全社ネットワーク（LAN、WAN）の運用開始。同年3月、カタログ通信販売事業を目的に㈲こづつみ倶楽部を設立。カタログ印刷および顧客データ処理を自社で担当。

97年1月、地域貢献事業の一環として、セキ美術館を開館。98年9月、伊予工場にカレンダー製造棟を新設。世界初となるドイツ製カレンダー専用4色輪転印刷加工機を導入。99年7月、伊予工場に日本初となる「印刷品質管理装置」を装着したドイツ製両面兼用8色印刷機を導入。同年11月、

セキオリジナル「エコペーパー」を発売。同年12月、伊予工場でISO9002の認証を取得。

2000年3月、日本証券業協会に株式店頭登録（銘柄コード：7857）。01年4月、伊予工場に紙器加工ラインを新設。同年5月、本社新社屋が落成し、プリプレス部門のフルデジタル化ラインが完成。同年6月、伊予工場にCTPを導入。同年10月、伊予工場にドイツ製両面 兼用8色（菊半）印刷機を導入。02年2月、「プライバシーマーク」の認証を全社で取得、個人情報保護体制の確立。同年2月、伊予工場でISO14001の認証を取得。03年5月、伊予工場にCTPを増設。04年9月、大阪出張所開設。同年12月、ジャスダック証券取引所に上場。05年1月、東京支店を渋谷区代々木へ拡張移転。同年5月、FSCのCoC認証を取得。07年9月、伊予工場を増築。

08年4月、㈱讀賣新聞大阪本社と合弁会社、メディアプレス瀬戸内㈱を設立、月刊誌の受託印刷を開始。08年5月、大阪出張所を支店へ拡張し移転。10年4月、松山・東京の2本社制へ移行。「FSC」に続き、森林認証の「PEFC」CoC認証を取得。13年3月、伊予工場の太陽光発電設備事業を開始。14年1月、名古屋営業所を中区錦へ拡張移転。15年1月、伊予工場が四国初となるJapan Color標準印刷認証を取得。同年5月、紙器加工の㈲渡部紙工を子会社化。同年10月、関西圏における商圏拡大を目的として㈱ユニマック・アド（大阪）を子会社化。16年3月、伊予工場がJapan Colorマッチング認証、プルーフ運用認証を取得。また、17年10月、環境負荷の少ない水性フレキソ印刷加工市場への参入により事業領域を拡大し持続的成長を図るため、愛媛県伊予市に約30億円を投じてSEKI BLUE FACTORYを新設。18年1月に労働者派遣事業を開始（派38-300159）。

営業の拡充を目的として、18年10月に福岡営業所、同年11月に広島営業所を新設。19年9月、メディアプレス瀬戸内㈱がメディア発送㈱の株式を追加取得し、連結子会社化。

21年11月、地域商社「フレンドシップえひめ」への出資参画。

22年1月、高知県内の販路拡張を目的として、高知営業所を移転。同年4月、東京証券取引所の市場区分の見直しによりJASDAQ（スタンダード）からスタンダード市場へ移行。

23年9月、日本サステナブル印刷協会に加入。

24年3月、「株式会社フジシールインターナショナル」と資本業務提携を締結。同年5月、中国地方の営業活動の拡充と効率化を目的として、広島営業所を移転。

【特色】　当社は1908（明治41年）に和洋紙店として創業し、49（昭和24）年より法人組織として洋紙流通業と総合印刷業を営んできた。86年には自社を取り巻くニーズの広がりに応え、印刷メディアを基盤としながら積極的にその周辺業務の拡大を図り、情報産業として幅広く活動するという企業理念のもとに、社名をセキ㈱と変更。これに合わせて、先端設備とデジタル技術、コンテンツ制作ノウハウ、さらには営業体制において全国有数の体制を確立し、中・四国を中心に関東、関西、東海において確固たる基盤を築いている。

現在、当社グループはセキ本体および連結子会社8社で構成され、印刷関連、洋紙・板紙販売関連、出版、広告宣伝に関する企画・デザイン制作、各種プロモーション、デジタルマーケティング関連、美術館運営を主な事業内容とし事業活動を展開している。今後は、水性フレキソ印刷を主軸とした、環境配慮型経営や、デジタルマーケティング、BPO（ビジネスプロセスアウトソーシング）事業の拡大を図り、既存事業との相乗効果を生み出すことで「付加価値」の向上に努めていく。

株式會社 大一洋紙

〒541-0058　大阪市中央区南久宝寺町1-4-7
TEL 06-6261-4851
FAX 06-6261-4860

岩崎真弥
代表取締役社長

【事業所】　東京営業所：〒101-0051　東京都千代田区神田神保町2-40 第二島崎ビル3階
TEL 03-3262-7881
FAX 03-3262-7884

【倉庫・配送センター】　今里倉庫：〒537-0012　大阪市東成区大今里1-1-30（土地4,300㎡、建物3,600㎡）　大東倉庫：〒574-0055　大東市新田本町12-35（土地2,300㎡、建物1,600㎡）

【創業】　1915（大正4）年5月15日

【設立】　1937（昭和12）年6月

【資本金】　2,240万円

【決算期】　11月

【役員】　代表取締役社長・岩崎真弥　取締役営業本部長・後良雄　取締役総務本部長・永原功一　監査役・井澤伸太

【幹部】　第2営業部長＝与河雅幸

【従業員数】　男子18名・女子8名　計26名

【取引金融機関】　三井住友・大阪中央　三菱UFJ・瓦町　商工中金・大阪　みなと・大阪　永和信用・本店

【主な設備】　断裁機＝勝田製作所×3台　スタッカー×1台　フォークリフト×8台

【品種別売上構成】　印刷用紙12%　包装用紙42%　紙器用板紙41%　その他5%

【主要販売先】　イムラ　阪本印刷　朝日印刷　三和印刷　坂井印刷所　大阪シーリング印刷　大栄印刷紙器　廣川　西塚印刷　大光印刷　イシイ　大興印刷

【主要仕入先と比率】　日本製紙60%　大王製紙15%　レンゴー　大和板紙　その他

【所属団体】　大阪商工会議所　日本洋紙代理店会　日本板紙代理店会　大阪府紙商組合

【沿革】　1915（大正4）年5月15日に合名会社大一洋紙店として創業。37（昭和12）年6月に株式会社大一洋紙店に組織変更。62年4月に東京営業所を開設。73年4月に大一洋紙株式会社へ社名変更。2007年3月に株式會社大一洋紙へ社名変更。2021（令和3）年4月に株式会社イクタをグループ会社に迎える。

【社是・社訓、経営理念】　Head work、Heart work、Foot work

【企業の特色】　お客様のもとへ足しげく訪問を続け色々と情報交換を繰り返す事でお客様から選ばれる紙の販売会社になる事を目指している。2021年4月に株式会社イクタをグループ会社に迎え入れ、創業以来、継続している「紙の販売」だけではなく、「紙の加工」を含めたトータル的なご提案ができる環境となった。来る2025年5月15日には創業110周年を迎える。次なる新たな時代に向けて今、出来る事から確実にクリアーし一歩ずつ地道に「歩」を進めている。

大日三協 株式会社

〒420-0922　静岡市葵区流通センター12-1
TEL 054-263-2435　FAX 054-263-2409

清水邦典社長

【事業所】　沼津支店：〒410-0806　静岡県沼津市本丸子町716-4　TEL 055-963-8155　FAX 055-962-5409

浜松支店：〒435-0041　静岡県浜松市中央区北島町509　TEL 053-422-3771　FAX 053-422-3773

東京支店：〒101-0036　東京都千代田区神田北乗物町11　乗物町第一ビル2F　TEL 03-3352-6611　FAX 03-3526-6613

大阪営業所：〒530-0022　大阪市北区浪花町13-38　千代田ビル北館8F　TEL 06-6359-7115　FAX 06-6359-7118

名古屋営業所：名古屋市西区中小田井5丁目360-306号室　TEL 052-684-5858　FAX 052-684-5859

【設立】 1961（昭和36）年

【資本金】 5,250万円

【決算期】 7月

【役員】 社長＝清水邦典　取締役＝山田智稚
取締役＝曽根慎規　監査役＝清水洋子

【従業員数】 男子63名・女子28名　計91名

【取引金融機関】 静岡・流通センター　商工中金・
静岡　静岡信金・竜南　清水・流通センター

【主要仕入先】 国際紙パルプ商事　齊藤商会　シ
ロキ

【所属団体】 静岡流通センター　静岡紙商協同組
合

【沿革】 1961（昭和36）年7月、資本金500万円
で設立、佐野製紙（現 王子エフテックス）の代理
店として静岡県および関東地区、東北地区紙商へ
主たる販売を行う。同年12月、資本金800万円に
増資、静岡市二番町に本社落成。64年2月、浜松
市に浜松支店開設。74年11月、資本金4,050万円
に増資。現在地である静岡流通センター卸団地内
に本社新社屋、倉庫を落成し、紙製品総合商社と
しての基盤を確立。

1980年8月、清水邦典が代表取締社長に就任。81
年4月、ギフト、ノベルティー紙製品の企画開発
販売に進出。90（平成2）年12月、浜松支店を北
島町に移転。95年8月、紙販売事業部、加工事業
部の2事業部制とする。99年9月、東京営業所開設。
2002年8月、大阪営業所開設。

2006年9月、製造部門の子会社として、清和加工
センター㈱（後に「㈱エスケイピー」と商号変更）
設立。静岡市葵区平和町に新工場を立ち上げ、印
刷機を導入し、一貫生産体制を確立。08年1月、
FSC森林認証（COC認証）を取得。10年8月、㈱
エスケイピーを吸収合併し、工場を本社所在地に
建築移転する。12年9月、名古屋営業所開設。14
年12月、自社製造工場を増床。

2015年4月、三協通商㈱と合併し、大日紙業㈱（旧
社名）を存続会社として、大日三協㈱と商号変更。
合併により資本金5,250万円となる。19年4月、
紙卸商の㈱市川商店（沼津市本丸子町）を合併。

大　丸 株式会社
Daimaru INC.

〒060-8692　札幌市白石区菊水3条1丁目8番20号
TEL 011-818-2111　FAX 011-818-5391

【事業所】

紙・板紙営業部：〒060-8721　札幌市中央区北3
条西14丁目2番地　TEL 011-211-1751　FAX 011-
280-5115

包装資材営業部：〒060-8721　札幌市中央区北3
条西14丁目2番地　TEL 011-211-1752　FAX 011-
280-5116

紙包材管理部：〒060-8721　札幌市中央区北3条
西14丁目2番地　TEL 011-261-5816　FAX 011-
231-3150

包装システム営業部：〒061-3241　石狩市新港西2
丁目780番地3　TEL 0133-75-8010　FAX 0133-73-
8660

オフィスサプライ営業部：〒003-8502　札幌市白
石区流通センター1丁目3番45号　TEL 011-846-
1651　FAX 011-846-1640

室蘭出張所：〒059-0032　登別市新生町1丁目17
番1号　TEL 0143-82-5211　FAX 0143-82-5220

リテールサポート営業部：〒003-8504　札幌市白
石区菊水3条1丁目8番20号　TEL 011-887-0623
FAX011-831-7308

物流センター：〒003-8502　札幌市白石区流通セ
ンター1丁目3番45号　TEL 011-846-1661　FAX
011-846-1658

流通センター管理部：〒003-8502　札幌市白石区
流通センター1丁目3番45号　TEL 011-846-1601
FAX 011-846-1635

直需営業部：〒003-8502　札幌市白石区流通セン
ター1丁目3番45号　TEL 011-860-6700　FAX
011-860-5132

公共営業部：〒003-8502　札幌市白石区流通セン
ター1丁目3番45号　TEL 011-860-8830　FAX
011-860-5112

統括支援部：〒003-8502　札幌市白石区流通セン
ター1丁目3番45号　TEL 011-846-1651　FAX

011-846-1640

道北支店：〒070-8071　旭川市台場1条1丁目1番8号　TEL 0166-76-4415　FAX 0166-62-6550

北見出張所：〒090-0818　北見市本町3丁目2番6号ナカシンビル本町2階　TEL 0157-33-1611　FAX 0157-23-2005

道東支店：〒080-2469　帯広市西19条南1丁目4番地22　TEL 0155-38-2100　FAX 0155-38-3080

釧路出張所：〒084-0912　釧路市星が浦大通3丁目7番10号　TEL 0154-51-6133　FAX 0154-51-4134

道南支店：〒041-8510　函館市西桔梗町595番地1　TEL 0138-49-3711　FAX 0138-49-3686

青森支店：〒030-0142　青森市大字野木字野尻37番地707　TEL 017-762-3701　FAX 017-762-3707

東京支店：〒101-0054　東京都千代田区神田錦町2丁目7番地 乾ビル　TEL 03-3293-0695　FAX 03-3295-3512

仙台オフィス：〒984-0011　仙台市若林区六丁目西町8-1　斎喜センタービル　TEL 022-288-3210　FAX 022-390-5205

広域支店：〒101-0054　東京都千代田区神田錦町2丁目7番地 乾ビル　TEL 03-5577-4105　FAX 03-5259-0111

企画推進部：〒003-8502　札幌市白石区流通センター1丁目3番45号　TEL 011-846-1688　FAX 011-860-5333

システム販売推進部：〒003-8502　札幌市白石区流通センター1丁目3番45号　TEL 011-826-6024　FAX 011-868-6789

リコー販売推進部：〒003-8502　札幌市白石区流通センター1丁目3番45号　TEL 011-846-1615　FAX 011-846-1666

商・環境システム推進部：〒003-8502　札幌市白石区流通センター1丁目3番45号　TEL 011-826-6013　FAX 011-860-5333

【創業】　1892（明治25）年8月
【設立】　1922（大正11）年5月
【資本金】　4億8,000万円
【決算期】　6月

【役員】　代表取締役会長＝藤井敬一　代表取締役社長＝芹田昭彦　常務役取締役（紙包材営業本部長）＝川崎光夫　常務取締役（リテールサポート営業本部長）＝川村淳一　常務取締役＝山本一夫　常務取締役（推進本部長 リコー販売推進部長）＝鈴木賢二　常務取締役（物流本部長）＝羽立幸生　常務取締役（オフィス営業本部長）＝工藤英紀　取締役＝山川泰司　取締役（オフィス営業本部副本部長 統括支援部部長）＝佐々木靖文　取締役（紙包材営業本部副本部長）＝山崎敏宗　取締役（紙包材営業本部副本部長 紙包材管理部部長）＝原和範　取締役＝小野蔵幸　取締役＝藤井一雄　常勤監査役＝藤居基樹　監査役＝山本明彦

【従業員数】　620名

【取引金融機関】　北洋・本店　北海道・本店　みずほ・札幌

【関係会社】　㈱RCセンター　APP北海道㈱　㈱アスパック　コクヨ北海道販売㈱　佐藤包装紙器㈱　㈱サンクレエ　綜合パッケージ㈱　大丸サービス㈱　大丸藤井セントラル㈱　十勝包装資材㈱　ニットー物流㈱　パピルス化成㈱　㈱モダン化成

【所属団体】　北海道洋紙代理店会　北海道板紙代理店会　日本洋紙板紙卸商業組合　北海道洋紙同業会　日本包装技術協会　北海道フォーム印刷工業会　札幌家庭紙卸商同業会

【取引先との関係団体】　JP会　SPP会　北海道王子会　北海道NP会　あかしあ会

【沿革】　1892（明治25）年、藤井専蔵が和洋紙・文具の卸業を札幌にて開業。1922（大正11）年、組織変更し㈱藤井商店となる。29（昭和4）年、石鹸・歯磨・雑貨の販売部門を分割し丸日連合販売㈱を設立。37年、藤居準一が日藤商店を小樽にて開業。48年、組織変更し、㈱日藤商店となる。49年、戦時経済統制により41年に分割した㈱大丸商店、藤井実業㈱、藤井洋紙協販㈱を合併。

51年、大丸ビル建設（現在の大丸藤井セントラルの前身）。63年、㈱日藤商店を日藤㈱と改称。65年、㈱藤井商店を大丸藤井と改称。日藤㈱本社を札幌市中央区北3条西1丁目に移転。69年、丸

日販売㈱と統合合併。パピルス紙工㈱（現・パピルス化成㈱）を設立。ニットー運輸㈱（現・ニットー物流㈱）を設立。83年、CI計画導入。新マーク・ロゴ・スローガン発表。84年、日藤㈱、札幌市中央区北3条西14丁目に本社社屋竣工移転。87年、日藤50周年記念事業の一環としてサンメモリアビル竣工。

89（平成元）年、ニューセントラルビル完成。90年、日藤㈱のコンピュータソフト部門を分割し㈱サンクレエを設立。92年、創業100周年記念イベント開催。93年、日藤石狩物流センター竣工。2002年、営業本部制導入。小樽市堺町の旧日藤本社跡地に「日藤メモリアルガーデン」オープン。03年、日藤グループの分割、分社化を実施。日藤㈱は日藤ホールディングス㈱に改称。

06年、情報セキュリティシステム稼働。08年、大丸藤井セントラル全面リニューアル実施。13年、日藤がホールディングス制を廃止し、事業継承した日藤ホールディングス㈱を日藤㈱と改称。日藤㈱、佐藤包装紙器㈱を子会社化。15年、大丸藤井日藤ホールディングス㈱を設立。小売部門を分割し大丸藤井セントラル㈱を設立。16年、日藤㈱、十勝包装資材㈱を子会社化。大丸藤井㈱と日藤㈱が合併し、大丸㈱に商号変更。

【経営理念】 「創造と提案、そして前進。」（コーポレートスローガン）

【企業の特色】 多様化、広域化に適切に対応し、顧客の要望に十分応えられる万全のサービス体制を整えている。

【製品・取扱品の特色】 洋紙、板紙、印刷機材、化成品、包装資材、文具、OA機器、オフィス家具、画材、家庭紙、日用雑貨、店舗設計施工、物流機器

株式会社 大文字洋紙店
Daimonji Paper Co., Ltd

〒103-0024　東京都中央区日本橋小舟町8-4
TEL 03-3663-7551　FAX 03-3663-7604
ホームページ http://www.daimonjipaper.co.jp

【事業所】 大阪営業所：〒541-0054　大阪市中央区南本町 1-7-15　明治安田生命堺筋本町ビル 5F

TEL 06-6262-3641
FAX 06-6262-3639
【倉庫・配送センター】
戸田倉庫：埼玉県戸田市笹目 8-12-1
【創業】 1923（大正12）年5月
【設立】 1940（昭和15）年11月
【資本金】 4,000万円
【決算期】 3月

荒井愼一
代表取締役社長

【役員】 代表取締役社長＝荒井愼一　専務取締役＝高野周一　取締役＝石川達士　取締役＝白梅淳一　監査役＝藤田浩司　監査役＝密田昌寛

【従業員数】 男子19名・女子8名　計27名（平均年齢44歳）

【取引金融機関】 みずほ・日本橋　静岡・東京　農林中金・本店

【関係会社】 ダイトー紙工業㈱（紙・カッター・ワインダー、持株比率100％）

【業績】
	21.3	22.3	23.3	24.3
売上高 (100万円)	3,970	3,805	3,525	3,453
営業利益 (1万円)	2,640	2,088	3,404	3,923
経常利益	5,547	5,283	6,647	7,637
当期利益	4,798	4,803	5,479	5,720

【品種別売上構成】 情報用紙23％　高級・特殊板紙16％　工業用紙7％　出版用紙4％　一般紙4％　加工品ほか45％

【業種別販売分野】 印刷61％　出版5％　紙器加工5％　同業7％　ほか22％

【主要販売先】 大日本印刷　凸版印刷　共同印刷　KADOKAWA　新潮社　森永製菓　集英社

【主要仕入先】 特種東海製紙　東京製紙　新生紙パルプ商事　立山製紙

【所属団体】 東京都紙商組合　東京洋紙同業会　日本洋紙板紙卸商業組合

大和紙料 株式会社

【本社】 〒551-0002 大阪市大正区三軒家東 2-9-10
TEL 06-6551-2231㈹　FAX 06-6551-2238

URL　http://www.daiwashiryo.co.jp/
【事業所】　高槻事業部：〒569-0046　大阪府高槻市登町61-1　TEL 072-671-5281　FAX 072-671-5283
鳥飼事業所：〒566-0072　大阪府摂津市鳥飼西3-10-2　TEL 072-654-5685　FAX 072-654-5384
南港ヤード：〒559-0026　大阪市住之江区平林北2-9-129　TEL 06-6686-7181　FAX 06-6686-7183
東大阪事業所：〒578-0915　大阪府東大阪市古箕輪1-18-6　TEL 072-962-3255　FAX 072-962-0335
京都事業所：〒614-8263　京都府八幡市岩田六ノ坪59-1　TEL 075-971-5752　FAX 075-971-0887
東京事業所：〒335-0031　埼玉県戸田市美女木8-12-2　TEL 048-422-0191　FAX 048-422-0193
神奈川事業所：〒252-1134　神奈川県綾瀬市寺尾南1-5-1　TEL 0467-78-0809　FAX 0467-78-1814
北九州事業所：〒803-0801　福岡県北九州市小倉北区西港町83-1　TEL 093-591-2169　FAX 093-592-2308　グリーンセービング福岡：〒811-0102　福岡県粕屋郡新宮町大字立花口字猿渡404-2　TEL 092-963-4578　FAX 092-963-4577　唐津リサイクルセンター：〒847-0802　佐賀県唐津市梨川内字河内山1079-106　TEL 0955-79-7867　FAX 0955-79-6383
平戸リサイクルセンター：〒859-4815　長崎県平戸市田平町下寺免361-1　TEL 0950-26-1061　FAX 0950-26-1062　諫早リサイクルセンター：〒854-1112　長崎県諫早市飯盛町開1611-1　TEL 0957-48-2276　FAX 0957-48-2276　熊本リサイクルセンター：〒861-8035　熊本市御領6-3-50　TEL 096-292-7210　FAX 096-292-7220　鹿児島事業所：〒891-0115　鹿児島市東開町12-5　TEL 099-230-0012　FAX 099-230-0013
【グループ会社】　㈱東日本大和：〒960-8057　福島市笹木野字水口下3-1　TEL 024-597-6244　FAX 024-597-6243　㈱羽生リサイクリング：〒348-0038　埼玉県羽生市小松台2-705-28　TEL 048-560-5825　FAX 048-560-5826
【関連会社】　㈱三信商会（洋紙代理店）
【創業】　1876（明治9）年
【設立】　1949（昭和24）年
【資本金】　9,900万円
【従業員】　252名
【月間取扱高】　上物12,000t・中物3,000t・クラフト500t・下物55,000t・輸入古紙500t　再生パルプ1,000t
【役員】　会長・塩瀬宣行　社長・矢倉得正　取締役・塩瀬昌宏　監査役・矢倉裕始
【主な納入先】　王子エコマテリアル　日本製紙グループ　レンゴー　中越パルプ工業　新東海製紙　丸住製紙　福山製紙
【特色】　創業以来140余年の社歴を誇る、全国有数の製紙原料問屋。製紙産業の発展とともに全国各地へ事業所を開設し安定供給と品質管理に努める一方、古紙脱墨再生パルプ（AGP）の製造を早くから手掛け、晒クラフトパルプ（BKP）の製造や機密書類の溶解も行うなどして信頼と実績を積み重ねてきた。また、プライバシーマーク、エコアクション21の認証を取得し、更にはSDGs、ESGの達成を目指すなど、時代の要請に応じた事業活動を展開している。業界への貢献度も高く、故矢倉義弘名誉会長の後を受け、塩瀬宣行会長は近畿商組理事長、全原連副理事長などの要職に就き諸課題解決に取り組むと同時に、矢倉得正社長は同業他社のグループ化や協調体制の構築を推進するなど、業界最古参の大手古紙問屋としての真価を示す企業活動を展開している。

株式会社 竹 尾
TAKEO Co., Ltd.

〒101-0054　東京都千代田区神田錦町3-12-6
TEL 03-3292-3611
FAX 03-3292-9202
ホームページ
http://www.takeo.co.jp/
【事業所】　大阪支店：TEL 06-6785-2221　FAX 06-6785-2227　名古屋支店：TEL 052-228-4341　FAX 052-228-4345　仙台支店：TEL 022-288-1108　FAX 022-288-1146　福岡支店：TEL 092-411-4531　FAX 092-474-3823　札幌営業所：TEL 011-221-4691

竹尾稠会長

FAX 011-221-4692

【倉庫・配送センター】大阪支店　小牧物流センター　仙台支店　福岡支店

高島平物流センター：東京都板橋区（土地2,657㎡、建物1,395㎡）湾岸物流センター：東京都江東区（土地10,184㎡、建物5,740㎡）

平戸順一社長

【創業】1899（明治32）年11月

【設立】1937（昭和12）年2月

【資本金】3億3千万円

【決算期】11月

【役員】代表取締役会長 CEO 最高経営責任者＝竹尾 稠　代表取締役社長 COO 最高執行責任者、社長執行役員＝平戸順一　取締役 副社長執行役員（東京本店営業統括、営業開発二部）＝寺本敬一　取締役 専務執行役員（人事総務部）＝髙橋岳男　取締役 常務執行役員（東京本店第二営業部、営業開発一部、新素材営業部）＝菊池幸弘　取締役 執行役員（東京本店第四営業部、仙台支店）＝吉田 稔　取締役 執行役員（仕入部）＝橋本宅生　取締役 執行役員（ペーパープロダクト事業部、企画部）＝竹尾香世子　監査役＝斎藤 隆　監査役（非常勤）＝本多道昌

執行役員（東京本店第一営業部）＝井元伸哉　執行役員（海外部、福岡支店）＝佐久間康夫　執行役員（人事総務部）＝石引 豪　執行役員（大阪支店支店長）＝吉田 新　執行役員（経理部、名古屋支店、経営戦略室室長）＝佐藤丈美　執行役員（情報システム部、WEB戦略室）＝中川裕之

【従業員数】男子134名・女子105名　計239名

【主要株主】特種東海製紙　日本紙パルプ商事　三菱王子紙販売

【取引金融機関】三菱UFJ銀行　みずほ銀行

【関係会社】㈱第二西北紙流通デポ（倉庫業）　㈱西北紙流通デポ

竹尾紙工㈱（製本・断裁加工）　竹尾紙張貿易（上海）有限公司（紙販売）　Fine Paper Takeo〈Thailand〉（紙販売）Fine Paper Takeo〈Malaysia〉（紙販売）

【業績】

	18.1	19.11	20.11	21.11
売上高(100万円)	24,988	24,763	21,082	21,615
経常利益(以下1万円)	52,900	29,800	△2,000	44,200
当期利益	35,800	16,900	△5,400	25,300

【品種別売上構成】洋紙92%　その他8%

【販売先】朝日新聞出版　毎日新聞社　大日本印刷　凸版印刷　共同印刷　アベイズム　奥村印刷　錦明印刷　千修　東京リスマチック　図書印刷　豊通マテックス　光村印刷　新潮社　KADOKAWA　徳間書店　日本経済新聞出版社　岩波書店　中央公論新社　光文社　東洋経済新報社　幻冬舎　文藝春秋　山櫻　キンコーズ・ジャパン　独立行政法人国立印刷局　国税庁　その他官公庁　他

【仕入先】特種東海製紙　ダイオーペーパープロダクツ　王子製紙　三菱製紙　日本製紙　北越コーポレーション　王子エフテックス　ダイニック　日本紙パルプ商事　三菱王子紙販売　国際紙パルプ商事　日本紙通商　コルデノンス社　モホーク社　ニーナ社　イグスンド社　ダイフク　オカムラ

【所属団体】日本洋紙板紙卸商業組合　東京洋紙代理店会　東京都紙商組合

【沿革】1899（明治32）年11月、創業。1937（昭和12）年2月11日、㈱竹尾洋紙店設立。74年3月、㈱竹尾に商号変更。

【企業の特色】当社は1899年（明治32年）創業以来、一般印刷用紙、高級特殊印刷用紙（ファインペーパー）の販売を通し社会貢献している。「ファインペーパーの竹尾」として全国的な認知度は高く、一貫した紙へのこだわりが企業姿勢となっている。

竹尾ブランドの構築として「紙とデザインとテクノロジー」をキーワードに国内外の製紙会社と連携して商品を開発し、約270銘柄（7,500商品）を常備している。さらに「見本帖本店」「青山見本帖」では展示会・イベントを開催、若手デザイナーの養成を目的として講習会なども実施している。

2024年7〜8月と11月には前年に東京で開催し

た『TAKEO PAPER SHOW 2023「PACKAGING —機能と笑い」』を北海道のニセコ、福井県の越前市において巡回展として開催し、幅広い地域から多くの方が来場し紙素材の可能性を体感した。また、この開催により地域社会とのつながりを深め、これからの竹尾の貢献の形を示す好例となっている。

　紙業界を取り巻く環境が変化する中、機能性を持つ素材の販売を進め、紙製品事業では上質な紙素材を用いた「Dressco」の新製品を投入しブランド力を強化している。「色の専門商社」として、「色」「デザイン」を基軸にお客様に新たな体験や価値を提供する企業を目指し事業を展開している。

【経営理念】　「環境と文化に貢献し、時代にチャレンジするクォリティーカンパニー　創造することに生き甲斐と感動を」に基づき、新たなる紙市場の開拓を目指し事業を展開している。

大阪支店

〒577-0065　東大阪市高井田中 1-1-3
TEL 06-6785-2221　FAX 06-6785-2227
【支店開設】　1965（昭和 40）年 6 月
【幹部】　執行役員（支店長）＝吉田 新
【従業員】　男子 26 名・女子 8 名　計 34 名
【取引金融機関】　みずほ・東大阪
【販売品目】　ファインペーパー　洋紙　合成紙　非木材紙　再生紙　他
【主要販売先】　近畿・北陸・中国・四国地区卸商各社。大日本印刷、凸版印刷、日本写真印刷ほか直需各社
【主要仕入先】　特種東海製紙　ダイオーペーパープロダクツ　王子エフテックス　ダイニック　日本紙パルプ商事　三菱王子紙販売　新生紙パルプ商事
【所属団体】　大阪府紙商組合　大阪洋紙同業会
【取引先との関係団体】　菱和会
【沿革と特徴】　1965（昭和 40）年 6 月、大阪市東区広小路に大阪営業所を開設。74 年 7 月、支店に昇格、玉造に移転。94（平成 6）年 3 月、業務拡大に伴い新社屋と最新鋭の立体自動倉庫を現在地に

新築移転した。

仙台支店

〒984-0011　仙台市若林区六丁の目西町 7-31
TEL 022-288-1108　FAX 022-288-1146
【支店開設】　1975（昭和 50）年 4 月
【幹部】　支店長＝古郡 寛文
【従業員数】　男子 6 名・女子 2 名　計 8 名

名古屋支店

〒461-0005　名古屋市東区東桜 1-13-3 NHK 名古屋放送センタービル 8 階
TEL 052-228-4341　FAX 052-228-4345
【支店開設】　1982（昭和 57）年 7 月 21 日
【幹部】　支店長＝能勢 浩正
【従業員数】　男子 7 名・女子 4 名　計 11 名
【所属団体】　愛知県紙商組合　名古屋洋紙代理店会（準会員）

福岡支店

〒812-0042　福岡市博多区豊 1-9-20
TEL 092-411-4531　FAX 092-474-3823
【支店開設】　1979（昭和 54）年 12 月
【幹部】　支店長＝山本 博之
【従業員数】　男子 4 名・女子 5 名　計 9 名
【所属団体】　福岡市紙卸商組合

株式会社 立川紙業

〒190-0022　東京都立川市錦町 4-5-26
TEL 042-527-6111　FAX 042-528-0080
ホームページ https://www.kami.jp/
E メール tp＠kami.jp
【倉庫・配送センター】　立川紙業配送センター：東京都武蔵村山市（土地 1,980m²、建物 1,188m²）同第 2 倉庫：東京都武蔵村山市（土地 1,606m²、建物 1,163m²）
【創業】　1959（昭和 34）年 10 月
【資本金】　4,000 万円
【決算期】　8 月
【役員】　代表取締役社長＝橋詰 亨　専務取締役＝

山川正徳　取締役営業部長＝荒川直人　監査役＝五十嵐 喬

【従業員数】 男子 22 名・女子 4 名　計 26 名（平均年齢 44 歳）

【主要株主】 橋詰 亨 16％　五十嵐 喬 15％　五十嵐広治 14％

【取引金融機関】 多摩信金・南口　りそな・立川　三菱 UFJ・立川　商工中金・八王子

【設備】 オンデマンド 3 台　ミシン加工機　カッティングマシーン　断裁機 5 台　トラック 3t 車 11 台　モノリフト 4 基　移動棚 1 基　フォークリフト 6 台　その他車輌 11 台

【計数管理システム】 ホスト＝ブレードサーバー×2 台　端末＝29 台（バーコード方式採用）

【関係会社】 ㈱アオイ製本（製本業、持株比率：55.5％）

【業績】

	23.8	24.8
売上高 (100万円)	2,335	2,486
営業利益 (以下1万円)	4,480	4,283
経常利益	5,468	4,612
当期純利益	3,993	3,187

【品種別売上構成】 PPC 用紙 36％　塗工紙 15％　上質紙 14％　色上質紙 8％　その他 27％

【業種別販売分野】 一般印刷 58％　官公庁 12％　同業 9％　その他 21％

【販売地域】 多摩地区 90％　東京 23 区内・埼玉・神奈川・山梨 10％

【主要販売先】 多摩地区印刷会社　官公庁

【主要仕入先】 日本紙パルプ商事　新生紙パルプ商事　国際紙パルプ商事　その他

【所属団体】 日本洋紙板紙卸商業組合　東京都紙商組合　東京洋紙同業会　紙青会

【沿革】 1959（昭和 34）年 10 月、㈲立川紙業として創業。64 年 9 月、株式会社に改組。93（平成 5）年 7 月、武蔵村山に配送センター竣工。

【企業の特色】 多摩地区トップの紙卸商。堅実経営をモットーにしている。自社倉庫、物流のほか、近年は紙加工部門（DTP、オンデマンド、製本）にも注力している。97（平成 9）年 4 月、ホームページを開設。アドレスは https://www.kami.co.jp/

【経営理念】 1. 目標に向かい意思統一する　2. 父母、先祖を大切にして全スタッフの幸福を追求する　3. 社会貢献をする。社訓は「整然」。83（昭和 58）年優良申告法人として立川税務署より表敬、20（令和 2）年で 8 回目の表敬を数える。

【製品または取扱品の特色】 多摩地域の需要家に不便をかけない品揃えに加え、近年は PPC 用紙の在庫充実を図っている。また、オリジナル紙製品「kami-bonsai」はマスコミやメディアで度々紹介され、注目を集めている。

株式会社 タナックス
Tanax inc.

〒 918-8152　福井市今市町 62-11

TEL 0776-38-2721　FAX 0776-38-9033

ホームページ http://www.e-tanax.com/

E メール info@e-tanax.com

【事業所】 金沢営業所：〒 924-0052　石川県白山市源兵島町 986　TEL 076-277-3770　FAX 076-277-3771

東京営業所：〒 104-0044　東京都中央区明石町 1-29　掖済会ビル 7 階　TEL 03-3549-5690　FAX 03-3549-5691

【倉庫】 本社事務所：福井市今市町 62-11（700m²）　第一倉庫：福井市今市町 62-11（1,500m²）　自動倉庫：福井市今市町 62-10（630m²）　第二倉庫：福井市今市町 63-7（900m²）　金沢営業所：石川県白山市源兵島町 985

【創業】 1903（明治 36）年 4 月

【設立】 1950（昭和 25）年 1 月 27 日

【資本金】 2,200 万円

【決算期】 5 月

【役員】 社長＝茂原昌來　専務取締役＝茂原隆久　監査役＝原 康継

【幹部】 営業本部営業部部長代理＝三田村靖宏　購買本部購買部部長代理＝川﨑典伯　管理本部管理部部長代理＝野坂昌幸

【従業員】 男子 28 名・女子 11 名　計 39 名

【主な株主】 茂原昌來　大阪中小企業投資育成

【取引金融機関】 福井・本店　北陸・木田　福邦・

本店

【計数管理システム】 クラウド＝JP情報センター：PROTS Ⅳ　サーバー＝富士通×1台　クライアント＝富士通：FMV×34台、富士通ノート×3台、HP×2台、MAC×2台

【設備】 断裁機＝イトーテック製3台（幅1,000mm以上×1台、幅1,300mm以上×1台）　フォークリフト＝トヨタ：バッテリーフォークリフト（1t）×4台、神鋼：バッテリーフォークリフト（1t）×1台、ガソリンフォークリフト2台　配送車輌9台（4t車2台、3.5t車1台、3t車3台、2t車2台、1.5t車1台、1t車1台）　営業用自動車11台　マルチラック搬出入装置×4基（自動倉庫）　自動梱包機×2台

【関係会社】 七洋紙業㈱（紙卸商）　津田紙工㈱　永光産業㈱　㈱HaCozo

【販売品目】 洋紙　板紙　包装資材　物流機器　化成品　OA機器　家庭紙　化学薬品　介護関連　医療関連

【業種別販売分野】 印刷　紙器　一般企業　文具　官公庁　経済連・農協　銀行　病院・施設

【主要販売先】 福井新聞社　ウイルコーポレーション　昭和美術印刷　福島印刷

【主要仕入先】 大王製紙　三菱王子紙販売　レンゴー　日本紙パルプ商事

【所属団体】 日本洋紙板紙卸商業組合

【沿革】 1903（明治36）年4月、福井県武生市曙町で紙文具卸業を開業。1950（昭和25）年、株式会社に組織変更。67年、出張所を今市町に移転し、福井営業所と改称する。79年、本店を福井市今市町62-11に移転し、商号を㈱田中紙店福井と変更する。88年12月、本社社屋を新築し、商号を㈱タナックスに変更する。91（平成3）年6月、石川県白山市に金沢流通センター開設。93年7月、石川県白山市に金沢営業所開設。97年10月、OA関連機器の販売部門を分離独立して、北陸サプライ㈱を設立する。2010（平成22）年9月、北陸サプライの全事業を当社に移管。14（平成26）年6月、高度管理医療機器の販売資格を取得。19（平成31）年1月、東京営業所を中央区明石町1-29に移転。

【経営理念】 「一歩先んじて考える企業」――タナックスは1903（明治36）年の創業以来、「紙」を核とした事業を展開してきた。「紙」と一口にいっても、その内容は包装用紙から印刷用紙、OA関連、パッケージなど実にさまざまなものがある。「変化の時代」と言われる現在、技術革新の急速な進歩や生活文化の向上に伴い、「紙」の分野にも新しい何かが求められている。そんな時代のニーズを的確に捉え、タナックスは今「紙」の領域を超え、さまざまな分野の事業にも積極的に取り組み、これまで培われてきた企画・開発力を生かしてチャレンジしている。PAPER（紙）、Possibility（可能性）、Infinity（無限大）をキーワードに、タナックスは一歩先んじる企業として新たな未来を目指す。直近では2018（平成31）年、福井税務署より優良申告法人の表敬を受けている。

【特色】 タナックスの旧社名は㈱田中紙店福井であった。1988（昭和63）年に今までの生活用紙、板紙といった限定された事業領域ではなく産業資材など「全方位フルサービス」の紙総合商社を目指して現社名に変更。

97（平成9）年には介護用品市場に進出し、病院や高齢者施設などへのキメ細かいサービスで他の企業ができないような素早い配送、丁寧な商品説明など機動力をフルに活用して評価を得ている。

さらに東京の七洋紙業㈱に経営参加したことで、巨大マーケットへの営業拠点を構えることができた。2014年（平成26）年にはAEDなどの販売を始め、医療業界にも進出。19（令和元）年にはパッケージの津田紙工㈱を完全子会社化。20年（令和2）年には、永光産業㈱を傘下にタナックスグループとして新たなスタートを切った。

紙総合商社タナックスは新たな展開を視野に入れつつ、可能性に向かって日々前進を続けている。

田村紙商事 株式会社

〒950-0868　新潟市東区紫竹卸新町1808-20

TEL 025-272-1211　　FAX 025-272-1188

Eメール uketuke @ tamura-kami.co.jp

【倉庫・配送センター】 本社倉庫：〒950-0868

新潟市東区紫竹卸新町1808-20（土地7,606m²、建物4,344m²）

【創業】　1901（明治34）年1月5日
【設立】　1946（昭和21）年8月12日
【資本金】　2,400万円
【決算期】　11月
【役員】　取締役会長＝田村貫次郎（1935.11.25生、慶応義塾大卒、1962.5.7入）　代表取締役社長＝田村淑文（1965.11.11生、明治大卒、1992.6.15入）　取締役経理部長＝眞水敏次（1957.8.14生、1980.4.1入）　取締役営業部長＝小池寛（1965.2.9生、1983.4.1入）
【従業員数】　男子20名・女子9名　計29名（平均年齢53歳）
【主要株主】　田村淑文　田村貫次郎　田村良子　㈲タムラエンタープライズ
【取引金融機関】　第四北越・本店営業部　北陸・新潟　JAバンク・新潟県信連
【計数管理システム】　ホスティング　HP：Blade system Proliant　端末＝HPノートパソコン×20台
【設備】　断裁機＝伊藤鉄工×2台　自動排紙機＝伊藤鉄工×1台　フォークリフト＝トヨタL＆F：バッテリー・リフト×3台、同：エンジン・リフト×3台　トラック5台（3t車2台、2t車2台、1.25t車1台）
【関係会社】　㈲タムラエンタープライズ
【業績】

	19.11	20.11	21.11	22.11	23.11	24.11
売上高（100万円）	1,795	1,525	1,487	1,547	1,607	1,595
営業利益（以下1万円）	2,607	△720	644	452	1,613	185
経常利益	2,654	7	662	1,341	1,928	511
当期利益	2,181	△339	374	975	775	△600

【品種別売上構成】　洋紙・板紙71.7％　文具・紙製品10.9％　家庭紙9.8％　ほか7.6％
【業種別販売分野】　印刷業64.9％　小売業14.5％　紙器製造業0.6％　卸売業0.5％　一般事業所ほか19.5％
【主要販売先】　DI Palette　田辺喜平商店　ジョーメイ　吉田印刷所　東港印刷　トーショーホールディングス　タカヨシ　島津印刷　北都

【主要仕入先】　日本紙パルプ商事（中部支社）　田村商店　王子ネピア　イムラ封筒　コクヨ北陸新潟販売　平和紙業（名古屋支店）　シロキ（名古屋）
【所属団体】　日本洋紙板紙卸商業組合　中部洋紙商連合会
【取引先との関係団体】　JP会
【沿革】　1901（明治34）年1月、田村分店として新潟市にて創業。1946（昭和21）年8月、法人組織に改組し㈱田村紙店として発足。82年6月、田村紙商事㈱に社名変更。98（平成10）年5月、現在地へ本社を移転、自動ラック倉庫棟を併設。2006年6月、第四銀行引受の私募債1億円を発行。
【経営理念】　○企業は地域の経済社会にあって、その存在意義を認められなければならない。　○共に働く者は向上心を持ち続け、利己にとらわれず、皆の幸せを考えなければならない。
【特色】　印刷用紙を主力に紙器製造用板紙、包装資材、各種文具・紙製品、家庭紙、オフィスサプライ用品、オフィスファニチャー、印刷関連機材など取扱いは多岐にわたっている。
　顧客のさまざまな需要に、量の多少を問わず的確かつ迅速に対応できる体制を整えている。

中央紙通商 株式会社
Central Paper Trading Corporation

〒460-0002　名古屋市中区丸の内2丁目1番36号　NUP・フジサワ丸の内ビル6階
TEL 052-307-5009　FAX 052-307-5015
ホームページ https://www.cptc.co.jp
Eメール info@cptc.co.jp

贄　誠　代表取締役社長

【事業所】　東京支店：〒101-0041　東京都千代田区内神田一丁目15-2　神田オーシャンビル5F
TEL 03-6700-4720　FAX 03-6700-4075
【倉庫・物流基地】　名古屋配送センター：〒462-0051　名古屋市北区中切町5-22（土地2,750m²、建物2,050m²）　小牧配送センター：〒485-0012

愛知県小牧市小牧原新田字小家前1219（土地5,500m²、建物5,200m²）

【創業】 1947（昭和22）年7月1日

【設立】 1951（昭和26）年1月11日

【資本金】 9,800万円

【決算期】 3月

【役員・執行役員】 代表取締役社長＝贄 誠（1972.4入） 常務取締役（物流担当）＝竹林 茂 取締役（東京支店支店長）＝外記敏紀 取締役（営業統括）＝花井眞二 取締役（仕入本部本部長）＝石田寿夫 執行役員（総務・経理部長）＝服部幸夫 執行役員（ソリューション事業部部長）＝伊藤維啓 執行役員（印刷情報用紙営業本部本部長）＝深井竜夫 常勤監査役＝桐畑忠義 顧問＝吉村 卓

【従業員数】 85名

【取引金融機関】 三菱UFJ・今池 静岡・名古屋 名古屋・今池 あいち・今池

【計数管理システム】 ホスト＝IBM：A/S400×1台 端末＝IBMほか×60台

【主な設備】 断裁機＝ボーレン×2台、イトーテック×7台 フォークリフト＝トヨタ×17台 配送車輌＝トヨタ：ダイナ2t車×2台

【関係会社】 シーピーボックス㈱（片面段ボール製造：持株比率70％）

【品種別売上構成】 新聞巻取紙8％ 印刷・情報用紙26％ その他洋紙8％ 段ボール原紙18％ 白板紙20％ ほか20％

【業種別販売分野】 新聞業8％ 印刷業38％ 段ボール製造業23％ 紙器製造業15％ ほか16％

【主要販売先】 中日新聞社、笹徳印刷、西川コミニュケーションズ、アイカ、大鹿印刷所、ダイナパック、エーワンパッケージ、Jパック、昭和印刷

【主要仕入先】 日本製紙、興亜工業、王子マテリア、中川製紙、エコペーパーJP、国際紙パルプ商事、日本紙パルプ商事、新生紙パルプ商事、平和紙業、丸紅

【所属業界団体】 日本板紙代理店会連合会 愛知県紙商組合 名古屋洋紙同業会 日本洋紙板紙卸商業組合 中部洋紙紙商連合会

【取引先との関係団体】 KPP会

【沿革】 1947（昭和22）年、初代社長の鈴木亘が大同洋紙店（現 国際紙パルプ商事）を退社し、同和紙業社を個人創業。51年、株式組織に変更し同和紙業㈱を設立。67年、商号を変更し㈱同和紙業とする。68年、小牧市二重堀に片面段ボール工場を建設。72年、名古屋市東区葵町の土地建物を売却し本社を現在地に、倉庫を小牧市小牧原新田に建設する。74年、初代社長鈴木亘が勇退し、鈴木章が後継社長に就任。78年、小牧倉庫を増設。81年、東京営業所を開設。1983年小牧工場を分離、㈱パッケージ同和を設立。87年、鈴木章が会長に就任、三代目社長に河合克則が就任する。

　1991（平成3）年、小牧配送センター事務所を新築、倉庫を増築。99年、河合克則が勇退し四代目社長に小幡輝男が就任する。2003年、協和紙商事㈱と合併し、商号を「中央紙通商㈱」と変更、会長に松浦三津男、社長に小幡輝男が就任。東京営業所を支店に昇格させる。08年、小幡輝男が退任。15年、滝川律夫が会長に就任。六代目社長に贄誠が就任。

【社是・社訓・経営理念】 社是：○誠実心と自己責任 ○顧客優先と実行力 ○環境と社会に貢献 ○会社と家族の繁栄

　経営理念：○より豊かな商品構成 ○より迅速な配送システム ○より充実したサービス体制 ○よりやさしい地球への配慮

【特色】 洋紙・板紙・段ボール原紙および紙加工商品を含めた紙総合商社である。

株式会社 辻 和

〒460-0003 名古屋市中区錦1-3-7 2F

TEL 052-223-2325 FAX 052-223-2326

ホームページ https://tujiwa.jp

Eメール tujiwa@poplar.ocn.ne.jp

【事業所】 東京営業所：〒104-0033 東京都中央区新川1-22-11 平和紙業㈱内

TEL 03-3206-8513 FAX 03-3523-0502

【業種】 手漉き、機械抄き和紙および和紙製品の卸販売

【創業・設立】 1974（昭和49）年8月22日

【資本金】 1,000万円

【決算期】　3月末日

【役員】　代表取締役社長＝山田朋彦　取締役＝清家義雄　取締役＝坂野一俊　監査役＝和田 学

【従業員数】　男子4名・女子5名　計9名

【最近期の年商】　4億8,900万円

【主要販売先】　平和紙業　ワーロン　新タック化成　名古屋紙商事　中央紙通商　アクアス　その他全国の紙商社・印刷・紙製品・紙器業者、ユーザーなど

【主要仕入先】　山伝製紙　三和製紙　ヤマネ和紙販売　金柳製紙　山一和紙工業　石川製紙　モルザ　星高製紙　清水製紙所　その他全国和紙産地のメーカー各社

【取引金融機関】　三井住友・名古屋駅前　名古屋・名古屋駅前　三菱UFJ・滝子

株式会社 寺松商店

【本社】　〒830-0061 福岡県久留米市津福今町 371-2
TEL 0942-35-2708㈹　FAX 0942-35-2709
URL：http://www.teramatsu.co.jp
E-mail：info@teramatsu.co.jp

【事業所】　久留米営業所：TEL 0942-35-1847　鹿児島集荷センター：TEL 099-226-7878　宮崎集荷センター：TEL 0985-51-6492　大分集荷センター：TEL 097-551-5767　福岡集荷センター：TEL 092-474-1347　下関集荷センター：TEL 0832-67-2551　筑紫野営業所：TEL 092-926-0032　徳山営業所：TEL 0834-22-0764　博多港物流センター：TEL 092-642-7303

【役員】　代表取締役社長＝寺松哲雄　専務取締役＝寺松一寿　常務取締役＝寺松雄次

【創業】　1933（昭和8）年

【設立】　1959（昭和34）年7月

【資本金】　1,200万円

【決算期】　6月

【従業員】　男子86名・女子48名　計134名

【関連会社】　㈱寺松　㈱ペーパーリサイクリング　㈲ダイニチ　北九資源㈱　㈱西日本ペーパーリサイクル　㈱下関市ペーパーリサイクル　㈱RDVシステムズ

【主な納入先】　王子製紙　日本製紙　大王製紙　コトブキ製紙　ほか輸出

【主な仕入先】　九州・山口一円および沖縄

【取引銀行】　商工中金・佐賀　三菱UFJ・久留米　西日本シティ・久留米　佐賀・津福　福岡・久留米

【特色】　1933年稲ワラ商として創業以来、時代の変遷とともに製紙原料として古紙の需要が高まる中で集荷網の拡大に努め、現在は九州地区一円に9事業所を構える九州地区の扱い高ではトップを誇る古紙問屋。早くから古紙のグローバル化を図り、1967年本土復帰前の沖縄から古紙の輸入を始め、1989年には米国からの輸入も開始、また国内メーカーへの供給はもとより1981年韓国への輸出を始め、その後中国、台湾ほか東南アジア各国に独自の販路を広げるなどわが国で古紙を国際商品に育て上げた草分け的な企業。

　2003年には新販売管理と総合会計情報を組み合わせた古紙業界における「戦略的基幹業務システム」を共同開発・導入して問屋機能の充実を図り、また機密文書出張断裁サービス、その一環としてハードディスクやCD・DVDのデータ消去出張サービスの事業を本格的に展開するなど、顧客への価値の提供という視点で常に新しいものへ挑戦し躍進を続けている。2005年には本社並びに博多港物流センターでISO14001を取得、2010年8月には設立50周年を機に久留米営業所を新築移転し、家業から企業への転換を図っている。

　寺松哲雄社長は九州製紙原料直納商工組合創設時から2004年の退任まで理事長の要職を長年努め、現在も久留米地区リサイクル事業協同組合理事長として古紙業界の地位向上、発展に向け活躍している。

東京洋紙 株式会社

〒103-0013　東京都中央区日本橋人形町 2-35-2
TEL 03-3669-5151　FAX 03-3669-5158
ホームページ http://www.tokyoyoshi.co.jp/
Eメール mail @ tokyoyoshi.co.jp

【倉庫・配送センター】　第一配送センター：東京

都江東区平野町（土地 496.86m²、建物 1,483.93m²）

第二配送センター：東京都江東区海辺町（土地 568.89m²、建物 992.24m²）　貸駐車場：埼玉県上尾市本町（土地 1,165m²）

【創業・設立】　1951（昭和 26）年 1 月

【資本金】　3,536 万円

【決算期】　11 月

【役員】　代表取締役社長＝藤間正志（1952.9.2 生、1977.4 入）　取締役＝藤間光徳（1985.8.9 生、2017.4 入）　取締役＝天川洋一（1953.9.7 生、1996.2 入）　監査役＝藤間末子（1926.10.27 生、1982.6 入）

【幹部】　営業部長＝柏村仁　総務部長（兼）＝天川洋一

【従業員数】　男子 17 名・女子 4 名　計 21 名（平均年齢 46.4 歳）

【主要株主】　藤間正志　藤間光徳　藤間末子　藤間のり子　社員持株会

【取引金融機関】　みずほ・小舟町、兜町　三菱 UFJ・大伝馬町　三井住友・築地

【計数管理システム】　パソコン＝DELL × 3 台　その他× 20 台

【設備】　断裁機 3 台　トラック＝3t 車 1 台、1t 車 1 台　スリッター 3 台　平判加工機 2 台　バンドスリッター 2 台　抜き加工機 1 台　フォークリフト 8 台　クランプリフト 1 台

【業績】	21.11	22.11	23.11	24.11
売上高 (100万円)	1,128	1,167	1,215	1,233
営業利益 (以下1万円)	△765	1,849	3,296	2,978
経常利益	1,132	2,974	4,420	4,237
当期利益	1,043	2,021	3,237	3,228

【販売品目】　再生 B クラフト　両更クラフト　純白ロール　薄葉紙　紙器・印刷品　加工用紙　販促・縫材紙　雑・軽包装紙

【業種別販売分野】　包装資材卸 32%　紙卸（同業者）12%　出版・製本関連 10%　梱包・運輸 21%　食品関連 5%

【主要販売先】　TOPPAN　NX 商事　三共　大日本印刷　図書印刷　共同製本　共栄火災海上保険　全農千葉県本部　東京美術紙工協業組合　積水

ポリマテック

【主要仕入先】　日本紙パルプ商事　白川製紙　旭洋　新生紙パルプ商事　大二製紙　望月紙業　長良製紙　丸林製紙　トライフ

【所属団体】　東京都紙商組合　東京洋紙同業会　日本洋紙板紙卸商業組合

【沿革】　1951 年 1 月、前会長が都内日本橋蠣殻町 1 丁目に㈲東京洋紙店を創立、資本金 20 万円。60 年 1 月、現在地へ本社を移転、東京洋紙㈱に改組・社名変更。70 年 3 月、資本金 1,500 万円に増資、第二配送センター建設（2 階建鉄骨造）。72 年 9 月、地上 5 階建ての本社ビルを建設し全フロアを使用。75 年 1 月、資本金 2,772 万円に増資。80 年 1 月、資本金 3,536 万円に増資。87 年 10 月、第一配送センター建設（地上 4 階建 RC 造）。94 年 8 月、丸喜紙業㈱の商権を継承、現在に至る。

【経営理念】　葉が繁り幹が大きくなることよりも強く逞しい根を張りたい。

【企業の特色】　①1997 年以来、未借入金の無借金経営で、手厚い内部留保がある。②土地・建物はすべて社有。③1972 年に東京国税局より日本橋税務署管内の優良申告法人として認定され、現在に至る。

【製品または取扱品の特色】　①取扱品の大部分が産業界で消費する「産業用紙」である。②多数ある自社開発のオリジナル商品にはそれぞれ固有の名称をつけ自社のレッテルを貼っている。③多種多様な加工機で、ニーズに合った加工の迅速かつ正確な対応ができる。④最終需要家の要望に〝最も安価で最適に機能する紙〟を提案販売する。

東新紙業 株式会社

〒105-0003　東京都港区西新橋 1-16-12

TEL 03-3503-2461　FAX 03-3503-2490

【創業】　1952（昭和 27）年 6 月

【資本金】　8,000 万円

【決算期】　3 月

【売上高】　44 億円（2021〈令和 3〉年度）

【役員】　代表取締役社長＝熊谷伸一　取締役＝大加章雅　取締役＝石堂浩　取締役＝宮本吉人　監

査役＝土井成紀

【主要株主】 熊谷知子

【従業員】 30名

【取引金融機関】 みずほ・内幸町営業部　三菱UFJ・新橋　三井住友・日比谷

【関係会社】 東新急送㈱　㈱渋谷ビデオスタジオ　㈱こちすライブラリ

【主な販売先】 NHK出版　読売新聞東京本社　JTBパブリッシング　大日本印刷　凸版印刷

【特色】 創業より今日まで商業印刷・広告媒体など印刷業界に限らず、出版社や新聞社などマスコミ界に幅広く取引を展開し、安定した経営基盤を築いている。今後の課題は官公庁関係などへ、さらに幅広く需要を開拓するとともに、大手顧客との安定的取引を確保することにある。

東信洋紙 株式会社

〒536-0004　大阪市城東区今福西 4-1-2

TEL 06-6939-3881　FAX 06-6934-8406

ホームページ http://toshin-yoshi.jp

Eメール info @ toshin-yoshi.jp

【創業】 1952（昭和27）年2月27日

【資本金】 2,000万円

【決算期】 9月

【役員・幹部】 代表取締役社長＝東江智史　顧問＝東江康博

【従業員数】 男子11名・女子3名　計14名（平均年齢48.5歳）

【取引金融機関】 三井住友・城東・大阪シティ信用金庫

【設備】 トラック4台（3t車3台、1t車1台）　営業用乗用車5台　フォークリフト2台

【品種別売上構成】 コートボール50%　裏白ボール25%　チップ・雑色ボール10%　洋紙・特殊紙15%

【業種別販売分野】 紙器関係100%

【主要販売先】 サヌキ印刷　松田紙器

【主要仕入先】 国際紙パルプ商事30%　森紙販売25%　高田15%　柏原紙商事10%

【所属団体】 大阪府紙商組合　大阪洋紙同業会

大阪商工会議所　大阪府印刷工業組合

株式会社 トーチインターナショナル
TOUCHI INTERNATIONAL CORP.

〒107-0052 東京都港区赤坂3丁目6番4号 コパカバーナビルディング 3F

TEL 03-5545-4065（代表）

FAX 03-5545-4070

ホームページ

https://www.to-chi.co.jp

龍 国志 社長

【グループ子会社/海外子会社】 DAM㈱、Touchi Australia Pty Ltd、Eastern Wisdom International Trading Ltd.（香港）、汗牛投資管理有限公司（中国）、東知（北京）科技有限公司、海南東知天裕商貿有限公司

【設立】 2001（平成13）年9月

【資本金】 1,000万円

【代表者】 代表取締役社長＝龍 国志

【取引金融機関】 三菱東京UFJ・虎ノ門　三井住友・赤坂　中国工商・東京

【事業内容】 植木・盆栽の輸出および海外における日本庭園設計のコンサルティングサービス　紙製品・製紙原料の輸出入　非鉄原料・鉄鋼製品の輸出入　中古建設機械・部品などの輸出入　越境ECビジネス　建機事業　太陽光発電（日本の電力会社へ直接送電）　不動産売買

【取扱商品】 植木・盆栽　紙製品、製紙原料　非鉄原料、鉄鋼関連　建機事業　E-Commerce商品（日本で人気の商品を海外のユーザーへ提供）

【沿革】 2014年6月 奈良県五條市太陽光発電所が売電を開始。2014年10月 中国大無縫建昌銅業との間で合弁会社を設立。2015年9月越境ECビジネスをスタート。2016年4月 津山市下横野太陽光発電所が営業を開始。同年6月 長崎県平戸発電所が営業を開始。2018年10月 茨城工場取得、銅ナゲットの生産を開始。2020年2月 北海道で風力発電事業を開始。同年7月 植木・盆栽の輸出に積極的に取り組んだ功績が評価され、全国花き輸出拡大協

議会より表彰を受ける。同年12月 中古建設機械の販売事業を開始。2022年2月 高所作業車製造で地知名度の高い日本の長野工業㈱（長野県千曲市）と韓国における総合代理店契約を締結。

【特色】 龍国志社長は中国吉林省長春の出身。もともと中国から留学生として来日し大阪市立大学を卒業後、三井物産に入社、東京本社の自動車部門に配属され貿易や合弁事業などの仕事を8年間ほど経験した。2001年9月、中国商社の知人に勧められて37歳で独立、トーチインターナショナル（東知国際）を設立した。

設立当初は前職との関連で自動車部品を扱っていたが、中国の取引先から「古紙がほしいのだが取り扱う考えはないか」と打診され、02年秋に初めて古紙ビジネスを手がける。以来、先方の要請を受けて2回、2回と古紙輸出を手がけるうちに、こちらの方が少しずつ本業になっていった。

現在は太陽光発電や金属スクラップ原料の加工販売、植木・盆栽の輸出など事業を多角化、業容を拡大しているが、古紙の仕事には人一倍愛着を持っているという。無理をしない堅実な商売は周囲の評価も高く、古紙再生促進センター輸出委員会の主要メンバーでもある。

東芳紙業 株式会社

〒101-0051　東京都千代田区神田神保町2-2-34　千代田三信ビル
TEL 03-6679-2577　FAX 03-6675-9786
【創業】　1959（昭和34）年8月3日
【資本金】　4,550万円
【決算期】　12月
【役員】　代表取締役＝境 和彦　取締役仕入部長＝熊谷政徳　取締役＝角田真己　取締役＝明石康徳　取締役＝大久保 豊　監査役＝宿利秀海
【従業員数】　6名
【主要株主と持株比率】　あかつき印刷㈱　㈱きかんし　㈱光陽メディア
【取引金融機関】　みずほ・九段　さわやか信金・新宿　きらぼし・本店
【品種別売上構成】　新聞巻取紙50%　印刷・出版用紙50%
【主要販売先】　光陽メディア　㈱きかんし　あかつき印刷
【主要仕入先】　日本紙パルプ商事　新生紙パルプ商事　国際紙パルプ商事　日商岩井紙パルプ　東京紙パルプ交易
【所属団体】　東京都紙商組合
【取引先との関係団体】　JP会

株式会社 富 澤

〒332-0044　埼玉県川口市元郷3-21-31-2F
TEL 048-227-3098（代表）
【事業所】　三芳資源化センター：〒354-0044　埼玉県入間郡三芳町北永井834-1　TEL 049-274-7095

冨澤進一 代取社長

草加リサイクルセンター：〒340-0833　埼玉県八潮市西袋565-1　TEL048-928-1048　厚木紙資源センター：〒243-0806　神奈川県厚木市下依知1-8-1　TEL 046-245-2985　彩京資源化センター：〒332-0011　埼玉県川口市元郷3-21-31　TEL 048-225-4301
【役員】　代表取締役社長＝冨澤進一　常務取締役＝伊福 洋（開発）　常務取締役＝太田吉計（事業）　常務取締役＝筧田昭人（財務）　取締役＝森 宝生（販売）　監査役＝冨澤希代美　岩崎重孝
【幹部】　執行役員（販売統括営業部長）＝森 宝生
【創業】　1925（大正14）年
【設立】　1952（昭和27）年4月1日
【資本金】　9,000万円
【決算期】　3月
【従業員】　男子72名　女子17名　計89名
【月間取扱高】　段ボール 3,500t　雑誌 2,700t　新聞 400t　その他 5,100t／計 11,700t
【主な納入先】　新東海製紙　日本製紙　王子製紙　その他20社
【主な仕入先】　小学館　集英社　ほか
【取引金融機関】　商工中金・上野支店　埼玉りそな・川口支店

【ヤードと設備】 三芳：敷地 4,600m² ・ B1 台、TS1 台。草加：敷地 700m² 厚木：敷地 1,600m² ・ B1 台、TS1 台。彩京：敷地 4,300m² ・ B1 台、TS1 台。

【沿革】 1925（大正 14）年 10 月に出版社の返本加工業として富澤商店を創業。1952（昭和 27）年に荒川区東日暮里に㈲富澤商店を設立、62 年 9 月に板橋紙資源センター開設、68 年 4 月に㈱富澤に組織変更、73 年 10 月に草加紙資源センター開設、74 年 9 月に厚木紙資源センター開設、88 年 4 月に㈱富澤に組織変更。92（平成 4）年 6 月に川口紙資源センターを開設、99 年 12 月に川口紙資源センターをリプレースし、彩京資源化センターとしてリニューアル、2008 年 1 月に板橋紙源化センターおよび草加紙資源センターの古紙部門をリプレースし、三芳資源化センターを開設、現在に至る。

【特色】 大手出版社を仕入先とした産業古紙と、三芳・草加・厚木・彩京（川口）の各紙資源化センターによる裾物古紙の扱いの両分野に意欲的で、全社一丸となって新しいスタイルの原料問屋を追求している。彩京資源化センターには選別ライン、破砕機などの加工設備を併設、三芳資源化センターには断裁機等の加工設備を併設した。

2003〜04（平成 15〜16）年に ISO14001 の認証を取得、18（平成 30）年には ISO27001 を認証取得している。

「社会と環境に役立つ会社づくり」を経営のテーマとし、事業活動の基本に「古紙も作る物」と捉え、主要資源化センターを再生工場と位置づけて、徹底的な分別によって紙製品の資源化に取組んでいる。また県内 20 の福祉施設と提携して雑誌の付録や食玩の選別作業を委託、障害者の方々の自立支援を通して社会貢献活動に取り組んでいる。

1992（平成 4）年には埼玉県産業廃棄物処理業資格を取得。2008（平成 20）年には埼玉県の「彩の国工場」に指定された。09 年より CSR 報告書を発行している。

富澤進一社長は 1968（昭和 43）年 11 月 19 日、東京都荒川区生まれ。91（平成 3）年福田三商㈱に入社の後、94（平成 6）年に富澤に入社。12（平成 24）年に社長就任。現在は東京製紙原料協同組合常任理事 直納部長、協同組合出版リサイクルセンター理事などの要職にあり、誠実・信頼をモットーに取引先のニーズに対応した、社会と環境に役立つ会社構築とリサイクルの推進を図っている。

株式会社 富 屋

〒 381-0022 長野市大豆島 3893-9

TEL 026-268-2131（代表） FAX 026-222-3933

ホームページ http://www.p-tomiya.com/

E メール tomiya @ p-tomiya.com

【創業】 1922（大正 11）年 7 月

【設立】 1949（昭和 24）年 6 月

【資本金】 2,000 万円

【決算期】 9 月

【役員】 取締役会長＝佐々木修司（1948.10.13 生、慶応義塾大卒、1975.10.1 入） 代表取締役社長＝佐々木 浩

【従業員数】 男子 18 名・女子 6 名 計 24 名

【取引金融機関】 八十二・昭和通営業部 長野信金・東長野

【設備】 断裁機（イトーテック）3 台 トラック 7 台（4t 車 2 台、2t 車 5 台） 軽トラック 1 台 フォークリフト（トヨタ）3 台 クランプ 1 台 自動ラック倉庫（ダイフク）

【計数管理システム】 サーバー 1 台 クライアント（パソコン）17 台

【業種別販売分野】 印刷 出版 紙器 文具・製本 包装資材 工場 一般事業所 ほか

【主要仕入先】 国際紙パルプ商事 日本紙通商 新生紙パルプ商事 平和紙業 竹尾

【所属団体】 長野県洋紙卸同業会 中部洋紙商連合会 日本洋紙板紙卸商業組合

【取引先との関係団体】 名古屋 KPP 会 中部 CCP 特約店会 中部 SPP 会 中部 NP 会

株式会社 永 池

〒849-0916　佐賀市高木瀬町大字東高木262-1
TEL 0952-31-1151
FAX 0952-31-1160

永池明裕社長

【事業所】　長崎支社：〒851-0134　長崎県長崎市田中町1235-2　長崎卸センター内　TEL 095-837-8123　FAX 095-837-8136　福岡支社：〒816-0904　福岡県大野城市大池2-24-6　TEL 092-504-3400　FAX 092-504-3405　配送センター：〒849-0923　佐賀市日の出1-16-30　TEL 0952-31-1155　FAX 0952-31-1156　東京営業支社：〒181-0013　東京都三鷹市下連雀6-1-33　三鷹ビル4F　TEL 0422-24-9536　FAX 0422-24-9537

【倉庫・配送センター】　本社：佐賀市高木瀬町（土地8,795m²、建物：事務所1,763m²、倉庫3,560m²）配送センター：佐賀市日の出1-16-30（土地9,492m²、建物7,071m²）　福岡支社：福岡県大野城市（土地1,835m²、建物2,610m²）　長崎支社：長崎市（土地2,607m²、建物2,038m²）

【創業】　1874（明治7）年4月1日

【決算期】　2月

【設立】　1974（昭和49）年3月

【資本金】　7,000万円

【役員】　代表取締役社長＝永池明裕　専務取締役営業統括本部長＝大曲雷太　常務取締役事務器本部長＝橋本尚之　常務取締役福岡支社長洋紙本部長＝水上茂則　取締役企画管理部長＝實松憲男　取締役相談役＝永池公一

【従業員】　男子134名・女子48名　計182名

【主要株主と持株比率】　永池公一28%　永池従業員持株会20%　永池明裕24%

【取引銀行】　佐賀・本店　商工中金・佐賀

【品種別売上構成】　洋紙25%　事務機器22%　文具・紙製品53%

【主要販売先】　福博印刷　コーユービジネス　誠文堂印刷　ハンズマン　ドン・キホーテ　ほか

【主要仕入先】　日本紙パルプ商事　国際紙パルプ商事　オカムラ　新生紙パルプ商事　大王製紙　サクラクレパス　トンボ鉛筆

【所属団体】　日本洋紙板紙卸商業組合　九州洋紙商連合会　九州紙商組合　佐賀文紙業協同組合

【特色】　1874（明治7）年、初代永池幸兵衛が和紙・襖紙・文具の卸小売業を開業。その後、1936年5月㈲永池本店に改組、74年3月㈱永池を設立して㈲永池本店を継承。68年には㈱佐賀コクヨを設立してコクヨ製品の佐賀県総括店の譲渡を受け、04年10月に㈱佐賀コクヨを合併した。07年10月には佐賀市高木瀬町東高木262-1へ本社を移転して業務の効率化と職場環境の向上を成し遂げるなど、和紙・文具・事務機器・紙製品・家庭紙、園芸資材などの総合商社として付加価値の高い商品やサービスを提供するため、強固な物流体制と販売ネットワークを確立している。

永井産業 株式会社

〒670-0948　兵庫県姫路市北条宮の町385番地　永井ビル7F
TEL 079-282-2061 代表
FAX 079-225-0826

永井敬裕 代取会長

林 叔子 代取社長

【事業所】　姫路北事業所：〒679-2113　姫路市山田町南山田1001（営業・業務）TEL 079-263-3255　FAX 079-263-3256　（製本）TEL 079-263-3104　大阪支店：〒577-0013　東大阪市長田中3-4-32　TEL 06-6747-8111　FAX 06-6747-8112　神戸支店：〒658-0024 神戸市東灘区魚崎浜町27-21 神戸印刷センター内　TEL 078-431-3811　FAX 078-431-3437　岡山支店：〒700-0901　岡山市北区本町3-13　イトーピア岡山本町ビル　TEL 086-212-1321 FAX 086-212-1322　マリン倉庫：〒672-8023　姫路市白浜町甲841-55　TEL 079-245-

5112 ロジスティクス倉庫：〒 671-2234 姫路市西脇 1580 番の 1　TEL 079-268-9280　大阪物流センター：〒 577-0013 東大阪市長田中 3-4-32　TEL 06-6745-8280

【創業】　享和元（1801）年

【設立】　昭和 22（1947）年 6 月

【資本金】　3,862 万円　【決算月】　2 月

【売上高】　65.6 億円（24 年 2 月期）

【役員】　代表取締役会長・永井敬裕　代表取締役社長・林叔子　取締役（非常勤）・藤尾健司　取締役（非常勤）・永井秀子　監査役・永井靖子

【幹部】　執行役員・日垣隆志

【従業員】　79 名

【関連会社】　㈱姫路ロジスティクス

【取引銀行】　三菱 UFJ、三井住友、中国各姫路支店

【販売品目】　洋紙、板紙ほか

【販売先】　兵庫県下一円、大阪府・岡山県の一部＝印刷・紙器・紙管・マッチ業界

【仕入先】　日本紙パルプ商事、新生紙パルプ商事、日本紙通商、EBS、北越紙販売、ほか

【特色】　1801 年（享和元）年、姫路市東呉服町に「菊屋」の屋号で和紙問屋を創業以来、224 年の業歴を誇る老舗卸商である。事業領域を制約しない企業風土のもと、紙販売を核にした経営の多角化を進めており、化成品、運輸、倉庫、農業、不動産管理、製本、発電、着色剤製造にも取り組んでいる。2015 年には永井敬裕会長、林叔子社長の 2 代表制に移行し、経営環境の変化に迅速に対応できる組織体制を確立している。2017 年 8 月、グループ会社の旭成紙業㈱を吸収合併し、営業力の強化と経営の効率化を図る。

永井会長は紙卸商業界の意識改革やビジネスモデル変革への機運を高めるために精力的に取り組んでいる。

株式会社 中島商店

〒 920-0906　石川県金沢市十間町 8-1

TEL 076-261-8281　FAX 076-221-9207

ホームページ https://www.nakasima.co.jp

【事業所】　西金沢事業所：〒 921-8054　石川県金沢市西金沢 1-111　TEL 076-242-8320　FAX 076-245-7683　東京オフィス：〒 111-0043　東京都台東区駒形 2-2-10　TEL 03-5830-7236　FAX 03-5830-7238

【倉庫・配送センター】　森本流通センター：〒 920-3116　石川県金沢市南森本町ホ 41-1　TEL 076-258-4080　FAX 076-258-5917

【創業】　1863（文久 3）年

【設立】　1932（昭和 7）年 12 月 20 日

【資本金】　3,000 万円

【決算期】　6 月

【役員】　代表取締役社長＝中島雄一郎　常務取締役＝村田雅彦　監査役＝中島一代

【従業員数】　男子 33 名・女子 14 名　計 47 名

【取引金融機関】　北國・本店

【主要販売先】印刷関連業者　卸・流通業者　小売・量販店　官公庁　ほか

【主要仕入先】　日本紙パルプ商事　加賀製紙　新生紙パルプ商事　竹尾　富士特殊紙業　国際紙パルプ商事　シロキ　平和紙業

【所属団体】　日本洋紙板紙卸商業組合　中部洋紙商連合会　北陸洋紙商連合会

【取引先との関係団体】　JP 会　SPP 会　KPP 会　白菱会

【沿革】　1863（文久 3）年に創業。1890（明治 23）年、北陸で初めて洋紙を取り扱う。1932（昭和 7）年、現社屋完成と同時に㈱中島商店として法人化。2005（平成 17）年 6 月、FSC‐CoC 認証取得。

【経営理念】　紙卸商として「不易流行」と「三方よし」の精神のもと、「紙」を軸とし、時代の変化に合わせ取り扱う商品を変え、売り手、買い手、世間との関係を構築している。

社会では「脱プラ」など環境に配慮した消費行動が広がっている。当社は「紙」のもつ役割や社会に与える影響をご理解いただけるように努め、また「ペーパーショウ」などで紙の文化、存在意義を改めて発信し、その紙が金沢の伝統文化、伝統工芸、食と「敷く」「載せる」「包む」「巻く」など一体となることで、新たな価値が創造されるこ

とを提案し、社会課題の解決に向けて事業を展開していく。

【企業の特色】　創業から150年余、和紙を忘れず、洋紙板紙を中心に化成品、OA関連機器、環境関連製品など、時代の変化を敏感に読み取り、不易流行、凡事徹底・日々継続の精神のもと顧客満足の実現に努めている。

中　庄 株式会社

〒103-0002　東京都中央区日本橋馬喰町1-5-4
TEL 03-3663-0131　FAX 03-3663-7580
ホームページ http://www.nakasho.com
Eメール dai＠nakasho.com/

【倉庫・配送センター】　草加物流センター（土地6,000m²、建物3,600m²）：埼玉県草加市弁天5-11-9
　　TEL 048-931-8856　FAX 048-931-9064

【創業】　1783（天明3）年

【設立】　1935（昭和10）年5月1日

【資本金】　4,500万円

【決算期】　10月

【役員・執行役員】　代表取締役社長＝中村真一取締役常務執行役員＝秋山欽司　取締役執行役員＝長谷川正剛　取締役執行役員＝大城一男　監査役＝杉原 敬　監査役＝松野 慈

【従業員数】　男子65名・女子12名　計77名（平均年齢48歳）

【取引金融機関】　みずほ・横山町　三菱UFJ・大伝馬町　三井住友・浅草橋　商工中金・東京

【年商】　約135億円（2024年10月期）

【品種別売上構成】　洋紙50％　家庭紙ほか48％　板紙2％

【業種別販売分野】　出版30％　印刷19％　小売・量販店45％　卸売3％　その他3％

【主要販売先】　講談社　文藝春秋　数研出版　山川出版　オレンジページ　幻冬舎　東京印書館　新協　日本生協連　コープネット事業連合　アブアブ赤札堂　ドン・キホーテ　ミネ医薬品

【主要仕入先】　三菱王子紙販売　日本紙パルプ商事　新生紙パルプ商事　王子ネピア　日本製紙クレシア　大王製紙　ダイオーペーパープロダクツ

丸富製紙　コアレックス信栄

【所属団体】　東京都紙商組合　日本洋紙板紙卸商業組合　全国家庭紙同業会連合会　東京洋紙同業会　東京紙商家庭紙同業会　東京商工会議所　東京実業連合会　東京問屋連盟

【取引先との関係団体】　菱和会　JP会　NPT会　SPP会

【沿革】　1783（天明3）年に初代紙屋庄八が現在地で紙店を開業。1824（文政7）年、「江戸買物獨案内」に広告掲載。1864（文久4）年、中村家の家訓を制定。1890（明治23）、「商人名家東京買物獨案内」に広告掲載。

1935（昭和10）年5月、㈱中村庄八商店設立、資本金15万円（以後、逐次増資）。1963（昭和38）年、猿江倉庫竣工。1964（昭和39）年、現社名に改称。1967（昭和42）、猿江第二倉庫竣工。1971（昭和46）年、㈱中庄ティシュー設立。1972（昭和47）年、志木倉庫竣工。1974（昭和49）年、本社社屋竣工。1983（昭和58）年、創業200周年記念の会開催。1987（昭和62）年、猿江物流センターならびに草加物流センター竣工。1988（昭和63）、賃貸マンション竣工。

1990（平成2）年、㈱中庄ティシューを合併。熱海保養所ならびに那須保養所開設。シンボルマークを変更。1993（平成5）年、本社別館に厚生施設を設置。1995（平成7）年、設立60周年記念の会開催。1998（平成10年）年、創業215年記念の会開催。2000（平成12年）年、8代目中村庄八襲名。2001（平成13）年、ホームページを開設。2003（平成15）年、創業220周年記念の会開催。2004（平成16）年、ISO14001およびCoC認証取得。2008（平成20）年、現社長就任（9代目）。2013（平成25）年、本社ビルの耐震補強工事実施。2014（平成26）年。埼玉県新座市(志木倉庫代替地)にトランクルーム開設。同年、本社事務所をリニューアル。2016（平成28）、洋紙物流の外部委託に伴い猿江物流センター閉鎖。2018（平成30）年、猿江物流センター跡地にマンション（Nレジデンス住吉）竣工。

【企業の特色】　天明3年の創業以来、現在地で240余年にわたって紙卸商を営み、現在では洋紙、和

紙、その他の板紙、家庭紙など幅広い各種紙を取り扱う紙卸売商社。永年にわたる安定した業績で、その堅実な経営方針の基で現在に至る。

【経営理念】 「信用第一」と「堅実主義」。着実な近代化経営の推進と、社内体制の活性化による社会への貢献、会社の安定的な発展ならびに社員の幸福の向上を期することを経営方針としている。

名古屋紙業 株式会社

〒486-0918 愛知県春日井市如意申町7-3-4
TEL 0568-31-5468 FAX 0568-33-8335
【事業所】 営業所：〒461-0001 名古屋市東区泉1-17-20 TEL 052-961-9151 FAX 052-961-9153
【関係会社】 名古屋製紙原料㈱
【創業】 1950（昭和25）年1月10日
【設立】 1963（昭和38）年7月2日
【資本金】 1,100万円
【決算期】 6月
【役員】 代表取締役社長＝中村和義
【従業員】 24名
【主な納入先】 製紙メーカー各社
【主な仕入先】 飯島製本 アイワット 小林クリエイト ほか中部地区印刷紙工関係
【所属団体】 中部製紙原料商工組合

株式会社 夏目

〒380-8552 長野市アークス12-12
TEL 026-228-2621
FAX 026-224-2327
ホームページ http://www.natsume-net.co.jp/
Eメール kami@natsume-net.co.jp

夏目潔社長

【事業所】 東京支社：〒150-0011 東京都渋谷区神宮前4丁目3番10号 東京セントラル表参道414 TEL 03-6455-5325 FAX 03-6455-5324
【倉庫・配送センター】 東京支社：東京都練馬区
【創業】 1870（明治3）年2月
【設立】 1928（昭和3）年6月
【資本金】 1,300万円
【決算期】 3月
【役員】 社長＝夏目潔 常務取締役＝中沢洋文 副社長（東京支社長）＝夏目慶太郎 取締役＝竹内茂雄 監査役＝酒井信男
【従業員数】 男子17名・女子5名 計22名
【取引金融機関】 八十二・長野南 長野信金・南 長野県信組・本店 長野県信連
【計数管理システム】 ホスト＝IBM：AS-400×1台 端末＝6台
【設備】 裁断機1台 トラック4台（3t車2台、2t車1台、1t車1台）
【関係会社】 信濃被服（縫製） 信濃衣料（ユニフォームほか販売） しんきょうネット（書籍販売） 上海慶友紡織品有限公司 ㈱麻平
【主要販売先】 印刷会社 出版社 諸官庁 ほか
【主要仕入先】 国際紙パルプ商事 シロキ エム・ビー・エス 新生紙パルプ商事
【所属団体】 日本洋紙板紙卸商業組合 中部洋紙商連合会 長野県洋紙卸同業会
【取引先との関係団体】 KPP会 白菱会 NP会
【沿革と特色】 当社は明治初めの創業で、麻などをはじめ生活必需品である雑貨荒物の卸業を北信濃を中心に県内全域に営んでいた。1928（昭和3）年には株式会社を設立、56年には東京へ営業所を設置、経営の拡大と近代化を推進してきた。その後、販売促進用品など全般にわたる企画・制作・販売とともに洋紙の卸商として、その取扱高は年を逐って増大し、73年には長野卸センターへ移転。流通の合理化・効率化を図るとともに、扱い品目の中に新たに包装資材を加え、その取扱高も急速に増大している。84年には情報化時代に対応するとともにユーザーへのサービス向上を図るため、本社社屋を一新しコンピューターを導入。また、当社はユーザーの多様化するニーズに対し常に満足してもらえるサービスを提供するため、衣料、縫製ほか関連各企業とともに企業グループを形成すると同時に、大手優良メーカーおよび仕入先との提携を強化している。

【経営理念】 難しい社是、社訓はない。何事も報

恩感謝の心を大切にし、遊び心と心の余裕のある社風で、個々の力が発揮できるような企業を目指している。

日本紙通商 株式会社
NP Trading Co., Ltd.

〒101-8210　東京都千代田区神田駿河台四丁目6番地
TEL 03-6665-7032
FAX 03-6665-0401
ホームページ
https://www.np-t.co.jp/

吉田 太
代表取締役社長

【事業所】 札幌支社：〒060-0001　札幌市中央区北一条西4-1-2 J&Sりそなビル7階　TEL 011-223-3339　FAX 011-223-3340　中部支社：〒460-0003　名古屋市中区錦1-10-1　MIテラス名古屋伏見6階　TEL 052-307-7800　FAX 052-307-7803　関西支社：〒541-0051　大阪市中央区備後町2-1-8　備後町野村ビル6階　TEL 06-6222-3581　FAX 06-6222-1031　中国支社：〒740-0022　山口県岩国市山手町1-16-10　山手町ビル3階　TEL 0827-21-2165　FAX 0827-21-2160　九州支社：〒810-0001　福岡市中央区天神1-4-2　エルガーラ6階　TEL 092-721-9071　FAX 092-721-0142　白老営業所：〒059-0923　北海道白老郡白老町字北吉原176-3　TEL 0144-84-3811　FAX 0144-84-3878　宮城営業所：〒986-0836　宮城県石巻市南光町2-2-1　日本製紙㈱石巻工場内　TEL 0225-21-1050　FAX 0225-21-2080　静岡営業所：〒417-0056　静岡県富士市日乃出町165-1　サンミック静岡ビル　TEL 0545-52-0701　FAX 0545-53-3397　八代営業所：〒866-8602　熊本県八代市十条町1-1　日本製紙㈱八代工場内 TEL 0965-33-5000　FAX 0965-33-5100　鹿児島営業所：〒890-0045　鹿児島県鹿児島市武1丁目2-10 JR鹿児島中央ビル4階　TEL 099-808-8524　FAX 03-6260-8566　海外法人：バンコク　ホーチミン　ジャカルタ　海外駐在員事務所：ジャカルタ　クアラルンプール　台北　バシッグ

【設立】 1979（昭和54）年7月
【資本金】 10億円
【決算期】 3月
【役員】 代表取締役社長＝吉田 太　常務取締役（貿易本部長）＝石田 瑞穂　常務取締役（パッケージン第一本部長）＝瀬戸 昭裕　常務取締役（ペーパーメディア本部長、仕入物流本部・情報用紙本部・札幌支社担当）＝田川 貴之　取締役（機能材料本部長）＝小松 輝彦　取締役（パッケージ第二本部長）＝上田 宗一郎　取締役（関西支社長）＝安西 信之　取締役（物資本部長兼古紙部長、生活産業資材本部担当）＝和田 健太郎　常勤監査役＝野口 理人　監査役＝西本 智美　監査役＝武内 崇史
【主要株主と持株比率】 日本製紙㈱100%
【取引金融機関】 三井住友・本店営業部
【関係会社】 東京資源㈱（古紙の集荷販売）　星光社印刷㈱（総合印刷およびデジタルメディアの企画・制作）　㈱マンツネパッケージ（段ボールシート・ケースの製造販売）　ダイヤトレーディング㈱（段ボール原紙・製品、クラフト紙、包装資材・製品の販売）

【業績】

	22.3	23.3	24.3
売上高（単位100万円）	149,729	149,829	159,590
営業利益	1,925	2,812	1,933
経常利益	2,306	3,214	2,360
当期利益	1,641	2,181	2,755

【品種別売上構成】 紙パルプ関係71.2%　その他28.8%
【主要販売先】 製紙会社　卸商　印刷会社　新聞・出版社　段ボール会社　紙加工会社　軟包装コンバーター　その他
【主要仕入先】 日本製紙　リンテック　フタムラ化学　王子マテリア　ほか
【所属団体】 日本紙商団体連合会　日本洋紙代理店会連合会　日本板紙代理店会連合会
【取引先との関係団体】 NPT会
【沿革】 1947（昭和22）年1月、財閥解体で三菱商事㈱門司支店が関門興業㈱を設立、物資関連事業開始。同年7月、三洋商事㈱に商号を変更、紙・パルプ販売事業に進出。72年12月、日比谷商事㈱

と合併し、三洋日比谷㈱に商号を変更。81年7月、㈱サンブリッジと合併し、サンミック通商㈱に商号を変更。95（平成7）年4月、千代田紙業㈱と合併し、サンミック千代田㈱に商号を変更。2004年4月、十條商事㈱（1979年7月設立）とサンミック千代田㈱が合併しサンミック商事㈱に商号を変更。06年4月、コミネ日昭㈱と合併し日本紙通商㈱と商号を変更。07年10月、㈱マンツネと合併。

【特色】　当社は2003（平成15）年に日本製紙㈱の100％子会社となり、06年4月に日本紙通商㈱として新発足、07年10月には㈱マンツネと合併し新たなる日本紙通商としてスタートした。

メーカー直系の代理店として、情報・商品開発・ロジスティックスなどの分野で製販一体の強みを発揮し、機能の向上、情報の収集・提供、流通の効率化を進めることで広く社会に貢献する"マーケティング企業"を目指している。

売上構成が示すように原紙販売を中核事業として、パルプ・古紙の製紙原料、工業薬品・填料などの製紙用工業薬品をはじめ、操業用機器・装置・燃料などを製紙工場に納入。このほか各種加工紙・機能材・建材・機能性フィルムなどの販売により、事業が構成されている。

一方、海外展開については早くから中国大陸、東南アジアなどに海外拠点を持ち、現地に密着した紙専門商社として営業展開を図ってきた。

また今世紀は環境の世紀でもあり、"環境にやさしい企業"をスローガンにISO14001、森林認証（PEFC、FSC）を取得し、かけがえのない地球環境を次の世代へ遺すために、環境に配慮した活動を進めている。

札幌支社

〒060-0001　札幌市中央区北一条西四丁目1-2　J&Sりそなビル7F
TEL 011-223-3339
FAX 011-223-3340
【設立】　1979（昭和54）年7月

唐澤彰宏支社長

【幹部】　支社長＝唐澤 彰宏
【従業員数】　男子2名・女子2名　計4名
【品種別売上構成】　紙業部門100％
【業種別販売分野】　印刷会社60％　卸売業者10％　その他30％
【主要販売先】　印刷会社・卸商　その他
【主要仕入先】　日本製紙
【所属団体】　北海道洋紙代理店会
【特色】　日本製紙の直系代理店として印刷用紙全般を販売しており、日本製紙グループ各社（日本製紙クレシア、日本製紙パピリア、リンテック、日本製袋）の商品も幅広く取り扱っている。商圏は札幌、旭川地区を中心に北海道全域をカバーしている。

中部支社

〒460-0008　名古屋市中区錦1-10-1　MIテラス名古屋伏見6階
TEL 052-307-7800
FAX 052-307-7803
【設立】　1979（昭和54）年7月

中村文秋 参与・支社長

【幹部】　参与・支社長＝中村 文秋　支社長代理兼営業部長＝赤木 将　業務部長＝原口 亮徳
【従業員数】　男子17名・女子10名　計27名
【品種別売上構成】　洋紙・板紙85％　パルプ・工業薬品・合成樹脂ほか15％
【主要販売先】　卸商　印刷会社　新聞社　出版社　紙製品製造会社　包装フィルム加工業者　ほか
【主要仕入先】　日本製紙　日本製紙パピリア　日本製紙クレシア　NTI　リンテック　フタムラ化学　王子製紙　王子マテリア　王子エフテックス　サン・トックス　東洋紡　中越パルプ工業　北越コーポレーション　荒川化学　ダイニック
【所属団体】　名古屋洋紙代理店会　名古屋板紙代理店会　愛知県紙商組合
【特色】　(1) 日本製紙グループ各社の唯一の直系・中核の代理店として、今後とも一層の発展が見込

まれること。(2) 紙パルプ原材料と関連物資・資材の内外にわたる開発・調達・販売という商社機能を通じ、経済社会の高度化・国際化に対応して、無限のビジネスチャンスと事業展開を行う領域を有していること。

関西支社

〒541-0051　大阪市中央区備後町2-1-8　備後町野村ビル6階
TEL 06-6222-3581
FAX 06-6222-1031
【設立】 1979（昭和54）年7月

安西信之
常務取締役 支社長

【役員】 常務取締役（関西支社長）＝安西 信之
【幹部】 参与支社長代理兼管理部長＝辻川智章　参与支社長代理兼フィルム包材部長兼パッケージ第二本部副本部長＝白橋修　支社長代理兼直需部長＝津山孝博　仕入物流部長＝佐藤康博　卸商部長＝川上英男　情報用紙部長＝大杉昌嗣　機能材・物資部長＝柴田恭一郎　支社付部長＝阿部隆司（新事業開発担当）
【従業員】 男子49名・女子27名　計76名
【品種別売上構成】 洋紙・板紙56.5％、機能材・パルプ・化成品・フィルム・その他43.5％
【主要販売先】 関西NPT会会員卸商、紙製品製造会社、印刷会社、軟包装コンバーター、紙管製造会社、ほか
【主要仕入先】 日本製紙、リンテック、日本製紙クレシア、日本製紙パピリア、日本東海インダストリアルペーパーサプライ、王子マテリア、王子エフテックス、フタムラ化学、東洋紡、ほか
【沿革】 2004年4月、十條商事㈱とサンミック千代田㈱が合併し、サンミック商事㈱に商号変更。2006年4月、サンミック商事㈱とコミネ日昭㈱が合併し、日本紙通商㈱として発足。また2007年10月には㈱マンツネと合併。2023年7月、土佐紙業㈱と合併し、物流センターを含む新たな経営資源を活用しシナジーの発現を目指している。

【特色】 日本製紙のグループ会社として、日本製紙の紙・板紙を主力に取り扱うほか、リンテック、日本製紙パピリア、日本製紙クレシアなど主要メーカーの代理店として独自の商権を確立している。紙・板紙・フィルム、パルプ・化成品等の販売、紙化ソリューションに対応する新商材の開拓という商社的機能を発揮している。多品種・多目的な機能を持つ専門商社として、既存事業の強化と新規事業の発展に注力するとともに広く社会に貢献する企業を目指している。
またISO 14000、森林認証（PEFC、FSC）を取得し、環境保全活動に取り組んでいる。

中国支社

〒740-0022　山口県岩国市山手町1-16-10　山手町ビル3階
TEL 0827-21-2165
FAX 0827-21-2160
【設立】 1979年（昭和54年）7月

犬飼紀文 参与・支社長

【幹部】 支社長＝犬飼紀文　営業部長＝森田 透
【従業員数】 男子9名・女子6名　計15名
【品種別売上構成】 物資（工業薬品・古紙原料・機械）33％　生活産業資材（化成品・ヘルスケア商品・再生油・その他薬品）25％　機能材（金属合紙、工程紙、剥離紙ほか）12％　パッケージ（各種フィルムほか）30％
【主要販売先業種】 各種製造業（製紙・鉄鋼・化学・食品ほか）　印刷・加工メーカー　建築・土木
【主要仕入先】 日本製紙およびグループ　リンテック　フタムラ化学　宇部マテリアルズ　三井化学　各種機械設備メーカー
【所属業界団体】 岩国商工会議所
【特色】 当支社は中国・四国地方を担当エリアとしグループ企業ほかへの古紙原料、各種薬品燃料、出荷用資材、設備などの販売と、グループ企業が製造する化成品、機能紙、建材ヘルスケア商品ほかを販売。また機能材料やフィルムの販売も展開

しており、幅広い得意先・仕入先を抱えた支社として引き続き発展していく。

九州支社

〒810-0001　福岡市中央区天神1-4-2　エルガーラ6階
TEL 092-721-9071
FAX 092-721-0142

【設立】　1979（昭和54）年7月

中田和明 支社長

【幹部】　支社長＝中田和明　支社長代理＝横森正道　営業部長＝西内強
【従業員】　男子10名・女子5名　計15名
【品種別売上高構成】　洋紙40%　産業用紙25%　物資ほか35%
【主要販売先】　卸商　印刷会社　フィルムコンバーター　各種工場　製紙会社他
【主要仕入先】　日本製紙　リンテック　日本製紙クレシア　東洋紡　フタムラ化学　王子マテリア他
【特色】　当支社は日本製紙グループの一員として山口県から沖縄県を商圏としており、紙業部門、物資部門、産業用紙部門が事業の主体である。紙業部門は、日本製紙グループ各社の製品を主力に営業活動を展開。物資部門は工業薬品、化成品を主力商品とし、加えて家庭用製品、ヘルスケア製品、食品添加物など幅広い業界に展開。産業用紙部門は板紙・フィルムを中心に営業活動をおこなっている。エリアでの存在感を発揮し、新規事業への発展にも注力する。

日本紙パルプ商事 株式会社
JAPAN PULP ＆ PAPER CO., Ltd.

〒104-8656　東京都中央区勝どき3-12-1　フォアフロントタワー
TEL 03-3534-8522
ホームページ https://www.kamipa.co.jp/

【事業所】　本社：東京都中央区勝どき3-12-1 フォアフロントタワー　TEL 03-3534-8522　関西支社：大阪市中央区瓦町1-6-10　TEL 06-6203-2351　関西支社京都営業部：京都市中京区烏丸通錦小路上ル手洗水町659 烏丸中央ビル5階　TEL 075-211-6273　中部支社：名古屋市中区丸の内3-22-24 名古屋桜通ビル12階

渡辺昭彦
代表取締役社長
社長執行役員

TEL 052-950-0001　九州支社：福岡市博多区下川端町3-1 リバレインオフィス11階　TEL 092-235-6385　北日本支社東北営業部：仙台市青葉区中央4-6-1 SS30 3階　TEL 022-261-4171　北日本支社北海道営業部：札幌市中央区北二条西1-1 マルイト札幌ビル4階　TEL 011-261-9161
海外事務所：ドバイ、ハノイ、ホーチミン、マニラ、ジャカルタ
【創業】　1845（弘化2）年
【設立】　1916（大正5）年12月15日
【資本金】　166億4,892万円
【決算期】　3月
【取締役】　（＊は執行役員を兼務）　代表取締役社長＝渡辺昭彦　代表取締役＝勝田千尋＊　取締役＝櫻井和彦＊　取締役＝伊澤鉄雄＊　取締役（社外）＝竹内純子　取締役（社外）＝鈴木洋子　取締役（社外）＝髙橋寛
【監査役】　監査役（常勤）＝上坂理恵　監査役（社外）＝樋口尚文　監査役（社外）＝本藤光隆　監査役（社外）＝福島美由紀
【執行役員】　社長執行役員＝渡辺昭彦
専務執行役員（管理全般管掌 兼 環境・原材料事業統括）＝勝田千尋　専務執行役員（板紙事業統括 兼 家庭紙事業統括）＝櫻井和彦　専務執行役員（洋紙事業統括 兼 物流統括）＝伊澤鉄雄　常務執行役員（管理企画・サステナビリティ統括）＝武井康志　常務執行役員（情報技術統括）＝渡辺文雄　常務執行役員（海外事業統括 兼 機能材事業統括）＝今村光利　常務執行役員（洋紙事業副統括 兼 物流副統括 兼 新聞・出版営業本部本部長）＝松浦伸行　常務執行役員（関西支社支社長）＝城谷誠　上席

執行役員（板紙事業副統括 兼 産業資材営業本部本部長）＝田名網進　上席執行役員（環境・原材料事業副統括 兼 環境・原材料事業本部本部長）＝遠藤豊　上席執行役員（家庭紙事業副統括 兼 JP コアレックスホールディングス㈱副社長）＝伊藤博之　上席執行役員（卸商・印刷営業本部本部長）＝松浦景隆　上席執行役員（国際事業本部本部長）＝佐藤正昭　上席執行役員(中部支社支社長)＝筌口康史　上席執行役員（欧州総代表）＝加島博　執行役員（サステナビリティ推進本部本部長）＝山本眞介　執行役員（管理本部本部長）＝藤井賢一郎　執行役員（企画本部本部長）＝佐々木繁行　執行役員（DX 推進本部本部長）＝加瀬文照　執行役員（仕入本部本部長）＝松岡久晃　執行役員（機能材営業本部本部長）＝菅沼靖一　執行役員（九州支社支社長）＝竹岡秀一　執行役員（北日本支社支社長）＝北山俊彦　執行役員（関西支社副支社長）＝和田訓　執行役員（JP ホームサプライ㈱社長）＝松浦健之　執行役員（美鈴紙業㈱顧問〈同社社長就任予定〉）＝西尾弘造　執行役員（㈱エコポート九州代表取締役専務）＝荻英雄　執行役員（Japan Pulp & Paper（U.S.A.）Corp. 社長）＝奥田浩一　執行役員（Ball & Doggett Group Pty Ltd 社長）＝宮田貴弘

【従業員数】　連結 4,170 名　単体 727 名

【主な株主】　王子ホールディングス　日本マスタートラスト信託銀行＜信託口＞　日本カストディ銀行＜信託口＞　日本紙パルプ商事持株会　JP 従業員持株会　北越コーポレーション　中越パルプ工業　柿本商事　DFA INTL SMALL CAP VALUE PORTFOLIO　みずほ銀行

【取引金融機関】　みずほ銀行　三井住友銀行　三菱 UFJ 銀行　農林中央金庫　静岡銀行　三井住友信託銀行

【グループ会社】　（2024 年 9 月 30 日現在）

国内卸売：子会社 15 社　関連会社 9 社
海外卸売：子会社 68 社　関連会社 2 社
製紙加工：子会社 12 社　関連会社 3 社
環境原材料：子会社 11 社　関連会社 6 社

【業績】〈連結〉	22.3	23.3	24.3
売上高 (単位100万円)	444,757	545,279	534,230
営業利益	14,064	20,264	17,403
経常利益	15,051	21,233	16,753
当期利益	11,499	25,392	10,357

【沿革】　1845（弘化 2）年、京都において和紙商、越三商店として創業。1876（明治 9）年、京都府御用掛として梅津パピール・ファブリックの製品を販売、洋紙販売ではわが国最初である。1882（明治 15）年、王子製紙と製品販売の契約を締結。1916（大正 5）年、株式会社中井商店に改組。70 年、富士洋紙店と合併、商号を日本紙パルプ商事株式会社とする。73 年、東証・大証一部に上場（大証は 2003 年に上場廃止）。古紙再資源化事業を行う紙パ資源（現、福田三商）を設立。07 年、リサイクルを行うエコポート九州を設立。09 年、エコペーパー JP がトキワから製紙事業を譲受し、事業を開始。10 年、米国大手紙商 Gould Paper をグループ会社化。北米・欧州における卸売事業を拡充。11 年、再生家庭紙大手コアレックスグループを子会社化。12 年、インドの紙商 KCT Trading に出資し、同国での販売体制を強化。16 年、野田バイオパワー JP が木質バイオマス発電プラントを稼働。17 年、大手古紙商社 福田三商をグループ会社化、古紙再資源化事業を拡充。オセアニアにおいて Ball & Doggett Group を子会社化、同地域における販売体制を強化。グループブランド「OVOL（オヴォール）」使用開始。19 年、英国の紙商 Premier Paper Group をグループ子会社化。20 年、国内の紙流通ネットワークの拡大・強化を目的に、鹿児島・沖縄地区の紙商であるふちかみ、21 年に青森県の紙商である鳴海紙店をグループ会社化。22 年、段ボール製造事業の大阪紙器工業、美鈴紙業をグループ会社化し、板紙事業を拡大。ドイツ、フランスにおいて新会社設立、株式取得等により新たに 5 社をグループ会社化。欧州大陸における卸売事業を推進。

【特色】　日本紙パルプ商事は、1845 年の創業以来、業容の多角化とグローバル化を図り、企業価値の拡大とともに、当社グループならではの価値創造

を追求してまいりました。現在は基幹事業である国内卸売に加え、海外卸売、製紙加工、環境原材料、不動産賃貸、5つの事業領域を持ち、各セグメントそれぞれの利益貢献度のバランスがとれた多角化経営を行うことで、不測のリスクに対する体制を強化、安定した連結収益基盤を構築しています。近年は製紙加工セグメントにおいて、外部とのアライアンスも活用しながら仲間作りを加速させ、業界内でのプレゼンスと影響力の向上を図っています。また、海外卸売においては、グローバルネットワークを活用し、資本効率や利益率などをさらに高めるための補完的なM&Aを取り入れることで、安定した収益体制の構築に取り組んでいます。

180年の歴史で培ったステークホルダーの「信頼」をビジネスモデルのコアとし、企業理念において大切にすべき価値観を「誠実・公正・調和」と定めています。この企業理念に始まり企業理念に終わるという姿勢で事業に取り組んでいます。

2021年には、長期ビジョン『OVOL長期ビジョン2030 "Paper, and beyond"』を策定し、2030年のあるべき姿を掲げ、その実現を目指しています。

〔日本紙パルプ商事グループのあるべき姿〕
「世界最強の紙流通企業グループ」
「持続可能な社会と地球環境に一層貢献する企業グループ」
「紙業界の枠を超えたエクセレントカンパニー」

北日本支社 東北営業部

〒980-6003　仙台市青葉区中央4-6-1　SS30 3階
TEL 022-261-4171
【開設】　1962（昭和37）年

北山俊彦 執行役員
北日本支社支社長

北日本支社 北海道営業部

〒060-0002　札幌市中央区北二条西1-1　マルイト札幌ビル4階
TEL 011-261-9161
【開設】　1948（昭和23）年

中部支社

〒460-8617　名古屋市中区丸の内3-22-24　名古屋桜通ビル12階
TEL 052-950-0001
【開設】　1889（明治22）年

釜口康史 上席執行役員
中部支社支社長

関西支社

〒541-0048　大阪市中央区瓦町1-6-10
TEL 06-6203-2351
【開設】　1878（明治11）年

城谷誠 常務執行役員
関西支社支社長

関西支社 京都営業部

〒604-8152　京都市中京区烏丸通錦小路上ル手洗水町659 烏丸中央ビル5階
TEL 075-211-6273
【開設】　1845（弘化2）年

九州支社

〒812-0027　福岡市博多区下川端町3-1　リバレインオフィス11階
TEL 092-235-6385
【開設】　1947（昭和22）年

竹岡秀一 執行役員
九州支社支社長

野崎紙商事 株式会社

〒453-0843　名古屋市中村区鴨付町2-5〔登記上〕

野崎亮介社長

【事業所】　営業本部：〒497-0013　愛知県あま市七宝町川部出屋敷56　TEL 052-441-7511　FAX 052-441-8004　東京営業所：〒108-0073　東京都港区三田3-2-3　万代三田ビル3F　TEL 03-6436-0411　FAX 03-6436-0412

【創業】　1955（昭和30）年2月15日

【設立】　1977（昭和52）年6月1日

【資本金】　2,000万円

【決算期】　5月

【役員】　取締役会長＝野崎伸也　代表取締役社長＝野崎亮介　常務取締役＝野崎俊二

【従業員数】　26名

【主要株主】　野崎亮介　野崎伸也　大和板紙　新生紙パルプ商事

【取引金融機関】　十六・中村　愛知・大治

【品種別売上構成】　板紙　洋紙　紙加工品　ほか

【主要販売先】　印刷　紙器　出版業者

【主要仕入先】　新生紙パルプ商事　日本紙パルプ商事

【所属団体】　日本洋紙板紙卸商業組合　愛知県紙商組合　中部洋紙商連合会　名古屋洋紙同業会

【取引先との関係団体】　SPP会

【特長】　1999年から紙加工事業に進出。オリジナルの紙うちわや卓上カレンダーなどのノベルティ、POP・サインディスプレイや高級パッケージの製造で大きな実績をもつ。オンリーワンのデザイン力を知的財産として蓄積、大手企業からの採用も多い。最近では「紙で起こすサプライズ」を合い言葉に、脱プラスチックの環境に配慮した紙製品を提案、SDGsに取り組む企業から注目されている。

【沿革】　1955（昭和30）年2月、野崎洋紙店として個人創業。57年6月株式会社野崎洋紙店として法人設立。77年6月資本金1,000万円にて野崎紙商事株式会社設立。1989（平成元）年4月、愛知県海部郡（現あま市）七宝町に営業本部及び配送センター開設。95年6月、自動打抜機械（カートンマスター）導入。2000年4月ホームページ開設。01年4月CADシステム導入。03年9月大型インクジェットプリンター導入、ODM（オンデマンドマニファクチャリング）システム展開。04年4月グルアー・紙うちわ専用特殊グルアー導入。08年6月資本金2,000万円に増資、8月東京営業所開設。11年3月紙うちわなどの紙製ノベルティのエコマーク認定登録。18年5月社内セキュリティシステム導入及び製造工場の大規模リノベーション。2020（令和2）年6月エコマーク認定商品追加登録、品質方針を制定。8月矢頭洋紙株式会社の営業権譲渡。9月FSC® 森林認証取得、FSC®CoC認証取得。22年8月中核的労働要求事項に対する方針声明を制定。

【事業方針】　お客様から安心して任せられるモノ作り企業を目指します。

　徹底した情報・セキュリティ管理をもとに、整備された安全でクリーンな生産環境のなかで、質の高い営業、商品開発、モノ作りを通してお客様への満足度を高めていきます。

株式会社 フォレストネット
FORESTNET CO., LTD.

〒101-0062　東京都千代田区神田駿河台 4-6

TEL 03-6665-1081

FAX 03-6665-0338

ホームページ http://www.f-n.co.jp

メール info @ f-n.co.jp

【創業・設立】　2001（平成 13）年 4 月 25 日

【資本金】　9,900 万円

【決算期】　3 月

【役員】　代表取締役社長＝日隈隆治　取締役（常勤）＝松居直樹　取締役（常勤）＝早川幸一　取締役（非常勤）＝中村寿彦　取締役（非常勤）＝松岡孝　監査役（非常勤）＝清水賢作

【従業員数】　男子 1 名・女子 0 名　計 1 名（派遣社員 1 名は含まず）

【取引金融機関】　三井住友・本店

【計数管理システム】　PC 7 台（うちサーバー 1 台、クライアント 6 台）

【業績】　約 35 億円（年商）

【品種別売上構成比】　上質紙・上質コート紙・微塗工紙・コピー用紙　計 100％

【販売分野】　紙卸商 100％

【主要仕入先】　日本製紙　丸紅フォレストリンクス

【沿革】　2001 年 4 月 25 日設立。日本製紙 100％の出資による会社で、インターネットを利用した印刷用紙など紙類の販売ならびに仲介業務、およびそれらに付随する業務を事業内容としている。

株式会社 深 山

〒111-0041　東京都台東区元浅草 1-1-3

TEL 03-3842-1211　FAX 03-3842-1229

【事業所】　大阪支店：〒543-0002　大阪市天王寺区上汐 3-5-12 上本町 KF ビル 5 階

TEL 06-6772-1541　FAX 06-6773-1224

【創業】　1906（明治 39）年 5 月

【設立】　1934（昭和 9）年 9 月 13 日

【資本金】　1 億円

【決算期】　3 月

【役員・執行役員】　代表取締役社長＝深山貴史　常務取締役（業務本部長 兼 人事戦略担当役員）＝小林正幸　取締役（営業本部長）＝池田和也　取締役（大阪支店長）＝葛西達也　取締役（総務部・経理部 部長）＝三河尻建夫　取締役（情報システム部 部長）＝加藤勝男　執行役員（大阪支店 営業部 部長）＝木戸毅　執行役員（大阪支店 業務部 兼 管理部 部長）＝秋山実

【従業員数】　男子 64 名・女子 27 名　計 91 名（平均年齢 46 歳）

【取引金融機関】　みずほ・稲荷町　三井住友・上野　三菱 UFJ・上野中央、上本町、上六　みずほ信託・本店

【計数管理システム】　ホスト＝ IBM：AS/400i シリーズ　端末＝ 100 台

【関係会社】　㈱深山物流・小台センター（東京都足立区）、東大阪センター（大阪府東大阪市）＝倉庫業　㈱隆政堂・本社（東京都台東区）、川越工場（埼玉県川越市）＝カレンダー製本

【主要仕入先】　アテナ製紙　池田化工製紙　王子エフテックス　王子マテリア　クラウン・パッケージ　国際紙パルプ商事　五條製紙　新生紙パルプ商事　大王製紙　大昭和加工紙業　大和板紙　トライフ　日本紙パルプ商事　日本製紙　ハゴロモコーポレーション　富士共和製紙　北越コーポレーション　丸井製紙　三菱王子紙販売　山恭製紙所　吉森ホイル　レンゴー

【主要販売先】　アオトプラス　朝日印刷　ウェストロック　大塚商会　大塚包装工業　クラウン・パッケージ　コクヨ　サクラクレパス　ザ・パック　大日本印刷　トーモク　TOPPAN　ナカバヤシ　日本トーカンパッケージ　日本ノート　ひかりのくに　プラス　古林紙工

【所属団体】　東京板紙代理店会　日本洋紙板紙卸商業組合　東京都紙商組合　東京洋紙同業会　昭紙会　浅紙会　板紙商和会　板紙有志会

【取引先との関係団体】　JP 会　菱和会　ピラミッド会　SPP 会　KPP 会

【沿革】　1906（明治 39）年 5 月、東京都台東区で個人創業。34（昭和 9）年 9 月、資本金 50 万円で

㈱深山洋紙店設立。64（昭和39）年1月、㈱深山に商号変更。64年4月、大阪営業所開設。73（昭和48）年6月、大阪営業所を支店に昇格。75年12月、台東区元浅草に本社社屋落成。88（昭和63）年5月、小台事業所を分離、㈲深山小台事業所設立。93（平成5）年5月、㈲深山小台事業所の商号を㈱深山物流と変更。2014年3月、㈱隆政堂を系列会社化。20年7月、大阪支店新築ビル（上本町KFビル）落成。同年、㈱JKより段ボール事業全般について事業譲受する。

【特色】 1906年東京都台東区に創業した深山は紙の販売一筋に歩んでまいりました。以来100余年の間に、紙を販売するだけの「専業卸商」という姿勢を徐々に変化させてきました。そこには流通機能だけでは市場で生き残れない、存在価値を認めてくれない、との理由があったからです。深山は視野を広く多角的に持ち、目線を先に据えた市場観を持たねばならないと思っております。どんどんと変わっていくお客様に、今の機能が将来も最適であるとは限りません。お客様の未来へ「紙」をベースとした商品提案に積極的に取り組んでいきたい。お客様に満足いただける商品製作と情報提供にこそ、「流通」深山の存在意義があると考えます。私たちは「紙」のもつ普遍性と可能性を信じ、今後も「紙」と共に歩んでいきます。

福助工業 株式会社

〒799-0491　愛媛県四国中央市村松町190
TEL 0896-24-1111
FAX 0896-23-8745
ホームページ
https://fukusuke-kogyo.co.jp/

井上 雄次
代表取締役社長

【事業所】 東京支店：東京都北区田端　TEL 03-5685-1300　FAX 03-5685-1231 大阪支店：大阪市西区土佐堀　TEL 06-6690-8620　FAX 06-6690-8611 九州支店：福岡市東区東浜　TEL 092-643-7101　FAX 092-643-7120 名古屋支店：名古屋市東区東桜　TEL 052-932-3431 FAX 052-939-1380 産業資材営業部：愛媛県四国中央市　TEL 0896-24-1110 FAX 0896-24-0308 四国営業所：愛媛県四国中央市　TEL 0896-24-4416　FAX 0896-24-0308 広島営業所：広島市佐伯区　TEL 082-923-5211　FAX 082-923-0562 埼玉営業所：埼玉県児玉郡美里町　TEL 0495-76-1800　FAX 0495-76-1833 横浜営業所：横浜市港北区　TEL 045-470-8111　FAX 045-470-8855 仙台営業所：仙台市若林区　TEL 022-231-0221　FAX 022-231-0220 静岡営業所：静岡市葵区　TEL 054-251-2201　FAX 054-251-3055

【創業】 1910（明治43）年3月
【設立】 1949（昭和24）年4月8日
【資本金】 4億円
【決算期】 3月
【従業員数】 男子872名・女子407名　計1,279名
【取引金融機関】 伊予・三島　中国・川之江　広島・三島　百十四・三島　愛媛・川之江
【関係会社】 福助紙製品㈱　池田福助㈱　フクレックス㈱　土居福助㈱　関川福助㈱　大分福助㈱　フクロン㈱　㈱福助物流センター　福助エンジニアリング㈱　新居浜福助㈱　㈱エルパッケージ
【海外工場】 PT. FUKUSUKE KOGYO INDONESIA　上海福助工業有限公司　PT. FUKUSUKE KOGYO
【企業理念】 "時代を包み、心を包む…一歩先を見つめながら" 当社は'人と人のつながり'、'心と心のふれあい'を大切にし、包む文化を通して暮らしをトータルに考える総合生活提案型企業として、社会に貢献します。

社是「高能率」「高賃金」
社訓「誠実」「熱意」「創意」

【企業目標】
1. お客様のお役に立てる企業
2. 社会に貢献する企業
3. 社員の幸せを守る企業

福田三商 株式会社

〒457-0071　愛知県名古屋市南区千竈通2-14-1
TEL 052-825-2111
ホームページ http://www.fukudasansho.co.jp/

【事業所】 甲府営業所：〒400-0047 山梨県甲府市徳行 2-15-13 TEL 055-233-1131 浜松事業所：〒435-0046 静岡県浜松市中央区丸塚町 71 TEL 053-463-3911 豊橋営業所：〒441-8086 愛知県豊橋市問屋町 1-1 TEL 0532-31-4398 岡崎営業所：〒444-0246 愛知県岡崎市上三ツ木町北稗田 22-1 TEL 0564-57-7811 豊田営業所：〒471-0855 愛知県豊田市柿本町 6-4-1 TEL 0565-24-8322 安城営業所：〒446-0057 愛知県安城市三河安城東町 2-5-19 TEL 0566-75-4878 半田営業所：〒475-0828 愛知県半田市瑞穂町 7-12-2 TEL 0569-21-1233 名南事業所：〒457-0071 愛知県名古屋市南区千竈通 2-16-2 TEL 052-811-5181 福船営業所：〒454-0836 愛知県名古屋市中川区福船町 1-1-2 TEL 052-353-3121 名北営業所：〒462-0032 愛知県名古屋市北区辻町 2-36 TEL 052-910-1811 藤前事業所：〒455-0855 愛知県名古屋市港区藤前 2-201-1 TEL 052-309-5477 春日井営業所：〒486-0813 愛知県春日井市金ヶ口町 3011-15 TEL 0568-84-4121 小牧営業所：〒485-0074 愛知県小牧市新小木 2-9 TEL 0568-76-4196 一宮営業所：〒491-0922 愛知県一宮市大和町妙興寺字二反割 15-4 TEL 0586-44-6848 羽島営業所：〒501-6302 岐阜県羽島市舟橋町 5-1 TEL 058-397-0531 川越営業所：〒510-8124 三重県三重郡川越町南福崎五丁縄 953-1 TEL 059-363-1521 四日市営業所：〒510-0874 三重県四日市市河原田町 1450 TEL 059-345-5244 長野営業所：〒380-0916 長野県長野市大字稲葉字中干田沖 2122-5 TEL 026-268-2146 柳原出張所：〒381-0012 長野県長野市大字柳原 2636-1 TEL 026-295-9825

【関連会社】 久保紙業㈱ 東名紙業㈱

【役員】 取締役会長＝林 寛子 取締役社長＝藤澤誠司 取締役＝安達 光 取締役＝遠藤 豊 監査役＝山本智広 監査役＝藤井賢一郎

【創業】 1936（昭和 11）年 3 月

【設立】 1950（昭和 25）年 12 月

【資本金】 9,900 万円

【決算期】 3 月

【主な納入先】 新東海製紙 レンゴー 王子マテリア 王子製紙 日本製紙

【沿革】 1936（昭和 11）年 3 月、名古屋市西区にて製紙原料商として福田商店を創業。50 年 12 月、福田紙原料㈱を設立（資本金 70 万円）、本社を名古屋市西区に置く。58 年 2 月、資本金 1,000 万円に増資。60 年 3 月、資本金 2,000 万円に増資。63 年 6 月、資本金 3,000 万円に増資。同年 12 月、福田紙原料㈱と㈲鈴六商店の共同出資により三商紙業㈱を岡崎市に設立。69 年 8 月、資本金 6,000 万円に増資。同年 12 月、三商紙業㈱と合併し新社名、福田三商㈱として発足（資本金 1 億円）、本社を名古屋市南区に置く。

72 年 1 月、本社を名古屋市中村区に移す。73 年 7 月、㈱冨成商店と提携し資本参加。同年 11 月、㈱久保商店と共同出資により久保紙業㈱を松阪市に設立。74 年 2 月、資本金 1 億 5,000 万円に増資。75 年 1 月、資本金 1 億 6,500 万円に増資。83 年 3 月、スサ米㈱と共同出資により㈱スサヨネを半田市に設立。同年 3 月、日商興産㈱と提携し資本参加。同年 4 月、日商興産㈱を㈱福田三商と改称し本社を東京都中央区に置く。85 年 7 月、㈱土橋商店の経営を受け継ぎ新社名を㈱土橋と改称。86 年 5 月、㈱土橋を福田㈱と改称し本社を甲府市に置く。87 年 5 月、㈱冨成商店を冨士紙業㈱と改称。91（平成 3）年 12 月、㈱スサヨネを合併して半田営業所とする。97 年 6 月、福田㈱を合併して甲府営業所とする。2002 年 4 月、ISO14001 認証を取得。同年 12 月、㈱トーメイを設立。03 年 2 月、ロサンゼルスに TOMEI USA,INC. を設立。同年 4 月、本社を名古屋市南区へ移転。同年 11 月、冨士紙業㈱と合弁にて富士三商㈱を名古屋市南区に設立。05 年 1 月、東名紙業㈱を名古屋市港区に設立。同年 11 月、資本金を 9,900 万円に減資、㈱福田三商を合併して東京事務所とする。06 年 6 月、羽島営業所開設。同年 11 月、富士三商㈱と冨士紙業㈱が合併、社名を富士三商㈱とする。2012 年 4 月、富士三商㈱を合併する。

2017 年 4 月、株式交換により日本紙パルプ商事の傘下に入る。2019（令和元）年 4 月、㈱エコリソース JP を合併する。同年 7 月、JP 資源㈱を合併する。

2020年10月、㈱小矢沢商店を合併する。

【特色】 直営ヤードでの直接仕入の集荷網を確立しており、安定した数量を扱っている。仕入先に対して個々のニーズに合った集荷システムを提供して取引先企業の信頼を得ている。また、期間契約により販売先に対して品質、数量ともに安定した供給体制づくりを心がけている。2010年5月、ISO 27001認証を取得。11年3月、プライバシーマーク認証を取得。

福山商事 株式会社
Fukuyama Shoji Co., Ltd.

〒901-2556　沖縄県浦添市牧港4-14-17
TEL 098-876-1116　FAX 098-876-1117
ホームページ http://fukuyamacorp.co.jp
Eメール soumu @ fukuyamacorp.co.jp

【事業所】 南風原本店：沖縄県島尻郡南風原町字兼城577　TEL 098-889-1177　FAX 098-889-3000　那覇営業所：那覇市おもろまち2丁目11番16号　TEL 098-861-2490　FAX 098-861-2329　宜野湾営業所：沖縄県宜野湾市字地泊110　TEL098-876-4777　FAX 098-876-4094　八重山営業所：沖縄県石垣市字大川528-1　TEL 0980-83-3111　FAX 0980-83-3110　宮古営業所：沖縄県宮古島市平良宇西里1085-1　TEL 0980-73-0408　FAX 0980-73-0409　建設汚泥リサイクルセンター／流動化改良土製造施設：沖縄県うるま市楚南498-6　TEL 098-987-8311　FAX 098-987-4845　フォレストアドベンチャーIN 恩納：沖縄県国頭郡恩納村字真栄田1525　TEL 090-4739-9140

【倉庫・配送センター】 南風原本店：沖縄県島尻郡南風原町字兼城577（建物3,366m²）

【創業・設立】 1951（昭和26）年11月15日

【資本金】 5,100万円

【決算期】 3月

【役員】 代表取締役社長＝福山裕一　代表取締役専務＝福山大輔　取締役＝新垣城作　取締役＝宮城亭　取締役（非常勤）＝新垣聖作　監査役（非常勤）＝城間貞

【幹部】 総務部部長＝高江洲卓　管理部部長＝照

屋喜一郎　紙業部部長＝上里安徹　管資材営業部部長＝成底尚　企画開発1部部長＝平島秀基　企画開発2部部長＝新垣直也

【従業員数】 男子63名・女子15名　計78名（平均年齢44歳）

【主要株主と持株比率】 ㈱福山ホールディングス100%

【取引金融機関】 琉球・本店、大謝名　みずほ・那覇　沖縄・本店

【関係会社】 ㈱福山ホールディングス　沖縄工業商事㈱　PAZLINE㈱　福山建設㈱

【業績】	21.3期	22.3期	23.3期	24.3期
売上高（単位＝100万円）	11,448	9,714	8,354	9,404
営業利益（単位＝以下1万円）	33,377	22,869	8,842	17,425
経常利益	38,865	27,884	16,785	21,440
当期利益	20,368	12,143	10,936	9,865

【部門別売上構成】 紙類一般37%　水道資材35%　電気・通信関連・その他28%

【主要販売先】 官公庁　各市町村　新聞社　印刷会社

【主要仕入先】 王子製紙14.3%　国際紙パルプ商事10.8%　イーエスウォーターネット9.5%　その他65.4%

【取引先との関係団体】 KPP会

【沿革】 1951（昭和26）年11月、資本金200万円（1万6,666ドル）で創業。58年9月、通貨切替えにより資本金5万ドルに変更。74年5月、資本金を3,000万円に増資。77年4月、宜野湾市宇地泊に本社を移転。84年12月、地番変更により現所在地表記に変更。91（平成3）年6月、資本金5,100万円に増資。2003年9月、沖縄印刷団地内に南風原本店を設立。紙業部営業部門および物流部門を一元化し、営業開始。04年2月、産業廃棄物処理（建設汚泥リサイクル）業務を開始。08年5月、沖縄県国頭郡恩納村字真栄田1525にてフォレストアドベンチャーIN 恩納の事業を開始。12年11月、宜野湾市大謝名5丁目21番5号に有料老人ホーム＆デイサービス居宅介護支援事業所「ふくやま」を開所し福祉事業を開始。18年6月、㈱福山ホールディングス設立。22年2月、うるま市楚南にうる

ま工場を開設。24年7月、建設汚泥リサイクルセンターをうるま工場内に移転・統合。

【社訓】 誠実：常に真心を基とし、責任をもって行動し、自己の知識を広め内外の信用を築き、会社の発展に努める。根性：常に社会的な使命を旨とし、困難に対し強い意志と執念をもった商社根性で会社の発展に努める。忍耐：常に人の和を基とし、耐え忍ぶ力と一致協力の精神を尊び、明るい職場を築き、会社の発展に努める。

富国紙業 株式会社

〒162-0056　東京都新宿区若松町38-18
TEL 03-3203-2191　FAX 03-3207-6298

【倉庫・配送センター】 本社：（土地172m²、建物522m²）

【創業】 1965（昭和40）年9月1日

【設立】 1965年9月16日

【資本金】 4,000万円

【決算期】 2月

【役員】 代表取締役社長＝加藤久美子（1960生、大妻女子大卒、1985入）

【従業員数】 男子8名・女子3名　計11名

【取引金融機関】 商工中金　みずほ　三菱UFJ　きらぼし

【業績】
	20.2	21.2	22.2	24.2
売上高（単位1,000円）	1,473,834	1,277,602	1,268,444	1,434,925
売上総利益	220,780	196,964	201,511	241,613
経常利益	28,161	17,635	18,725	35,458
税引後利益	15,236	12,550	13,244	23,155
総販売量（t）	7,269	6,357	6,402	6,213

【品種別売上構成】 上級印刷紙1.0%　塗工紙1.0%　情報用紙1.0%　包装用紙40.0%　特殊紙3.0%　その他洋紙50.0%　白板紙1.0%　その他3.0%

【業種別販売分野】 卸商8%　印刷業1%　紙製品製造業88%　紙袋製造業3%

【主要販売先】 イムラ　マイプロテック　ムトウ　ユニパック　山口封筒店　山櫻　ほか　合計約150社

【主要仕入先】 国際紙パルプ商事　日本紙通商　新生紙パルプ商事　竹尾　平和紙業　ほか

【所属団体】 日本紙板紙卸商業組合　東京都紙商組合　東京洋紙同業会　西北会

【取引先との関係団体】 KPP王子会　KPP会

【沿革】 1965（昭和40）年の創業以来、資本金を67年：200万円、87年：2,000万円、98（平成10）年：4,000万円と増資し、企業体力を強化している。

【取扱品の特色】 自社ブランド品の販売。色クラフトを中心とする包装用紙関係の販売。

【経営理念】 お客さまのサポーターとしての仕事を通じて社会に貢献する。

株式会社 藤川紙業

〒116-0013　東京都荒川区西日暮里2-32-20
TEL 03-3807-9344
FAX 03-3807-9340
ホームページ　https://fujikawa-shigyo.co.jp

藤川達郎代取社長

【事業所】 札幌支店：TEL 011-811-9538　札幌支店分室：TEL 011-842-1111　岩見沢営業所：TEL 0126-22-1933　さいたま営業所：TEL 048-844-5481　西浦和流通センター：TEL 048-839-7700　朝霞流通センター：TEL 048-450-7101　長野営業所：TEL 026-228-5475　名古屋営業所：TEL 052-882-0157　大阪営業所：TEL 072-636-0556　筑穂営業所：TEL 0948-72-4458

【関係会社】 ㈱グリーン藤川／福岡事業所：〒811-2304　福岡県糟屋郡粕屋町仲原2516-1　TEL 092-624-2225　FAX 092-622-6037　㈱グリーン藤川／北九州事業所：〒807-0811　福岡県北九州市八幡西区洞北町1-10　TEL 093-695-2808　FAX 093-695-2809

【設立】 1955（昭和30）年9月

【資本金】 3,000万円

【決算期】 6月

【役員・執行役員】 代表取締役＝藤川達郎（1959.11.12生）　専務取締役（営業本部長）＝藤川輝男　取締役＝池上司良　監査役＝真壁英利子　執行役員＝三枝裕昭　執行役員＝久保朋之　執行

役員＝鈴木雄樹

【従業員】　約170名（グループ全体約200名）

【取引金融機関】　りそな銀行　三井住友銀行　三菱UFJ銀行

【年商】　約35億円

【主要取引先】　出版社400社、新聞社15社、ほか

【販売先】　日本製紙　興亜工業　大王製紙　東京紙パルプ交易　国際紙パルプ商事　ほか

【沿革】　1948（昭和23）年4月　東京都千代田区神田須田町1-10にて藤川繁の個人商店として発足。取引先および需要量の増加により逐次、営業規模を拡大する。55年9月　㈱藤川紙業を設立、荒川区西日暮里2-32-27に営業所開設。58年10月　札幌市白石区に札幌支店を開設。63年2月　大阪府吹田市原町に大阪支店を開設。65年6月　名古屋市中区に名古屋支店を開設。70年10月　荒川区西日暮里2-32-27に社屋を建築し本社を移転。74年4月　福岡県糟屋郡粕屋町に福岡支店を開設。80年3月　長野市に長野営業所を開設。82年9月　北海道岩見沢市に岩見沢営業所を開設。83年4月　名古屋市昭和区に名古屋第一支店を開設、従来の名古屋支店を名古屋第二支店と改称。

90（平成2）年2月　現在地に本社を移転。92年11月　福岡県嘉穂郡筑穂町に筑穂営業所を設立。94年6月　埼玉県戸田市美女木に戸田営業所と戸田流通センターを開設。97年4月　静岡県富士宮市に富士営業所を開設。99年6月　住商紙パルプ㈱と合弁でグリーン藤川を設立し、福岡支店の業務を移管。

2000年12月　名古屋第一支店と第二支店を統合して名古屋支店とし、名古屋第二支店を名古屋支店分室に改称する。04年4月　㈱エフピーロジを設立。同年5月　戸田流通センターの業務を㈱エフピーロジに移管。05年1月　富士営業所の業務を㈱エフピーロジに移管。06年3月　戸田営業所をさいたま営業所に移転。07年5月　㈱エフピーロジ戸田流通センターを西浦和流通センターに移転。08年9月　大阪府茨木市に大阪支店（現：大阪営業所）を移転。

13年12月　㈱タイヨウ商事の業務を引き継ぎ、子会社化。14年5月　北海道札幌市白石区に札幌支店分室を開設。15年7月　大阪支店を大阪営業所に改称。同年7月　名古屋支店を名古屋営業所に改称。16年5月　埼玉県鴻巣市に鴻巣流通センターを開設。17年7月　㈱エフピーロジを吸収合併。同年8月　埼玉県さいたま市に町谷流通センターを開設。19年1月　埼玉県朝霞市に朝霞流通センターを開設。それに伴い町谷流通センターを移転、閉鎖。同年2月　㈱タイヨウ商事を吸収合併。

【特色】　創業時は新聞社の残紙を回収し、それを果物育成のためにかける袋の材料として東北、長野などの生産業者に販売することを業とした。その後、新聞社との契約先も増え、また関連して出版社との契約で出版物の残本も扱うようになった。その頃から新聞、週刊誌などを製紙原料として販売し、徐々に製紙メーカー各社との取引が始まった。その後は家庭から発生する古紙も手がけて、今日に至っている。

当社が各地に支店・営業所を設けているのは、出版物の残本を東京まで現品を戻さずに各地区にて処分をするという流通の合理化策に従ったものである。なお業務の一部として、残本の部数を検品する代行業務にも携わっている。

また本社のほか、さいたま営業所、西浦和流通センター、朝霞流通センターがISO27001登録事業所となっている。

なお、藤川達郎社長は関東製紙原料直納商工組合理事長、全国製紙原料商工組合連合会副理事長の要職を務めている。

株式会社 文昌堂

〒110-8532　東京都台東区上野5-1-1

TEL 03-3836-1151　FAX 03-3836-9105

ホームページ https://www.bun-sho-do.co.jp

【事業所】　大阪支店：大阪市　TEL 06-6352-1251　名古屋支店：名古屋市　TEL 052-935-2661　福岡支店：福岡市　TEL 092-432-9522　東北営業所：山形市　TEL 023-633-2501

【倉庫・配送センター】　草加倉庫：埼玉県草加市（建物1,320m²）　御厨倉庫：大阪府東大阪市（土地2,595m²、建物1,217m²）

【創業】　1919（大正8）年11月11日

【資本金】 2億円

【決算期】 3月

【役員】 代表取締役社長＝高橋房明　取締役副社長（社長補佐）＝赤澤清志　専務取締役（管理本部長）＝清宮文雄　常務取締役（㈱文昌堂埼玉代表取締役社長）＝小林 淳　常務取締役（営業本部長 兼 本社営業第三部部長 兼 本社仕入部部長）＝清水一郎　取締役（本社営業第二部部長 兼 東北営業所担当）＝野村敦人　取締役（大阪支店長 兼 福岡支店担当）＝河田 篤　常勤監査役＝小笠原 勝

【従業員数】 男子84名・女子42名　計126名（平均年齢41歳）（2022年3月時点）

【主要株主と持株比率】 高橋房明9％　文昌堂持株会7.9％　王子ホールディングス6.2％　日本製紙6.2％　王子マテリア6.2％（2022年3月時点）

【取引金融機関】 常陽・上野　北陸・上野　りそな・秋葉原

【計数管理システム】 ホスト＝富士通

【関係会社】 西武紙業㈱　㈱文昌堂埼玉　文昌不動産㈱

【業績】

	20.3	21.3	22.3	23.3	24.3
売上高 (単位100万円)	46,812	40,592	42,180	46,014	48,165
経常利益	385	361	374	549	733

【品種別売上構成】 白板紙39％　段ボール原紙47％　洋紙12％　加工品ほか2％

【主要販売先】 凸版印刷　大日本パックス　日本紙器　クラウン・パッケージ

【主要仕入先と比率】 王子マテリア　日本製紙　大王製紙　北越コーポレーション

【所属団体】 東京都紙商組合　日本板紙代理店会連合会

【沿革】 1919（大正8）年、東京下谷御徒町に㈱文昌堂洋紙店を設立。57（昭和32）年11月、台東区松永町に本社社屋を建設。75年9月、商号を現社名に変更し所在地を現在地へ移転。資本金は設立時5万円、以降15回にわたる増資を行い93（平成5）年11月、2億円に増資した。

【企業の特色】 板紙の売上規模および売上比率など、すべての面において全国でもトップクラスにランクされる板紙販売店として、業界内でも知ら

れた存在である。こうした「産業用紙の主要分野を占める板紙に主力を置く」姿勢は1919（大正8）年の設立以来終始変わらず、幾多の時代変遷の波を経た現在にも確実に活かされている。その結果、今日では王子マテリア、日本製紙、大王製紙、北越コーポレーションを筆頭に10数社の製紙メーカーの代理店となっており、板紙、段ボール原紙はもとより洋紙についても販売網を拡充しつつある。

大阪支店

〒530-0042　大阪市北区天満橋1-3-5

TEL 06-6352-1251　FAX 06-6352-1258

【役員】 取締役（大阪支店長 兼 福岡支店担当）＝河田 篤

名古屋支店

〒461-0002　愛知県名古屋市東区代官町39-17

TEL 052-935-2661　FAX 052-935-2667

【執行役員】 執行役員（名古屋支店長）＝杉浦健司

福岡支店

〒812-0016　福岡県福岡市博多区博多駅南1-3-11

TEL 092-432-9522　FAX 092-432-9523

【執行役員】 執行役員（福岡支店長）＝三枝 剛

東北営業所

〒990-0071　山形県山形市流通センター1-5-5

TEL 023-633-2501　FAX 023-633-2723

【執行役員】 執行役員（東北営業所長）＝村田雄司

株式会社 文昌堂埼玉

登記本社：〒110-8532　東京都台東区上野5-1-1

TEL 03-3836-6187

【営業所】 〒352-0011　埼玉県新座市野火止7-13-5

TEL 048-479-0121　FAX 048-477-8765

【倉庫・配送センター】 営業所：埼玉県新座市（土地1,000m²、建物303m²）　新座倉庫：埼玉県新座

市（土地660m²、建物726m²）　ホンダロジスティック：埼玉県新座市（建物462m²）
【創業】　1953（昭和28）年8月28日
【資本金】　2,000万円
【決算期】　3月
【役員】　代表取締役社長＝小林　淳　取締役＝谷地　進　取締役＝金子泰弘　監査役（非常勤）＝斉藤誠樹
【従業員数】　男子16名・女子4名　計20名
【主要株主と持株比率】　文昌堂100％
【取引金融機関】　きらぼし・朝霞　りそな・秋葉原　武蔵野・朝霞
【設備】　断裁機2台　プラッター7台　トラック7台
【計数管理システム】　PROTS Ⅳ×1台　端末＝20台
【業績】　　　　21.3　　22.3　　23.3　　24.3
売上高　　　1,491　 1,446　 1,477　 1,558
（単位100万円）
【品種別売上構成】　板紙86％　洋紙6％　他8％
【主要販売先】　新和製作所　エムケー
【主要仕入先と比率】　文昌堂80％
【所属団体】　東京都紙商組合　日本洋紙板紙卸商業組合　板紙商和会
【沿革】　昭和28年8月に㈱文昌堂の子会社、㈱昌栄洋紙店として設立。36年に独立した。平成25年12月、文昌堂に株式を100％譲渡。26年4月より「㈱文昌堂埼玉」と商号を変更し、再び文昌堂の子会社として業務を開始した。
【製品または取扱品の特色】　北越コーポレーション、王子マテリア、加賀製紙、日本製紙の板紙をメインに在庫、販売している。特に品揃えと配送に力を入れている。

株式会社 文友社

〒130-0026　東京都墨田区両国3-19-3
TEL 03-5625-5111
FAX 03-3632-1716
ホームページ
www.bunyusha.co.jp
Eメール tokyo＠bunyusha.co.jp

水野透社長

【事業所】　東京本店：墨田区　TEL 03-5625-5116　FAX 03-3632-1720　大阪支店：TEL 06-4790-6891　FAX 06-6943-4374　名古屋支店：TEL 052-201-7911　FAX 052-231-3090　浜松支店：TEL 053-428-8111　FAX 053-428-3037
【創業】　1912（大正元年）年5月
【設立】　1948（昭和23）年12月
【資本金】　1億3,700万円
【決算期】　11月
【役員】　代表取締役会長（経営全般）＝殿村雅俊　代表取締役社長（営業本部長）＝水野透　専務取締役（トータルパッケージ㈱代表取締役社長）＝河﨑英之　常務取締役（大阪支店長兼営業副本部長）＝松本徹　常務取締役（管理本部長兼浜松支店長）＝島田直之　取締役（東京本店長）＝井上徹　監査役＝八木邦夫
【執行役員】　管理副本部長＝藤本明広　名古屋支店長兼営業部長＝稲垣正嗣
【従業員】　男子52名・女子32名　計84名
【取引金融機関】　りそな・神田　三菱UFJ・本郷　農林中金・本店　三井住友・上野
【関係会社】　トータルパッケージ㈱（紙器印刷）
【業績】　　　 21.11　　22.11　　23.11　　24.11
売上高　　　14,715　15,984　17,546　18,138
（100万円）
経常利益　　 7,743　10,400　12,648　18,672
（1万円）
【主要販売先】　サンゲツ　凸版印刷　竹野　大鹿印刷所　ザ・パック
【主要仕入先】　北越コーポレーション　北越紙販売　竹野　日本製紙　国際紙パルプ商事
【所属団体】　日本板紙代理店会連合会　東京板紙代理店会　日本洋紙板紙卸商業組合　東京都紙商組合　東京洋紙同業会
【沿革】　1948（昭和23）年12月、千代田区神田須田町に㈱文友社洋紙店を設立。53年4月、大阪支店開設。56年1月、名古屋支店開設。同年11月、本店を中央区東神田に移転。60年10月、江東区深川千石町に千石町倉庫新設。64年4月、大阪、名古屋に大東、春日井倉庫新設。68年4月、商号を㈱文友社と改称。73年3月、浜松営業所を新設。

93（平成5）年、江東区千石町に自動ラック倉庫を新設。2004年10月、本社および東京本店を文京区本郷より現在地に移転。06年12月、浜松営業所を浜松支店に昇格。08年8月、大阪支店を移転。20（令和2）年3月、千石町倉庫（東京物流センター）を市川塩浜に移転、現在に至る。

名古屋支店

〒460-0008　名古屋市中区栄1-10-23
TEL 052-201-7911　FAX 052-231-3090
Eメール nagoya@bunyusha.co.jp
【倉庫・配送センター】　名古屋物流センター：愛知県岩倉市　TEL 0587-65-5111
【支店開設】　1956（昭和31）年1月
【役員】　執行役員（支店長）＝稲垣正嗣
【従業員数】　男子6名・女子9名　計15名
【取引金融機関】　りそな・名古屋駅前　三菱UFJ・柳橋
【主要販売先】　大鹿印刷所　金山レース　河原紙器　興徳紡　笹徳印刷　サンゲツ　TOPPAN
【主要仕入先】　竹野　大王製紙　中越パルプ工業　トライフ　TOPPAN　北越紙販売
【所属団体】　愛知県紙商組合　名古屋洋紙同業会　中部洋紙商連合会
【沿革】　1956（昭和31）年、名古屋支店開設。
【企業の特色】　当支店は開設以来、東海地区を商圏としており、社員一人ひとりが社の指針である「明るい経営」「お客様第一」を常に持ち、広い分野で顧客から高い信頼と信用を得るべく営業活動を行っている。

大阪支店

〒540-0013　大阪市中央区内久宝寺町3-4-4
TEL 06-4790-6891　FAX 06-6943-4374
Eメール osaka@bunyusha.co.jp
【支店開設】　1953（昭和28）年
【役員】　常務取締役（支店長）＝松本徹
【従業員数】　男子9名・女子5名　計14名
【事業内容】　洋紙、板紙、化成品類の販売・加工ならびに輸出入
【主要仕入先・取扱メーカー】　共和レザー　京王製紙　大昭和加工紙業　ダイニック　トライフ　日本製紙　北越コーポレーション　山恭製紙所
【主要販売先】　ザ・パック　さら　GS タカハシ　大平工業　タカラ商会　竹野　TOPPAN　古林紙工　和気
【特色】　大阪支店開設は1953年。創立以来、堅実経営をモットーとし業界上位の位置を堅持。商社として洋紙、板紙、化成品の素材などの販売・輸出入業務を展開するだけでなく、素材開発から販売まで広く手がけている。

浜松支店

〒431-2103　静岡県浜松市浜名区新都田1-4-9
TEL 053-428-8111　FAX 053-428-3037
Eメール hamamatsu@bunyusha.co.jp
【支店開設】　2006（平成18）年11月
【役員】　取締役（支店長）＝島田直之
【従業員数】　男子5名・女子3名　計8名
【事業内容】　洋紙、板紙、化成品類の販売・加工ならびに輸出入
【主要仕入先・取扱メーカー】　共和レザー　京王製紙　トライフ　日本製紙クレシア　北越コーポレーション　山恭製紙所　APPジャパン
【主要販売先】　ヤマハ㈱　遠州紙工業㈱　高速シーパック㈱　東海電子印刷㈱
【特色】　ヤマハ㈱を中心に楽器向け素材の加工、販売を行う一方、板紙、洋紙販売を幅広く手掛けている。

平和紙業 株式会社

〒104-0033　東京都中央区新川1-22-11
TEL 03-3206-8501
FAX 03-3206-8500
ホームページ https://www.heiwapaper.co.jp/
【事業所】　東京本店：
〒104-0033　東京都中央区新川1-22-11　TEL 03-3206-8511　大阪本店：

清家 義雄
代表取締役社長

〒542-0081　大阪市中央区南船場2-3-23　TEL 06-4967-5010　名古屋支店：〒460-0003　名古屋市中区錦1-3-7　TEL 052-223-2310　福岡支店：〒812-0007　福岡市博多区東比恵3-23-34　TEL 092-474-1812　仙台支店：〒984-0015　仙台市若林区卸町3-1-7　TEL 022-235-0811　札幌事業所：〒060-0013　札幌市中央区北13条西17-1-41　TEL 011-717-3221　広島事業所：〒733-0833　広島市西区商工センター6-5-9　TEL 082-277-6336

【関係会社】　平和興産㈱　㈱辻和　平和紙業（香港）有限公司

【創立】　1946（昭和21）年3月

【資本金】　21億784万円

【役員】　代表取締役社長＝清家義雄　取締役（名古屋支店長）＝坂野一俊　取締役（大阪本店長）＝矢野惠一　取締役（管理統括本部長 兼 総務人事部長）＝和田 学　取締役（営業本部長 兼 東京本店長）＝横山秀雄　取締役（事業推進本部長 兼 事業開発本部長）＝小宮 崇　取締役（東京本店副本店長 兼 受注部長）＝小島正之　社外取締役＝柴田 貢

【監査役】　常勤監査役＝土井重和　社外監査役＝松岡幸秀　社外監査役＝原 浩之

【執行役員】　執行役員（福岡支店長）＝北山 猛　執行役員（仙台支店長）＝伊藤 敏

【従業員】　136名（2024年9月30日現在）

【株主】　特種東海製紙　王子エフテックス　取引先持株会　日本製紙　北越コーポレーション　ほか（2024年9月30日現在）

【取引金融機関】　三井住友　三菱UFJ　みずほ　三井住友信託　伊予　愛媛

【業績】

	22.3	23.3	24.3
売上高 (単位100万円)	14,722	15,149	15,099
経常利益	163	234	300
当期利益	119	917	216

【主要仕入先】　特種東海製紙　日本製紙　王子エフテックス　北越コーポレーション　ほか

【主要販売先】　各都道府県紙卸商　朝日印刷　凸版印刷　大日本印刷　官公庁　ほか

【所属団体】　日本紙商団体連合会　東京洋紙代理店会　東京都紙商組合　日本洋紙板紙卸商業組合　東京洋紙同業会　大阪洋紙代理店会　大阪府紙商組合　大阪洋紙同業会　名古屋洋紙代理店会

【沿革】　1946（昭和21）年3月、平和紙業を設立。大阪市に本社を、名古屋市に支店を開設し、洋紙・板紙の販売を開始。1954年11月、高級紙・特殊紙のオリジナル商品の在庫販売を開始。1992（平成4）年9月、大阪証券取引所市場第二部に株式を上場。1999年9月、東京本社・本店で紙流通企業として初めてISO14001を審査登録し、2000年10月には大阪本社・本店、名古屋支店、2002年8月には全店で拡大審査登録。2005年4月、本社機能を東京に集中。2008年4月、ムーサ㈱を吸収合併。2013年7月、現物市場の統合により東京証券取引所市場第2部へ市場変更。2014年6月、登記上の本店所在地を東京都中央区へ変更。2015年1月、愛知県名古屋市中区錦に名古屋支店・ペーパーボイスヴェラムを移転。2019年10月、東京本店1階に併設する、紙販売と紙の魅力を発信するショップ＆ギャラリー「ペーパーボイス東京」をリニューアルオープン。2022年4月、市場区分の見直しにより、東京証券取引所スタンダード市場へ移行。

【事業内容】　○特殊紙、高級紙、技術紙をはじめ、各種紙素材の開発、販売、輸出入　○紙を素材とする新商品開発と商品化　○不動産の売買、賃貸借、管理および仲介　○これらに付帯する一切の事業

【特色】　①SDGsの目標に向けた取り組み　②時代に即応する紙創り　③多様化する情報の受発信に対応　④積極的なオリジナル商品の開発　⑤幅広い在庫と少量多品種、短納期に対応する物流体制　⑥紙文化のアドバイザー、コーディネーターとして活動　⑦常設のショールームで紙の魅力と用途を積極的に紹介

【経営理念】　仕入先・得意先との共存共栄を旨とし、誠意を持って接する。　常に創意工夫を怠らず、開拓・開発に進取と挑戦の精神で行動する。

東京本店

〒104-0033　東京都中央区新川 1-22-11
TEL 03-3206-8511
FAX 03-3206-8510
【役員】　取締役（営業本部長 兼 東京本店長）＝横山秀雄　取締役（東京本店副本店長 兼 受注部長）＝小島正之
【幹部】　営業1部長＝塩澤真一　営業2部長＝山﨑真佐志　営業3部長＝中野康之　貿易部長＝松野靖
【従業員数】　男子13名・女子12名　計25名

横山 秀雄
取締役東京本店長

大阪本店

〒542-0081　大阪市中央区南船場 2-3-23
TEL 06-4967-5010
FAX 06-4967-5015
【倉庫・配送センター】
ペーパーロード大阪：大阪府東大阪市
【役員】　取締役（大阪本店長）＝矢野惠一
【幹部】　営業1部長＝富岡航二　営業2部長＝鈴木洋志　販売推進部長＝雲川啓司　業務部長＝関屋大輔
【従業員数】　男子25名・女子5名　計30名

矢野 惠一
取締役大阪本店長

名古屋支店

〒460-0003　名古屋市中区錦 1-3-7
TEL 052-223-2310
FAX 052-223-2315
【倉庫・配送センター】
名古屋デポ：愛知県小牧市
【支店開設】　1946（昭和21）年3月4日
【役員】　取締役（名古屋支店長）＝坂野一俊
【幹部】　営業1部長＝福島健　営業2部長＝田渕幸憲　業務部長＝石川葉子
【従業員数】　男子15名・女子13名　計28名

坂野 一俊
取締役名古屋支店長

福岡支店

〒812-0007　福岡市博多区東比恵 3-23-34
TEL 092-474-1812
FAX 092-474-1817
【支店開設】　1972（昭和47）年1月
【役員】　執行役員（福岡支店長）＝北山猛
【幹部】　営業部長＝川口善由　業務部長＝藤原充
【従業員数】　男子7名・女子3名　計10名

北山 猛
常務取締役福岡支店長

仙台支店

〒984-0015　仙台市若林区卸町 3-1-7
TEL 022-235-0811
FAX 022-283-2353
【支店開設】　1972（昭和47）年2月
【役員】　執行役員（仙台支店長）＝伊藤敏
【従業員数】　男子2名・女子2名　計4名

伊藤 敏
執行役員仙台支店長

札幌事業所

〒060-0013　札幌市中央区北13条西 17-1-41
TEL 011-717-3221　FAX 011-717-7308
【開設】　1983（昭和58）年11月
【幹部】　所長＝山本武実
【従業員数】　男子2名

広島事業所

〒733-0833　広島市西区商工センター 6-5-9
TEL 082-277-6336　FAX 082-277-6337

【設立】 1978（昭和53）年9月

【幹部】 所長＝草尾則幸

【従業員数】 男子2名

北越紙販売 株式会社
Hokuetsu Paper Sales Co., Ltd

〒103-0021 東京都中央区日本橋本石町3-2-2

TEL 03-6328-0001 FAX 03-3516-2655

ホームページ https://www.hokuetsu-kami.jp

【事業所】 大阪支店：〒564-0043 大阪府吹田市南吹田4-20-1 TEL 06-7167-1250 FAX 06-6339-2030 名古屋支店：〒460-0003 名古屋市中区錦1-7-32 名古屋SIビル TEL 052-201-6210 FAX 052-201-6258

【設立】 2011（平成23）年4月

【資本金】 13億円

【決算期】 3月

【役員】 代表取締役社長 兼 社長執行役員＝杵村裕之 取締役＝鈴木祥司 取締役（非常勤）＝立花滋春〈北越コーポレーション専務取締役〉 取締役（非常勤）＝大場直人〈北越コーポレーション執行役員〉

【監査役】 中瀬一夫〈北越コーポレーション社外取締役〉

【執行役員】 兼 社長執行役員（全店営業統括 兼 管理本部担当）＝杵村裕之 常務執行役員（卸商本部担当 兼 出版本部担当 兼 印刷直需本部担当 兼 機能材本部担当 兼 業務本部担当）＝田村隆生 執行役員（卸商本部長 兼 名古屋支店担当）＝黒田竜一 執行役員（大阪支店長）＝渡邉和則

【従業員数】 103名

【主要株主】 北越コーポレーション100％

【取引金融機関】 みずほ・日本橋

【業績】

	21.3	22.3	23.3	24.3
売上高 （単位100万円）	47,952	47,614	54,060	59,751
経常利益	429	547	497	831
当期利益	236	374	387	599

【主要販売品目】 洋紙・板紙・特殊紙・加工品ほか

【販売分野】 卸商42％ 印刷・紙器46％ 出版9％ その他3％

【地域別販売比率】 東京69％ 大阪24％ 名古屋9％

【主要販売先】 岩波書店 紙ぷらす 川端紙業 共同印刷 京橋紙業 光文社 コクヨ 集英社 小学館 第一法規 大日本印刷 寶紙業 TOPPAN TOPPANクロレ 永井産業 文芸春秋 有斐閣 ライオン

【主要仕入先】 北越コーポレーション 日本東海インダストリアルペーパーサプライ EBS 王子エフテックス 立山製紙 ダイニック アテナ製紙 岡山製紙 大二製紙

【所属団体】 日本紙商団体連合会 日本洋紙代理店会 日本板紙代理店会 ほか

【沿革】

2011/4	北越紀州製紙㈱の完全子会社として、北越紀州販売㈱を設立。
2011/10	丸大紙業㈱と㈱田村洋紙店を統合。
2012/4	河野商事㈱より全事業を譲受、三矢化成㈱より一部事業を譲受。
2012/10	北新紙商事㈱より事業を譲受。
2018/7	北越紀州販売㈱より北越紙販売㈱へ社名変更。
2020/7	本店事務所を中央区日本橋に移転

【特色】 北越コーポレーションの国内紙販売を担う「直系代理店」として、主に洋紙・白板紙・特殊紙を中心に、幅広い分野の製品を販売し、得意先の皆様より高い信頼を得ている。

　北越コーポレーショングループの中核企業として、長期ビジョン「Vision2030」及び中期経営計画に参画し、北越コーポレーションとベクトルを合わせて戦略的営業の強化を図り、更なる成長とあくなき挑戦をつづけている。また、激変する環境の中で、「直系代理店」の強みを活かして市場動向・ユーザーニーズを的確に把握・認識し、高品質なサービスとより良い製品をご提供する事で、得意先の皆様と強固な信頼関係を構築している。

　さらに、北越グループ企業理念及びグループ行動規範に基づきコーポレートガバナンスの強化と環境経営の深化を図っている。具体的には、コン

プライアンス経営を徹底するとともに、北越グループ「サステナビリティ基本方針」に基づきグループ企業理念に掲げる「自然との共生」を達成するため、原料から製品に至るまでの環境へのあらゆる影響を最小限にとどめることにより、持続可能な社会の実現に貢献している。加えて北越グループ「ダイバーシティ基本方針」に基づき「人間本位の企業」として人の多様性を尊重し、人を活かすというビジョンを共有し、公正且つ透明、持続可能な未来実現に向けた企業活動を通じ、社会に貢献している。

名古屋支店

〒460-0003　名古屋市中区錦1-7-32　名古屋SIビル
TEL 052-201-6210　FAX 052-201-6258
【執行役員】　執行役員・名古屋支店担当＝黒田竜一
【支店長】　名古屋支店長＝長谷川裕司
【幹部】　営業部長＝長屋伸哉
【従業員数】　6名
【所属団体】　愛知県紙商組合　名古屋洋紙代理店会　名古屋板紙代理店会

大阪支店

〒564-0043　大阪府吹田市南吹田4-20-1
TEL 06-7167-1250　FAX 06-6339-2030
【執行役員】　執行役員・大阪支店長＝渡邉和則
【幹部】　営業部長＝森岡浩信　管理部長＝上堂薗健一
【従業員】　20名
【所属団体】　大阪府紙商組合　大阪洋紙代理店会　大阪板紙代理店会

北昭興業 株式会社

富士紙業本部

〒417-0847 静岡県富士市比奈字小麦田414
TEL 0545-38-3111　FAX 0545-38-3115
【事業所】　本社：北海道白老郡　TEL 0144-83-3000　FAX 0144-83-2347　札幌事業所：札幌市　白老事業所：北海道白老郡　岩沼事業所：宮城県岩沼市　東京営業所：東京都千代田区　浅草営業所：東京都台東区 新川営業所：札幌市
【倉庫・配送センター】　富士紙業本部：静岡県富士市（土地20,000m^2、建物11,000m^2）
【創業】　1966（昭和41）年5月
【支店開設】　1980（昭和55）年4月
【役員】　常務取締役＝三上良源　同東京営業所長＝小渕 進
【従業員数】　男子17名・女子13名　計30名（平均年齢40歳）
【取引銀行】　静岡・吉原北
【設備】　断裁機2台　トラック4台（3t車1台、4t車3台）
【関係会社】　東和テック（作業請負、100％）　東陽紙業
【品種別売上構成】　洋紙70％　板紙25％　ほか紙5％
【業種別販売分野】　印刷紙器業50％　紙製品製造業10％　卸売業35％　ほか5％
【主要仕入先と比率】　齊藤商会40％　大昭和紙工産業15％　新生紙パルプ商事20％
【沿革と特色】　1980年4月紙および紙加工品の販売拠点として富士市伝法に富士営業所を開設、また倉庫業の営業を開始。85年5月東京営業所を開設。88年富士市比奈に移転。大昭和製紙㈱鈴川工場（現日本製紙㈱）の請負業務を開始。

北海紙管 株式会社 / 株式会社 もっかいトラスト

北海道札幌市清田区清田1条1丁目7-23
北海紙管㈱：
TEL 011-882-7761
㈱もっかいトラスト：
TEL 011-350-5695
FAX 011-882-0077
【工場・事業所】　大曲：
TEL 011-330-8044
東京：TEL 048-761-1291　福島：TEL 024-576-3136

長谷川裕一社長

長岡：TEL 0258-22-7117　泉崎：TEL 0248-27-7123
南相：TEL 0244-25-3415　大阪：TEL 06-6747-2271
【営業所】　大曲リサイクルセンター：TEL 011-370-5155　新川：TEL 011-763-3101　菊水：TEL 011-841-4660　清田：TEL 011-882-7760　江別：TEL 011-384- 0745　苫小牧：TEL 0144-55-5738　名寄：TEL 01654- 2-4347　旭川：TEL 0166-22-8271　帯広：TEL 0155- 36-8436　函館：TEL 0138-50-9595　青森：TEL 017- 742-4192　秋田：TEL 018-846-9100　新潟：TEL 025- 271-8266　長岡：TEL 0258-89-6831　高岡：TEL 0766- 31-3973　小山：TEL 0285-49-3305　八千代：TEL 047-450-0021　大宮：TEL 048-622-6446　春日部：TEL 048- 754-6298　幸手：TEL 0480-47-3181　東村山：TEL 042-392-2101

【関連会社】　グリーンリサイクル、ジェーピー北海、JH リサイクル、北海紙業、ケーエス工業、信越リサイクル、芦別資源商、豊栄

【役員】　代表取締役社長＝長谷川裕一　取締役専務執行役員＝長谷川成昭　取締役専務執行役員＝佐々木政志　取締役常務執行役員＝藤田理人　監査役＝長谷川恵子　監査役＝長谷川志保

【幹部】　常務執行役員＝田中逸章　執行役員＝船造良道　執行役員＝懸尾敏章

【創業】　1958（昭和33）年3月

【設立】　1968（昭和43）年4月

【資本金】　1億円

【決算期】　3月

【従業員】　390名（2022年9月末現在）

【営業品目】　製紙原料（古紙）の集荷、加工・販売

【主な取引先】　王子製紙　日本製紙　王子マテリア　レンゴー　日本紙パルプ商事　国際紙パルプ商事　大丸凸版印刷　大日本印刷　北清商事

【経営理念】　「誠実と信用」環境ビジネスで未来の輪をつなぐ

【特色】　当社は1958（昭和33）年3月、創業者故長谷川留次郎が北海道名寄市で紙管製造を開始し、その10年後の1968（昭和43）年に埼玉県春日部市の工業団地に現在の東京工場（紙管工場）を設置して本州進出の足掛かりとした。

また、製紙産業に携わる中、資源不足・環境問題の観点から、1974（昭和49）年札幌市にいち早く古紙集荷拠点を築き、古紙集荷事業を開始した。その後社会的要請もあり、北海道・東北・関東を中心に古紙集荷営業所を拡大。

2019（平成31）年4月、紙管製造事業を北海紙管株式会社へ、資源リサイクル事業を株式会社もっかいトラストへ分社化した。

なお、長谷川裕一社長は現在、北海道製紙原料直納商業組合理事長を務めている。

本多商事 株式会社

〒 417-0061　静岡県富士市伝法1715-1
TEL 0545-52-5560　　FAX 0545-52-4822

【創業】　1964（昭和39）年4月

【設立】　1965（昭和40）年8月

【資本金】　8,400万円

【決算期】　8月

【役員】　代表取締役社長＝本多康弘　専務取締役＝本多秀臣　常務取締役＝本多秀彦

【従業員数】　53名

【主要株主】　本多光雄　本多康弘

【取引金融機関】　清水・伝法　富士信金・本店

【主要仕入先】　新生紙パルプ商事

【特色】　早くから紙加工分野に力を入れ、現在の事業内容は紙販売30％、紙加工70％の比率で、印刷機から紙器加工一式の新鋭設備を導入している。また人材教育に注力するとともに　ユーザーに「感動」してもらえる商品作りを心がけ、そのためには「お役に立つ仕事をすること」を全社員間で徹底するよう努めている。

株式会社 松村洋紙店

〒600-8862　京都市下京区七条御所ノ内中町51
TEL 075-313-8184
FAX 075-314-7283

松村基史社長

【事業所】　五条物流センター：京都市下京区西七条東御前田町 15-2
TEL 075-314-3907
FAX 075-314-3908

【倉庫・物流基地】　本社物流センター：〒600-8862 京都市下京区七条御所ノ内中町51（土地 1,976.23m²、建物 1,937.68m²）　五条物流センター：〒600-8898 京都市下京区西七条東御前田町 15 番地 2（土地 1,695.50m²、建物 1,930.80m²）

【創業】　1921（大正 10）年

【設立】　1950（昭和 25）年 3 月

【資本金】　2,200 万円

【決算期】　2 月

【役員】　代表取締役社長＝松村基史　取締役会長＝松村行敏　専務取締役＝上田雅之　常務取締役＝松村行通　取締役＝足立剛　取締役＝大澤雅裕　監査役＝羽山武彦

【従業員】　男子 41 名・女子 8 名　計 49 名

【主要仕入先】　日本紙通商　日本紙パルプ商事　国際紙パルプ商事　新生紙パルプ商事　三菱王子紙販売　柏原紙商事　平和紙業　竹尾　北越紙販売

【沿革】　1921（大正 10）年創業、松村半六が個人商店にてスタート。50（昭和 25）年 3 月、㈱松村洋紙店設立。初代代表取締役に松村半六が就任。55 年 5 月、烏丸通二条角に本社社屋を新築して移転。65 年 4 月、二代目代表取締役に松村宗一が就任。67 年 5 月、現在地（七条）に事務所・倉庫・裁断工場を新設。84 年 9 月、倉庫を建て替え、商品センターを新設。93（平成 5）年 3 月 1 日、本社跡地に烏丸二条ビルを建設（テナントビルとして使用）。96 年 4 月、松村行敏が三代目の代表取締役に就任。00 年 12 月、五条物流センター設置。17 年 8 月、紙の貼合を業務としている多田製張所を統合。加工事業部を新設。17 年 12 月、「京のあられ処橘屋」の屋号を引き継ぐ。食品事業部を新設。19 年 1 月、剥離層形成材料および剥離紙の製造方法で特許を取得。21 年 4 月、烏丸二条ビルに「京のあられ処橘屋」直営店舗オープン。21 年 6 月、松村基史が四代目の代表取締役に就任。

【経営理念】　①取引先様から信頼され、尊敬される会社を目指します。②地域社会の発展に貢献するとともに、紙の販売を通して自然環境の保護に努めます。③従業員が夢と希望の持てる会社を志向します。

【企業の特色】　経営理念、社章を旗印に、常に「顧客満足の向上」を第一に考えて、謙虚に、まじめに、そして積極的に事業を展開している。また、行動指針に基づいて業務を遂行すると同時に、明るく、活気ある職場づくりに努めている。

06 年に FSC－CoC 森林認証を取得、10 年には新たに環境方針を定めた。松村洋紙店が営業活動している京都市で、京都議定書が採択された。それだけに、地球環境の保全には最大限の配慮をしている。

株式会社 丸 加

〒700-0866　岡山市北区岡南町 2-2-36
TEL 086-222-0216
FAX 086-233-2148

辻 周平社長

【本社】　岡山市北区岡南町（土地 7,450m²　建物 5,646m²）

【倉庫・配送センター】　瀬戸内市長船町（土地 4,907m²　建物 1,399m²）

【創業】　1939（昭和 14）年 11 月 8 日

【資本金】　1 億 5,000 万円

【決算期】　12 月

【役員】　社長＝辻周平　常務（事業本部長・管理本部長）＝川上健一　常務（事業副本部長・営業 1 部長・営業 2 部長・業務部長）＝喜種秀夫　常務（管理副本部長・管理部長）＝三宅誠　監査役＝末長範彦

【幹部】 物流部長=赤木博 デジタル・メディア部長=佐伯学
【従業員】 男子39名・女子6名 計45名
【主要株主と持株比率】 一誠企画29% 辻邦子18% 辻周平8% 岡山土地倉庫6%
【取引銀行】 中国・本店 トマト・本店
【主要設備】 断裁機2台 トラック10台（4t 4台、3t 3台、2t 3台）
【品種別売上構成】 洋紙75% 板紙15% デジタルメディア10%
【業種別販売分野】 出版40% 印刷35% 紙器15% その他10%
【主要仕入先】 岡山製紙 国際紙パルプ商事 シロキ 新生紙パルプ商事 日本紙パルプ商事 北越紙販売 三菱王子紙販売 イトマン
【主要販売先】 岡山県庁 岡山市役所 協同精版印刷 研精堂印刷 コーセイカン 山陽印刷 シンコー印刷 ベネッセコーポレーション 岡山大学 川崎医科大学
【所属団体】 日本板紙代理店会連合会 日本洋紙板紙卸商業組合
【取引先との関係団体】 大阪JP会 関西SPP会 関西菱和会 関西白楽会 関西HK会 サクラテラス 岡山製紙会
【沿革と特色】 1939（昭和14）年11月8日に㈱丸加商店として設立。52年2月丸加商事㈱に商号を変更し、61年6月には丸加製版㈱を設立した。その後、75年4月の丸加商事と丸加製版の合併を機に現社名に変更した。「紙」の専門商社として中・四国エリアの紙流通を担い、また早くからデジタルメディア分野への事業展開を進めるなど、創業85年の社歴と実績を誇る当エリア屈指の卸商として躍進を続けている。

株式会社 丸佐商店

〒984-0012 仙台市若林区六丁の目中町25-60
TEL 022-288-6603 FAX 022-288-6610
【事業所】 シュレッドスペース仙台：〒983-0035 仙台市宮城野区日の出町3-5-38 TEL 022-236-9931 FAX 022-236-9932

福島営業所：〒960-8161 福島市郷野目字師々田20 TEL 024-545-2751 FAX 024-545-3016
山形営業所：〒990-0051 山形市銅町1-8-5 TEL 023-635-8121 FAX 023-635-8120

佐藤清隆社長

【工場規模】 本社：土地4,620m^2、建物1,980m^2
福島営業所：土地2,897m^2、建物1,264m^2
山形：土地2,564m^2、建物1,155m^2
【主要設備】 古紙ベーラー：5台 その他梱包機：1台 トラックスケール：4基 車輌：トラック10台、パッカー車8台、ペーローダ3台 フォークリフト：13台 RDVシステムカー：2台
【創業】 1951（昭和26）年1月
【設立】 1954（昭和29）年1月
【資本金】 1,000万円
【役員】 社長=佐藤清隆 取締役（総務担当）=高田修
【従業員数】 計55名
【取引金融機関】 七十七・六丁目 日本政策金融公庫・仙台
【関連会社】 ㈱RDVシステムズ ㈱サンキョウリサイクル
【業務内容】 古紙全般のリサイクル 機密書類の出張断裁処理（JQAリサイクル処理センターRDVシステム＝オンサイト処理＝取得） 産業廃棄物収集運搬業（仙台市・宮城県・福島県） 廃蛍光管リサイクル
【主要取引先】 日本製紙 丸三製紙 三菱製紙 日本紙パルプ商事 上山製紙 DNP東北 河北新報社 ほか
【沿革】 1951（昭和26）年1月、仙台市二十人町にて創業。54年1月、法人化し㈱丸佐商店とする。71年1月、本社・工場を現在地に移転。73年5月、100馬力梱包機導入。同年12月、60馬力梱包機導入。74年7月、40tトラックスケール設置。75年11月、多賀城事業所に30馬力ベーラー導入。77年12月、丸佐資源運輸㈱設立、運送業務を分離。79年2月、

100馬力梱包機を150馬力ベーラーに更新。80年10月、本社事務所新築、60馬力梱包機を60馬力ベーラーに更新。84年12月、福島営業所開設、100馬力ベーラーを導入。87年以降、随時、設備更新を実施。95（平成7）年4月、宮城県より廃棄物再生事業者登録許可（登録番号12号）。同年6月、仙台市より産業廃棄物収集運搬許可（54003139）。96年3月、本社第1工場建て替え、60馬力ベーラーを100馬力ベーラーに更新。98年7月、機密書類裁断処理事業を開始、RDV車を導入。2002年7月、JQAリサイクル処理センター安全対策R.D.Vシステム適合認定基準取得。03年3月、福島営業所を福島市郷野目に移転。同年12月、山形営業所を山形市銅町に開設。07年9月、古紙商品化適格事業所の認定を取得。08年9月、ISO27001の認証を取得（JQA-UIM-B70045）。09年2月、エコアクション21の認証を取得（認証・登録番号：0003286）。12年、本社ビルを建替え。19年4月、機密文書処理センターのシュレッドベース仙台を開設。

【特色】 環境問題の大切さを考え、当社では自社のビジネスにさまざまな制約やルール（①責任を持って古紙を分別する　②責任を持って古紙を再生する業者に提供する　③責任を持って同じ志の企業を増やす）を設けている。このルールを責任を持って守ることで、取引先からも多大の信頼を寄せられている。佐藤清隆社長は東北製紙原料直納協同組合の理事長を務めたこともあり、長年にわたって業界の安定と発展に大きく貢献している。

丸紅フォレストリンクス 株式会社

本社　〒100-8088　東京都千代田区大手町1-4-2 丸紅ビル
TEL 03-6268-5211
FAX 03-6268-5223
ホームページ https://www.marubeni-flx.com

増野浩一社長

【事業所】 大阪支店：〒530-0004 大阪市北区堂島浜1-2-1 新ダイビル　TEL 06-6347-3560　FAX 06-6347-3570　名古屋支店：〒460-0003 名古屋市中区錦2-2-2 名古屋丸紅ビル　TEL 052-211-3741　FAX 052-232-2587　九州支店：〒812-0013 福岡市博多区博多駅東1-17-25 KDビル　TEL 092-452-1200　FAX 092-452-1206　静岡営業所：〒422-8067 静岡市駿河区南町18-1 サウスポット静岡　TEL 054-202-0333　FAX 054-202-0337　札幌営業所：〒060-0051 札幌市中央区南1条東1-5 大通バスセンタービル1号館　TEL 011-252-3211　FAX 011-252-3212

【設立】 1953年10月28日
【資本金】 10億円
【決算期】 3月
【役員】 代表取締役社長＝増野浩一　取締役専務執行役員（コーポレート統括）＝重田和宏　取締役常務執行役員（コーポレート第2本部本部長）＝榮誠二　取締役常務執行役員（コンシューマープロダクツ第2営業本部本部長）＝山本貴博　取締役（非常勤）＝下司功一　取締役（非常勤）＝辻岳志　取締役（非常勤）＝中野敦史　常務執行役員（大阪支店支店長）＝堀康尚　常務執行役員（名古屋支店支店長）＝池岡兼人　常務執行役員（コンシューマープロダクツ第1営業本部本部長）＝宮本彦次郎　執行役員（製紙原料本部本部長）＝野間隆行　執行役員（包装資材営業本部本部長）＝伊藤英二　執行役員（段ボール営業本部本部長）＝森本龍也　執行役員（九州支店支店長）＝太井計雄　執行役員（サーキュラー推進部部長）＝渡邉端午　執行役員（社長補佐、新規事業開発部部長）＝川野栄一郎　常勤監査役＝伊藤一成　監査役（非常勤）＝北條喜載　監査役（非常勤）＝小池睦彦
【従業員数】 264名
【株主】 丸紅100％

【業績】

	21.3	22.3	23.3	24.3
売上高(100万円)	124,798	126,736	142,508	147,501
経常利益	2,530	2,264	2,675	2,954
当期利益	2,638	1,633	1,850	2,015

【取引金融機関】 みずほ・大手町営業部
【品種別売上構成】 洋紙56.8％　板紙28.9％　化成品他14.4％
【業種別販売分野比率】 出版業3.6％　印刷業

11.5％　卸商 2.3％　段ボール製造業 17.9％　その他 64.7％

【主要販売先】　集英社　講談社　小学館　TOPPAN　大日本印刷　トーモク　ダイナパック　アスクル　東京スポーツ新聞社　ザ・パック

【主要仕入先】　日本製紙　王子製紙　大王製紙　興亜工業　福山製紙　輸入紙

【所属業界団体】　日本製紙連合会　東京洋紙代理店会　東京板紙代理店会　東京都紙商組合　ほか

【沿革】　1953年10月 三栄洋紙店設立。1954年11月 商号を丸紅紙業㈱に変更。1998年7月 丸紅パック㈱と合併。2001年7月 湊屋紙商事㈱と合併、商号を丸紅紙パルプ販売㈱に変更。2010年10月 丸紅㈱より国内紙・板紙販売商権を譲り受ける。2021年4月 商号を丸紅フォレストリンクス㈱に変更。2022年10月 本社所在地を千代田区大手町1-4-2に移転。2024年4月 丸紅ペーパーリサイクル㈱と合併。

【経営理念】　社是「正・新・和」の精神に則り、「使う」「包む」「伝える」価値を最大限に高め、社会に新たな価値を提供し、人々の生活を豊かなものにする。

【特色】　紙パルプ事業を得意とする総合商社・丸紅グループにおいて国内での紙・板紙製品販売事業を一手に担う商社系代理店。植林・チップ〜パルプ〜製紙〜販売・加工・物流といった丸紅グループのバリューチェーンによる総合力を活かし、洋紙・板紙・化成品・紙器など国内だけでなく海外の製品まで幅広く取り扱い、独自の地位を築いている。ISO14001のほか森林認証を取得するなど、環境への取り組みにも注力している。

株式会社 丸升増田本店

〒060-0007　札幌市中央区北7条西15丁目
TEL 011-632-0311
FAX 011-632-0211
ホームページ https://www.masuda-net.co.jp
Eメール info@masuda-net.co.jp

代表取締役 内山恭子

【事業所】　札幌西支店（責任者＝山本進一／土地 2,480m²、建物 673m²）：〒006-0002　札幌市手稲区西宮の沢2条2丁目　TEL 011-664-5278　FAX 011-663-8646

札幌平和通支店（責任者＝山本進一／土地 1,650m²、建物 905m²）：〒003-0029　札幌市白石区平和通11丁目北8番25号　TEL 011-864-0311　FAX 011-864-0314

旭川支店（責任者＝土田勝磨／土地 2,212m²、建物 780m²）：〒070-0028　旭川市東8条5丁目3-2　TEL 0166-24-2723　FAX 0166-24-2893

函館支店（責任者＝板倉光樹／土地 1,980m²、建物 792m²）：〒041-0824　函館市西桔梗町252-56　TEL 0138-49-5373　FAX 0138-49-4553

北広島エコファクトリー（責任者＝細川 修／土地 3,640m²、建物 1997m²）：〒061-1111　北広島市北の里70番地3　TEL 011-372-6011　FAX 011-372-6031

小樽エコファクトリー（責任者＝渡辺敏裕／土地 4,023m²、建物 1158m²）：〒047-0261　小樽市銭函3丁目274-4　TEL 0134-61-4560　FAX 0134-61-4561

東北営業所（責任者＝外崎太一／土地 3,385m²、建物 232m²）：〒038-0031　青森市三内丸山393-82　TEL 017-781-3186　FAX 017-781-3408

【事業内容】　製紙原料の回収・販売、包装資材の販売、金属屑の回収・販売、一般廃棄物（紙くず）の収集運搬・処分、産業廃棄物の収集運搬・処分、特別管理廃棄物の収集運搬、古紙破砕解繊物の製造・販売

【創業】　1918（大正7）年8月

【設立】　1961（昭和36）年1月18日

【資本金】　5,000万円

【決算期】　8月

【役員】　代表取締役＝内山恭子　常務取締役＝横山教之　取締役＝増田秀子　取締役（旭川支店長）＝土田勝磨　監査役＝山上晃広

【執行役員】　執行役員（札幌地区統括支店長）＝山本進一　執行役員（総務部長）＝村山能隆　執

行役員（営業部長）＝橋本浩路

【従業員】 男子 81 名・女子 19 名　計 100 名

【主な株主】 増田秀子　内山恭子

【取引金融機関】 第四・札幌　北洋・本店　北海道・札幌駅北口　三菱 UFJ・札幌

【計数管理システム】 サーバー＝ HP：ProLaint ML110 × 3 台　クライアント＝ HP：DX7300 × 10 台

【主な設備】 トラックスケール＝クボタ：SP-150C（50t-10k）× 1、A ＆ D：AD-4350A（40t-10k）、鎌長製鋼：LI-750（50t-10k）、山新計量器：SP-200D2（25t-10k）、川崎アドバンテック：KD-520-D001（25t-10k）　配送車両＝計 59 台（1.2 ～ 1.8t 車 16 台、2 ～ 2.5t 車 18 台、3 ～ 3.9t 車 7 台、4 ～ 4.9t 車 10 台、7.7 ～ 8t 車 6 台、10t 車 2 台）

【取扱比率】 段ボール古紙 47.5%　新聞古紙 34.5%　雑誌古紙 6.6%　上台紙 2.7%　色上古紙 1.5%　タイプ・上質古紙 1.5%　クラフト古紙 0.4%　古紙破砕品 5.3%

【主な取引先】 王子製紙　日本製紙　王子マテリアル　王子エフテックス　王子ネピア　王子製袋　コアレックス道栄　ホクレン農業協同組合連合会

【沿革】 1918（大正 7）年、札幌市中央区南 1 条東 1 丁目に藁加工品の販売、その他各袋の加工製造する増田商店を創立。33 年（昭和 8）年、札幌市東区北 10 条東 2 丁目に縄製造工場を建設。60（昭和 35）年、製紙原料の集荷販売業務を開始。61 年、㈱丸升増田本店を札幌市北区北 10 条西 3 丁目に設立。67 年、札幌市東区北 11 条東 17 丁目に古紙ヤード建設、本社を移転。68 年、旭川支店開設。71 年、札幌市東区北 11 条東 17 丁目に原料倉庫建設。78 年、函館支店開設。79 年、本社社屋に大型梱包機設置。札幌西支店を開設。88 年、札幌平和通支店・札幌里塚支店を開設。函館市西桔梗に函館支店を移転。94（平成 6）年、リサイクル推進協議会会長賞を受賞。99 年、分別基準適合物の再生処理事業者登録。

2000 年、旭川支店が容器包装リサイクル法その他紙製容器処理施設認定。01 年、道内初の古紙破砕施設となる北広島エコファクトリーを開設。03 年、青森市に東北営業所を開設。札幌西支店を新築移転。04 年、増田秀子元会長が北海道産業貢献賞を受賞。05 年、業界初となる情報セキュリティマネジメントシステム（ISMS）Ver2.0 認証を取得。06 年、増田秀子元会長が旭日双光章を受章。07 年、古紙敷料「あんしん君」が北海道リサイクル製品に認定。11 年、小樽エコファクトリーを開設。RPF プラントを新設。本社を札幌市中央区北 7 条西 15 丁目に移転。08 年、本社と東北営業所にてエコアクション 21 認証・登録。その後、旭川支店、北広島エコファクトリーも認証取得。14 年、内山謙士郎社長が北海道産業貢献賞を受賞。2018 年、創業 100 周年を迎えた。

2019 年 8 月、内山謙士郎前社長が逝去。同年 9 月、内山恭子専務が代表取締役に就任。

【特色】 当社は、「リサイクル＆セキュリティ」をテーマに古紙そして再生資源の利用拡大に取り組み、製品の品質向上に努めてきた。永年にわたり培った経験をもとに社会の要求する事業をさらに推進していく。

株式会社 丸元紙業

〒 417-0001　静岡県富士市今泉 529-7

TEL 0545-51-9375　FAX 0545-51-1234

ホームページ

http://www.hatsuhiko.com/marumoto/

E メール kk.marumoto@wave.plala.or.jp

【事業所】 本社工場：静岡県富士市今泉 535-2

TEL 0545-52-1565　FAX 0545-52-8265

三島営業所：静岡県駿東郡清水町伏見小関 377

TEL 055-972-1317　FAX 055-966-8775

貸倉庫：静岡県富士市依田橋 332-1

【資本金】 1,000 万円

【決算期】 4 月

【役員】 代表取締役社長＝菊池秀子　取締役＝菊池寛子

【従業員数】 21 名

【取引金融機関】 富士信金・今泉　静岡・吉原ほか

【主要設備】 150PS ベーラー（本社・三島各 1 台）、45t 自動計量機（本社・三島各 1 台）

【主要仕入先】　静岡、神奈川、山梨県一円
【主要納入先】　日本製紙　勇和産業　エリエールペーパー　新東海製紙　コアレックス信栄　王子マテリア　高尾丸王製紙　ほか数社

三菱王子紙販売 株式会社
Mitsubishi Oji Paper Sales Co.,Ltd

〒130-0026　東京都墨田区両国2-10-14　両国シティコア
TEL 03-5625-8701
FAX 03-5625-8741
ホームページ
https://www.mo-ps.co.jp
Eメール
webmaster@mo-ps.co.jp

高上裕二代表取締役

【創業】　1912年（明治45年）2月25日
【設立】　1956年（昭和31）年8月1日
【資本金】　6億円
【決算期】　3月
【役員および監査役】　代表取締役（取締役社長）＝高上裕二（三菱製紙㈱ 取締役 常務執行役員）　取締役＝中村禎男（三菱製紙㈱ 執行役員）　取締役＝徳永幸雄（三菱製紙㈱ ミッション・エグゼクティブ）　取締役＝木坂隆一（三菱製紙㈱ 代表取締役社長）　取締役＝中川邦弘（三菱製紙㈱ 取締役 常務執行役員）　常勤監査役＝片山竜一　監査役＝秦 和宏（三菱製紙㈱ 企画管理本部企業戦略部企画グループ
【執行役員】　（取締役兼務を除く）　常務執行役員＝渡邉成久（紙素材本部 販売促進部 営業一部 営業二部 営業四部 担当）　常務執行役員＝梶 秀之（西日本営業本部 管掌役員本部長 営業二部 中部営業部 担当）　常務執行役員＝藤田郁夫（機能材本部 副本部長 産業資材営業部 担当 産業資材営業部 部長）　常務執行役員＝塚田英孝（機能材本部 副本部長 生活資材営業部 担当）　常務執行役員＝酒井浩太郎（コーポレートガバナンス本部 管掌役員本部長 セールスサポート部 部長 紙素材本部 国際営業部 担当 国際営業部 部長）　執行役員＝宮本亮一　執行役員＝田中 洋（紙素材本部 販売促進部担当）　執行役員＝川久保信子（コーポレートガバナンス本部 副本部長）　執行役員＝武井博明（西日本営業本部 副本部長 営業一部 営業三部 担当）　執行役員＝相馬泰彦（紙素材本部 営業一部 部長）
【従業員数】　229名（2024年3月31日現在）
【主要株主と持株比率】　三菱製紙99.9％　王子ホールディングス0.1％（2024年3月31日現在）
【業績】　　　　22.3　　　23.3　　　24.3
売上高　　　72,849　　78,897　　88,892
（単位:100万円）
【品種別売上構成】　洋紙・板紙65.2％（57,979百万円）　機能商品34.6％（30,738百万円）　その他0.2％（174百万円）（2024年3月期）
【沿革】　1912（明治45）年2月、菱三商会創業。1917（大正6）年9月、合資会社に改組。1956（昭和31）年8月、㈱菱三商会設立。1964（昭和39）年6月、㈱東栄商会と合併。1972（昭和47）年4月、㈱カシワと合併、社名を三菱製紙販売㈱と改称。2019（令和元）年11月、三菱王子紙販売に社名変更。2023年4月、ダイヤミック㈱と合併。2024年3月、菱紙㈱と合併。
【特色】　三菱製紙㈱の国内専属販売代理店として三菱製紙製品の安定販売に注力。2006年7月、開かれた販売会社としての更なる発展のため、三菱商事パッケージング㈱の洋紙事業部門と事業統合。2019年1月には王子製紙㈱と代理店契約を締結し、強固な仕入基盤を持つ代理店への転換を進めるため「三菱王子紙販売㈱」に社名を変更。三菱製紙㈱と王子ホールディングス㈱との資本業務提携に基づく販売面での協業に取り組んでいる。

　2023年4月に三菱製紙グループの販売代理店であるダイヤミック㈱と統合するとともに、三菱製紙㈱営業部門との組織一体化を図り、製販一体の体制を構築。三菱製紙グループの全製品を取り扱う代理店となる。

　また2024年4月に菱紙㈱と統合。引き続き三菱製紙グループ企業として一体化を図るとともに、市場の変化や顧客ニーズに柔軟に対応し、新たな価値を創造する。
【拠点】　東北営業グループ：〒983-0045 宮城県仙

台市宮城野区宮城野 1-11-1 ダイヤミックビル　TEL 022-296-3221　FAX 022-296-3230

　　中部営業部：〒460-0007 愛知県名古屋市中区新栄 2-42-32　TEL 052-242-5981　FAX 052-263-0783

　　金沢営業グループ：〒920-0867 石川県金沢市長土塀 1-2-28 パーク・サイド長土塀 1F　TEL 076-200-7002　FAX 076-282-9115

　　西日本営業本部：〒617-0826 京都府長岡京市開田 1-6-6　TEL 075-959-7800　FAX 075-959-7805

　　九州営業グループ：〒812-0035 福岡県福岡市博多区中呉服町 4-14　TEL 092-281-4135　FAX 092-281-4158

　　ピクトリコ ショップ＆ギャラリー：〒130-0015 東京都墨田区横網 1-2-16 両国ガイビル 國技館前 5F　TEL 03-6658-5823　FAX 03-6658-5824

美濃紙業 株式会社

〒120-0025　東京都足立区千住東 2-23-3
TEL 03-3882-4922
FAX 03-3888-6439

近藤行輝社長

【事業所】　足立営業所：TEL 03-5875-9880　千住東営業所：TEL 03-5284-5722　東雲営業所：TEL 03-3527-5360　相模原営業所：TEL 042-772-4626　草加営業所：TEL 048-936-5871　戸田営業所：TEL 048-421-1385　宇都宮営業所：TEL 0285-56-8441　石橋営業所：TEL 0285-51-1522　芳賀営業所：TEL 028-678-5451　守谷営業所：TEL 0297-48-5245　つくば営業所：TEL 029-847-1731　筑西営業所：TEL 0296-45-5657　八街営業所：TEL 043-444-8701　野田営業所：TEL04-7168-0931　守谷物流センター：TEL 0297-48-1797

【役員】　会長＝近藤 勝　社長＝近藤行輝　専務取締役＝近藤英彰　取締役＝近藤浩冨　取締役＝高木昌夫　取締役＝山口 正　取締役＝近藤茂嘉　監査役＝高木貴美

【創業】　1952（昭和 27）年

【設立】　1955（昭和 30）年

【資本金】　9,372 万円

【決算期】　9 月

【従業員】　160 名

【取引金融機関】　みずほ・千住　三菱 UFJ・千住　日本政策金融公庫・千住　商工中金・上野　足立成和信金・本店

【月間取扱高】　古紙全般 20,000t

【主な納入先】　王子製紙　日本製紙　王子マテリア　レンゴー　三菱製紙　北越コーポレーション　丸住製紙　コアレックスグループ　エリエールペーパー　イデシギョー

【主な仕入先】　関東一円

【沿革】　1952（昭和 27）年、東京・台東区で近藤商店独立。1955（昭和 30）年、美濃紙業㈲を資本金 80 万円で設立。1966（昭和 41）年、資本金 400 万円に増資。1972（昭和 47）年、資本金 1,200 万円に増資。1973（昭和 48）年、神奈川県相模原市に営業所開設。1976（昭和 51）年、資本金 1,800 万円に増資。1979（昭和 54）年、埼玉県草加市に営業所開設。1981（昭和 56）年、資本金 3,600 万円に増資。栃木県河内郡上三川町に営業所開設。1982（昭和 57）年、資本金 5,000 万円に増資。1984（昭和 59）年、茨城県守谷市に営業所開設。1985（昭和 60）年、資本金 9,500 万円に増資。1990（平成 2）年、千葉県八街市に営業所開設。1996（平成 8）年、茨城県つくば市に営業所開設。1999（平成 11）年、栃木県河内郡上三川町に営業所開設。当社で初めて機密文書処理施設を設置し業務開始。2001（平成 13）年、東京都足立区千住東に営業所開設。2001（平成 13）年、ISO14001 認証を取得。2003（平成 15）年、東京都江東区東雲に営業所開設。機密文書処理施設設置。2005（平成 17）年、ISO27001 認証を取得。2006（平成 18）年、埼玉県戸田市に営業所開設。草加営業所に機密文書処理施設設置。2007（平成 19）年、茨城県筑西市に営業所開設。2008（平成 20）年、草加営業所リニューアル。守谷営業所に PET ボトル破砕機設置。2010（平成 22）年、東雲営業所に一軸破砕機追加。栃木県芳賀町に営業所開設。東雲営業所リニューアル。2011（平成 23）年、つくばに新倉庫を増設。2012（平

成 24）年、相模原営業所をリニューアル。平成 30 年 5 月本社を現在地に移転。千葉県野田市に野田営業所開設。

【特色】 1952（昭和 27）年、現顧問が台東区において近藤（行）商店として独立。55 年、現在地に移転と同時に美濃紙業㈲を設立。73 年、株式会社に改組。以来、本社を中核として関東圏に 14 ヵ所の営業所ならびに倉庫（後に物流センターに改称）を設立。地域に密着した集荷体制と近代的な処理システムの導入を図り、積極的な事業展開を続け、今日では大手紙・板紙メーカーに高品質の古紙を安定供給している。

なお、2002（平成 14）年 4 月、本社・足立営業所・石橋営業所の 3 事業所で、03 年 5 月には全事業所で ISO14001 の認証を取得。05 年 3 月に更新し、さらに同年 7 月には企業情報保護（個人情報を含む）に関するマネジメントシステム ISO27001 を全事業所で認証取得した。

美濃紙業 株式会社

〒 577-0013　大阪府東大阪市長田中 3-4-10
TEL 06-6747-5381　FAX 06-6747-5390
ホームページ https://mino.aminaka-group.co.jp/
E メール info@aminaka-group.co.jp
【倉庫・配送センター】 美濃紙業（内倉）：大阪府東大阪市（土地 897㎡、建物 1,868㎡）
【創業】 1947（昭和 22）年 2 月
【資本金】 2,000 万円
【決算期】 9 月
【役員】 代表取締役社長＝網中裕城　専務取締役＝井上大介　取締役＝倉田俊宏　取締役＝櫻井敏男　取締役＝古野雄三　監査役＝岡元賢一
【従業員数】 男子 13 名・女子 1 名　計 14 名（平均年齢 46 歳）
【主要株主と持株比率】 ㈱網中 100％
【取引金融機関】 みずほ・阿倍野橋　三菱 UFJ・東大阪中央　商工中金・東大阪　りそな・東大阪
【計数管理システム】 ホスト＝ Kingtec original system
【設備】 断裁機 2 台　トラック 5 台（3t 車）

【品種別売上構成】 A2 コート紙 16％　上質紙 21％　A3 コート紙 7％　コート白ボール 7％　高特板紙 12％　教科書用紙 19％　ノーカーボン紙 4％　ほか 14％

【業種別販売分野】 印刷業 54％　出版業 33％　紙器 9％　仲間売 0.5％

【主要販売先】 新興出版社啓林館　五ツ木書房　増進堂　日本アーツ　旭堂印刷　大阪印刷工業　佐々木洋紙　日本マーク

【主要仕入先】 新生紙パルプ商事　日本紙パルプ商事　三菱王子紙販売　柏原紙商事　北越紙販売

【所属団体】 日本洋紙板紙卸商業組合　大阪府紙商組合　大阪洋紙同業会　大阪紙文具流通センター

【取引先との関係団体】 関西 OK 会　関西 NP 会　関西 JP 会　関西 SPP 会　関西菱和会　柏友会

【沿革】 1947（昭和 22）年 3 月、資本金 18 万円で会社設立。48 年 9 月、資本金を 50 万円に増資。53 年 2 月、資本金 200 万円に増資。55 年 4 月、社屋新築。62 年 3 月、新社屋建築。63 年 12 月、資本金 800 万円に増資。65 年 12 月、資本金 1,000 万円に増資。71 年 11 月、紙文具流通センターに移転。74 年 12 月、資本金 2,000 万円に増資。2021 年 12 月、㈱網中と資本業務提携。

【経営理念】 信頼と協調。

【企業の特色】 流通の簡素化が起こっている中で、メーカー、代理店との関係の強化を図っている。顧客のニーズに対応しながら、協力関係の強化を心がけている。また、物流問題が深刻化する中、配送車両を増強することにより、迅速かつ安定的な物流の効率化と計画的な配送を実現している。

【製品または取扱品の特色】 上質紙（しらおい、雷鳥）　A2 コート紙（OK トップコート）　A3 コート紙（OK マットコート L）　コート白ボール（JET スター、サンコート）　ノーカーボン紙（三菱 NCR スーパー）　教科書用紙（日本製紙）　特殊板紙（ハイラッキー、NEW ビジョン）　サンカード　アイベスト W

ミフジ 株式会社

〒514-0028　三重県津市東丸ノ内5-8
TEL 059-226-2662
FAX 059-226-2660
ホームページ https://www.kami-mifuji.com/
Eメール mail@kami-mifuji.com

三藤友喜代表取締役社長

【倉庫・配送センター】
海岸町倉庫：三重県津市
【創業】　1905（明治37）年
【設立】　1980（昭和55）年7月7日
【資本金】　1,000万円
【決算期】　6月
【役員】　代表取締役社長＝三藤友喜（1986.4.3生、明治大卒、2012.4.1入）取締役＝三藤真理子（1958.9.22生、昭和女子大卒、1991.1.1入）取締役＝三藤梓（1983.11.1生、駒澤大卒、2020.1.6入）
【従業員数】　男子12名・女子9名　計21名（平均年齢46歳）
【主要株主】　三藤友喜　三藤真理子　三藤梓
【取引金融機関】　百五・本店
【計数管理システム】　サーバー＝IBM製1台　端末＝IBM製2台、Dell製13台
【設備】　断裁機2台（イトーテック、余田）　フォークリフト4台（ニチユ）　トラック2t車3台
【品種別売上構成】　洋紙　和紙・家庭紙
【業種別販売分野】　印刷業　一般
【主要販売先】　県内印刷会社　ほか
【主要仕入先】　日本紙パルプ商事　三菱王子紙販売　新生紙パルプ商事　平和紙業
【所属団体】　日本洋紙板紙卸商業組合　中部洋紙商連合会　三重県紙商組合
【取引先との関係団体】　名古屋JP会　中部菱紙会　中部SPP会　平和レインボー会

株式会社 宮崎
MIYAZAKI Co., Ltd.

〒452-0911　愛知県清須市西須ケ口93
TEL 052-409-2281　FAX 052-409-4174
ホームページ https://www.miyazaki-recycle.com/
Eメール info@miyazaki-recycle.com
【事業所】　東京支店：〒136-0082 東京都江東区新木場2-7-1　TEL 03-5569-6901　FAX 03-5569-9020　横浜支店：〒224-0053 神奈川県横浜市都筑区池辺町3905-3　TEL 045-532-6300　FAX 045-532-6760　九州支店：〒818-0115 福岡県太宰府市大字内山字野田445-1　TEL 092-918-7532　FAX 092-408-4163　清須リサイクルセンター（以降RC）：〒452-0917 愛知県清須市西掘江2460　TEL 052-400-4171　FAX 052-400-4172　刈谷RC：〒448-0813 愛知県刈谷市小垣江町御茶屋下8-1　TEL 0566-23-3914　FAX 0566-23-6559　津島営業所：〒496-0026 愛知県津島市唐臼町柳原91　TEL 0567-31-2521　FAX 0567-31-3708　豊橋営業所：〒440-0836 愛知県豊橋市飯村町字南池上1-2　TEL 0532-62-0144　FAX 0532-62-7803　半田営業所：〒475-0021 愛知県半田市州の崎町2-181　TEL 0569-28-4771　FAX 0569-28-4742　名港RC：〒455-0831 愛知県名古屋市港区十一屋2-100　TEL 052-383-6201　FAX 052-383-620　瀬戸RC：〒489-0003 愛知県瀬戸市穴田町969　TEL 0561-48-8222　FAX 0561-48-8226　中川RC：〒454-0977 名古屋市中川区千音寺一丁目108番地　TEL 052-439-5411　FAX 052-439-5455　稲沢RC：〒492-8214 稲沢市大塚南11-54　TEL 0587-21-7581　FAX 0587-21-7583　春日井RC：〒486-0912 愛知県春日井市高山町1-20-12　TEL 0568-31-7306　FAX 0568-31-7355　岐阜RC：〒501-1182 岐阜市秋沢1-50-1　TEL 058-293-9231　FAX 058-293-9232　関RC：〒501-3210 岐阜県関市尾太町66　TEL 0575-21-6270　FAX 0575-21-6271　高山RC：〒506-0041 岐阜県高山市下切町397　TEL 0577-33-8670　FAX 0577-57-8670　伊勢営業所：〒515-0315 三重県多気郡明和町蓑村370　TEL 0596-52-0323　FAX 0596-52-0347　桑名西営業所：〒511-0244 三重県員弁郡東員町大字大木字下仮宿2231-2　TEL 0594-88-5015　FAX 0594-86-2531　四日市RC：〒510-0001 三重県四日市市八3-6-35　TEL 059-365-0069　FAX 059-365-5432　浜松RC：

〒430-0846 静岡県浜松市中央区白羽町 263 番地 TEL 053-441-0264 FAX 053-441-8493 新木場 RC：〒136-0082 東京都江東区新木場 2-7-1 TEL 03-5569-6900 FAX 03-5569-6890 六郷営業所：〒144-0046 東京都大田区東六郷 3-25-5 TEL 03-3735-5690 FAX 03-3735-6289 西多摩営業所：〒190-1232 東京都西多摩郡瑞穂町長岡 3-11-4 TEL 042-568-2511 FAX 042-568-2512 上尾営業所：〒362-0066 埼玉県上尾市領家字中井 1133-1 TEL 048-725-3886 FAX 048-725-3889 上尾 RC：〒362-0066 埼玉県上尾市領家字中井 1130-1 TEL 048-783-0055 FAX 048-783-0056 横浜 RC：〒224-0053 神奈川県横浜市都筑区池辺町 3905-3 TEL 045-532-5101 FAX 045-532-5124 厚木北営業所：〒243-0301 神奈川県愛甲郡愛川町角田 357-1 TEL 046-284-5515 FAX 046-284-5516 成田 RC：〒270-1501 千葉県印旛郡栄町矢口神明 4-9-1 TEL 0476-37-3581 FAX 0476-37-3601 日立 RC：〒319-1418 茨城県日立市砂沢町字榎ノ入 1197-20 TEL 0294-85-7550 FAX 0294-85-7551 大分営業所：〒870-0921 大分市萩原 4-10-12 TEL 097-574-8510 FAX 097-503-1919 太宰府 RC：〒818-0115 福岡県太宰府市大字内山字野田 445-1 TEL 092-918-7531 FAX 092-918-7530 北九州 RC：〒809-0003 福岡県中間市大字上底井野字中曽根 1068-5 TEL 093-701-7776 FAX 093-243-5566 みやま RC：〒839-0213 福岡県みやま市高田町江浦 294 番地 TEL 0944-85-3811 FAX 0944-85-3812

【創業・設立】 1969（昭和 44）年 8 月 1 日

【資本金】 2,000 万円

【決算期】 5 月

【役員】 代表取締役会長＝梅田愼也 代表取締役社長＝梅田慎吾 代表取締役副社長＝伊藤智織 常務取締役＝畑 吉信 常務取締役＝堀田 一 常務取締役（九州支店長）＝山本英之 常務取締役＝岡崎太司 取締役（㈱小牧宮崎 代表取締役社長）＝梅田美也古 取締役（非常勤）＝梅田伸子 取締役＝丹治雅之 取締役（梅田ロジスティクス㈱代表取締役社長）＝伊藤久司

【従業員数】 1,797 名（グループ全体 2024 年 8 月現在）

【取引金融機関】 みずほ 三菱 UFJ 三井住友 りそな銀行 岐阜信金 大垣共立 瀬戸信金 商工中金 東春信金 福岡 百五 滋賀

【計数管理システム】 サーバー＝東芝ソリューション 販売：製紙原料システム

【主な設備】 梱包機＝渡辺鉄工：LB 梱包機 トラックスケール＝サンユー：電子式トラックスケール パッカー車 平車 箱車 ウィング車 ユニック車 アームロール車 トレーラー

【関係会社】 梅田ホールディングス㈱ 梅田商事㈱（商社〈古紙、紙製品および関連商品〉） ㈱小牧宮崎（再生資源卸売業＝以下同） ㈱春日井宮崎 ㈱尾張紙業 ㈲尾張ホールディングス 東濃故紙センター㈱ ㈱山一 ㈲大丸商事 ㈱イビ ㈱タヤマ 丸恵紙業㈱ 三井物産ファーストワンマイル㈱ ㈲賀頌 ㈱庄司 ㈱川口レジン ㈱はまだ 東陽紙業㈱ ㈱乙 ㈱九州宮崎 梅田ロジスティクス㈱（運送業） エイチケイエムロジスティクス㈱（運送業） ㈱ユーアイエー ㈱城北自動車学校（自動車教習所） Sansetsu UK Ltd.（英国） Truckwright Ltd.（英国）

【主要販売先】 王子グループ 日本製紙 レンゴー 中越パルプ工業 新東海製紙 興亜工業 大王製紙 福山製紙 北越コーポレーション エコペーパー JP 大豊製紙 カミ商事 富山製紙 東栄製紙工業 大井製紙 中川製紙 コアレックス信栄 AIPA 日本紙パルプ商事 日商岩井紙パルプ 丸紅ペーパーリサイクル 伊藤忠紙パルプ・国際紙パルプ商事 三井物産パッケージングほか

【主要仕入先】 官公庁 行政機関 その他一般再生資源排出先 大手スーパー 一般企業 各種資源団体

【所属業界団体】 全国製紙原料商工組合連合会 中部製紙原料商工組合 関東製紙原料直納商工組合 東京都製紙原料協同組合 愛知県古紙協同組合 名古屋リサイクル協同組合 岐阜県資源リサイクル協同組合 三重県古紙卸協同組合 九州製紙原料直納商工組合 古紙再生促進センター

【沿革】 1969（昭和44）年8月、㈱宮崎を設立。資本金1,000万円。代表取締役に梅田慎也が就任。愛知県清須市に新川営業所を開設。72年12月、愛知県刈谷市に刈谷営業所を開設。73年4月、愛知県海部郡七宝町の末広運送㈱をグループ化。同年5月、三重県多気郡明和町に伊勢営業所を開設。同年12月、愛知県津島市に津島営業所を開設。74年7月、資本金2,000万円に増資。75年12月、愛知県小牧市に㈱小牧宮崎を設立。78年8月、名古屋市港区に㈱名港宮崎を設立。同年10月、鹿児島市に㈱九州宮崎を設立。79年12月、愛知県春日井市に㈱春日井宮崎を設立。80年3月、岐阜県高山市の村川商店と業務提携。同年9月、大分市に㈱九州宮崎大分営業所を開設。82年6月、愛知県豊橋市に豊橋営業所を開設。83年5月、愛知県半田市に半田営業所を開設。84年7月、岐阜県美濃加茂市に㈱サンシャイン宮崎を設立。85年2月、岐阜市のナイロップ㈱をグループ化。86年3月、名古屋市中村区に櫻花商事㈱を設立。

　89（平成元）年3月、和歌山県紀の川市の㈱はまだをグループ化。92年4月、愛知県稲沢市に稲沢営業所を開設。同年6月、稲沢営業所内にグリーン興商㈱を設立。同年8月、川崎市宮前区に㈱アイプレックを設立。94年3月、愛知県清須市に梅田商事㈱を設立。同年8月、㈱九州宮崎大分営業所を吸収し、大分営業所を開設。同年9月、東京都江戸川区に江戸川営業所を開設。同年10月、埼玉県上尾市に上尾営業所を開設。95年8月、江戸川営業所を閉鎖し、東京都江東区に新木場営業所を開設。97年8月、東京都江東区に東京支店を開設。99年3月、東京都目黒区に関東資源回収センターを開設。同年11月、名古屋市港区に港南営業所を開設。

　2000年4月、愛知県瀬戸市に瀬戸営業所を開設。同年10月、鹿児島県川辺郡知覧町に㈱九州宮崎知覧リサイクルセンターを開設。同年12月、名古屋市港区に港南第一営業所を開設。既存の施設を港南第二営業所とする。01年11月、愛知県清州市西須ケ口に本社新社屋完成（移転）。02年6月、東京都町田市に横浜営業所を開設。東京都大田区に六

郷営業所を開設。福島県会津若松市に会津営業所を開設。同年12月、東京都江東区に新木場リサイクルセンターを開設。03年5月、和歌山県紀ノ川市に㈱はまだ本社を移転。同年7月、三重県津市に津営業所を開設。同年8月、東京都西多摩郡瑞穂町に西多摩営業所を開設。04年3月、神奈川県愛甲郡愛川町に厚木北営業所を開設。同年12月、名古屋市中川区に中川リサイクルセンターを開設。愛知県海部郡美和町に美和営業所を開設。名古屋市中区の㈱酒井商店をグループ化。

　05年4月、鹿児島県指宿市に㈱九州宮崎指宿なのはなりリサイクルセンターを開設。同年6月、神奈川県川崎市宮前区に川崎営業所を開設。同年8月、櫻花商事㈱が梅田商事㈱を吸収、梅田商事㈱に社名変更。同年10月、名古屋市北区の㈱城北自動車学校をグループ化。同年12月、愛知県海部郡美和町の㈱酒井商店を移転 ㈱美和宮崎に社名変更。06年1月、鹿児島県薩摩川内市に㈱九州宮崎川内がらっぱリサイクルセンターを開設。同年3月、岐阜市に岐阜リサイクルセンターを開設。同年5月、愛知県海部郡甚目寺町の㈱マツダをグループ化。同年8月、代表取締役会長に梅田慎也、代表取締役社長に梅田慎吾が就任。同年12月、埼玉県上尾市に上尾リサイクルセンターを開設。07年1月、滋賀県彦根市の東陽紙業㈱と業務提携。同年10月、大阪府泉大津市に㈱はまだ大阪はなみずきリサイクルセンターを開設。08年3月、福岡県太宰府市に太宰府リサイクルセンターを開設。同年4月、滋賀県長浜市に東陽紙業㈱長浜リサイクルセンターを開設。同年9月、岐阜県関市に関リサイクルセンターを開設。同年10月、大分市に九州支店を開設。09年4月、名古屋市西区に㈱ユーアイエーを開設。新川営業所をリニューアル「清須リサイクルセンター」として開設。同年5月、兵庫県神戸市の大本紙料㈱・北海道札幌市の北海紙管㈱と業務提携。同年11月、大阪府阪南市の㈱はまだ阪南リサイクルセンターを開設。12月、大阪府岸和田市の㈱はまだ南大阪支店岸和田エコセンター開設。10年3月、刈谷営業所をリニューアル「刈谷リサイクルセンター」として開設。同年

8月、東京支店新社屋に移転。新木場2営業所を統合し、「新木場リサイクルセンター」として開設。11年6月、㈱小牧宮崎をリニューアルし㈱小牧宮崎リサイクルセンター」として開設。同年7月、㈱美和宮崎が㈱宮崎に吸収合併、「宮崎美和営業所」として開設。同年11月、㈱はまだ南和歌山湯浅支店開設。同年12月、㈱はまだ有田川エコセンター開設。12年1月、㈱宮崎美和営業所閉鎖。同年2月、末広運送㈱が梅田ロジスティクス㈱に社名変更。同年3月、九州支店を大分営業所から太宰府リサイクルセンターへ移行。13年7月、梅田ロジスティクスが新社屋に移転。同年11月、千葉県印旛郡に成田リサイクルセンター開設。14年3月、福岡県中間市に北九州リサイクルセンターを開設。同年5月、三重県員弁郡に桑名西営業所を開設。15年8月、梅田ホールディングス㈱設立。同年同月、岐阜県美濃加茂市に美濃加茂倉庫を開設。16年10月、岐阜県高山市の㈱村川商店をグループ化。同年12月、三重県四日市市の太田商事㈱をグループ化。17年4月、茨城県日立市に日立リサイクルセンターを開設。同年5月、本社社屋を増築。同年12月、瀬戸営業所をリニューアルし、「瀬戸リサイクルセンター」として開設。18年8月、設立50周年を迎える。

19（令和元）年2月、愛知県名古屋市港区に名港リサイクルセンターを開設。同年5月、グリーン興商㈱、㈱名港宮崎、ナイロップ㈱が㈱宮崎に吸収合併し、グリーン興商㈱が「㈱宮崎稲沢リサイクルセンター」として営業。同年8月、㈱宮崎設立50周年。22年7月、英国にUMEDA HOLDINGS UK Ltd.を設立。同年12月、太田商事㈱、㈱アイプレックを吸収合併。

23年6月、㈱村川商店が㈱宮崎に吸収合併、『㈱宮崎 高山リサイクルセンター』として営業。同年9月、川崎営業所と横浜営業所を統合「横浜リサイクルセンター」として開設、横浜支店開設（神奈川県横浜市）。同年10月、三井物産パッケージング㈱との合弁会社『三井物産ファーストワンマイル㈱』設立（東京都港区）。

24年5月、㈲賀頌をグループ化（神奈川県海老名市）。同年10月、㈱マツダが㈱宮崎に吸収合併。㈱マツダ本社が㈱宮崎 中川リサイクルセンターに業務移行の上、一体運営。㈱マツダ 春日井営業所が『㈱宮崎 春日井リサイクルセンター』として営業。同年11月、遠州運輸倉庫㈱の古紙部門を事業譲受、『㈱宮崎 浜松リサイクルセンター』として開設（静岡県浜松市）。同月、㈱川口レジンをグループ化。同年12月、㈱庄司をグループ化。25年2月、みやまリサイクルセンターを新規開設（福岡県みやま市）。

【社是・社訓】 「永遠に前進」

【特色】 自社の車輌、社員により、責任をもって顧客からの貴重な資源を回収し、仕入先からの顧客満足度を高めている。また機械化による作業の合理化を進めるとともに、良質の製品を産出するべく基本的な清潔・清掃を常に心がけている。

株式会社 ムサシ
MUSASHI CO., LTD.

〒104-0061　東京都中央区銀座8-20-36
TEL 03-3546-7711
FAX 03-3546-7832
ホームページ https://www.musashinet.co.jp/

羽鳥雅孝代取社長

【事業所】 東京第一・第二支店　札幌支店　仙台支店　神静支店　東関東支店　名古屋支店　大阪支店　中四国支店　福岡支店

【創業】 1946（昭和21）年12月5日

【資本金】 12億850万円

【役員】 代表取締役会長＝小林厚一　代表取締役社長＝羽鳥雅孝　取締役副社長（経営本部長）＝小野貢市　専務取締役（第一営業支店長）＝小林将治　専務取締役（役員室長兼グループ企業管理室長）＝羽鳥智紀　取締役（大阪支店長）＝五島眞一　取締役（財務部長）＝山本義明　取締役（東京第一支店長）＝村田一則　取締役（人事部長）＝西沢一　取締役（第二営業本部長兼東京第二支店長）＝森山明彦　取締役（紙・紙加工事業部長）

＝横尾孝之　取締役（名古屋支店長）＝池田哲郎　社外取締役＝髙原巨章　常勤監査役＝村田　進　常勤監査役＝小林佳典　常勤監査役＝矢島謙樹　非常勤監査役＝安藤信彦　非常勤監査役＝赤石　健

【従業員数】　計193名（平均年齢46.5歳）　連結528名

【取引金融機関】　みずほ・銀座　三井住友・日比谷　三菱UFJ・銀座通

【業績】　（連結　単位100万円）

	21.3	22.3	23.3	24.3
売上高	30,261	36,213	37,072	33,140
営業利益	△97	1,746	2,619	1,077
経常利益	24	1,848	2,705	1,123
当期利益	△28	981	1,762	767

【品種別売上構成】　情報・印刷・産業システム機材56.8%　金融汎用・選挙システム機材16.9%　紙・紙加工品15.6%

【企業理念】　"特長のある商社"であることを意識し、"システム"という言葉をキーワードにしている。単に商品を提供するという機能ではなく、顧客の要望に合わせてソフトを開発し、先進の機器を組み合わせてシステムを創る。そのシステムは付加価値をもった同社オリジナルの新しい商品となる。システムを構築、すなわち価値を創造し、顧客に提供するのが、自社の役割であると認識している。

村上紙業 株式会社

〒615-0803　京都市右京区西京極南庄境町39
TEL 075-312-4551
FAX 075-312-4344

【倉庫・配送センター】　本社倉庫：京都市（土地797㎡、建物1,170㎡）　第一倉庫：京都市（土地280㎡、建物503㎡）　吉祥院倉庫：京都市（土地363㎡、建物350㎡）　配送センター：京都市（京都紙卸商協組5号倉庫：土地4,042㎡、建物2,075㎡）

【創業】　1921（大正10）年
【設立】　1953（昭和28）年8月
【資本金】　2,000万円
【決算期】　2月

【役員】　代表取締役社長＝村上真一　取締役＝村上洋一郎　取締役＝村上京子　監査役＝山本麻利子

【従業員数】　男子19名・女子9名　計28名

【主要株主と持株比率】　村上真一30%　他70%

【取引金融機関】　京都・河原町　三井住友・京都　三菱UFJ・西七条　みずほ・四条

【設備】　断裁機（1,200mm）3台　車両：15台（トラック2t車1台、3t車5台、乗用貨物車3台、乗用車6台）　リフト（プラッタ型）5台　結束機1台

【コンピュータの使用状況】　パソコン＝15台　オフコン＝GX×5台

【業績】　年商約17億円

【品種別売上構成】　洋紙60%　家庭紙21%　板紙3%　和紙3%　紙製品8%　ほか5%

【主要販売先】　京都生協　京セラ　洛東印刷　病院協組　朝陽堂印刷　プリントパック

【主要仕入先】　国際紙パルプ商事　トーヨ　日本紙パルプ商事　北越紙販売　日本製紙クレシア　リブドゥコーポレーション　新生紙パルプ商事

【所属団体】　京都紙卸商協同組合　京都府紙卸組合　京都家庭紙同業会　京都洋紙同業会

【沿革】　1921（大正10）年、村上梅太郎が和紙製造および紙加工業を営む。53（昭和28）年8月、㈱村上梅太郎商店に改組。62年9月、村上紙業㈱に社名変更。69年、京都紙卸商協同組合の設立に参加。

【経営理念】　社の方針＝①資本の充実　②少数精鋭、能力主義に徹する　③新製品、新販売面の開拓　社訓＝和。社是＝われわれは紙の製造および販売によって社会の繁栄に貢献しよう。

株式会社 明　幸

〒577-0836　大阪府東大阪市渋川町1-7-7
TEL 06-4308-4962　FAX 06-4308-4963
Eメール k-hida@kk-meikou.jp
URL https://www.kk-meikou.jp

【倉庫・配送センター】　辰巳興業柏田倉庫：事務所併設（建物1,650㎡）

【創業】 1972（昭和47）年9月

【資本金】 1,000万円

【決算期】 5月

【役員】 代表取締役会長＝大畑敏治　代表取締役社長＝飛彈勝範　常務取締役＝日比野裕司　監査役（非常勤）＝大畑涼子

【従業員】 7名

【取引銀行】 三井住友・難波　商工中金・船場　りそな・玉造

【設備】 トラック3台

【品種別売上構成】 板紙80%　洋紙10%　加工品10%

【業種別販売分野】 紙器印刷業者

【所属団体】 日本洋紙板紙卸商業組合　大阪府紙商組合　大阪洋紙同業会

【沿革】 1972（昭和47）年9月、大阪府茨木市並木町17-6において㈱明幸を設立。大阪市天王寺区生王町52-26に営業所を設置する。同年12月、本店を茨木市より大阪市天王寺区生王町52-26に移転。84年4月、本店が狭隘となり大阪市東成区中道3-11-9に移転。2020年3月には、営業所を東大阪市渋川町1-7-7の辰巳興業柏田倉庫の敷地内に移転し、営業拠点と物流拠点を集約させ、業務効率化とさらなる顧客サービスの向上を図った。

　2023年7月には大畑敏治から飛彈勝範に社長を交代し、新たなスタートを切る。板紙をメイン商材としながらも、洋紙や段ボールなどあらゆる紙の知識をそなえ、顧客ニーズに応え、提案できる態勢を整えている。メーカー、代理店、顧客などの垣根を越え、橋渡しの役目となれるような会社を目指している。

明和製紙原料 株式会社

【本部】 〒532-0011 大阪市淀川区西中島3丁目23-15 セントアーバンビル　TEL 06-6829-7037

【事業部】 関西事業部：〒532-0002 大阪市淀川区東三国5丁目13-7　TEL 06-4807-7530　FAX 06-4807-7535　製紙原料事業部：〒700-0941 岡山市北区青江1-20-26　TEL 086-225-3946　FAX 086-232-0827　リバースプラザ：〒700-0941 岡山市南区青江6-2-11 TEL 0120-542-396　FAX 086-225-3967　津山営業所：〒708-0842 津山市河辺1062-1　倉敷営業所：〒712-8052 倉敷市松江1-5-16

【役員】 社長＝駒津 慎　専務取締役＝小六琢也　取締役＝小六由祐　監査役＝小六聖美

【創業】 1948年11月

【設立】 1951年6月28日

【資本金】 5,000万円

【決算期】 5月

【従業員】 63名

【取扱比率】 下物90%・上物10%

【ヤードと設備】 岡山営業所：敷地9,900㎡・B4台・TS2台　津山営業所：敷地2,300㎡/B1台・TS1台　倉敷営業所：敷地1,650㎡/B1台・TS1台　リバースプラザ（岡山）：敷地2,200㎡/B1台・TS1台

【特色】 西日本屈指の事業規模を誇る製紙原料問屋。従来の古紙卸売直納問屋として業績を維持する一方、岡山で展開する機密文書処理サービス「リバースプラザ」、さらにはポイントが貯まる古紙回収サービス「えこすぽっと」を全国に展開するなど、古紙回収を「サービス業」と位置づけ、新たなニーズの掘り起こしに積極的に取り組んでいる。

森紙販売 株式会社

〒601-8441　京都市南区西九条南田町12番地の1
TEL 075-671-7700
FAX 075-671-7116

【事業所】 京都支店：〒601-8441　京都市南区西九条南田町1番地の1
TEL 075-671-7111
FAX 075-671-2485

大阪支店：〒538-0041　大阪市鶴見区今津北3-6-37
TEL 06-6786-4716　FAX 06-6963-5431

名古屋支店：〒481-0046　愛知県北名古屋市石橋大日1番地　TEL 0568-22-1541　FAX 0568-22-2077

東京支店：〒340-0831　埼玉県八潮市南後谷898
TEL 048-995-6811　FAX 048-997-2904

【創業】 1890（明治23）年1月

若林充央社長

【設立】 2007（平成19）年3月

【資本金】 3億1,000万円

【決算期】 3月

【役員】 社長＝若林充央　取締役＝山口元博　取締役＝大野貴司　監査役＝棚橋勝一

【従業員】 大阪支店21名、京都支店50名、東京支店74名、名古屋支店57名（全店202名）

【取引金融機関】 京都・本店　みずほ・京都

【関係会社】 森紙業（段ボール製造販売）

【売上高】 646億円

【取扱品目】 洋紙　板紙　化成品　加工品　印刷紙器

【主要販売先】 ザ・パック　凸版印刷　大日本印刷　森紙業グループ　学習研究社　エクセルパック・カバヤ　ほか

【主要仕入先】 王子マテリア　岡山製紙　日本東海インダストリアルペーパーサプライ　レンゴーグループ　ほか

【企業の特色】 王子HD傘下の森紙業グループの紙商社であり、全国でもトップクラスの代理店として躍進を続けている。また紙販売のほか、東京・名古屋・京都には紙器工場を置き、最終製品の加工も行っており、多彩な紙器の開発を進めながらトレンド・用途にベストマッチする付加価値包装の実現に注力しているユニークな紙商社。

大阪支店

〒538-0041　大阪市鶴見区今津北3-6-37

TEL 06-6786-4716　FAX 06-6963-5431

【敷地】 3,498m²

【建物】 333m²

【倉庫】 放出倉庫：〒538-0041　大阪市鶴見区今津北3-6-37　TEL 06-6786-4716（建物2,215m²）

【支店開設】 1951（昭和26）年2月

【幹部】 支店長＝舟本英一　営業部長＝山下康介

【従業員】 男子17名・女子4名　計21名

【売上高】 108億円

【取引銀行】 三菱UFJ・放出

【販売品目】 板紙　段ボール原紙　化成品　加工品　ほか

【主要販売先】 森紙業グループ　クラウンパッケージ　セッツカートン　オカジ紙業　勝田紙業　エクセルパック・カバヤ　日新工業

【主要仕入先】 王子マテリア　岡山製紙　レンゴー　王子エフテックス　日本紙パルプ商事　日本東海インダストリアルペーパーサプライ

京都支店

〒601-8441　京都市南区西九条南田町1-1

TEL 075-671-7111　FAX 075-671-2485

【敷地】 1,932m²

【建物】 地上3階建、延床2,974m²

【支店開設】 1969（昭和44）年7月

【幹部】 支店長＝前川俊弥　営業部長＝伴祐次郎

【従業員】 男子42名・女子8名　計50名

【売上高】 23億円

【取引金融機関】 京都・本店

【製造販売製品】 一般紙器　板紙　段ボール原紙　加工品　化成品ほか

【主要販売先】 ザ・パック　タナックス　三井物産　丸紅紙パルプ販売　オカジ

【主要仕入先】 王子マテリア　日本紙パルプ商事　旭洋　柏原紙商事　国際紙パルプ商事

【設備】 オフセット印刷機（リョービMHI製）K全判6色UV機×1台、K全判2色UV機×1台　自動打抜機K全判（ボブスト）×1台、K全判（三和製作）×1台　サックマシーン1000型（タナベ）×1台、同850型（サンエンヂニアリング）×1台　パイルターナー（木田鉄工所）×一式　刷版設備（大日本スクリーン）×一式

東京支店

〒340-0831　埼玉県八潮市南後谷898

TEL 048-995-6811　FAX 048-997-2904

【敷地】 14,155m²

【建物】 4,089m²

【支店開設】 1974年（昭和49年）7月

【幹部】 支店長＝森利治　営業部長＝高井一雅

【従業員】 男子62名・女子12名　計74名

【売上高】 62億円

【取引金融機関】　みずほ・草加

【製造販売製品】　一般紙器　板紙　段ボール原紙
ほか

【主要販売先】　ザ・パック　王子パッケージング
三菱王子紙販売　山下印刷紙器　学研

【主要仕入先】　王子マテリア　日本紙パルプ商事
北越紙販売　クラウンパッケージ　レンゴー

【設備】　オフセット印刷機（リョービMHI製）L
全判6色UV機×1台、K全判5色UV機×1台、
L全判5色UV機×1台　自動打抜機（三和製作）
L全判×1台、同（飯島製作所）K全判×2台、A
倍判×1台　窓貼機（日光製作所）×1台、同（ド
イツH＋S社）1台　サックマシーン（サンエン
ヂジニアリング）×4台　パイルターナー（木田
鉄工所）×2台　刷版設備（大日本スクリーン）
×一式

名古屋支店

〒481-0046　愛知県北名古屋市石橋大日1番地
TEL 0568-22-1541　　FAX 0568-22-2077

【敷地】　6,968m²

【建物】　4,944m²

【支店開設】　1994年（平成6年）8月

【幹部】　支店長＝吉岡明彦　営業部長＝北井浩之

【従業員】　男子52名・女子5名　計57名

【売上高】　48億円

【取引金融機関】　三菱UFJ・西春

【製造販売製品】　一般紙器　板紙　段ボール原紙
ほか

【主要販売先】　レンゴー　ヤマニパッケージ　シ
ズトク　ザ・パック　クラウンパッケージ

【主要仕入先】　王子マテリア　クラウンパッケー
ジ　レンゴー　T＆KTOKA　東洋インキ

【設備】　オフセット印刷機（リョービMHI製）K
全判6色UV機×1台、K全判2色UV機×1台
自動打抜機K全判（飯島製作所）×1台、同K
全判（三和製作）×3台　サックマシーン1000型
（タナベ）×1台、同850型（サンエンヂニアリング）
×1台　パイルターナー（木田鉄工所）×一式
刷版設備（大日本スクリーン）×一式

森　川 株式会社
MORIKAWA Co., Ltd.

〒799-0404　愛媛県四国中央市三島宮川1丁目
11-7　TEL 0896-23-6363　FAX 0896-24-4366
ホームページ http://www.morikawa.biz

【事業所】　北海道支店：〒061-3241 北海道石
狩市新港西1丁目733-7　TEL 0133-74-4040
FAX 0133-74-8555　東北支店：〒020-0891
岩手県紫波郡矢巾町流通センター南1丁目8-20
TEL 019-632-7755　FAX 019-632-7788　東京
営業所：〒140-0004　東京都品川区南品川2丁
目3-7　TEL 03-5495-7007　FAX 03-5495-7009

【創業】　宝暦10（1760）年

【設立】　昭和25（1950）年9月9日

【資本金】　4,000万円

【役員】　代表取締役会長＝森川教義　代表取締役
社長＝森川信彦

【従業員数】　50名

【事業内容】　洋紙・和紙・家庭紙・化成品・紙製
品などの販売

【取引金融機関】　百十四・三島　中国・川之江
伊予・三島　広島・三島　愛媛・三島

【関係会社】　㈱マルヤマ

【主要営業品目】　洋紙（印刷用紙、情報用紙、包
装用紙、産業用紙、加工原紙、特殊紙など）　板紙（高
板、特板、コートボールなど）　家庭紙（ティシュ、
トイレットペーパー、ウェットティシュ、紙おむ
つなど）　化成品（OP・CP・PETフィルム、不織
布、ポリ製品など）　和紙（奉書、書道用紙、装飾
和紙など）　パルプ　活性炭　複合素材　各種紙加
工（断裁、スリット、貼合、ラミネートなど）　紙
製品　販促ノベルティ商品　共同企画開発商品

【主要仕入先】　日本製紙　大王製紙　丸住製紙
リンテック　フタムラ化学　日本製紙パピリア
日本製紙クレシア　カミ商事　トーヨ　コアレッ
クス信栄　コアレックス道栄　丸富製紙　アル
ファミック　福助工業　新生紙パルプ商事　国際
紙パルプ商事　日本紙パルプ商事

【沿革】　宝暦10（1760）年、森川文蔵が和紙抄造

を開始。文化12（1815）年、油紙・油紙合羽の製造を開始。大正元（1912）年、水引・元結の製造を開始。大正〜昭和初期、自社製造品を全国に販売。昭和6(1931)年、他社製品の卸売を開始。同年、朝鮮半島・満州（中国東北部）・台湾への出張販売を始める。昭和13（1938）年、中国大連市に支店を開設。昭和14（1939）年、中国天津市に出張所を開設。昭和15（1940）年、台湾台北市に支店を開設。昭和16（1941）年、台湾台北市郊外の景尾に製紙工場を建設、薄葉紙を抄造。昭和18(1943)年、天津市特別区に天津造紙廠を開設する。同年、戦局悪化により台北支店および製紙工場を閉鎖。昭和19（1944）年、同じく大連支店を閉鎖。昭和20（1945）年、同じく天津出張所および天津造紙廠を閉鎖。その後、終戦により一時休業。

昭和22（1947）年、戦後再開。同年、北海道小樽市に小樽支店を設置。昭和23（1948）年、岩手県盛岡市に盛岡支店を設置。昭和25（1950）年、株式会社に改組し、㈱森川房太郎商店設立。昭和36（1961）年、紙断裁加工部門として、㈱マルヤマを設立。昭和40（1965）年、森川㈱に商号変更。昭和44（1969）年、札幌市北6条東4丁目の札幌総合卸センターに札幌支店を開設。昭和45（1970）年、東京都世田谷区北烏山3丁目に東京営業所を開設。昭和46（1971）年に札幌市白石5丁目に白石倉庫を新設。同年、小樽支店を閉鎖し札幌支店に統合。昭和47（1972）年、札幌支店を北海道支店、盛岡支店を東北支店と改称。昭和49（1974）年、東北支店を盛岡卸センター（紫波郡矢巾町）に新築移転。昭和61（1986）年、札幌市郊外の石狩新港卸センター（石狩市）に流通センターを開設。昭和63（1988）年、北海道支店および白石倉庫を石狩市の流通センターに移転統合。平成3(1991)年、北海道旭川市に旭川営業所を開設。平成13（2001）年、四国中央市三島宮川1丁目に本社事務所、倉庫、加工場を新築移転。平成20（2008）年、東京営業所を東京都品川区南品川に移転。平成22(2010)年、旭川営業所を北海道支店に統合。平成29(2017)年、東北支店第二倉庫を開設。

株式会社 森洋紙店

〒812-0013　福岡市博多区博多駅東3-11-9
TEL 092-431-6931
FAX 092-431-1221
ホームページ http://www.mori-paper.co.jp
Eメール ishizu@paperplus.jp

石津勝也代取社長

【事業所】　箱崎営業所：福岡市東区箱崎ふ頭6-6-36
TEL 092-632-6666　FAX 092-632-6328
【倉庫・配送センター】　本店：福岡市博多区　箱崎営業所：福岡市東区
【事業内容】　紙ならびに紙製品の加工および販売　印刷物などの加工および販売　アジア各国との輸出入業　中古印刷機械の回収　不動産の売買・賃貸、管理、仲介業務
【創業】　1962（昭和37）年4月
【設立】　1971（昭和46）年8月
【資本金】　1,000万円
【決算期】　7月
【役員】　代表取締役社長＝石津勝也　常務取締役＝安永孟廉　取締役＝石津千歳
【従業員】　男子22名・女子9名　計31名
【取引金融機関】　福岡　十八親和　日本政策金融公庫
【関連会社】　PAPERPLUS（ペーパープラス）：〒812-0013 福岡県福岡市博多区博多駅東3-11-11　E-INGS KOREA：275-41, 3Dong2Ka,Sungsu-Dong,Sungdong-Ku, Seoul. Korea　KISUKA Co., Ltd.：88/26 Moo 1, Bangtanai,Pakkret, Nonthburi 11120. Thailand
【品種別売上構成】　一般印刷用紙70％　板紙10％　その他20％
【主要販売先】　福岡市内主要印刷会社　官公庁ほか
【主要仕入先】　国際紙パルプ商事　新生紙パルプ商事　日本紙パルプ商事　東京紙パルプ交易　平和紙業

【所属団体】　日本洋紙板紙卸商業組合

【取引先との関係団体】　九州王子会　九州NP会
　KPP会　SPP会

【沿革】　1962年4月、福岡市西住吉233にて創業。68年12月、福岡市博多区博多駅東3-11-9に事務所、倉庫を移転。71年8月、法人組織に改組し㈱森洋紙店とする。77年5月、福岡市東区箱崎ふ頭6-6-36に箱崎営業所を新設。89年2月、コンピューターシステムを開発・導入。2010年には㈱三栄の営業権を引き受けて加工部門を強化するなど、時代の変化に適合した卸商として販売体制の確立に努めている。

【企業の特色】　当社は1962年の創業以来、取引先に貢献できることを念願し、時代のニーズに応じた数々の商品を顧客に提供してきた。豊富な在庫量と迅速な配送を徹底し、多くの取引先から厚い信頼と高い評価を受けている。これからも顧客に信頼され喜ばれ、社会に貢献できる企業でありたいと考えている。

【経営理念】　社訓：①誠実で社会に貢献　②明るい会社"創造"

靖国紙料 株式会社

〒547-0001 大阪市平野区加美北5-8-47
TEL 06-6792-5080(代)　FAX 06-6792-5085
URL：https://yasukunishiryo.co.jp

【役員】　代表取締役＝竹内靖記
取締役＝中原純二　橋本敏治　野出浩光
監査役＝熊木勲男
相談役＝竹内庸二

【創業】　1931（昭和6）年12月

【設立】　1949（昭和24）年6月

【資本金】　4,800万円

【主な納入先】　日本製紙　特種東海製紙　新東海製紙　大和板紙　王子製紙　王子マテリア　レンゴー　ほか

【ヤードと設備】　本社：敷地3,300㎡／B2台・TS2台・破砕機・断裁機　ほか

【特色】　1931（昭和6）年に竹内多紀雄初代社長が竹内商店を大阪市浪速区日本橋で創業して以来、90年を超える歴史を誇る、わが国を代表する大手製紙原料問屋である。

1949（昭和24）年に靖国紙料株式会社を設立して以降も、竹内守2代目社長、竹内庸二3代目社長の3代にわたり、取引先との信頼関係の構築が経営の基本であるとの考えのもと、誠実で真摯な取引を実行してきたことで現在の事業基盤を確立した。その後、2019（令和元）年6月に設立70周年を迎えたのを機に、同年9月に4代目となる竹内靖記社長が就任し、新たな時代へのスタートを切った。

当社は産業古紙を主力に全品種を幅広く取り扱っており、強い使命感と責任感を持って製紙メーカーへの安定供給と品質維持・向上に努めている。それと同時に、様々な業務と分野で協業やパートナーシップによるビジネスマッチングを推進しており、営業エリア外地域での営業連携とSDGsへの取組みと関連する循環型商品等の企画・提案・製造・販売チャンネル体系の構築に取り組んでいる。

2025年3月10日、「健康経営優良法人2025（中小規模法人部門）」に認定された。

当社の基本概念として次の3項目を挙げている。

◆処分から処理へ：「処分＝ゴミ」⇒「処理＝製紙原料（古紙）」とした、徹底した選別作業により、極限まで紙の付加価値を追求します。

◆安心・信頼される企業体系の構築：各得意先様の企業情報・個人情報等に関するコンプライアンスを遵守し、適正価格で確実に処理を実行します。

◆環境社会への取組み：「今まで」よりも「これから」に向けて、積極的に企画・提案を提示し、貴社の企業価値向上への貢献にコミットメントします。

山上紙業 株式会社

山上春美会長

山上一社長

【本社】　〒547-0033 大阪市平野区平野西1-10-21
TEL 06-6702-1751(代)
FAX 06-6702-1752

【事業所】　松原工場：〒580-0041 大阪府松原市三宅東4-1450-2　TEL 072-331-3873　FAX 072-332-1410

【関連会社】　山上運輸倉庫㈱：本社・大阪府松原市

【役員】　会長＝山上春美
代表取締役社長＝山上一　専務取締役＝山上惣
常務取締役＝山上伸子　監査役＝正井朋子

【創業】　1962（昭和37）年10月1日

【設立】　1967（昭和42）年4月

【資本金】　1,000万円

【決算期】　4月

【従業員】　35名

【月間取扱高】　段ボール1,800t・新聞、雑誌900t・上物300t　計3,000t

【主な納入先】　カミ商事　レンゴー　王子マテリ

ア

【主な仕入先】 坪上げ60％・仲間買い40％

【ヤードと設備】 本社：敷地750㎡／B1台・TS1台　集荷センター：敷地2,805㎡／B2台・TS1台　泉北営業所：敷地1,650㎡／B1台・TS1台

【特色】 1962（昭和37）年に山上春美現会長が山上商店を大阪市平野区で創業、68年に改組して山上紙業に改称した。71年に松原工場を増設、74年には泉北営業所を増設して事業を拡大、74年山上運輸㈱を設立、85年に本社敷地面積を拡張し産業廃棄物処理施設を増設、産業廃棄物部として山上運輸環境事業部を設立した。その後、松原工場、泉北営業所のリニューアルを済ませ、ISO14001プライバシーマークを取得、07年松原工場の隣接地で大型シュレッダーを装備した機密書類専用ヤードを新設するなど、紙のリサイクルへのニーズが高まる中、社会的な要請に応える体制を確立している。

山上春美会長は（協組）大阪再生資源業界近代化協議会及び大阪府紙料協同組合の理事長、近畿製紙原料直納商工組合の副理事長などの要職を長年務め、古紙リサイクルの推進に多大な貢献を果たしてきた。その功績から2010年秋の叙勲で旭日双光章を受章した。現在は（協組）大阪再生資源業界近代化協議会の会長として集荷業者の事業活動を支援すると同時に、大阪府古紙流通安定協会の会長として市況の安定に尽力している。

会長の長男である山上一社長は会長の築いた事業基盤をもとに、SDGsと3Rの推進を掲げて環境負荷低減に資する事業活動に取り組み、地球環境と調和したクリーンな社会の実現に貢献している。業界活動においても、（協組）大阪再生資源業界近代化協議会の代表理事兼副理事長、大阪府紙料協同組合の常務理事、近畿製紙原料直納商工組合の理事を務め、古紙業界発展に貢献している。また社長の長男である山上惣専務も業界活動に精力的に参加しており今後の活躍に期待されている。

株式会社 ヤマト
YAMATO INC.

〒104-0041　東京都中央区新富1-13-21

TEL 03-3551-8281　　FAX 03-3551-0040

ホームページ http://www.akaruiyamato.co.jp

Eメール info@akaruiyamato.co.jp

【創業】 1920（大正9）年

【設立】 1937（昭和12）年11月25日

【資本金】 5,672万円

【決算期】 3月

【役員】 代表取締役社長＝金子常信　取締役＝尾島治　取締役＝有澤由浩　取締役＝髙橋智昭　取締役（非常勤）＝竹尾稠　取締役（非常勤）＝熊谷伸一　監査役（非常勤）＝古川拓央

【従業員数】 男子15名・女子10名　計25名

【取引金融機関】 三井住友・京橋　みずほ・京橋

【業種別販売分野】 印刷業　紙卸売業　出版業ほか

【主要仕入先】 日本紙パルプ商事　三菱王子紙販売　新生紙パルプ商事　大丸　王子エフテックス　アンタリス

【所属団体】 日本洋紙板紙卸商業組合　東京都紙商組合　東京洋紙同業会

【沿革】 1920（大正9）年、東京市京橋区金六町（当時）において大和屋商店として洋紙卸売業を創業。27（昭和2）年、新富町に移転。37年11月、㈱大和屋洋紙店設立、資本金20万円、代表取締役・白木高次。77年11月、本店事務所移転。84年5月、本社ビル落成、社名を「株式会社ヤマト」に変更。2000（平成12）年9月、ジェーピー共同物流㈱有明事業所に参画。01年10月、ジェーピー共同物流㈱板橋事業所に参画。04年4月に日本紙パルプ商事㈱のグループ会社、13年10月に㈱竹尾、東新紙業㈱のグループ会社となる。

【製品・取扱品の特色】 紙は情報を伝えるメディアであるだけでなく、その種類や材質によってクールさや温もり、思いやり、慈しみなど、メディア自体として"プラスアルファ"を伝える。いわば情報だけでなく、「心」や「気持」を伝えられる

のが紙の特徴でもある。

　一般的なコピー用紙などの上質紙からグラビア雑誌のコート紙、ケーキなどの箱に用いられる板紙、そして書籍などの装丁で使われることの多いファインペーパーと、実にさまざまである。ヤマトは「紙の専門商社」として、得意分野であるファインペーパーを中心に、その1枚1枚に思いを込め、より多くの紙を届けようとしている。

株式会社 山 博

〒111-0041　東京都台東区元浅草 3-8-4
TEL 03-3845-2828
ホームページ http://www.yamahiro.biz /
【事業所】　リサイクルセンター八潮：〒340-0822　埼玉県八潮市大瀬 198-1　TEL 048-995-0526　建物 2,000m²・B1 台
【関連会社】　タイガー紙材（製紙原料商）：〒349-1104　埼玉県北葛飾郡栗橋町栗橋 2435-1　TEL 04805-2-5913　ヤマヒロシービーエス（ダンボールケースなどの通信販売）：〒111-0041　東京都台東区元浅草 3-8-4　TEL 03-3845-2828　㈲伊勢野商事
【役員】　取締役会長＝山室泰洋　代表取締役社長＝山室新太郎
【創業】　1944（昭和19）年9月
【設立】　1974（昭和49）年7月
【資本金】　4,800万円
【品種別売上比率】　上物・上質 10%　段ボール 40%　上台紙 10%　雑誌 30%　新聞 6%
【主な納入先】　日本製紙　王子製紙　高砂製紙　その他 20 数社
【ヤードと設備】　本社：建物 539m²。タイガー紙材栗橋営業所：建物 260m²（B1 台・TS1 台）。
【沿革】　1944（昭和19）年9月1日　故山室博久氏が個人で製紙原料商として発足。52年12月 ㈲山博商店に改組。74年7月1日 事業拡張に伴い営業部門を独立し、新会社の㈱山博を資本金 1,800万円で設立。80年10月 資本金 3,600万円に増資。90（平成2）年1月 クリアーボックス事業部の拡張に伴い分離独立させ、ヤマヒロシービーエス㈱を設立。2002（平成14）年 リサイクルセンター八潮を移転。06年 八潮に機密文書破砕設備導入。10年 エコアクション21取得、古紙業界に特化した個人情報保護体制「TPICO」取得。
【特色】　当社の経営指針は「三謝主義」を基本にしている。"謝"とは感謝の謝で、まず顧客（商売に係る全ての人間関係）に、次に社員（人材）の勤労精神に、そして先人（先輩、先覚者）の遺業に対して、常に「いただきます」の感謝の心をもって当たることを旨としている。したがって企業利益も、従業員、出資協力者、そして企業体質の強化のための内部留保という"三分配方式"をとることによって、必然的に利益の社会還元に通じ、企業の恒久性を裏づけるものと考える。93(平成5)年10月に社長に就任した山室泰洋氏はこの先代から受け継いだ経営指針を貫き、私利私欲に走ることなく、2016年の総会まで関東製紙原料直納商工組合副理事長、全国製紙原料商工組合連合会理事ならびに同組合近代化推進事業のIT推進委員会委員長を務め、業界の安定発展に尽力してきた。

　2013年、山室泰洋氏が会長に、山室新太郎氏が社長に就任。山室社長は関東製紙原料直納商工組合の理事・需給委員長を務めている。

　なお当社では2002年4月、敷地面積 3,300m² という首都圏でも最大規模のリサイクルセンター八潮を開設している。

株式会社 ユアサ

〒662-0973　兵庫県西宮市田中町 4-10-2
TEL 0798-33-4511
FAX 0798-23-5001
ホームページ
http://www.e-yuasa.co.jp
EC サイト
https://yuasakamiten.com/
E メール info@e-yuasa.co.jp

湯浅賢治 代表取締役社長

【創業】　1925（大正14）年
【設立】　1950（昭和25）年3月6日
【資本金】　4,212万円

【決算期】　2月

【役員】　代表取締役会長＝湯浅悦治　代表取締役社長＝湯浅賢治　取締役営業部長＝小山東良

【従業員数】　男子10名・女子6名　計16名

【取引金融機関】　三井住友・西宮　みなと・西宮　商工中金　日本政策金融公庫

【設備】　フォークリフト＝コマツ、トヨタ：各4台

【品種別売上構成】　家庭紙95%　雑貨5%

【業種別販売部門】　生協・スーパー・ドラッグストア74%　業務用、Web販売20%　物流5%

【主要販売先】　コープこうべ　日本生活協同組合連合会　コープきんき　京都生協　大阪いずみ生協　ニシイチドラッグ　いかりスーパーマーケット　楽天　Amazon

【主要仕入先と比率】　丸富製紙48%　春日製紙工業10%　カミ商事8%　日本製紙クレシア8%　河野製紙8%　コアレックス信栄5%

【所属団体】　全国家庭紙同業会連合会　兵庫県トラック協会西宮支部

【沿革】　創業は1925（大正14）年。1950（昭和25）年に「株式会社湯浅紙店」を設立。73年7月、「株式会社ユアサ」に社名変更。82年、鳴尾浜配送センター開設。2010年、物流関連会社「関西ホームペーパーロジスティクス株式会社」を設立し、物流事業を開始。20年、オリジナル商品ブランド「湯浅紙店」をスタートし、商品加工事業を開始。23年、オリジナルECサイト 湯浅紙店 を開設。

【企業の特色】　兵庫県西宮市にて紙製品を家庭に普及させることを目指して小売業をスタート。その後、卸売に事業を拡大し関西における紙のインフラ化に尽力。取扱商品が日常になくてはならないものでありながら、調達に手間がかかることに課題意識を持ち、なめらかにユーザーに商品が届く仕組みづくりを目指し、①日用消耗品の卸・販売事業、②家庭紙配送事業、③商品加工とオリジナル商品の企画販売事業の3つの事業を展開。

　2023年に開設したトイレットペーパーのケース購入専門ECサイト「湯浅紙店」とリーズナブルな物流サービスを組み合わせて、今の時代に最適なトイレットペーパーの調達インフラ作りを目指している。

株式会社 ユニック

〒105-0001　東京都港区西新橋3-15-12

TEL 03-6435-9975　FAX 03-6435-9979

ホームページ http://www.unyck.co.jp

Eメール gyomu@unyck.co.jp

【事業所】　東日本営業所：〒963-4611　福島県田村市常葉町堀田字戸ノ内44　TEL 0247-77-3438　FAX 0247-77-3438

【事業内容】　（1）和洋紙の加工および販売ならびに輸出入　（2）合成樹脂および関連製品の販売ならびに輸出入　（3）化学製品、セルロース誘導製品および関連製品の販売ならびに輸出入　（4）事務用機器、荷役作業機器の販売　（5）不動産の賃貸および管理　（6）上記に付帯または関連する業務

【設立】　1951（昭和26）年2月12日

【資本金】　4,620万円

【決算期】　9月

【役員】　代表取締役社長＝塩路龍郎　常務取締役＝三村純夫　常務取締役＝小林憲史　監査役＝松本 博　執行役員＝小菅宏嗣　参与＝坂井久純

【従業員数】　15名（含：非常勤）

【取引金融機関】　みずほ・新橋

【事業内容】　1. 和洋紙の加工および販売並びに輸出入 2. 合成樹脂および関連製品の販売ならびに輸出入 3. 化学製品、セルロース誘導製品および関連製品の販売ならびに輸出入 4. 事務用機器、荷役作業機器の販売 5. 不動産の賃貸および管理 6. 前各号に付帯または関連する業務

【主要取引先】　（順不同）日本たばこ産業　日本精塩　たばこ耕作組合（各県組合）　サカタのタネ　日本製紙　リンテック　コハタ　エムエーパッケージング　トーモク　カネコ種苗　日本紙工　三菱ケミカル　全国農業協同組合連合会（JA全農）　トッパンプロスプリント　BASFジャパン　グランツ　大日本加工紙業　GSIクレオス

【沿革】　1951（昭和26）年2月、中日本紙業㈱と

して資本金50万円で創立。1956（昭和31）年1月、資本金100万円に増資。1961（昭和36）年7月、資本金400万円に増資。1967（昭和42）年4月、中日本㈱に社名変更。1976（昭和51）年6月、資本金1,200万円に増資。1991（平成3）年4月1日、協和㈱、中央紙業㈱、陽光商事㈱と合併し、社名を「㈱ユニック」と変更、資本金4,620万円となる。2005（平成17）年3月1日、アテンド㈱より「生分解性プラスチック・マルチフィルム・キエ丸」の営業権を譲受。

【企業の特色】 1951年に中日本紙業㈱として発足したが、その後、紙類を中心に日本たばこ産業との取引が拡大したことに伴い、91年に陽光商事㈱、中央紙業㈱、協和㈱と合併し、社名を「㈱ユニック」として現在に至っている。

たばこ用資材として、たばこ包装用原紙、アルミ箔貼合用原紙、葉たばこ包装用紙などを販売しているが、たばこ産業向け以外にも包装用紙、段ボール箱、化成品などを幅広く取り扱っている。常に低コスト化と品質管理に最善を尽くしながら、安定的な供給に努めている。今後も、時代の要求する高品質製品の供給、開発に努力を続けてまいりたいと考えている。

一方、当社は農業分野における環境保全のため、土壌中で完全に分解する「生分解性マルチフィルム」の開発を進め、製造・販売を行っている。商品である「キエ丸」、「ユニグリーン」は、収穫後に土の中に鋤き込めば分解・消滅するので、マルチの剥ぎ取りや廃棄物処理が不要となり省力化ができることから、農業に携わる人々から高い評価を得ている。人と環境に優しく未来の農業のため、さらに高品質のマルチフィルムの提供を目指している。

【経営理念】 企業としての維持・発展を目指しながら、取引先から信頼されるよう努力を怠らず、併せて事業活動を通して社会に貢献できる企業で在り続けたいと考えている。

吉川紙商事 株式会社
YOSHIKAWA PAPER CO., LTD.

〒104-0031　東京都中央区京橋2-11-4
TEL 03-3665-1661
FAX 03-3665-1660

吉川正悟代取社長

【事業所】　東京本店　ビジネスシステムズ事業部　京都オフィス　仙台オフィス
【創業】　1909（明治42）年12月3日
【設立】　1941（昭和16）年1月20日
【資本金】　9,600万円
【役員】　代表取締役社長＝吉川正悟　常務取締役＝吉川聡一　取締役＝丸山哲也　取締役＝石田洋介　取締役＝山田修司　監査役＝稲葉要一
【従業員数】　男子28名・女子16名　計44名
【取引金融機関】　みずほ・八重洲口　商工中金・本店
【主要仕入先】　北越コーポレーション　ユポ・コーポレーション　日本紙パルプ商事　国際紙パルプ商事　日本製紙　新生紙パルプ商事
【所属団体】　日本洋紙板紙卸商業組合　東京都紙商組合　東京洋紙同業会　ほか
【沿革】　1909（明治42）年、和紙および紙製品の販売を目的に吉川四郎商店として創業。41（昭和16）年、法人に改組し㈱吉川四郎商店を設立。74（昭和49）年、現社名の吉川紙商事㈱に改称。82（昭和57）年、日本IBMの第一期特約店としてコンピュータの販売を開始。

株式会社 吉田

〒990-8512　山形県山形市北町1-5-12
ホームページ https://www.yoshida-inc.co.jp
管理本部（代表）：TEL 023-684-6006　FAX 023-684-6124
紙資材部：TEL 023-684-6001　FAX 023-684-6005
オフィスイノベーション＆ステーショナリー部〈文具・紙製品〉：TEL 023-684-6002　FAX 023-684-

6005〈事務機器・オフィス家具〉TEL 023-684-6004
　FAX 023-684-6005

包装資材部・紙器加工課：TEL 023-684-6003
FAX 023-684-6005

【事業所】　仙台支店：〒 983-0034　宮城県仙台市
宮城野区扇町 7-6-30　TEL 022-387-2681　FAX 022-
786-8470

福島営業所：〒 963-0117　福島県郡山市安積荒井
2-7　TEL 024-901-0100　FAX 023-686-5404

【倉庫・配送センター】　倉庫：山形市、仙台市、
酒田市、郡山市

【創業】　1890（明治 23）年

【設立】　1950（昭和 25）年

【資本金】　4,500 万円

【決算期】　5 月

【取引金融機関】　山形・本店営業部

【役員】　代表取締役会長＝吉田福平　代表取締役
社長＝吉田昌平

【従業員数】　男子 24 名・女子 12 名　計 36 名

【関係会社】　㈱吉田段ボール（段ボール加工販売）
コイプ㈱

【取扱商品】　《洋紙・板紙》商業印刷用紙　出版用
紙（上質紙、コート紙、再生紙）　情報産業用紙（連
続伝票用紙、感圧紙、上質フォーム用紙）　包装用
紙（包装用紙、製袋用紙、封筒用紙）　板紙全般（各
種パッケージ用紙）　特殊紙（パンフレット、DM、
パッケージ用紙）　＊主要取扱メーカー：日本製紙
　王子製紙　北越コーポレーション　特種東海製
紙　京王製紙　富士共和製紙　寿堂紙製品工業
山櫻　ユポコーポレーション　新タック化成　エ
ム・ビー・エス

《文具・紙製品》文具・事務器全般　筆記具（万年筆、
ボールペン、シャープペン、マーカー、鉛筆、筆ぺん、
ほか）　紙製品（ファイル、ノート、学習帳、伝票
帳票、のし紙、のし袋、封筒・便箋、包装紙、書
道半紙、事務用表紙、洋紙カット判、ほか）　電子
文具（電卓、電子手帳、レジスター、ネームランド、
ほか）　オーダー印鑑　家庭用紙（トイレットロー
ル、ティシュ、紙タオル、障子紙、ほか）　＊主要
取扱メーカー：コクヨ　カシオ計算機　パイロッ

トコーポレーション　ゼブラ　プラチナ万年筆
三菱鉛筆　寺西化学工業　呉竹　ショウワノート
　マルアイ　ヒサゴ　デザインフィル　ササガワ
　寿堂紙製品工業　国風水引工芸　パックタケヤ
マ　クツワ　不易糊工業　サンビー

《包装資材・産業用資材》包装資材（包装用テープ、
ポリエチレン、PP バンド、各種ラミネート、ほか）
梱包機器（バンダマチック梱包機器、結束機、各
種シーラー、ほか）産業用資材（スリッパ資材〜
EV、ウレタンなど）　＊主要取扱メーカー：積水
化学工業　積水樹脂　積水フィルム　アキレス
共和　大昭和紙工産業　東洋アルミニウム　東洋
包材　サンエー化研工業　大倉工業　大成ラミッ
ク　シーアイ化成

《OA 機器・情報関連用品》OA 機器（複写機、パ
ソコン、ファクシミリ、デジカメ、事務処理専用
機、ほか）　情報関連用品（インクリボン、トナー、
FD、コピー用紙、FAX 用紙、ほか）　＊主要取扱
メーカー：東芝クライアントソリューション　富
士ゼロックス　コニカミノルタビジネスソリュー
ションズ　富士フイルム　キヤノン　カシオ情報
機器

【所属団体】　日本洋紙板紙卸商業組合

【沿革】　1890（明治 23）年、初代吉田福平が紙
箱製造を開始。1908（明治 41）年、山形市旅篭
町　450 番地に移転。1942（昭和 17）年、製造部
門を分離し、吉田紙工㈾を設立。

　1950（昭和 25）年、法人に改組し「㈱吉田福
平商店」とする。またコクヨ部門を分離し、㈱山
形コクヨを設立。資本金 100 万円。51 年、仙台
支店開設。60 年、資本金 200 万円に増資。創業
70 周年記念式典を挙行。吉田のマーク制定。61 年、
山形市旅篭町 1-12-34 に本社社屋落成。65 年、「㈱
吉田」に社名変更。資本金 500 万円に増資。70 年、
創業 80 周年記念式典挙行、社歌制定。72 年、資
本金 2,000 万円に増資。74 年、資本金　3,000 万
円に増資。75 年、郡山市に福島営業所開設。78
年、創業 88 周年記念式典挙行。88 年、山形市北
町 1-5-12 に本社社屋・配送センター落成、移転。
90（平成 2）年、創業 100 周年記念式典挙行。CI

導入、新マーク制定。93年、仙台支店新社屋落成、移転。2003年、資本金4,500万円に増資。10年、創業120周年記念式典挙行。

【企業の特色】 1890年（明治23）に紙箱・紙袋の商いにより創業した、洋紙の販売を中軸とする総合卸商社である。時代の変化に伴って取扱商品も順次拡大し、現在は洋紙・板紙、文具・紙製品・事務機器、包装資材・産業用資材、OA機器・情報関連用品などの卸販売を中心に、次代を展望した独自の企画商品の開発にも積極的に取り組んでいる。

また業務の拡大とともに商圏も拡がり、山形本社を拠点に東北南3県を主要な販売テリトリーとして、物流を基本任務とする力強い総合情報企業を目指している。

【経営理念】 株式会社吉田は 社会の発展のため 世の中の不足を満たし 全社員の成長と幸福を追求する

仙台支店

〒983-0034 宮城県仙台市宮城野区扇町7-6-30 TEL 022-387-2681 FAX 022-283-1635

【従業員数】 男子5名・女子2名 計7名（支店のみ）

【所属団体】 日本洋紙板紙卸商業組合

福島営業所

〒963-0117 福島県郡山市安積荒井2-7 TEL 024-901-0100 FAX 023-686-5404

株式会社 レイメイ藤井
RAYMAY FUJII CORPORATION

〒812-8613 福岡市博多区古門戸町5-15 TEL 092-262-2222 FAX 092-262-2290 ホームページ https://www.raymay.co.jp

【事業所】 福岡本社：〒812-8613 福岡市博多区古門戸町5-15 TEL 092-262-2252 FAX 092-262-2287 北九州支店：〒802-0023 北九州市小倉北区下富野3-9-9 TEL 093-512-6361 FAX 093-512-6362 熊本本店：〒860-8523 熊本市西区上熊本1-2-6 TEL 096-328-6161 FAX 096-328-6165 大分支店：〒870-0011 大分市春日浦843-155 TEL 097-534-8248 FAX 097-534-8249 宮崎支店：〒880-0872 宮崎市永楽町140 TEL 0985-24-4638 FAX 0985-26-3754 鹿児島支店：〒891-0184 鹿児島市卸本町6-18 TEL 099-263-6560 FAX 099-266-3167 沖縄支店：〒901-2214 宜野湾市我如古3-11-6 TEL 098-897-0133 FAX 098-897-0134 東京本社：〒135-8301 東京都江東区森下1-2-9 TEL 03-3632-1081 FAX 03-3632-1086 大阪支店：〒545-0052 大阪市阿倍野区阿倍野筋1-5-1-10F TEL 06-6648-6111 FAX 06-6648-6112

【倉庫・配送センター】 箱崎デポ：〒812-0051 福岡市東区箱崎ふ頭5-6-3（土地2,716.00㎡、建物2,425.27㎡） 益城デポ：〒861-2236 熊本県上益城郡益城町広崎1500-5（土地3,309.31㎡、建物2,617.71㎡） 南栄デポ：〒891-0122 鹿児島市南栄3-1-7（土地2,751.25㎡、建物2,244.13㎡）

【創業】 1890（明治23）年

【設立】 1941（昭和16）年8月11日

【資本金】 4億45万円

【決算期】 6月

【役員】 代表取締役社長＝藤井章生 専務取締役＝中尾政彦 常務取締役（管理本部長）＝坂下正治 取締役（大分支店長）＝中上博之 取締役（オフィスサプライ事業本部長）＝松本恭典 取締役（ステイショナリー事業本部長）＝古川恵三 取締役（熊本本店長）＝鬼塚雄二 常任監査役＝中野謙介 監査役＝甲斐祐二

【従業員数】 男子322名・女子141名 計463名（平均年齢41.6）

【主要株主名と持株比率】 ㈱レイメイ藤井100％

【取引金融機関】 肥後銀行 福岡銀行 みずほ銀行 鹿児島銀行 宮崎銀行

【コンピューターの使用状況】 ホスト＝NEC：eナビ販売管理×15台 端末＝Lenovo ほか：500台

【設備】 断裁機＝イトーテック：1,000mm以上×4台、同：1,160mm以上×4台、同：1,300mm以上×2台 フォークリフト＝ニチユ、小松ほか：バッテリーフォーク1.5t以上×7台、同1.0t以上×12台、同1.0t未満×5台、エンジンフォーク1.5t以上×2台 配送車輛＝計28台（3t以上11台、

2t 以上 12 台、2t 未満 5 台)

【関係会社】 ㈱九州リテールサポート（文具・OA サプライ卸売）㈱スープル（人材派遣業） 藤井運輸㈱（運送業）㈱勁草システック（社会福祉法人会計ソフト等の販売およびサポート、コンサルティング）㈱レイメイセキド（ドローン販売や講習、運用方法の提案等）㈱アグリテックレイメイ（スマート農業機器（DJI 製品）販売・保守他）

【業績】	22.6	23.6	24.6
売上高 (百万円)	28,767	28,497	28,304
営業利益 (1万円)	40,660	23,838	25,305
経常利益 (1万円)	49,296	34,211	33,847
当期利益 (1万円)	26,959	25,485	6,309

【製品別売上構成】 洋紙 21.5% 事務機 40.2% 文具一般 18.8% 文具自社製品 11.6% 家庭紙 7.3% ほか 0.5%

【主要販売先】 問屋 印刷紙器 小売店 スーパー 官公庁 百貨店 ほか

【主要仕入先と比率】 日本紙パルプ商事 65.6% 新生紙パルプ商事 10.7% 三菱王子紙販売 10.3% 竹尾 2.1% エイピーピージャパン 1.6% 文昌堂 1.3% イムラ封筒 1.2% 平和紙業 1.0% UPM キュンメネ・ジャパン ほか 6.2%

【所属業界団体】 日本洋紙板紙卸商業組合

【取引先との関係団体】 熊本県印刷工業組合 福岡県印刷工業組合

【沿革】 1890（明治 23）年、紙文具卸問屋として発足。1941（昭和 16）年、株式会社に改組。49 年 10 月「藤井株式会社」に社名変更。89（平成元）年 7 月グループ会社 2 社を吸収合併、また CI 導入により「株式会社レイメイ藤井」に社名変更。90 年、創業 100 周年記念式典を挙行。04 年 2 月、FSC の CoC 認証を取得。11 年 4 月、創業 120 周年記念式典を挙行。2021 年には創業 130 年となった。

【経営理念】 スローガン＝当社は知的生産をサポートする企業である。知的生産とは、自分の頭で考え、新しい情報や価値を生み出すこと。人や組織がより効率的に、より創造的に考え、働けるためのツールやソリューションを提供することで、社会の知的生産性を高めていくことが当社の使命である。紙・文具・事務機のサプライヤーとして、IT のソリューションパートナーとして、文具のメーカーとして、時には新たな業態を切りひらく開拓者として、知的生産の環境づくりを支援することで、知的文化の向上に貢献する。そして「レイメイ（黎明）」という社名に託したように、関わったすべての人や組織に「新しい夜明け」のきっかけを提供していく。

【企業の特色】 当社は「知的生産をサポートする」をスローガンとし、知的生産に欠かせない紙・文具・事務機の製造販売を通じて、わが国文化の向上に努め、九州から日本全国、さらに海外まで飛躍し続けている。近年は印刷業界のドラスティックな変革に備え、洋紙・事務機部門で培ったノウハウを駆使し、紙販売はもとより印刷システムのデジタル化などの提案力を強化している。さらに、令和 5 年（2023 年）4 月にリブランディングの一環として会社ロゴを刷新した。新しいロゴには社名の「レイメイ」を表象するアーチを取り入れ、当社が関わった全ての人に対して、黎明、すなわち夜明けを、言い換えれば新しい気づきのきっかけを提供し続けたい、という思いを込めている。

洋紙事業部は 2022 年 7 月から家庭紙事業の HP 課を統合し、ペーパースペシャルティ事業部と名称を変更し、紙全般を取り扱う事業部となった。また、リアルとリモートの双方に対応するハイブリッド型のオフィスの実現に向けて、2021 年に大分支店と福岡本社をリニューアル、2022 年に熊本店、2024 年には鹿児島支店の建て替え工事が完成した。新しいオフィスのコンセプトは「知的生産の森・GRIP」。（Green Raise Intellectual Production）快適さや創造性の刺激といった効果を狙ったレイアウトが特徴となっている。

Daisho Tekkosho Co., Ltd.
シート成形機から加工機まで幅広く取り扱っております。

未来を見つめ、装置産業を支える最先端マシンの創造へ

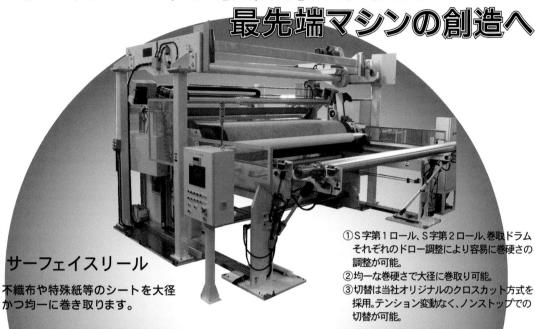

サーフェイスリール
不織布や特殊紙等のシートを大径かつ均一に巻き取ります。

① S字第1ロール、S字第2ロール、巻取ドラムそれぞれのドロー調整により容易に巻硬さの調整が可能。
② 均一な巻硬さで大径に巻取り可能。
③ 切替は当社オリジナルのクロスカット方式を採用。テンション変動なく、ノンストップでの切替が可能。

傾斜ワイヤー抄紙機

湿式不織布等の化学合成繊維抄造を行うための装置で抄紙機の縦横強度差軽減目的で開発された。密閉型・オープン型の2種類から、選択可能でフォーミングゾーンの傾斜角度を任意に決定できる。

〈特徴〉 ①地合構成に優れる　②脱水能力に優れる
　　　　③繊維分散に優れる　④抄造紙の縦横強度差を軽減

〈仕様〉 ①坪量：8g/m²～6000g/m²
　　　　②抄速：1m/min～350m/min
　　　　③インレット濃度：0.02%～

カレンダー装置

培った経験と技術でベストな装置を提供します。

〈特徴〉 ①撓み補正は軸ベンディング方式、軸クロス方式用途に応じて対応可能。
　　　　②熱源は熱媒油、蒸気、電気に対応可能。熱源事情、温度条件により選定。
　　　　③スチールマッチやスチール＋弾性ロールの組み合わせ等、用途に応じて対応可能。
　　　　④巻出、巻取機を含む熱加工機としての実績も多数。

〈仕様〉 処理巾：1200～5000mm
　　　　処理温度：100～400℃
　　　　処理速度：20～500m/min

株式会社 大昌鉄工所

〒799-0101　愛媛県四国中央市川之江町910
TEL (0896) 58-0123 (代)　FAX (0896) 58-0126
E-mail:info@daisho-iw.com　URL：http://daisho-iw.com

ISO9001 認証取得

YouTube 不織布情報チャンネル

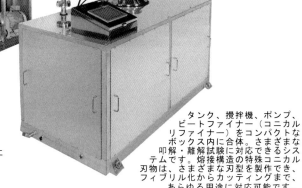

「撹拌機×ポンプ×ビートファイナー」の
オールインワン・システム

さまざまな叩解・離解試験に

BEATFINER LABO
ビートファイナー ラボ装置

リファイナー内部と刃物

機能・特長
- 撹拌機、ポンプ、ビートファイナーはインバータ制御により回転数を最適化可能。
- 流量制御も内蔵し、ビートファイナーの電力制御、クリアランス制御などに対応。
- タンクの水張りも自動化され、濃度精度を安定化します。
- 負荷、周波数、圧力、流量などを自動的にロギングします。
- 循環時間を設定することにより、運転終了時に自動停止します。
- 試験後の洗浄運転モードも準備されています。

タンク、撹拌機、ポンプ、ビートファイナー（コニカルリファイナー）をコンパクトなボックス内に合体。さまざまな叩解・離解試験に対応できるシステムです。熔接構造の特殊コニカル刃物は、さまざまな刃型を製作でき、フィブリル化からカッティングまで、あらゆる用途に対応可能です。

株式会社 サトミ製作所

〒421-1225　静岡県静岡市葵区小瀬戸2367
PHONE：054-270-1211　FAX：054-270-1604
e-mail：info@satomi.co.jp　http://www.satomi.co.jp/

水は企業の命 "見直そう"

水を生き返らせる

水は地球に返しています

 栄工機株式会社

〒417-0862　静岡県富士市石坂88-7
TEL 0545-51-3540　FAX 0545-53-1110
E-mail：prosper@wonder.ocn.ne.jp

サクションロール
Suction Roll

　抄紙機脱水用ロールとして、確かな脱水能力を要求されるサクションロール。長谷川鉄工所では、永年にわたり優れたサクションロールを製作してきました。そしてその間に培われたノウハウ、加工方法の研究などをベースに、さらに高性能・高精度のサクションロールを生み出しています。

　現在、生産本数において日本のトップクラスに位置するとともに、その生産量の約55％を世界13カ国に輸出するなど、国内はもとより海外からも高い評価と信頼を得ています。

製造能力
シェル外径：220mm～1500mm
シェル面長：650mm～7500mm
孔明面長：400mm～7250mm
ドリル径：
　1.5mm～10mm（ストレート孔）
　5mm～14mm（カウンターサンク）
☆孔加工は全て
　ツイストドリル方式です

シャワー摺動装置
Shower Oscillator "SL3B SERIES"

　ワイヤー洗浄及びフェルト洗浄シャワーパイプ摺動用として、抄紙機の稼働効率を高める装置です。
　本体支持部を球面状にする事により本体の摺動部負荷を軽減し、摺動装置の長期安定運転を実現しました。
　コンパクトな構造により既設摺動装置からの更新にも余裕を持って対応出来ます。
　減速機付ACモータを使用している為、電源の確保も容易です。

仕　様
ストローク：160mm　（SL3B-150型）
　　　　　　210mm　（SL3B-200型）
　　　　　　260mm　（SL3B-250型）
　　　　　　310mm　（SL3B-300型）
対応パイプ径：40A(1-1/2B)～100A(4B)
対応電圧：AC200/220/400/440V

〒416-0909 静岡県富士市松岡307番地
TEL（0545）61-2270　FAX（0545）63-5613
E-mail：info@hasegawa-ml.co.jp
http://www.hasegawa-ml.co.jp/

製紙及び各種産業機械製造　設計製作・改造・修理・据付・調整・他

●サクションロール

●カレンダー

●各種ロール設計製作
　及びオーバーホール、軸の修理
●ワイヤーパート
　プレスパート
　ドライパート
　リールパート
　ワインダー
　仕上加工機
　その他
　設計製作

◆サクションロールセル孔明マシン

孔　明	ガンドリルマシン	
	最　小	最　大
外　径	410mm	1,800mm
面　長	2,500mm	9,000mm

※設計が現場スケッチ行います。

㈱淀川製鋼所グループ

ニYニ　株式会社 淀川芙蓉

ガンドリルマシン　加工

〒416-0944　静岡県富士市横割4-9-25
TEL：0545-61-1517㈹　FAX：0545-64-5060
e-mail：info@yodogawa-fuyo.co.jp
URL：http://www.yodogawa-fuyo.co.jp/

社員募集中　組立・仕上作業者及び機械加工オペレータ

難離解古紙、リジェクト、損紙処理のスペシャリスト！

難離解紙の損紙パルパーとして

ニューソーター
～ 歩留り向上・省エネを実現 ～

ここがちがう！！
独自の制御方法を採用
特許取得

ローターを上下移動させ
離解度を自動で調整

☑ 適度な離解
☑ 異物の微細化防止

日本車輌　日本車輛製造株式会社　エンジニアリング本部　産業機械部
〒417-0057　静岡県富士市瓜島町26-2　／　(TEL):0545-51-2818　(FAX):0545-51-5349　／　HP：https://www.n-sharyo.co.jp

各種工業用機材一般・工業薬品
ISO 14001 認証取得

赤武株式会社

〒410-0303　静岡県沼津市西椎路14番地
　　　　　　TEL〈055〉(967)3333代表
営　業　所　　　東　京　・　静　岡

クラフトパルプ洗浄工程用シリコンエマルジョン消泡剤のパイオニア
ニッコー化学研究所は消泡剤でプラントの効率化・環境負荷軽減に貢献します。

ホームタッチ™（消泡剤）
FOAM　TOUCH

用途
・クラフトパルプ洗浄工程
・抄紙
・繊維
・排水

製品形態
・シリコンエマルジョンタイプ
・オイルタイプ
・自己乳化タイプ

株式会社ニッコー化学研究所

本社工場：143-0002東京都大田区城南島2-2-11
ホームページ：http://www.nikko-kaken.co.jp/
TEL：03-3799-0271
FAX：03-3799-0274

つなぐを化学する

荒川化学の製品は、紙やインキ、粘着・接着剤をはじめ、IT関連材料などにも使われています。それは、松から得られる天然樹脂「ロジン」とともに140余年にわたり培ってきた技術のたまもの。さまざまな素材を活かす独自の「つなぐ」技術は、環境にやさしくを基本に、人と地球と未来をつなぎます。

- ● ロジン系サイズ剤　　サイズパイン E, N
- ● 中 性 サ イ ズ 剤　　サイズパイン K, CA, NT
- ● 乾 燥 紙 力 剤　　ポリストロン
- ● 湿 潤 紙 力 剤　　アラフィックス
- ● 表 面 サ イ ズ 剤　　ポリマロン
- ● 表面紙質向上剤　　ポリマセット
- ● 層間紙力向上剤　　ポリマジェット
- ● 紙力歩留向上剤　　ポリテンション
- ● 嵩 向 上 剤　　サイズパイン DL

荒川化学工業株式会社

本　　社：〒541-0046　大阪市中央区平野町1丁目3番7号　TEL：06-6209-8500 代　FAX：06-6209-8550
東京支店：〒103-0023　東京都中央区日本橋本町3丁目7番2号　MFPR日本橋本町ビル11階　TEL：03-5645-7800 代　FAX：03-5645-7808
名古屋支店：TEL：0568-81-3164　営業所／富士・札幌・九州　工場／大阪・富士・水島・小名浜・釧路・鶴崎　研究所／大阪・筑波

https://www.arakawachem.co.jp

私たちは、新たな技術の創造により、
人と環境が共生する豊かな社会の発展に貢献します

エコテクノロジーで未来を創る

製紙用薬品事業
乾燥紙力剤、各種内添サイズ剤、表面サイズ剤、表面紙力剤、湿潤紙力剤、インクジェット耐水化剤、撥水剤、微生物製剤

樹脂事業
オフセットインキ用ロジンフェノール樹脂、水性グラビア・フレキソインキ用合成樹脂、機能性コーティング樹脂、記録材料用樹脂、水性塗料用樹脂、粘着剤（新綜工業）

化成品事業（KJケミカルズ）
機能性モノマー、機能性オリゴマー、機能性溶剤、プリン塩基

新規製品
変性セルロースナノファイバー「STARCEL®」
銀ナノワイヤ、キチンナノファイバー（マリンナノファイバー）

CHEMIPAZ
https://www.chemipaz.com

本社 〒103-0023 東京都中央区日本橋本町3丁目3番6号 8階
TEL.03-6202-7331（代表） FAX.03-6202-7341

営業所 東北、東京、富士、関西、明石、九州

研究所 千葉、市原、明石

子会社
●KJケミカルズ株式会社：東京都中央区日本橋本町3丁目3番6号 2階
●星光精細化工（張家港）有限公司：中国江蘇省張家港市
●星悦精細化工商貿（上海）有限公司：中国上海市
●新綜工業股份有限公司：台湾桃園市
●SEIKO PMC VIETNAM CO., LTD.：ベトナムバリアブンタウ省
●株式会社マリンナノファイバー：鳥取県鳥取市湖山町北1丁目419

Add Goodness

すべてのものは、今より良くできる。
くらしに、さらなる豊かさや便利さ、
安心をもたらすために。
素材に、さらなる機能性や耐久性、
環境性能をプラスする。
私たちは、素材の価値を高める。
そして、素材を「素財」に変える。
私たちは、アデカです。

ADEKA
Add Goodness

FDAが認めた製紙用薬品。

食品に直接触れる包装材料には、人体に有害な化学物質などが食品に転移しないよう、安心・安全な配慮が求められます。ハリマ化成グループは、食品包装に使われる紙をつくる工程において必要な製紙用薬品で、世界基準と見なされているFDA（米国食品医薬品局）が定める厳しい安全基準をクリアしています。紙のにじみを防ぐ「サイズ剤」、強度を持たせる「紙力増強剤」は包装用製品に欠かせない薬品です。また、紙素材に耐水耐油性等の機能を付与する「バリアコート剤」に加え、紙の原料となるパルプの生産性向上に寄与する「ピッチコントロール剤」も取り揃えています。私たちは安心してお使いいただける紙製品の生産に大きく貢献していきます。

FDA認証製品

- ●液体ロジンサイズ剤
  ハーサイズ L-50
- ●ロジンエマルションサイズ剤
  NeuRoz CF50（酸性系サイズ剤）
- ●アニオン性PAM系紙力増強剤
  （乾燥紙力増強剤）
  ハーマイド C-10
- ●両イオン性PAM系紙力増強剤
  （乾燥紙力増強剤）
  ハーマイド KS38 / ハーマイド KS2 / ハーマイド T2
- ●バリアコート剤
  ハイコート BC-523 / ハイコート BC-940
- ●ピッチコントロール剤
  AS-02

ハリマ化成グループ株式会社
www.harima.co.jp

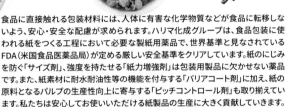

― 製紙の未来のために ―
自然環境を見つめ、新剤開発に挑戦します。

ケイ・アイ化成 の防菌・防黴・防藻剤

スライムコントロール剤（製紙用）
ブイテックSシリーズ　　ケイミックスシリーズ
ブイビットシリーズ　　　ブイコートシリーズ
KV-1136　　　　　　　KV-1161

防腐・防黴剤（カラー、ラテックス、PAM、糊、パルプシート）
バイオホープシリーズ　　バイオエースシリーズ
バイオダンシリーズ　　　バイオキラーLS
バイオタック　　　　　　KK-1437FW

工程洗浄殺菌剤・スケール除去剤（製紙抄造、カラー工程用）
クリーンサイドX-70　　クリーンサイド1000
クリーンサイドST　　　クリーンサイドMC-30

生活環境抗菌剤（紙用抗菌剤、ウェットティッシュ用抗菌剤）
カビガードシリーズ　　ケイサニットシリーズ

薬品の選定には
ケイ・アイ化成のテクニカルセンターをご利用・ご相談ください。

ケイ・アイ化成株式会社　機能性薬品部

本　社・工　場	〒437-1213　静岡県磐田市塩新田 328 TEL 0538(58)1000　FAX 0538(58)1263
テクニカルセンター	同 TEL 0538(58)0382　FAX 0538(58)1859
東 京 事 務 所	〒110-0008　東京都台東区池之端 1丁目4番26号（クミアイ化学工業ビル7階） TEL 03(5834)8499　FAX 03(5834)8447
ホームページ	http://www.ki-chemical.co.jp

商品に Know How を添えて

三晶は技術力と研究開発力を持つ水溶性高分子の専門商社です。
どの商品にも三晶独自の技術をプラスすることにより、ユーザー様に満足をお届けする。
それが創立以来70年常に変わらない三晶の姿勢です。

タピオカ澱粉

エスビーガム SB GUM®
　アセチル化タピオカ澱粉
　サイズプレス・層間スプレー

オキセル OXCEL®
　酸化アセチル化タピオカ澱粉
　サイズプレス・塗工用

ポジット POSIT
　カチオン化タピオカ澱粉
　内添紙力増強剤

中央研究所

フィンフィックス FINNFIX
　カルボキシメチルセルロース (CMC)
　コーティングカラー最適化

メイプロイド MEYPROID
　グァーガム製品
　紙力増強、地合・歩留向上

フィブリボンド FIBRIBOND®
　製紙用 PVA バインダー・紙力増強

SANSHO 三晶株式会社

大阪オフィス：〒540-6123　大阪市中央区城見 2-1-61　ツイン 21MID タワー 23F　　TEL：06-6941-7271, FAX：06-6941-7278
中央研究所：〒573-0128　大阪府枚方市津田山手 2-21-1　　TEL：072-808-0070, FAX：072-808-0050
URL：https://sansho.co.jp/

『ミルスプレー』『スパノール』

特許技術による世界的処理プログラムを提案します。

ワイヤー、フェルト、ロールの汚れ問題を経済的に解決します。

抄紙機の汚れが発生する問題の部分に外添（スプレー）処理。
ミルスプレー・スパノールはパルプの全量を処理するのではなく、必要なところに薬剤を使用するプログラム。
その実力は国内で 250 台を越える抄紙機で採用されたという真実が物語ります。

ウエットエンド、コーターバッキングロールの汚れ防止に世界的な最新技術を今、貴工場へ！

製紙工業用薬品

【外添ピチコン剤】ミルスプレー、スパノール
【内添ピチコン剤】ディタック、ミルトリート、ソフトール
【製紙工程洗浄剤】ビオレックス、メタレックス
【AMAZON社製品】パルプ工程全般、クレーピング剤

油化産業株式会社
製紙薬剤事業部　製紙薬剤営業部
〒150-0013 東京都渋谷区恵比寿 4-1-18
恵比寿ネオナート7階
Tel 03-5793-1448　Fax 03-5793-1480
http://www.yuka-sangyo.co.jp

紙パルプ産業のトータルサポート・カンパニー
飯田工業薬品株式会社
代表取締役　飯田悦郎

本社　富士市依田橋 71-1　TEL〈0545〉33-0686　http://ichem.co.jp
静岡　TEL〈054〉369-2054　東京　TEL〈03〉6455-7071

ポリエチレンフィルム印刷加工
芙蓉化成株式会社
富士市依田橋 165　TEL〈0545〉33-0661

PS 灰処理・薬品リサイクル
エフ・ピー・アール株式会社
TEL〈0545〉33-0786
産業廃棄物処分業許可証取得済

新刊案内

紙パルプ 日本とアジア 2025

Pulp & Paper Industries in Japan and Asia

日本及亚洲的制浆造纸产业

- 日本および中国をはじめとするアジアの紙パルプ産業について最新データを駆使し解説
- 進出日本企業の基礎データも収録

B5判　192頁
定価 11,000円　本体 10,000円
（送料別）

本書の内容
Ⅰ．世界の中の日本とアジアの製紙産業
Ⅱ．ASEAN の持続可能性と期待される役割
Ⅲ．時代変化の下での日中製紙産業とアジア
Ⅳ．Future 誌に見るアジアの紙パルプ
Ⅴ．アジアにおける紙パ関連の主要日系企業

お問合せ・申込みは

株式会社 紙業タイムス社　株式会社 テックタイムス

http://www.st-times.co.jp

高品質な"紙づくり"を独自の技術でサポートします

- 各種ロール類の設計・製作
- 脱水エレメント・ブロー式洗浄装置等の設計・製作
- ドライヤーフード及びエアシステム(カナダ・エナクイン社製)
- 真空発生装置(米国・ドイツ・ナッシュ社製)
- シートカッター・エンボスマシン、他加工機器(イタリア・ミルテックス社製)
- リワインダー・アンワインダー(イタリア・テクノペーパー社製)
- ハイブリッド傾斜ワイヤーマシン(ドイツ・パマ ペーパーマシナリー社)
- ショートフォーマー・ダンディーロール(スコットランド・ウーラードアンドヘンリー社)
- スチームプロファイラー(脱水促進・水分プロファイル矯正装置)

各種脱水機器＆セラミックブレード、各種ロール

V-Blade / U-Blade
Acti-flow Box
タービュレンス効果に依る
地合改善フォイル

ブレード角度可変＆昇降式
ハイドロフォイル
Formation Control System

Hi Drainage Box
2室・3室サクションボックス

Woolland and Henry 社

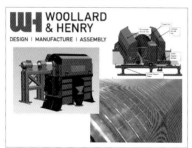

ショートフォーマー
ダンディーロール

Enerquin Air Inc 社

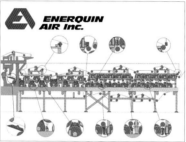

ドライヤーフード、エアシステム
フード診断

PAMA Paper Machinery GmbH 社

ハイブリッド型傾斜ワイヤーマシン

Milltex S.p.A 社

シートカッター、エンボスマシン、
他各種仕上げ機械

Gardner Denver Nash 社

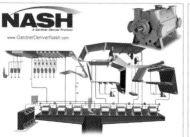

水封式真空ポンプ
水封式コンプレッサー

Tecnopaper 社

tecnopaper
TP-Soft Touch
ソフトタッチ コンセプト
スーパーソフトティッシュ
(特許製品)

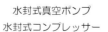

ソフトタッチ　　　　ソフトタッチ
リワインダー　　　　アンワインダー

ソフトタッチ コンセプト
嵩の減少を最小限で巻き上げ

Enerquin Air Inc 社 代理店
Gardner Denver Nash 社 代理店
PAMA Paper Machinery 社 代理店
Tecnopaper 社 代理店
Milltex S.p.A 社 代理店
Woollard and Henry Ltd. 社 代理店

〒347-0014　埼玉県加須市川口　4-3-8
　　　　　　　　(加須川口工業団地)

TEL　0480-66-1371　営業部
FAX　0480-66-1376　営業部

株式会社 堀河製作所

TIMES DATA BOOK 2025

機械・資材・薬品 編

株式会社 IHI フォイトペーパーテクノロジー
Voith IHI Paper Technology Co., Ltd.

〒104-0051　東京都中央区佃2-1-6　リバーシティ M-SQUARE 7F

TEL 03-6221-3100　FAX 03-6221-3125

ホームページ https://voith.com

【事業所】　本社：国内営業部　TEL 03-6221-3110 FAX 03-6221-3126

本宮事業所：〒969-1186　福島県本宮市荒井字恵向60-10　TEL 0243-36-4769　FAX 0243-36-4775

【設立】　2001（平成13）年4月1日

【資本金】　4億9,000万円

【業績】　売上100億円

【決算期】　3月末

【役員】　代表取締役社長＝野上哲彦　代表取締役副社長＝ディーター・ベニンガー　取締役＝小澤浩明　取締役＝立川泰　取締役＝高久裕充

【従業員数】　男子100名・女子20名　計120名（平均年齢40歳）

【主要株主と持株比率】　IHI 51％　Voith Paper Holding GmbH & Co.KG 49％

【製造・販売品目】　①原質機械：パルパー、クリーナー、スクリーン、シックナー、リファイナー、ディスパーザー、ディスクフィルター、スクリュープレス、ジャンク処理機、白水処理機、脱インキ設備　②抄紙機：ヘッドボックス、ワイヤーパート、プレスパート、ドライヤーパート、サイズプレス、マシンカレンダ、リール、レリーラー、リワインダ、要具クリーナー、通紙装置、シュープレス用スリーブ　③塗工機：アンワインダ、ブレード/ロッドコータ、カーテンコータ、エアドクターコータ、ロールコータ、トランスファーロールコータ、サイザー、エアードライヤー、ワインダ　④仕上機械：ヤヌスカレンダ、ソフトカレンダ、スーパーカレンダ　⑤製紙用具一式

【主要販売先】　製紙メーカー　フィルム製造メーカー　国立印刷局　製紙協同組合ほか

【沿革】　石川島播磨重工業（現 IHI）の製紙機械部門、石川島産業機械（現 IHI 物流産業システム）の原質機械部門ならびにフォイトペーパー日本の事業を統合させ、2001（平成13）年4月1日アイ・エイチ・アイ フォイト ペーパーテクノロジーを設立。08年7月 IHI フォイトペーパーテクノロジーに社名変更。11年フォイトペーパーファブリックジャパンを吸収し、抄紙要具もラインアップに加える。2020年 TOSCOTEC社（伊）を VOITH グループに迎え、家庭紙事業は TOSCOTEC ブランドに統合。

【企業の特色】　フォイトグループの総合技術力と IHI 製紙機械グループの独自技術を融合させ、原質機械、抄紙機、塗工機、仕上機械までを一貫したプロセスとして提案できる総合製紙機械システムサプライヤーとして事業を推進する。具体的に当社の強みを挙げると、①迅速・柔軟な対応：技術提携時代に比べ、国内ユーザーに対しフォイト社の最新技術をスムーズに素早く提供できる、②一貫したコンセプトの提案：製紙技術は本来製造ライン全体で考えていく必要があるが、同社は国内で唯一要具まで含めた総合的な抄紙技術を元に持ち、それをベースにした一貫したラインのコンセプトを提案できる、③グローバル化への対応：フォイトペーパー社は世界にネットワークを持つ紙パ機器・システムの世界的リーディングカンパニーであり、高まりつつある国内各製紙メーカーの海外への進出の際にも、そのネットワークを利用して現地でのキメ細やかな対応ができるとともに、国内に地盤を築いた同社が手厚いバックアップをすることで製紙メーカーのグローバル化にも十分に貢献できる。

【経営戦略】　製紙業界全般に見られる急激なグローバル化の流れ、および効率化ニーズの高まりに対して、当社の使命は、世界レベルの強固な事業体制を構築し、お客様により上質な技術・製品・サービスを提供し、お客様の有能なビジネスパートナーとなる道を模索することであると考える。

相川鉄工 株式会社
Aikawa Iron Works Co.,Ltd.

本社　〒420-0858　静岡県静岡市伝馬町24-2　相

すべての工程に使用できる各種クリーナー、スクリーンをラインナップ（図は完全連続式パルパーデトラッシャー Success-PAL-H）

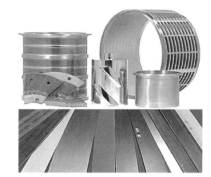

スクリーン用バスケット＆ローター、リファイナー用刃物、ドクターブレードなど消耗部品においても世界最先端技術を提供

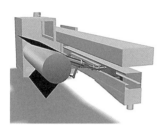

抄紙機のあらゆる用具に適用する多彩な洗浄装置（図は最新型カンバス洗浄機 ACE クリーナー）

川伝馬町ビル
TEL 054-653-5200 ㈹　FAX 054-221-0721
E-mail webmaster@aikawa-iron.co.jp
URL http://www.aikawa-iron.co.jp
【事業所】　技術営業・研究開発部門（岡部工場）：〒421-1124 静岡県藤枝市岡部町村良 4-6　TEL 054-648-0600 ㈹ 054-648-0601　FAX 054-648-0605
丸子工場：〒421-0106 静岡県静岡市駿河区北丸子 1-29-15　TEL 054-259-5181　FAX 054-259-0160
東京営業所：〒140-0011 東京都品川区東大井 5-25-21 品川商工ビル 3F　TEL 03-5769-2240　FAX 03-5460-9919　四国営業所：〒799-0431 愛媛県四国中央市寒川 4765-8　TEL0896-25-2151　FAX 0896-25-2153
【創業】　1924（大正 13）年 4 月 1 日
【設立】　1961（昭和 36）年 12 月
【資本金】　1 億円
【決算期】　12 月
【売上高】　約 37 億円（2024 年 12 月）
【役員】　代表取締役社長＝濁澤光宏

取締役副社長＝藤田和巳　取締役（非常勤）＝梶山宗助　社外取締役＝山本克己、野末寿一　常務執行役員＝中村尚樹、浦田治朗、松永利光　執行役員＝川井利克、森田典之、藪崎仁志、山村延彦、奥村順彦、駒井健人、安田圭児、谷井芳道　監査役＝山田知広

【従業員数】　230 名（2025 年 4 月 1 日現在）
【関連会社】　AIKAWA FIBER TECHNOLOGIES INC.（カナダ、フィンランド、韓国、ブラジル）、増田工業㈱、㈱相川トレーディング
附帯事業：学校法人 相川学園静清高等学校
【製造・販売品目】〈パルプ調成設備・段古紙原料設備・DIP 設備〉①原料コンベアおよびパルプハンドリング設備、②パルパーおよび周辺機器、③各種クリーナー、④高速離解機、⑤叩解機、⑥粗選・精選スクリーン、⑦フラクショネーター、⑧脱水機および洗浄機、⑨各種ニーダー、UV ブレーカー、⑩ホットデイスパージョン装置、⑪フローター、⑫白水・排水処理用加圧浮上設備（ポセイドン PPM、サターン）、⑬試験機器（ラボパルパー、

ラボスクリーン、ラボフローテーター、自動手抄シートマシン）〈アプローチ設備〉①スクリーン、②クリーナー、③コンパクトアプローチシステム（POM システム）〈抄紙機付属機器〉①各種ドクター装置、②シャワー装置、③ウォータージェットエッジトリム、④キャンバス・フェルト・ワイヤー高圧洗浄装置〈CNF 製造設備〉① CNF リファイナー、② CNF 製造プラント設計〈その他〉①廃棄物処理装置（バイオパルテック、リサイクルファイナー）②鋳鉄鋳鋼品販売

【沿革】 1954（昭和29）年、従来の製紙ビーターに代わる画期的な合理化マシンである連続式叩解機スーパーリファイナーを日本で初めて開発し、業界から絶大な好評をもって迎えられた。以来、ダブルディスクリファイナー、スクリーンなどの原料調成機器の研究開発に努め、同時に海外の先進技術の吸収と技術者の育成を図り、高機能マシンの開発を推進している。近年は古紙処理技術からアプローチ技術にいたるすべての先進技術を投入し、省力・省エネルギーを含む高品質と高歩留まり化を実現すべく、あらゆる角度から研究・開発に努めている。また、CNF リファイナーを活用し、CNF の安価製造技術開発にも大きく貢献している。

【企業展開】 2012年、AIKAWA FIBER TECHNOLOGIES INC. をカナダに設立、活動範囲を全世界へと拡大させた。同社はスクリーン技術の旧 AFT 社、ウエットエンド技術の POM 社、リファイナー刃物技術のファインバー社を統合した組織で、次の3事業部から成り、日本以外の全領域で営業活動を行うとともに、相川鉄工と共同して新技術・新製品の開発に取り組む。

(1) 原料調成、ウエットエンド、抄紙機クリーニング装置の技術開発と販売

(2) 各種メーカーのスクリーンバスケット、ローター、リファイナー刃物などの主要消耗部品の技術開発と販売

(3) 大手製紙機械メーカーからの OEM 生産。（スクリーン用バスケットなど）

赤 武 株式会社
AKATAKE Co., Ltd.

〒 410-0303　静岡県沼津市西椎路 14 番地

TEL 055-967-3333　FAX 055-967-6333

ホームページ http://www.akatakekk.co.jp

【事業所】 東京支店：東京都千代田区岩本町 3-3-2

TEL 03-5820-1360　静岡営業所：静岡市駿河区高松1丁目 15-1　TEL 054-237-5185㈹

【創業】 1947（昭和 22）年 1 月 1 日

【資本金】 2,000 万円

【決算期】 8 月

【年商】 売上高 36 億円

【役員】 代表取締役社長＝原 俊範　代表取締役副社長＝赤堀整二　取締役＝原 敦子　監査役＝赤堀庄子

【従業員数】 男子 42 名・女子 16 名　計 58 名

【取引金融機関】 静岡・沼津　スルガ・本店　商工中金・沼津　三菱 UFJ・沼津　三井住友・静岡日本政策金融・静岡

【関係会社】 赤武エンジニアリング㈱

【販売品目】 ベルト・ホース製品　工業用ゴム・樹脂製品　ガスケット製品　土木建設資材製品工業薬品　スリーエム製品　機械装置　プラント工事

【主要仕入先】 横浜ゴム　金陽社　スリーエムジャパン　ニッタ　ニチアス　栗田工業　東拓工業

【主要販売先】 日本製紙　特種東海製紙　春日製紙工業　芝浦機絨　住友理工　明電舎　ノダ　リコー　東レ　富士フイルム　前田建設工業　鹿島建設　竹中土木

株式会社 ADEKA
ADEKA Corporation

〒 116-8554　東京都荒川区東尾久 7-2-35

TEL 03-4455-2850

ホームページ https://www.adeka.co.jp

【事業所】 大阪支社：〒 530-0057　大阪府大阪市北区曽根崎 2-12-7　清和梅田ビル 17F

TEL 06-6123-4220

化学品生産工場：鹿島　千葉　三重　富士　相馬

海外拠点：米国　ドイツ　フランス　韓国　中国

台湾　タイ　マレーシア　シンガポール　インド

UEA　ブラジル　ほか

【創業】　1917（大正6）年1月27日

【資本金】　230億円（2024年3月末現在）

【業績】　連結売上高：3,997億円（2024年3月末現在）

【決算期】　3月31日

【役員】　代表取締役社長兼社長執行役員＝城詰秀尊　代表取締役兼専務執行役員＝冨安治彦　取締役兼執行役員＝志賀洋二　取締役兼執行役員＝正宗潔　社外取締役＝遠藤茂　社外取締役＝堀口誠　社外取締役＝髙橋直也　取締役常勤監査等委員＝田谷浩一　社外取締役監査等委員＝奥山章雄　社外取締役監査等委員＝平沢郁子

【従業員数】　連結：5,512名（2024年3月末現在）

【関係会社】　＜国内＞：ADEKAケミカルサプライ㈱　ADEKAクリーンエイド㈱　オキシラン化学㈱　ADEKA物流㈱　ADEKA総合設備㈱　日本農薬㈱　㈱コープクリーン　ほか

【製造・販売品目】　＜紙パルプ関係＞過酸化水素、過硫酸アンモニウム、感熱記録紙用退職防止剤、抄紙消泡剤、ほか

【事業区分別主要製品】　①化学品事業＝情報・電子化学品（高純度半導体材料、電子回路基板エッチング装置および薬剤、光硬化樹脂、光記録材料、画像材料ほか）、樹脂添加剤（ポリオレフィン用添加剤、塩ビ用安定剤・可塑剤、難燃剤）、機能化学品（エポキシ樹脂、ポリウレタン原料、水系樹脂、界面活性剤、潤滑油添加剤、厨房用洗浄剤、化粧品原料ほか）、基礎化学品（プロピレングリコール類、過酸化水素および誘導品、工業用油脂誘導品、水膨張性シール材　ほか）　②食品事業＝加工油脂、加工食品ほか　③ライフサイエンス事業＝農薬、医薬品ほか

【沿革】　1915（大正4）年、古河合名会社が中心となり東京電化工業所を設立、電解法によるか性ソーダを製造。1919（大正8）年、水素利用による硬化油の製造を開始、ソーダと油脂の二本柱による化学工業への展開を確立した。1990（平成2）年、アデカ・アーガス化学㈱、1999（平成11）年には東海電化工業㈱を合併。化学品分野では各種の石油化学原料を有効に利用した無機・有機の各種中間製品からファインケミカル製品まで多角的に製造する。一方では動植物油脂原料を高度に利用してマーガリン、ショートニングなどの加工油脂や加工食品を供給している。現在は鹿島、千葉、三重、富士、相馬、明石に生産拠点を確立。2006（平成18）年、社名を㈱ADEKAに改称。同時に本社事務所を中央区日本橋より荒川区東尾久へ移転。

【経営理念】「新しい潮流の変化に鋭敏であり続けるアグレッシブな先進企業を目指す」「世界とともに生きる」

【企業の特色】　ADEKAグループは「化学品」と「食品」「ライフサイエンス」という3つのコアビジネスを基盤に、高い技術力と確かな品質力で、独自性のある製品を幅広く提供しており、長年培ってきた数々の基盤技術、先端技術を融合させることで、豊かなくらしを創造していきます。

ADEKAグループは、創立以来大切にしてきた「人々の豊かなくらしに貢献する」という姿勢を今後も受け継ぎ、持続可能な社会に貢献していくという意思を示すため、新しいコーポレートスローガン『Add Goodness』を2020（令和2）年に制定した。『Add Goodness』は"くらしのすべてをより良く"する姿勢を表現し、新しい価値を創造し続けるという意思を持った人財が集う企業集団でありたい、という想いを込めている。ADEKAグループは当スローガンのもと、「素財」の提供を通じて、ステークホルダーの皆様とともに、世界中の豊かなくらしの実現に貢献してまいります。

アメテック 株式会社
AMETEK Co., Ltd.

サーフェースビジョン事業部

〒105-0012　東京都港区芝大門1-1-30　芝NBFタワー3階

TEL 03-4400-2350（部署直通）　FAX 03-4400-2301

ホームページ

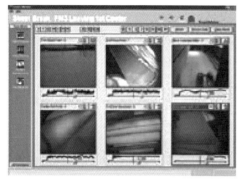

https://www.ameteksurfacevision.com

【事業所】　東京本社、大阪支社、名古屋営業所

【設立】　2009年4月1日

【資本金】　9,500万円

【役員】　代表取締役＝望月広輝　取締役＝トニー・チャンピッティ　取締役＝リッキー・ヤン　監査役＝安保繁栄

【従業員数】　150名（2025年1月末）

【製造・販売品目】　欠陥検査システムスマート・ビュー、断紙モニタリングシステムスマート・アドバイザー、その他電子計器、電機機械製品

【事業内容】　測定・分析・工作・光学・精密・電子機器、映像機器等の各種機器およびその付属品の開発・製造・輸出入ならびに関連サービスの提供。

【サーフェースビジョン事業部沿革】　アメテック・サーフェースビジョン事業部による表面検査事業は、1990年にIsys Control社が当時では画期的な完全デジタル処理による高機能検査システムを開発・販売したことに始まる。1996年からはマシンビジョンのリーディング・カンパニーであるコグネックス社の一事業部として、高機能かつ汎用性の高い検査システム「SmartView」を開発し、金属、紙パルプ、フィルム、不織布、ガラスといった幅広い業界において検査システムを提供。現在までに欠陥検査システム「SmartView」の累計納入数は、全世界で3,000システム以上に及ぶ。2015年以降は、アメテック社サーフェースビジョン事業部として事業を継続・展開。

【企業の特色】　1930年以来、ニューヨーク証券取引所に上場し、現在は米国をはじめ世界中で150を超える製造工場と100以上の販売・サービス拠点で電子計器（産業用の高機能な監視・試験・較正装置等）や電気機械製品を生産する、年商50億ドルのグローバルメーカー。アメテック・サーフェースビジョンはアメテックの一事業部として、産業用（紙パルプ、金属、フィルム、不織布、ガラスほか）の画像システム（欠陥検査システム、画像モニタリング・プロセス解析システムほか）を提供する。

荒川化学工業 株式会社
Arakawa Chemical Industries, Ltd.

〒541-0046　大阪市中央区平野町1-3-7

TEL 06-6209-8500　FAX 06-6209-8543

ホームページ https://www.arakawachem.co.jp

Eメール info@arakawachem.co.jp

【事業所】　東京支店：〒103-0023　東京都中央区日本橋本町3-7-2　MFPR日本橋本町ビル11F　TEL 03-5645-7800　FAX 03-5645-7808　名古屋支店：〒486-0844　愛知県春日井市鳥居松町4-122　王子不動産名古屋ビル4F　TEL 0568-81-3164　FAX 0568-81-9020

富士営業所：TEL 0545-71-1205　FAX 0545-71-2208

札幌営業所：TEL 011-231-8761　FAX 011-221-9253

九州営業所：TEL 097-522-0017　FAX 097-522-2258

工場：大阪、富士、水島、小名浜、釧路、鶴崎

研究所：大阪、筑波

【創業】　1876（明治 9）年

【設立】　1931（昭和 6）年 1 月

【資本金】　33 億 4,300 万円

【年商】　722 億 2,200 万円（2024 年 3 月期連結）

【役員】　代表取締役社長執行役員＝高木信之（事業本部長）、常務取締役執行役員＝延廣徹（管理部門管掌 兼 KIZUNA 推進担当）、取締役相談役＝宇根高司、取締役執行役員＝岡﨑巧（生産部門担当 兼 研究開発部門担当 兼 品質担当 兼 環境担当 兼 保安担当）、冨宅伸幸（経営企画本部長 兼 経営企画部長）、正宗エリザベス（社外取締役）、小山俊也（社外取締役）、水家次朗（取締役 常勤監査等委員）、巳波淳（取締役 常勤監査等委員（社外））、中務正裕（取締役 監査等委員（社外））

上席執行役員＝久保勝義（事業本部 ファイン・エレクトロニクス事業部長 兼 日華荒川化学股份有限公司 董事長 兼 ポミラン・テクノロジー社（柏彌蘭科技股份有限公司）董事長、橋本大司（生産本部長）　執行役員＝齋藤博（資材戦略部長）、頭川克彦（経営企画本部 事業戦略部長）、黒瀬慎一（事業本部 機能性コーティング事業部長）、石川俊二（事業本部 製紙・環境事業部長）、松本充弘（東京支店長 兼 事業本部 粘接着・バイオマス事業部長）、近藤武（事業本部 粘接着・バイオマス事業部 アルコングローバル戦略推進責任者）、林永輝（事業本部 中国代表（上海駐在）兼 広西梧州荒川化学工業有限公司 董事長 兼 南通荒川化学工業有限公司 董事長 兼 荒川化学合成（上海）有限公司 董事長）、東本徹（研究開発本部長 兼 研究所長）、山口哲正（管理本部長）、吉村博文（広西梧州荒川化学工業有限公司 董事総経理）、田原勝彦（千葉アルコン製造株式会社 取締役社長（アルコングローバル戦略推進者）兼 工場長）、奥村辰也（ペルノックス株式会社 取締役社長）

【従業員数】　1,668 名（2024 年 3 月末現在連結）

【関連会社】　ペルノックス㈱　高圧化学工業㈱　山口精研工業㈱　カクタマサービス㈱　千葉アルコン製造㈱　広西梧州荒川化学工業有限公司　南通荒川化学工業有限公司　荒川化学合成（上海）有限公司　台湾荒川化学工業股份有限公司　日華荒川化学股份有限公司　柏彌蘭科技股份有限公司　ARAKAWA CHEMICAL (THAILAND) LTD.　Arakawa Europe GmbH　Arakawa Chemical (USA) Inc.　ARAKAWA CHEMICAL VIETNAM CO.,LTD.

【製造・販売品目】　製紙用薬品（内添サイズ剤 表面サイズ剤 嵩向上剤 内添紙力増強剤 湿潤紙力増強剤 紙力歩留向上剤 スプレー用紙力増強剤 表面紙質向上剤）　印刷インキ用樹脂　光硬化型樹脂　塗料用樹脂　機能性コーティング剤　合成ゴム重合用乳化剤　粘着・接着剤用樹脂　プラスチック改質剤　チューインガム基礎剤　剥離紙用離型剤　電子材料用配合製品　精密部品洗浄剤及び洗浄機器　天然樹脂

【主要販売先】　王子ホールディングス　日本製紙　JSR　東京インキ　artience

【沿革】　1876（明治 9）年 創業、1914（大正 3）年 7 月 鴫野工場を設立。31（昭和 6）年 1 月 合資会社荒川商店に改組、43（昭和 18）年 11 月 荒川林産化学合資会社に社名変更。56（昭和 31）年 9 月 荒川林産化学工業㈱に改組、77（昭和 52）年 4 月 荒川化学工業㈱に社名変更。99（平成 11）年 11 月 大証 2 部上場、2000（平成 12）年 10 月 東証 2 部上場、03（平成 15）年 3 月 東証・大証 1 部上場。同年 10 月 日本ペルノックス㈱がグループに加入。04（平成 16）年 4 月 南通荒川化学工業有限公司、同年 6 月 広西荒川化学工業有限公司を設立。08（平成 20）年 12 月 広西梧州荒川化学工業有限公司を設立。10（平成 22）年 10 月 Arakawa Europe GmbH がダウ・ケミカル社の水素化石油樹脂事業を取得。11（平成 23）年 1 月 梧州荒川化学工業有限公司と広西荒川化学工業有限公司を広西梧州荒川化学工業有限公司に統合。同年 2 月 荒川化学合成（上海）有限公司を設立。12（平成 24）年 2 月 柏彌蘭科技股份有限公司（ポミラン・テクノロジー社）設立。14（平成 26）年 1 月 日華荒川化学股份有限

公司を設立。15（平成27）年6月 山口精研工業㈱がグループに加入。18（平成30）年2月 千葉アルコン㈱を設立。19（令和元）年12月 ARAKAWA CHEMICAL VIETNAM CO.,LTD. を設立。22（令和4）年4月 東証プライム市場に移行。

【特色】 創業140年以上のネーバルストアーズ（松やに関連製品）のトップメーカー。天然樹脂ロジン（松やに）を使用した製品に加え、これまでに培ってきた技術を石油高分子分野にも幅広く活かし、製紙用薬品、塗料・インキ用樹脂、粘着・接着剤用樹脂などで高いシェアを誇る。さらに新分野として、光硬化型樹脂や精密部品洗浄システム、半導体関連材料などにも積極的に展開している。

【経営理念】 「個性を伸ばし 技術とサービスで みんなの夢を実現する」の経営理念のもと、「つなぐを化学する SPECIALITY CHEMICAL PARTNER」として、株主・取引先・社員および社会に貢献して企業価値を高めていくことを経営の基本方針としている。

【経営戦略】 第5次中期5ヵ年経営計画では、製紙薬品事業は、推進中の海外事業の拡大戦略を加速するとともに、国内事業は採算性の向上を強力に推し進め、コア技術を活かした新規テーマの創出にも注力し、ASEANを中心としたアジア地域での紙力増強剤の拡大、テーマの選択と集中、生産体制の最適化による国内事業の採算性向上、コア技術である水系ポリマーを活用した地球環境と社会へ貢献できる新規テーマの創出等の施策に取り組んでいる。

アルバニー・インターナショナル・ジャパン 株式会社
Albany International Japan Corp.

〒108-0075 東京都港区港南2-16-4 品川グランドセントラルタワー8階

TEL 03-6863-4364　FAX 03-6745-9431

【創業】 1895年（米国アルバニー・インターナショナル社）

【設立】 1954（昭和29）年

【資本金】 4,000万円

【決算期】 12月

【関係会社】 親会社：Albany International

【製造・販売品目】 フォーミングファブリック プレスフェルト ドライヤーキャンバス ベルトプロダクト

【主要販売先】 王子製紙　日本製紙　大王製紙 北越コーポレーション　レンゴー　他

アンドリッツ 株式会社
ANDRITZ K.K.

〒104-6129　東京都中央区晴海1-8-11　晴海アイランドトリトンスクエア オフィスタワー Y 29F

TEL 03-3536-9700㈹

技術営業グループ 03-6635-3347

サービス営業グループ 03-6635-3363　FAX 03-3536-9750

ホームページ

https://www.andritz.com/pulpandpaper-en/locations/kk-tokyo-japan-japanese

https://www.andritz.com

E メール pulpandpaper.jp@andritz.com

【設立】 1991（平成3）年10月

【資本金】 4億2,000万円

【役員】 代表取締役社長＝鈴山直樹

【従業員数】 52名（2024年10月時点）

【生産・販売品目】 紙パルプ工場向け各種パルプ製造プラント・薬品回収プラント・パルプドライヤー、抄紙機・塗工機・仕上げ設備、バイオプロダクト生成設備、環境・バイオマス関連技術の設計・組立て、およびメンテナンスサービス（下記）

①クラフトパルプ製造設備：調木・バイオマスハンドリング設備、連続蒸解設備（Diamondback ビン、TurboFeed、Help ビン、Lo-Solids 蒸解、Reboiler システム）、DKP 溶解パルプ製造設備、洗浄設備（DD ウォッシャー、Compact Press）、パルプスクリーン（粗選・精選）、中濃度酸素脱リグニン設備、中濃度オゾン漂白設備、Ahlstage 酸加水分解設備、漂白設備、パルプマシンドライヤー設備

②バイオプロダクト製造設備：Kraftanol™（商用グレードバイオメタノール生成）、A-ConApex™

非木材バイオマスの連続蒸解、LignaRec™（リグニン抽出設備）、SulfoLoop™（臭気ガスからの硫酸生成）、ガシファイヤー設備

③高濃度エバポレーター：HD エバポレーター（仕上固形分濃度：85DS％）、MVR エバポレーター、内蔵型ストリッパー、液化メタノール製造設備

④ボイラー：高効率 HERB 回収ボイラー、ALE および ARC 脱塩・脱カリシステム、BFB・CFB バイオマスボイラー

⑤薬品回収設備：LimeGreen（緑液清澄設備）、LimeFree（ドレッグス遠心分離機）、LimeWhite（白液清澄フィルター）、LimeDry（石灰泥フィルター）、LimeCool（LMD キルン）、Moxy ポリサルファイド製造設備

⑥マシン調成アプローチ設備：Deculator システム、ショートフローシステム、クリーナー、ModuScreen HB スクリーン、低濃度 Twin-Flo、Papillon リファイナー、ディスクフィルター（セーブオール）、TSS 高濃度スクリーンシステム、FilRec（填料回収システム）、MicraScreen（傾斜スクリーン）

⑦抄紙機および関連装置：ティシューマシン（クレセントフォーマー・ツインワイヤーフォーマー）、TissueFlex エアー式シュープレス、Prime TAD ドラム、PrimeDry スチールヤンキードライヤー、EquiDry フード、Prime シリーズ各種板紙抄紙機、PrimeCoat カーテンコーター、ブレードコーター、Jet コーター、コンビコーター、PrimeDry エア・ドライヤー、真空ロール、クーリングロール、ヤンキーヘッドセーバー、ヤンキーエコシステム蒸気再生装置、真空テーブル、Web ガイドシステム、リール、ワインダー、カレンダー

⑧脱水・ドライヤー・シート設備：TWP/HD 脱水プレス装置、エアボーンシートドライヤー、フラッシュドライヤー、カッター・レイボーイ、ベーリング設備

⑨Metris（製紙工場等、各種生産設備現場向けデジタル・ソリューション）：ロボティクス、AVA（高視覚分析）ツール、デジタルツイン OTS シミュレーションシステム、ACE アドバンス制御システム、IoT 最適化システム

⑩機械パルプ製造設備：RGP、TMP、CTMP、BCTMP、MDF 製造設備、省エネ型 RTS リファイナー、P-RC APMP（広葉樹機械パルプ製造システム）、A-TMP 省エネシステム

⑪古紙処理：板紙、新聞、上質古紙処理設備、OCC/FibreFlow ドラムパルパー、ModuScreen CR 型粗選および ModuScreen A 型・F 型精選スクリーンシステム、クリーナーシステム（AHLCLEANER 高濃度、低濃度、軽量異物除去用）、SelectaFlot フローテーションシステム、RotoWasher 繊維回収設備、CompaDis ディスパーザー、スクリュープレス、ディスクフィルター、HydroDrain（シックナー）、高濃度漂白設備、グラビティーテーブル、PulpVision（夾雑物測定装置）

⑫各種消耗品・部品設備：Diagonal スクリーン、SureFlow Diagonal スクリーン、Bar-Tec スクリーンバスケット、各種リファイナー・プレート（低濃度、高濃度、ボード用）、クリーナー部品

⑬水力発電・ポンプ設備：水車、ポンプタービン、SP パルプポンプ、S 中濃度ポンプ、FP ファインポンプ

⑭環境対応設備：CO_2 キャプチャー、スラッジ脱水・乾燥設備、電気集塵機

【主要販売先】　王子ホールディングス グループ各社、日本製紙グループ各社、レンゴー、大王製紙、北越コーポレーション、三菱製紙、中越パルプ工業、特種東海製紙、兵庫パルプ工業、丸住製紙、丸富製紙、コアレックスグループ、三木特種製紙、リンテック、日本紙パルプ商事、など国内主要紙パルプメーカー・商社、国内発電事業者各社

【主要仕入先】　ANDRITZ グループ各社（下記）

【関係会社】　当社へ 100％出資する親会社アンドリッツ AG 社（オーストリア）、および同社が同じく 100％出資する、フィンランド／スウェーデン／ドイツ／フランス／アメリカ／中国／インド等、各国のグループ会社

【沿革】　スウェーデンで発祥し、日本で 1 世紀にわたる歴史を有していたガデリウス株式会社と、フィンランドのアールストローム社との日本での

合弁会社「アールストローム・ガデリウス㈱」として、1991（平成3）年10月に発足。アールストローム社のクラフトパルプ製造、回収技術および製品が主な取扱品目であった。

その後、オーストリアに本社を置くアンドリッツAG社が、2001年6月にフィンランドのアールストローム社との合弁企業ANDRITZ Ahlstrom社の全株を取得して統合したことにともない、日本法人もアンドリッツ・アールストローム㈱としてアンドリッツAG社の傘下となった。この統合によりアールストローム社のパルプ製造設備に加え、アンドリッツ・グループの有する広範な製品および技術の提供を開始した。日本法人は2002年1月に、社名を現在のアンドリッツ株式会社へと変更した。

アンドリッツAG社はさらに、コーター製品事業、ワインダー製品事業、不織布製造装置事業、同時二軸延伸プラスチックフィルム製造装置事業、電気集塵機事業、等を相次いで傘下に収め、チップヤード調木設備から抄紙機、仕上げ設備までの広範な製紙工場向け設備・技術を、日本を含めグローバルに提供している。

近年、水力発電のVA TECH HYDRO社、ボイラー発電事業のAE&E社を統合し、再生可能エネルギーである水力発電、潮力発電、バイオマスボイラーにも注力、成功を収めている。

【企業戦略】 "For Growth That Matters"（重要なことは成長：そのために）を全グループの企業目標に掲げ、移り行く社会経済環境に対応してお客様とともに成長すべく、さまざまなニーズに応えて課題解決に資するための、製品やサービスの提供を行っていく。

具体的には、抄紙の原料となるあらゆるパルプ（古紙、KP、機械パルプ）製造設備、抄紙機、仕上設備機器を中心に提供する。特に日本市場では新規設備のみならず、経年既存設備の省エネ、環境負荷改善、品質歩留向上、コストダウンなどの、アップグレード技術に力を入れている。

さらには従来の主力であるクラフトパルプ製造技術に加え、再生可能エネルギー化設備、スラッ

ジ脱水・乾燥、バイオマスのペレット化、ガス化装置、森林残材のガス化設備などに積極的に取り組む。

これらを通じてお客様の収益向上に貢献すると同時に、ゼロ・エミッションとゼロ・ウェイスト（排出・廃棄ゼロ）の達成を目的とした取組みに注力し、紙パルプ工場の傍流・副生成物から様々なバイオプロダクト製品を生成するプロセスを開発し、実機導入を行っている。

アンドリッツ・ファブリック＆ロール 株式会社
ANDRITZ Fabrics and Rolls

〒104-6129 東京都中央区晴海1-8-11　晴海アイランドトリトンスクエアオフィスタワー Y29階

TEL 03-6630-9811　FAX 03-6630-9815

ホームページ https://www.andritz.com

Eメール info@huyck.wangner.jp

【事業所】　旭工場：〒311-1415　茨城県鉾田市造谷881-1　TEL 0291-37-1205　FAX 0291-37-1207

【創業】　1849年

【設立】　1974（昭和49）年8月

【資本金】　5,000万円

【決算期】　12月

【役員】　代表取締役社長＝五十嵐篤

【関係会社】　アンドリッツグループ各社

【取扱品目】　抄紙マシンおよびパルプマシン向けフォーミング・ファブリック（ワイヤー）、プレス・フェルト（毛布）、ドライヤー・ファブリック（カンバス）、ゴム・ポリウレタン・樹脂ロールカバー巻替え、各種エキスパンダーロール、テフロンチューブ、抄紙用キャリアロープ

【主要販売先】　王子製紙　日本製紙　王子マテリア　北越コーポレーション　大王製紙　中越パルプ工業　新東海製紙　丸住製紙　王子ネピア　日本製紙クレシア　ほか

飯田工業薬品 株式会社
I chemix Co.,ltd

本社：〒417-0002　静岡県富士市依田橋71-1

本社社屋

TEL 0545-33-0686　FAX 0545-33-0671
ホームページ http://www.ichem.co.jp
【事業所】　静岡支店：〒424-0204　静岡県静岡市清水区興津本町 311-17　TEL 054-369-2054　FAX 054-369-2064
東京支店：〒103-0027 東京都中央区日本橋 3-6-2 日本橋フロント 1 階
TEL 03-6455-7071　FAX 03-6455-7072
【創業】　1902（明治 35）年
【設立】　1963（昭和 38）年 7 月
【資本金】　6,000 万円
【業績】　売上 61 億 7,727 万円（2024 年 12 月期）
【役員】　代表取締役社長（CEO）＝飯田悦郎　専務取締役（COO）営業本部長兼営業第一部長兼東京支店長＝飯田真一郎　常務取締役（CFO）管理本部長＝山梨俊輔　執行役員営業第二部長＝鍋島和幸
【従業員数】　32 名
【関連会社】　芙蓉化成㈱（ポリエチレン・印刷・製袋加工）　エフ・ピー・アール㈱（プラスチック類の処理加工）　㈱コスモメタルセンター（非鉄金属卸）
【販売品目】　化学薬品　工業薬品　合成樹脂
【主要仕入先】　住友精化　東邦化学工業　富士タルク工業　日本軽金属　ハリマ化成　東亜合成　堺化学工業　高圧ガス工業　ジェイフィルム　芙蓉化成　大倉工業　CHEMIPAZ　アークロマ・ジャパン　ユニチカ
【主要販売先】　エリエールペーパー　春日製紙工業　興亜工業　日本製紙クレシア　五條製紙　大洋紙業　鶴見製紙　マスコー製紙　藤枝製紙　富士里和製紙　富士フイルムグループ　丸富製紙グループ　王子マテリア　王子エフテックス　大興製紙　TENTOK　髙尾丸王製紙　イデシギョーグループ　丸井製紙　特種東海製紙　日本ウォーターシステム　ほか

イチカワ 株式会社
ICHIKAWA Co., Ltd.

〒113-8442　東京都文京区本郷 2 丁目 14-15
TEL 03-3816-1111　FAX 03-3816-3909
ホームページ http://www.ik-felt.co.jp
E メール gen@ik-felt.co.jp
【事業所】　柏工場：〒277-0831　千葉県柏市根戸 200　TEL 04-7132-1111　FAX 04-7131-2040　岩間工場：〒319-0206　茨城県笠間市安居 2600-11　TEL 0299-37-6211　FAX 0299-37-6200
【創業・設立】　1949（昭和 24）年 11 月 21 日
【資本金】　35 億 9,480 万円
【業績】　＜最近期売上高＞単体：118 億 2,400 万円、連結：136 億 300 万円
【決算期】　3 月
【役員】　代表取締役社長＝矢崎　孝信
【従業員数】　673 名（連結）
【関係会社】　＜連結子会社＞イチカワ・ノース・アメリカ・コーポレーション　イチカワ・ヨーロッパ GmbH　宜紙佳造紙脱水器材貿易（上海）有限公司　イチカワ・アジア・カンパニーリミテッド　㈱イチカワテクノファブリクス　㈲アイケー加工　㈱アイケーサービス
【製造・販売品目】　抄紙用フエルト　抄紙用ベルト　スレート・その他工業用フエルト
【主要販売先】　イチカワ・ヨーロッパ GmbH　大王製紙　日本製紙　王子製紙　イチカワ・ノース・アメリカ・コーポレーション
【沿革】　1919（大正 7）年 11 月市川毛織の前身・東京毛布㈱が当社旧市川工場の地に設立される。42（昭和 17）年 10 月日本フエルト㈱と合併し、日本フエルト㈱市川工場となる。
　49 年 11 月企業再建整備法により日本フエルト㈱から分離し、市川毛織㈱設立（本社：千葉県市川市）。

柏工場外観

岩間工場外観

51年5月東京証券取引所に株式を上場。63年11月本社を千葉県市川市から東京都文京区（現在地）に移転。64年7月柏工場（千葉県柏市）を新設、ニードルフエルトの製造を開始。70年7月鐘淵紡績㈱練馬工場のフエルト事業部門を買収。75年4月市川毛織の販売部門を基に、フエルト販売代理店を合併し、市川毛織商事㈱を設立。84年11月米国現地法人、イチカワ・アメリカ・インコーポレーテッド（現イチカワ・ノース・アメリカ・コーポレーション）を設立。88（昭和63）年4月シュープレス用ベルト第1号を米国に輸出。93（平成5）年4月市川毛織商事㈱を吸収合併。96年4月岩間工場（茨城県笠間市）を新設。98年7月シュープレス用ベルトの開発が製紙業界の発展に寄与したことにより「佐々木賞」を受賞。10月市川工場を閉鎖し、生産機能を柏・岩間工場へ集約。

2000年3月ISO14001認証取得。01年10月ドイツ現地法人、イチカワ・ヨーロッパGmbHを設立。03年3月ISO9000：2000認証取得。同年6月新たなコーポレート・ガバナンスの導入。取締役員数の削減ならびに任期の短縮と執行役員制度の導入。04年4月研究部門と開発部門を集約し開発研究所（茨城県笠間市）を設置。同年5月営業部門を本社から柏工場敷地内に移転。05年4月中国現地法人、宜紙佳造紙脱水器材貿易（上海）有限公司を設立。同年7月商号変更、新商号「イチカワ株式会社」。工業用フエルト製品などの販売会社、㈱イチカワテクノファブリクスを設立。08年4月子会社アイケーサービスを存続会社とし、子会社㈱アイケーエージェンシーを吸収合併。

17年7月タイ王国にサテライトオフィスを設置。

同月営業部門を柏工場敷地内から本社に移転。18年4月アジア事業部新設。同年7月タイに現地法人イチカワ・アジア・カンパニーリミテッド設立。同年10月単元株式数を1,000株から100株に変更。

【企業の特色】　当社は創業以来、"紙"の製造に不可欠な抄紙用具の製造販売を通じ、生活に貢献してきた。主力製品の「抄紙用フエルト」と「抄紙用ベルト」は、紙の品質と生産性を左右する重要な抄紙用具として、国内外の市場で高く評価されている。近年、製紙技術の革新はめざましく、当社の抄紙用具が果たす役割もこれまで以上に重要かつ高度なものとなっている。同社は、こうしたお客様のニーズに「信頼される品質とサービス」で応えるべく全社一丸となって日々取り組んでいる。

〈柏工場〉千葉県北西部の根戸工業団地にある柏工場には、フエルト製造のニードリング工程、仕上工程を配置している。最新のニードリングマシンや高圧プレス装備のドライヤーなどを備え、世界最大サイズの13m幅フエルトまで製造可能な設備を備えている。00年には環境管理体制を確立し、ISO 14001を認証取得した。コージェネレーションシステムの採用など、先進的な環境対策にも積極的に取り組んでいる。さらに、09年抄紙フエルトの品質・生産能力増強を目的とした設備投資を行った。

〈岩間工場〉茨城県中央部の岩間工業団地にある岩間工場には、フエルトの製織工程やシュープレス用ベルト、トランスファー用ベルト、工業用製品の製造工程を配置している。世界最大の織機幅33mの製織設備や、ロボットを活用した自動設備を導入し、高い生産性と徹底した品質管理を実

イチカワの33m織機

現している。また手縫合などの職人技術も継承し、ハイテクノロジーと併せて活用する独自の製造技術を誇っている。

【今後の事業・技術展開】 構造的な需要低迷やグローバル市場での競争激化等により、当社グループを取り巻く経営環境は、依然として極めて厳しい状況となっております。

当社グループはこのような環境下でも、「抄紙用具の高度専門企業」として継続的に利益創出できる企業を目指し、更なる技術力強化や生産効率の向上等、品質コスト対策を推進し、グローバル競争体制を強化することで企業価値の増大に努めてまいります。

株式会社 イチネンケミカルズ
Ichinenchemicals Co., Ltd.

本社
〒108-0023 東京都港区芝浦4-2-8 住友不動産三田ツインビル東館8F
TEL 03-6414-5601 FAX 03-6414-5620
ホームページ https://www.ichinen-chem.co.jp/
【事業所】 工場:関東、播磨
テクノケミカル事業部 支店:東京、岡山 営業所:札幌、仙台、名古屋、大阪、広島、福岡 出張所:新潟、静岡
【設立】 1948(昭和23)年6月30日
【資本金】 1億円
【代表者】 代表取締役社長=黒田雄彦
【従業員数】 244名
【業績】 売上高:119億1,800万円(2024年3月期)
【関連会社】 イチネンホールディングス
【製造・販売品目】 製紙関連薬品(ピッチコントロール剤クリクリーンPDシリーズ、フェルト洗浄剤クリクリーンBWシリーズ、紙粉防止剤ペーパーエイドシリーズ、消泡剤アワクリーンシリーズほか)、工業用・自動車・産業用ケミカルなど

【沿革】 1953(昭和28)年3月、東京都中央区日本橋にタイホウ販売㈱を設立、海運会社および各工場に重油添加剤「TYFO」(米国製)の販売を開始する。57年、工業用洗浄剤「クリクリーン」の製造販売、およびそれに伴う洗浄工事事業を開始。同年兵庫県西宮市に研究所を開設。60年、大阪府高槻市に大阪工場を建設。燃料の節減と各種公害防止を目的とする新製品を開発する。62年、自動車フロントガラスの曇り止め・油膜取り「クリンビュー」を発売。65年、鳳工業㈱を吸収合併、社名をタイホー工業㈱とし、鋳鍛素形素材の加熱炉、調質炉などの製作、販売を開始する。67年、神奈川県藤沢市に研究所を移転。71年、東京都港区高輪に本社を移転。76年、兵庫県播磨町に工場を建設、大阪工場を移転する。79年、世界初の、原油タンクを原油で洗う「とも洗い洗浄工法」を開発する。90(平成2)年、日本証券業協会へ登録し、資本金を35億8,200万円に増資。91年、中央研究所を新築。2004年、東京都港区三田に本社を移転。同年、95%の減資と第三者割当による増資で資本金を13億2,900万円とする。日本証券業協会への店頭登録を取消し、㈱ジャスダック証券取引所に株式を上場。06年、東証・大証1部に上場する㈱イチネンの連結子会社となる。㈱コーザイを吸収合併、社名を㈱タイホーコーザイとする。07年に上場を廃止し、イチネンの100%子会社となる。減資を行い、資本金を1億円とする。08年、㈱イチネンホールディングスの100%子会社となる。10年、黒田雄彦が代表取締役社長に就任。16年4月1日、「株式会社イチネンケミカルズ」に社名変更。

伊藤忠マシンテクノス 株式会社
ITOCHU MACHINE-TECHNOS CORP.

〒100-0014 東京都千代田区永田町2-14-2 山王グランドビル(総合受付8F)

TEL 03-3506-3511　FAX 03-3506-3520

【事業所】

〈東京本社〉

同　上

TEL 03-3506-3511　FAX 03-3506-3520

〈大阪本社〉

〒 541-0054 大阪府大阪市中央区南本町 3-6-14　イトゥビル 9F

TEL 06-6282-1114　FAX 06-6282-1137

〈名古屋支店〉

〒 460-0003 愛知県名古屋市中区錦 1-5-11　名古屋伊藤忠ビル 4F

TEL 052-211-3671　FAX 052-202-0385

〈富士事業所〉

〒 416-0946 静岡県富士市五貫島 770-2

TEL 0545-63-1341　FAX 0545-64-0723

〈広島営業所〉

〒 730-0037 広島県広島市中区中町 7-32　ニッセイ広島ビル 5F

TEL 082-546-1530　FAX 082-546-1531

〈札幌営業所〉

〒 060-8547 北海道札幌市中央区北三条西 3-1　大同生命札幌ビル 14F

TEL 011-590-6681　FAX 011-590-6682

〈福岡営業所〉

〒 812-0011 福岡市博多区博多駅前 3-2-1　日本生命博多駅前ビル 13F

TEL 092-452-3530　FAX 092-471-3707

〈熊本営業所〉

〒 860-0845 熊本県熊本市中央区上通町 3-31　肥後水道町ビル 7F

TEL 096-319-2261　FAX 096-319-2262

〈今治出張所〉

〒 794-0027 愛媛県今治市南大門町 1-5-6　フィネス今治 1F

TEL 0898-35-3717　FAX 0898-35-3718

【設立】　1966（昭和 41）年 4 月 20 日

【資本金】　3 億円

【決算期】　3 月

【役員】　代表取締役 社長執行役員 CEO ＝松本茂

伸　取締役 常務執行役員＝岩木一憲　取締役 常務執行役員＝西村貞昭　取締役 執行役員＝立川裕治　取締役 執行役員 CFO＝藤田徳広　取締役 執行役員＝岸野雅樹　取締役 執行役員＝大久保隆行　取締役（非常勤）＝吉川正彦　監査役（非常勤）＝松島泰　監査役（非常勤）＝桜木正人

【株主と持株比率】　伊藤忠商事㈱ 100%

【主要販売先】　製紙メーカー各社

【沿革】　2010（平成 22）年 4 月 1 日、伊藤忠産機㈱と伊藤忠メカトロニクス㈱が経営統合し、「伊藤忠マシンテクノス㈱」に社名変更。11 年 4 月 1 日、伊藤忠フーデック㈱と合併。22 年 4 月、伊藤忠システック㈱と経営統合。

伊藤忠グループに於いて繊維・不織布機械、工作機械、食品機械、各種産業機械を専門的に取り扱ってきた複数の機械商社が経営統合し誕生した、幅広い産業機械分野をカバーする機械専門商社。

【特色】　製紙プロセスにおける準備工程から抄紙、乾燥、巻取り設備のほか、コンバーティング設備、自動搬送設備を取扱っている。

また、商社でありながら一級建築士をはじめとして多彩な有資格技術者を擁している。製造設備のターンキーによる請負、エンジニアリング設計から設備の選定、納入、据付、試運転、運転指導、メンテナンスまでトータルソリューションの提供が可能である。また伊藤忠グループのグローバルネットワークと多彩な自社技術陣の活用により、付加価値の高い機械設備情報の提供を行っている。

株式会社 猪川商店
Inokawa-Shouten Co., Ltd.

〒 799-0101　愛媛県四国中央市川之江町 1211-4

TEL 0896-58-2666　FAX 0896-58-4689

E メール ino@inokawa.co.jp

【事業所】　大阪営業所：〒 541-0047　大阪市中央区淡路町 2-1-10　ユニ船場 513 号

TEL 06-4707-1245　FAX 06-4707-1246

【創業】　1897（明治 30）年 10 月

【設立】　1952（昭和 27）年 12 月 8 日

【資本金】　3,000 万円

【決算期】 6月

【役員】 代表取締役社長＝猪川亮　取締役副社長
（社長補佐）＝石川達夫　常務取締役＝猪川佳子
取締役（非常勤）＝猪川 洋　監査役（非常勤）＝
石村榮一

【幹部】 営業副本部長兼第一営業部長＝宮内 毅
第二営業部長＝高橋慎治

【従業員数】 男子13名・女子7名　計20名

【取引金融機関】 中国銀行・川之江　三井住友・
四国法人営業部

【関係会社】 三ツ輪化学工業㈱（珪酸ソーダ製造
販売）

【販売品目】 製紙用紙力剤・填料、無機系薬品、
水処理薬品・環境保全関係機器類、ボイラー、粘・
接着剤、フィルム、アルコール類、土木建築資材

【主要販売先】 大王製紙　カミ商事グループ　リ
ンテック　ユニ・チャームグループ　愛媛小林製
薬　トーヨ　新タック化成　三木特種製紙　昭和
紙工　イトマン　金柳製紙

【主要仕入先】 住友化学　荒川化学工業　栗田工
業　トクヤマ　住友精化　綜研化学　日本アル
コール販売　朝日化学工業　三ツ輪化学工業　ア
イカ工業

【沿革】 1897（明治30）年10月、亡前会長・猪川
秋夫の先代に当たる猪川順夫が川之江町1732番地
に薬局を開業、その後猪川秋夫が事業継承。1950
（昭和25年）6月工業薬品の取扱を開始。52年12
月株式会社猪川商店を設立、猪川秋夫が代表取締
役に就任。66年3月珪酸ソーダ製造を目的に富士
化学㈱（本社大阪）と共同出資で、三ツ輪化学工
業㈱を設立。68年12月医薬部門を元社員に譲渡、
工業薬品専門商社に。95（平成7）年12月現在地
に本社を新築移転。2003年2月大阪営業所を開設。
04年8月代表取締役社長に猪川宏美が就任。2017
年代表取締役社長に猪川亮が就任、現在に至る。

【経営理念】 誠以外交・節以内治・勤以日進・和
以月歩

【企業の特色】 当地は全国屈指の紙および紙加工
品の生産地として評価されているが、情報の伝達
方法の変化、出版市場の減速やペーパーレス化な
どにより、段ボール原紙、家庭紙および数種の紙
加工品以外は生産が伸び悩む傾向が見られている。
当社は永年地元中心に、紙関係製造企業等に工業
薬品の販売を続けてきているが、その間に培われ
た顧客や薬品メーカーとの強い信頼のうえでのパ
イプ役として、業界の情報の橋渡しや薬品の使用
技術の伝達などに高い評価を得ている。また、更
に需要の高まる環境問題や省エネ問題に対応する
体制を整えつつある。このようにこれまでの姿勢
を続けつつ、その他時代の新しい問題に対応する
ように努力を続けていく決意である。

株式会社 大鳥機業社
Ootori Kigyosha Co.,Ltd

〒417-0004　静岡県富士市新橋町5-8
TEL 0545-52-4052　FAX 0545-52-4057

【事業所】 工場：本社に同じ

【創業】 1946（昭和21）年1月5日

【資本金】 1,000万円

【業績】 売上高4億円

【役員】 会長＝鳥居基廣　代表取締役＝鳥居高広

【従業員数】 20名

【主要設備】 流体試験装置3式　NC横中ぐり盤2
台　ターニング旋盤2台　円筒研磨機2台　汎用
旋盤8台　NC旋盤5台　ラジアルボール盤4台
低圧・高圧試験設備

【製造・取扱品目】 ①製造品目：製紙工業用、建
材工業用、化学工業用、排水処理用、高圧洗浄用
各種ポンプ設計・製作　②取扱品目：両吸込ポン
プ（西島製作所）、ルーツ・ブロワー（伊藤鉄工所）、
小型ステンレスポンプ（西垣ポンプ）、自吸式ポン
プ（横田製作所）

【主要販売先】 王子製紙　日本製紙　日本製紙パ
ピリア　興亜工業　国立印刷局　王子エフテック
ス　王子マテリア　中越パルプ工業　特種東海製
紙　イデシギョー　丸富製紙　小林製作所　コア
レックス信栄　ほか全国一円および海外400社

【企業の特色】 製紙用ポンプの総合プランナー。
顧客のニーズに合わせたオリジナルポンプを作り
続けて70年。内外に多くの実績をもつ。

奥多摩工業 株式会社
Okutama Kogyo Co.,Ltd.

〒190-0012　東京都立川市曙町1-18-2

TEL 042-540-5573　FAX 042-540-5590

ホームページ http://www.okutama.co.jp

【設立】　1937（昭和12）年6月

【創業】　1944（昭和19）年12月

【資本金】　1億円

【決算期】　3月

【役員】　代表取締役社長＝山下一夫

【担当部署】　タマパール営業部

【関係会社】　㈱新潟ピーシーシー、山陽太平洋ライム㈱等

【取扱品目】　製紙用軽質炭酸カルシウム（内填用、塗工用）

【主要販売先】　大手製紙メーカー

【沿革と特徴】　1937（昭和12）年6月、奥多摩電気鉄道株式会社として発足。44年12月、商号を奥多摩工業株式会社と変更。46年12月、石灰石採掘販売開始。61年1月、生石灰製造のため奥多摩化工㈱を設立。61年12月、生石灰製造販売開始。65年4月消石灰製造販売開始。67年7月、砕石製造のため瑞穂建材工業㈱を設立。74年12月、奥多摩化工㈱を吸収合併。75年4月、軽質炭酸カルシウム製造販売開始。77年12月、瑞穂建材工業㈱を吸収合併。82年7月、改良土処理事業開始。89（平成元）年9月、ゼオライト製品製造開始。95年7月、塩化水素吸収用消石灰製造販売開始。02年3月、㈱新潟ピーシーシー設立。03年5月、横浜市下水道局のPFI事業を行うために横浜改良土センター㈱を設立。07年7月、山陽太平洋ライム㈱設立、09年4月高反応消石灰（タマカルク-ECO）製造販売開始、16年4月㈱横浜Bay Linkを設立。

花　王 株式会社
Kao Corporation

すみだ事業場：〒 131-8501　東京都墨田区文花 2-1-3

TEL 03-5630-9000

ホームページ https://chemical.kao.com/jp

E メール chemical@kao.co.jp

【事業所】　（本社）小田原事業場、大阪事業場、すみだ事業場

工場：酒田　栃木　鹿島　東京　川崎　小田原　富士　豊橋　和歌山　愛媛

研究所：栃木　東京　小田原　和歌山

【担当部署】　ケミカル事業部門　機能材料事業部　エコプロセスケミカル　TEL 03-5630-7670

【創業】　1887（明治 20）年 6 月

【設立】　1940（昭和 15）年 5 月

【資本金】　854 億円

【決算期】　12 月

【役員】　代表取締役 社長執行役員＝長谷部佳宏

【製造・販売品目】　脱墨剤　紙質向上剤（嵩高剤）炭カル分散剤　フェルト洗浄剤

【主要販売先】　王子製紙　日本製紙　大王製紙三菱製紙　中越パルプ工業　ほか

片山ナルコ 株式会社
Katayama Nalco Inc.

大阪本社　〒 533-0023　大阪市東淀川区東淡路 1-6-7

TEL 06-6321-7306　FAX 06-6322-8168

東京本社　〒 104-6137　東京都中央区晴海 1-8-11 晴海トリトンスクエア Y 棟

問合せ先：大阪本社（TEL 06-6321-7306　FAX 06-6322-8168）

ホームページ https://katayama-nalco.jp

【業種】　工業薬品販売

【創立】　2004（平成 16）年 6 月 1 日

【資本金】　1,000 万円

【決算期】　11 月

【役員】　代表取締役＝ジョン ラティガン　同＝前田久友　執行役員ゼネラルマネジャー＝兵頭克邦

【従業員数】　251 名（2024 年 11 月 30 日現在）

【取引金融機関】　三菱 UFJ 銀行

【関係会社】　㈱片山化学工業研究所、Nalco Water, an Ecolab Company

【製造・販売品目】　紙パルプ関係処理剤（スライムコントロール剤など）、ボイラ水処理剤、冷却水系水処理剤、海生生物付着防止、高分子凝集剤ほか

【主要納入先】　国内主要製紙メーカーなど

【特色】　片山ナルコは 2004 年、日本の水処理企業として歴史を重ねてきた片山化学工業研究所と米国系の水処理企業である NALCO 社との合弁によって設立された。人材と技術で高い価値を提供し、安全かつ継続的にお客様の発展に貢献することを目指している。

川之江造機 株式会社
Kawanoe Zoki Co., Ltd.

〒 799-0195　愛媛県四国中央市川之江町 1514

TEL 0896-58-0111　FAX 0896-58-2864

ホームページ https://www.kawanoe.co.jp

E メール kawanoe@kawanoe.co.jp

【事業所】　東京営業所：TEL 03-3527-1907　FAX 03-3527-1908　富士営業所：TEL 0545-52-8480　FAX 0545-52-8462　三島工場：〒 799-0195　愛媛県四国中央市村松町 154　TEL 0896-24-2535　FAX 0896-24-2536　余木工場：〒 799-0103　愛媛県四国中央市川之江町余木 199-7　TEL 0896-59-4500　FAX 0896-59-4600

【創業】　1944（昭和 19）年 11 月

【設立】　1944（昭和 19）年 11 月

【資本金】　6,000 万円

【役員】　取締役会長＝篠原正能　代表取締役社長＝篠原貴裕　取締役＝佐藤政利　取締役＝合田真二　取締役＝星川一冶　監査役＝篠田耕太郎

【従業員数】　230 名

【関係会社】　ケイテック㈱　川之江機械設備（嘉興）有限公司

【提携会社】　Valmet AB, Valmet Italy SpA, Gambini SpA, Pulsar Srl

【製造・販売品目】　ベストフォーマヤンキー抄紙機　クレセントフォーマヤンキー抄紙機

Advantage™DCT® ティッシュマシン ドライヤ研磨 長網ヤンキー抄紙機 長網多筒抄紙機 円網多筒抄紙機 円長網抄合抄紙機 フォイルユニット ドクター カンバスクリーナー "ファブジェット" 不織布抄造機 抄紙試験機 洗浄漂白装置 パルプマシン アジテーター パルパー巻替機 カレンダー シートカッター ドラムワインダー NCスリッター 巻取包装機 トイレットロール用ワインダー ログアキュームレーター ログカッター トイレットロール自動包装機 エンボッサ ティシュペーパー折機 タオルペーパー折機 アルミ箔折機 不織布折機 オムツライナー折機 ワックスペーパー折機 紙ナプキンハンカチ折機 ポケットティシュ折機 ティシュカッターコンベア装置 巻タオル用ワインダー スリッティングワインダー ティシュプリンタープライマシン コーティングマシン フレキソ印刷機 グラビア印刷機 製袋機 パフ加工機 サニタリーナプキン製造機 紙オムツ製造機 全自動金属コイル梱包装置 建材ホーミングマシン パルプ解繊機 パルプ製造設備 調整精選設備

【販売実績】 ベストフォーマヤンキー抄紙機：家庭紙メーカー各社200台 カンバスクリーナ "ファブジェット"：洋紙メーカー各社550台 ドラムワインダー：洋紙メーカーおよび加工業者120台 巻取包装機：洋紙メーカー各社100台 トイレットロールワインダー：家庭紙メーカー各社160台 ログカッター：家庭紙メーカー各社370台 トイレット自動包装機：家庭紙メーカー各社310台 ティシュペーパー折機、タオルペーパー折機：家庭紙メーカー各社620台 プライマシン：家庭紙メーカー各社80台

【沿革】 1944（昭和19）年11月 川之江造機創立。45年9月紙パルプ機械の製作を開始。53年7月企業合理化、生産増強により中小企業庁より表彰される。64年1月 東京営業所開設。68年2月 三島工場開設。71年1月 FMC社（米国）とトイレットロール加工機などに関する技術提携を行う。80年5月 JWI社（カナダ）とTバーシステムフォイルユニットに関する技術提携を行う。82年9月

ジェームス・ロス社（カナダ）とドクターに関する技術提携を行う。85年4月 全自動異種ロール対応型巻取ロール包装機を開発。同年11月 富士営業所開設。86年 全自動Wドラムワインダー開発。同年9月 1400mベストフォーマヤンキー抄紙機開発。88年7月 カンバス連続自動洗浄装置 "ファブジェット" において、第16回佐々木賞を受賞。

94（平成6）年1月 GL&Vブラッククローソンケネディ社（カナダ）とトップフライト "C" フォーマ、BTFダイリューションシステム（写真）など抄紙機に関する技術提携を行う。96年4月 バルメット・カールスタット社（スウェーデン）とティシュマシンに関する技術提携を行う。99年7月 JW-Ⅱ型巻取ロール包装機（高能力・多種類対応タイプ）において第27回佐々木賞を受賞。同年9月 バルメット・ゴリチア社（イタリア）とヤンキーフードおよびエアシステムに関する技術提携を行う。同年11月 ファロス・ブラッタ社（スイス、現バルメット社）とヤンキードライヤー研磨に関する技術提携を結び、ヤンキードライヤー研磨事業に進出する。

09年9月 中国浙江省嘉興市に川之江造紙機械（嘉興）有限公司を設立。10年2月 川之江造紙機械（嘉興）有限公司工場が完成。20（令和2）年2月三島新工場竣工。同年8月本社工場内に研究開発棟建設、CNFパイロット設備設置。21年10月に家庭紙・不織布等の加工パイロット設備完成。25年2月 CNF連続脱水装置・シート化装置開発で「第59回機械振興賞 機械振興協会会長賞」を受賞。

カンセンエキスパンダー工業
株式会社
Kansen Expander Industrial Co., Ltd.

〒573-0094 大阪府枚方市南中振2-31-3
TEL 072-831-7321 FAX 072-831-7327
ホームページ https://kansenexp.co.jp
Eメール info@kansenexp.co.jp
【事業所】 枚方工場（本社に同じ）
【創業】 1932（昭和7）年4月
【設立】 1948（昭和23）年9月

シワが出ないときは
ストレートのガイドロールとして

シワ発生時は
エキスパンダーロールとして使用

【資本金】 3,500万円
【役員】 代表取締役社長＝日高 剛
【関係会社】 PT KSO PRIMA ROLL　ケイ・エス通商
【製造・販売品目】 エキスパンダーロール　テフロン製ロールカバー　エアーシャフト
【販売実績】 エキスパンダーロール：年間受注実績2500本
【沿革】 1932（昭和7）年関西染織機商会として創業。48年関西染織機械株式会社に組織変更し染色整理機械および製紙機械の製造・販売を手がける。52年"KSKゴムエキスパンダー"で国内では初めてのCurved Expanding Rollerの開発に成功、十数件のパテントを得て販売。63年日本ゴムエキスパンダー工業設立により、ゴムエキスパンダー部門を分離独立。66年日本ゴムエキスパンダー工業と関西染織機械の合併による現社名カンセンエキスパンダーへの改称後は、製紙向けエキスパンダーロールを中核において専門メーカーとしての技術開発力や生産体制を強化しながら、バリボウエキスパンダー（68年）、スチールエキスパンダー（79年）、長尺ゴムエキスパンダー（83年）などを開発・販売。さらにはゴムエキスパンダーロールの表面カバー用となるエドロンロールカバー（テフロン製熱収縮カバー）の輸入販売開始（83年）など、総合エキスパンダーロールメーカーとして事業を展開してきた。
【特色】 製紙業界の広幅高速化にともない、エキスパンダーロールにも高速への対応が求められている。ロールは回転体で寿命が問題になり、ベアリングが一番の生命線になるため、25年ほど前に抄速1,500m/min対応を目標にベアリングメーカーの協力を得て技術改良に成功、さらに今日、抄速2,000m/minにも対応できる製品をいち早く開発・納入し成功を収めた。現在では加工機において2,500m/minの対応を可能とし、高速化でロールがゴムからスチール製に変わったように、使用素材の情報を収集しながら採用時期を見定め、適宜素材を組み合わせながら軽量化などロールへの課題にも取り組み成し遂げている。
【経営戦略】 今後は時代の変革とともに当社技術力を背景とした高い品質と柔軟な製造体制により、お客様のニーズに速やかに対応する事業展開を図る。また、国内製造業は海外進出を加速しているため、海外市場にも力を入れ世界レベルの技術力を維持・向上させていく。

協立電機 株式会社
Kyoritsu Electric Corporation

本社　〒422-8686　静岡県静岡市駿河区中田本町61-1　TEL 054-288-8860　FAX 054-285-1105
ホームページ https://www.kdwan.co.jp/
Eメール webmessage@mail.kdwan.co.jp
【事業所】 静岡（本社）、東京、仙台、宇都宮、つくば、神奈川中央、相模原、御殿場、沼津、富士、島田、袋井、浜松、豊橋、三河、名古屋、高岡、関西、神戸、岡山、福岡、熊本、八代、日南、鹿児島、タイ、マレーシア（クアラルンプール・ペナン・ジョホール）、中国（上海・深圳）、カナダ（トロント）、インド（ムンバイ・ニューデリー・バンガロール・プネー・チェンナイ）、ベトナム（ハノイ・ホーチミン）、インドネシア（ジャカルタ・スバラヤ）、フィリピン
【創業】 1959（昭和34）年2月
【資本金】 14億4,144万円
【従業員】 426名（グループ計1,828名）
【代表者】 取締役社長＝西 信之
【関係会社】 SKC㈱　第一エンジニアリング㈱　アプレスト㈱　協立テストシステム㈱　協立機械㈱　㈱アニシス　電子技研工業㈱　㈱メック　協和サンシンエンジニアリング㈱　他14社
【主な製品】 インテリジェントFAシステム、

Web ネットワーク生産管理システム、Linux 関連システム、環境計測システム、インターネット Web 管理システム、プラント用機器製造システム、開発設計、製造、エンジニアリング、サービス ＜紙パルプ産業向け製品＞FDT/DTM 技術を活用した保全ソリューション、フィールドネットワークシステム、StoneL 社製ネットワーク対応バルブ制御デバイス ValvePoint® "Axiom"、高機能型オープン制御システム "HYPER-EOCS"、QCS データ Web 表示システム、BEAMEX 社製キャリブレーター（MC5・MC2）・校正ポンプ（PG シリーズ）、省エネルギー制御ソリューション GridGreen、魚センサを使った水質連続監視装置「ユニレリーフ」「EQ ウォーター」

【沿革と特徴】 1959（昭和 34）年に計測器・工業計器を用いた自動化事業を目的に設立。1998（平成 10）年に上場（現在東証スタンダード市場）。

【今後の事業・技術展開】 製造現場に散財する大量の IIoT データを収集・統合・可視化し、包括的な情報に基づいた意思決定が行える統合開発環境（GE Digital 製）を提供。また「ロボットを活用した省人・省力化」を提案する。

協和工機 株式会社
Kyowa Koki Co.,Ltd.

〒582-0027　大阪府柏原市円明町 217

TEL 072-977-6201　FAX 072-977-6205

ホームページ http://www.kyowa-screen.co.jp

E メール info@kyowa-screen.co.jp

【事業所】 大阪営業所：〒582-0027　大阪府柏原市円明町 217　柏原工業団地内　TEL 072-977-6201　FAX 072-977-6205

東京営業所：〒104-0031　東京都中央区京橋 1-6-10　TEL 03-3535-3344　FAX 03-3535-3347

【創業】 1930（昭和 5）年 8 月

【設立】 1970（昭和 45）年 2 月 10 日

【資本金】 2,000 万円

【業績】 売上約 7 億円

【決算期】 6 月

【役員・執行役員】 代表取締役社長＝廣田健二

専務取締役＝新實泰明　執行役員（営業部長）＝大倉博文　執行役員＝関根 隆　監査役＝松井義昭

【従業員数】 男 20 名・女 6 名　計 26 名（関連会社を除く）

【関係会社】 協和産業㈱　協一機工㈱

【製造・販売品目】 ①スクリーン機械装置およびローターほか関連部品　②スクリーンバスケット類（BAR、切削スリット、丸孔各種）

【主要販売先】 王子製紙　日本製紙　大王製紙　レンゴー　三菱製紙　特種東海製紙　興亜工業　IHI 機械システム　ほか紙パルプ機械メーカー　国立印刷局　ほか

【沿革】 1930（昭和 5）年、協和製作所創業。建築用品生産販売を開始。40 年、紙パルプ用スクリーンプレート類の生産販売を開始。以降、配管用伸縮継手や化工機関連製品・プラスチック製品を生産し、多角経営を行う。70 年 2 月、現在の協和工機㈱を設立。スクリーン製品を専業として生産販売を継承する。82 年 6 月、協和産業㈱設立。関連子会社で静岡地区の販売、およびその後スクリーンの生産を開始。

2002（平成 14）年 2 月、協一機工㈱設立。関連子会社で韓国の拠点として安山市の工業団地に設立。同時に上記の子会社管理部門を当社大阪本社内に設置。

【企業の特色】 スクリーン工程の機械本体装置やこれに関するローター・各種バスケット類を専門として生産販売を行っている。

【経営理念】 スクリーン工程に使用される機械本体を含む各種製品に関して、すでに取得した PATENT 製品を含めて品質・性能における高性能品の開発に努め、「顧客第一とし、技術と品質で奉仕」をモットーに顧客のニーズに応えるべく、さらなる信頼向上を目指す。

熊谷理機工業 株式会社
Kumagai Riki Kogyo Co., Ltd.

〒176-0012　東京都練馬区豊玉北 3-2-4

TEL 03-3994-0111　FAX 03-3994-0520

ホームページ http://www.krk-kumagai.co.jp

本社社屋

Eメール tester@krk-kumagai.co.jp
【事業所】 工場：本社に同じ　営業所：〒176-0012 東京都練馬区豊玉北 3-2-4
TEL 03-3994-0111　FAX 03-3994-0520
【創業】 1927（昭和 2）年 1 月
【設立】 1944（昭和 19）年 5 月 7 日
【資本金】 9,000 万円
【役員】 取締役社長＝熊谷 健
【従業員数】 30 名
【製造・販売品目】 ①紙・板紙物性測定装置（引張強度試験機、耐折度試験機、破裂度試験機、引裂強度試験機、厚さ計、平滑度試験機、白色度計、剛度（こわさ）試験機、伸縮度試験機、圧縮試験機、摩擦係数測定機など）　②紙加工・印刷試験機（高剪断粘度計、ガムアップ試験機、各種塗工機、グラビア印刷機、オフセット印刷機、カレンダー、サイズプレス、ロールプレス、ヒートシール、マーロン安定度試験機など）　③パルプ・チップ試験機（レファイナー、PFI ミル、ナイアガラビーター、標準パルプ離解機、大型パルパー、TAPPI スタンダードシートマシン、各種手抄機、ドラム乾燥機、オートクレーブ　など）
【主要販売先】 国立印刷局　経済産業省各工業試験所　森林総合研究所　富士工業技術支援センター　愛媛県紙産業技術センター　高知県紙産業技術センター　岐阜県産業技術センター　福井県工業技術センター　鳥取県産業技術センター　東京大学・京都大学・北海道大学・高知大学・筑波大学・九州大学各農学部　王子製紙　日本製紙　大王製紙　北越コーポレーション　三菱製紙　住友化学工業　三井化学　荒川化学工業　クラレ　花王　旭化成　星光 PMC　日本ゼオン　JSR　リコー　キヤノン　日本たばこ産業　ほか
【沿革】 1927（昭和 2）年 1 月に東京神田にて熊谷製作所を創立、理化学機器の製造販売を開始。41 年 3 月に現在地に工場を移す。44 年 5 月に熊谷理機工業株式会社を設立する。49 年 9 月、従来の石油類試験機から転進し、紙パルプ試験機専門メーカーとしてスタートした。
【特色】 日本の製紙業界が、世界でも屈指の技術と生産量を誇るまでに発展する過程において、業界の優れた技術者の方々のご支援ご指導を得て、当社の技術を築くことができ、紙パルプ業界で世界に試験機を供給するまでに育てていただいたことに深く感謝している。近年、多くのユーザーの各工場では合理化・省力化が推進されるなか、国内初の全自動紙物性測定装置を開発、各社に納入し好評を得ている。
【経営戦略】 物性測定に限らず、さらなる自動化製品の開発には期待が寄せられており、それに応えていきたい。また、抄紙技術と新素材の融合による新製品の開発や基材としての紙に付加価値を与えた機能紙の開発など、新たな技術開発を支援する製品開発を目指している。

倉敷ボーリング機工 株式会社
Kurashiki Boring Kiko Co.,Ltd.

〒712-8052　岡山県倉敷市松江 2-4-20
TEL 086-456-3877　FAX 086-455-1591
ホームページ https://www.kbknet.co.jp
【事業所】 本社・工場　同上
鴨方工場（中央研究所）〒719-0233　岡山県浅口市鴨方町地頭上江花 329-2
TEL 0865-44-6312　FAX 0865-44-6316
【設立】 1957 年（昭和 32 年）11 月
【資本金】 3,000 万円
【役員】 代表取締役＝佐古さや香
【従業員数】 106 名（2024 年 12 月現在）
【取引金融機関】 伊予、商工中金、中国、トマト
【取扱品目】 ロール・機械設備向け溶射・表面処理、および関連エンジニアリング。プレスロール用セラミック溶射皮膜 KX ROCK®、非粘着表面コー

ティング K-Stef®、原質機器向け WC 溶射、軸受への溶射・修復など。（抄紙工程）ワイヤーロール、プレスロール、サイズプレスロール、カンバスロール、サクションロールへの溶射 （塗工工程）ドライヤーロール、カレンダーロールへの溶射 （仕上工程）ワインダーロール、リールドラム、セグメントロールへの溶射。

（工業所有権）特許「ドライエッチング用チャンバー内部材の製造方法」取得。特許「耐摩耗性チルド鋳鉄」取得。特許「マグネシウム基材の表面処理方法」取得。

（各種認証）ISO9001 取得、JIS Q 9100 取得、Nadcap（鴨方工場）

【沿革】 1957 年 11 月有限会社倉敷ボーリング商工設立。70 年 10 月倉敷ボーリング機工株式会社に社名変更。79 年 11 月倉敷市水島地区に工場移転。93 年 4 月本社事務所、本社工場新設。2000 年 2 月鴨方工場第二工場新設、2004 年 3 月中央研究所を鴨方に移転。04 年 9 月「岡山・わが社の技」に認定。05 年 1 月 ISO9001:2000 取得。2006 年 6 月紙パルプ技術協会・佐々木賞受賞。08 年 7 月経済産業省中小企業庁「元気なモノ作り中小企業 300 社」に選定。2009 年 7 月第 3 回ものづくり日本大賞優秀賞受賞。同 11 月ものづくり中小企業製品開発等支援事業に認定。2010 年 8 月経済産業省平成 22 年度戦略的基盤技術高度化事業に採択。2011 年 5 月（社）山陽技術振興会 村川技術奨励賞受賞。14 年 6 月、平成 25 年度補正中小企業・小規模事業者ものづくり・商業・サービス革新事業に採択。同 10 月 JIS Q 9100：2009 取得。同 10 月平成 28 年度きらめき岡山創成ファンド支援事業に採択。17 年 1 月 ISO9001：2015 認証へ移行完了。18 年 6 月経済産業省平成 30 年度戦略的基盤技術高度化事業に採択。同 7 月 JIS Q 9100:2016 認証へ移行完了。同 12 月経済産業省「地域未来牽引企業」に選定。19 年 1 月 Nadcap（航空宇宙・防衛産業界の特殊工程の国際認定プログラム）：Coatings を取得。

【企業の特色】 同社は 1990 年にワインダードラムへの WC 溶射皮膜を自社開発、世界に先駆けて発表。それを皮切りに次々と製紙機械用の新規溶射

セラミック溶射皮膜 KX ROCK® を適用したプレスロール

皮膜を生み出してきた。プレスロール用セラミック皮膜 KX ROCK® は、苛酷な環境（高ニップ圧環境、白水やアルカリ洗浄液による腐食環境、ドクターによる摩耗環境）に耐え、操業効率化やメンテナンス費削減に貢献している。メタリングロールへは主目的であるサイズ液、カラー液の均一な転写を実現するため、独自に開発したセラミック皮膜を適用し、130 本以上の実績を積み上げている。これら溶射を施工するロールは新作も対応。また、客先で稼働中のロールを現地で測定して状況を報告し、再溶射など今後の進め方を提案する。同社工場でのロール溶射のみならず、現地溶射や現地切削も可能。大手ポンプメーカの認定工場として、ポンプ等の分解整備も行う。

同社の溶射技術は、従来の単一的な機能（耐摩耗性、耐食性および表面性状）だけでなく、より複雑で総合的な機能を提供できることから、近年ではフィルム製造機への溶射適用も進み、フィルムの品質を左右する延伸工程などで採用されている。

株式会社 クラレ
Kuraray Co., Ltd.

〒100-0004　東京都千代田区大手町 2-6-4　常盤橋タワー（受付 2F）
TEL 03-6701-1000　FAX 03-6701-1005
ホームページ https://www.kuraray.co.jp
【事業所】　大阪事業所：〒530-8611　大阪市北

区角田町 8-1　大阪梅田ツインタワーズ・ノース

TEL 06-7635-1000　FAX 06-7635-1005

【設立】　1926（大正 15）年 6 月 24 日

【資本金】　890 億円（2021 年 12 月末現在）

【業績】　連結売上高：7,809 億円（2023 年度）

【決算期】　12 月

【役員】　代表取締役社長＝川原 仁

【従業員数】　11,906 名（連結、2023 年 12 月末現在）

【担当部署】　ポバール樹脂事業部 ポバール樹脂販売統括部：TEL 03-6701-1443　FAX 03-6701-1460

ホームページ https://www.kuraray-poval.com/ja

【製造・販売品目】　ポバール（PVA）樹脂などの樹脂・化成品、繊維、機能材料・メディカル

【主要販売先】　国内外製紙メーカー各社

【特色】　ポバール（PVA・PVOH）樹脂はクラレが世界で初めて工業化した機能性樹脂で、クラレグループの中核製品の一つである。日本・ドイツ・米国・シンガポールと世界 4 極の生産体制をもち、世界トップシェアを誇る。

　水溶性、造膜性、接着性、乳化性、耐油性、耐薬品性などの特性をもち、紙加工剤、接着剤、塩ビ重合安定剤をはじめ、液晶ディスプレイ偏光板のベースフィルム原料など、さまざまな用途で使用されている。

　汎用銘柄のほか、さまざまな特性を付与した高機能ポリマーも取り揃えている。

栗田工業 株式会社
Kurita Water Industries Ltd.

〒 164-0001　東京都中野区中野 4-10-1

TEL 03-6743-5000　FAX 03-3319-2017

ホームページ https://www.kurita.co.jp

【事業所】　Kurita Innovation Hub（クリタイノベーションハブ）：〒 196-0002　東京都昭島市拝島町 3993-15　大阪支社：〒 541-0053　大阪府大阪市中央区本町 4-3-9　本町サンケイビル 16 階　TEL 06-7638-1226　東北支店：〒 980-0014　仙台市青葉区本町 1-12-30　TEL 022-225-6331　名古屋支店：〒 460-0003　名古屋市中区錦 1-5-11　TEL 052-203-2851 広島支店：〒 730-0013　広島市中区八丁堀 33

TEL 082-221-4471

【設立】　1949（昭和 24）年 7 月 13 日

【資本金】　135 億円

【業績】　売上高：3,848 億円（連結：2024 年度）

【決算期】　3 月 31 日

【役員】　取締役会長＝門田道也　取締役代表執行役社長＝江尻裕彦　取締役執行役常務（経営管理本部長兼 Chief Financial officerCFO）＝城出秀司　取締役＝武藤幸彦　社外取締役＝小林賢治郎　社外取締役＝田中径子　社外取締役＝宮崎正啓　社外取締役＝高山与志子　執行役（電子産業事業部長兼電子事業管掌）＝天野克也　執行役（グループ生産本部長兼 Chief Technology officerCTO）＝久世邦博　執行役（欧米リージョン統括本部長）＝ジョルディ　ヴェルデス　プリエト　執行役員（経営管理本部 副本部長）可知宣和　執行役員（サステナビリティ推進本部長）田辺尚　執行役員（サステナビリティ推進本部 副本部長）田中靖子　執行役員（デジタル戦略本部長）水野誠　執行役員（イノベーション本部長）鈴木裕之　執行役員（グループ生産本部 副本部長）植田誠治　執行役員（アジアリージョン統括本部長兼一般水処理事業管掌）野末武宏　執行役員（アジアリージョン統括本部日本リージョン・ソリューション統括）米世英司　執行役員（電子産業事業部 デジタル産業部門長）牧瀬陽一　執行役員（電子産業事業部 精密洗浄部門長）山家伸吾　執行役員（産業・社会インフラ本部長）玉井啓善　執行役員（産業・社会インフラ本部 営業部門長）田中二朗

【従業員数】　7,981 名（連結）

【関係会社】　主な連結子会社：㈱クリタス　クリタケミカル製造㈱　クリタ分析センター㈱　栗田工業（大連）有限公司　クリタ GK ケミカル Co.,Ltd　P.T.Kurita Indonesia　クリタ・ヨーロッパ GmbH　韓水 Co.,Ltd.

【製造・販売品目】　紙パルププロセス向け薬品　排水処理薬品　ボイラー薬品　冷却水薬品　用水処理装置　排水処理装置

【主要販売先】　王子製紙　日本製紙　王子マテリア　大王製紙　レンゴー　三菱製紙　北越コーポ

レーション　ほか

【沿革】　1949（昭和24）年7月、ボイラー薬品メーカーとして設立。水処理薬品・水処理装置メーカーとして成長・発展を遂げた。さらに21世紀に向けた企業ビジョンとして「水と環境の先進的マネジメント企業」を設定し、薬品や装置、メンテナンス・サービスの提供だけでなく、それらにマネジメントノウハウを加えることにより最適なシステムを提案・実現することを目指している。紙パルププロセス分野においては、65年にスライムコントロール剤を上市、その後に歩留濾水性向上剤、エマルション消泡剤などを次々と開発し、注目を集めてきた。さらに水処理分野で培った分析技術、モニタリング技術を駆使し、最適なシステムを提供している。

【企業戦略】　クリタグループは1949年の栗田工業㈱創立以来、お客様のあらゆるニーズに応えるため、水処理薬品、水処理装置、メンテナンス・サービスの3つの事業領域における多様な技術、商品、サービスを融合させながら、総合的なソリューションを提供することを目指してきました。お客様の現場に密着し、独自のモニタリングや水質等の分析によって現場の現象をデータで掴み、様々な角度から解析しお客様の本質的な課題や潜在的なニーズを掘り起こすことで、お客様にとって最適な解決策を提案するというビジネススタイルが、「事業」「技術」「商品」の総合力を支えています。水処理薬品、水処理装置、メンテナンス・サービスという総合的な事業構成は当社グループの特長であり、これら「事業」の総合力と「技術」「商品」それぞれの総合力が有機的につながることで、お客様の水に関わる全ての課題を「グループの総合力」で解決します。そして、「事業」「技術」「商品」それぞれの総合力のシナジーを最大限発揮することで、クリタだからできる「水の先進的マネジメント」を提供していきます。

ケイ・アイ化成 株式会社
K・I Chemical Industry Co., Ltd.

〒437-1213　静岡県磐田市塩新田328

TEL 0538-58-1000　FAX 0538-58-1263
ホームページ https://www.ki-chemical.co.jp

【事業所】　工場：同上
テクニカルセンター：TEL 0538-58-0382　FAX 0538-58-1859
東京事務所：〒110-0005　東京都台東区池之端1-4-26　クミアイ化学工業ビル7階
TEL 03-5834-8499　FAX 03-5834-8447

【設立】　1975（昭和50）年2月
【資本金】　6億円
【決算期】　10月
【役員】　代表取締役社長＝柴田卓
【従業員数】　156名
【製造・販売品目】　スライムコントロール剤：ブイテックシリーズ、ブイビットシリーズ、KV－1161、ケイミックスA－100、SPほか
防腐剤：バイオホープシリーズ、バイオエースシリーズ、バイオダンシリーズ、バイオタック、BS－200ほか
防黴剤：カビガードシリーズ、KK－1242FW、KK－1437FW、ほか　工程洗浄殺菌剤：クリーンサイド1000、クリーンサイド300、クリーンサイドSTほか
環境衛生剤・抗菌基材：ケイサニットシリーズ、クリーンサイドNV－35ほか
【主要販売先】　紙製造業　高分子製造業　ウェットワイパー類製造業
【関係会社】　クミアイ化学工業㈱　㈱理研グリーン　イハラニッケイ化学工業㈱　㈱ネップほか
【沿革】　1975（昭和50）年2月にクミアイ化学工業㈱、イハラケミカル工業㈱の資本により理研ケミカル工業㈱として設立。83年にフクデイハラケミカル㈱と合併し、現在のケイ・アイ化成㈱となった。
【特色】　製紙用スライムコントロール剤、防腐剤メーカーとして"ブイテックシリーズ""バイオホープ"をはじめ、特徴ある薬剤を提供している。シャットダウン洗浄時の殺菌洗浄剤クリーンサイドSTを保有し、単独でも高い効果を示すが、アルカリとの併用により、より強力な工程殺菌洗浄が可能

で好評を得ている。同社のテクニカルセンターでは、顧客から提起される問題を解決するため経済的、有効的な薬剤の選定を行う技術サービスおよび新規薬剤の研究開発を行い、顧客のもつ問題のほか、各種調査にもスピーディーに対応している。

【経営理念】 ケイ・アイ化成では顧客のニーズに応えるという基本理念から、顧客の立場に立った製品設計を心掛けるとともに、長年の経験から培った技術と知識により、特徴ある製品の開発、機能性を有した新規化合物の合成に挑戦している。

【経営戦略】 需要が高まっているおしぼり関連の商品群を充実させ、製紙薬品とともにさらなる新剤の開発に力を注いでいる。今後も顧客から信頼される製品づくりを目指し、これまで以上に品質保証体制、コンプライアンスの強化を図っている。

CHEMIPAZ 株式会社
CHEMIPAZ CORPORATION

〒103-0023　東京都中央区日本橋本町 3-3-6
TEL 03-6202-7333　FAX 03-6202-7343
ホームページ https://www.chemipaz.com

【事業所】
＜製紙用薬品事業部＞
営業所：東北　東京　富士　関西　九州
研究所：千葉　市原
工場：竜ヶ崎　千葉　静岡　水島
＜樹脂事業部＞
営業所：東京　明石
研究所：明石
工場：岩井　明石　播磨
【設立】 1968（昭和 43 年）1 月
【役員】 代表取締役社長執行役員＝菅正道
【従業員数】 751 名（子会社含む）
【資本金】 20 億円
【業績】 売上高：211 億円
【決算月】 12 月
【関係会社】 子会社：KJ ケミカルズ株式会社、星光精細化工（張家港）有限公司、星悦精細化工商貿（上海）有限公司、新綜工業股份有限公司、SEIKO PMC VIETNAM CO., LTD.、株式会社マリ

ンナノファイバー

【事業内容】 製紙用化学薬品の製造販売　樹脂の製造販売

【製造・販売品目】 中性サイズ剤　酸性サイズ剤　乾燥紙力剤　湿潤紙力剤　表面紙力剤　表面サイズ剤　印刷適性向上剤　層間紙力剤　インクジェット耐水剤　撥水剤　濾水歩留向上剤　凝結剤　微生物製剤　印刷インキ用樹脂　記録材料用樹脂　工業用粘着剤　機能性モノマー　機能性溶剤

【主要販売先】 全国有力パルプ・製紙会社　インキメーカー

【沿革】 ＜旧星光化学工業株式会社＞＝ 1951（昭和 26）年 4 月、兵庫県神戸市に星光化学工業㈱設立。53 年 4 月、製紙用サイズ剤生産販売開始。62 年 5 月、印刷インキ用樹脂生産販売開始。65 年 4 月、紙力増強剤生産販売開始。75 年 6 月、記録材料用樹脂生産販売開始。97（平成 9）年 2 月、株式店頭市場（現 JASDAQ 市場）に株式を公開。2001 年 4 月、ミサワセラミックス㈱の化成品事業部門を統合。

＜旧日本 PMC 株式会社＞＝ 1968（昭和 43）年 1 月、製紙用薬品の製造販売を目的に大日本インキ化学工業㈱（現 DIC ㈱）と米国ハーキュレス社との合弁でディック・ハーキュレス㈱設立。同年 3 月、湿潤紙力増強剤販売開始。69 年 10 月、湿潤紙力増強剤生産開始。70 年 10 月、中性サイズ剤生産販売開始。72 年 3 月、ロジンエマルジョンサイズ剤販売開始、79 年 5 月、同サイズ剤の国内生産開始。92（平成 4）年 9 月、合弁解消。同年 10 月、日本 PMC ㈱に社名変更。96 年 12 月、東京証券取引所市場第二部に株式を上場。

＜合併以降＞＝ 2003（平成 15）年 4 月、日本 PMC ㈱を存続会社として星光 PMC ㈱設立。星光化学工業㈱の樹脂部門を星光ポリマー㈱として分社化（星光 PMC ㈱の 100％子会社）。05 年 4 月、中国江蘇省張家港市に星光精細化工（張家港）有限公司設立。06 年 3 月、中国上海市に星悦精細化工商貿（上海）有限公司設立。同年 10 月、連結子会社の星光ポリマー㈱を吸収合併。12 年 1 月東京証券取引所市場第一部銘柄に指定。14 年 4 月興人

フィルム＆ケミカルズ㈱の化成品事業を継承した KJ ケミカルズ㈱の株式取得（子会社化）。19 年 1 月新綜工業股份有限公司の株式取得（子会社化）。同（令和元）年 12 月、ベトナム バリアブンタウ省に SEIKO PMC VIETNAM CO., LTD. 設立（星光 PMC ㈱の 100％子会社）。23 年 1 月に㈱マリンナノファイバーの株式取得（子会社化）。24 年 12 月に株式公開買付により上場廃止。企業価値向上とブランドイメージ刷新を目的に 25 年 4 月 1 日「CHEMIPAZ 株式会社」へ社名を変更。

【特色】　当社は「新たな技術の創造により、人と環境が共生する豊かな社会の発展に貢献する」ことを経営理念とし、製紙用薬品、印刷インキ用・記録材料用樹脂、工業用粘着剤、機能性モノマー、機能性溶剤といった、人々の暮らしを支える様々な素材・製品を社会に提供している化学品メーカーです。設立当初より培ってきた乳化・分散・重合というコア技術を駆使した当社の製品群は、普段の暮らしの中で何気なく手にする紙や印刷物などの製造に使用され、それらの品質を高めるだけでなく、省資源や環境負荷低減にも寄与しています。

【経営戦略】　当社は、長期ビジョン「VISION 2030」において、「エコテクノロジーで持続可能な社会の実現に貢献するグローバル企業となる」をスローガンに掲げ、ポートフォリオ変革と ESG（環境、社会、ガバナンス）経営課題達成の両輪を回すことでキラリと光るグローバル企業へと事業拡大することを目標としています。そのためのマイルストーンとして策定した中期経営計画「OPEN 2024」では、基本方針の一つとして、「海外への展開」「新事業の足場固め」「国内事業基盤の強化」の 3 つを柱としたポートフォリオ変革に関する戦略を展開しています。海外展開については、製紙用薬品において中国に続き 2 拠点目の海外生産拠点となるベトナム工場を設立し、日本・中国の既存各工場と有機的な連携体制を構築することで、アジア市場における製紙用薬品の需要拡大に応えてまいります。新事業については、今まで育んできた様々な新しい事業・成長の芽、具体的には、環境戦略製品として定めたセルロースナノファイバー（CNF）や銀ナノワイヤ、バイオフィルムコントロール剤、脱プラスチック用水性コート剤などを、本格的な事業化に向けて育てるとともに、次の新たな事業の芽の創造に向けた種まきにも取り組んでいます。国内事業基盤強化については、国内シェアの更なる拡大を目指すとともに、各事業の製品ポートフォリオ改革を行ってまいります。

株式会社 小林製作所
Kobayashi Engineering Works, Co., Ltd.

〒 416-0921　静岡県富士市水戸島 2-1-1
TEL 0545-61-2400　FAX 0545-63-4570
ホームページ https://www.kobayashieng.co.jp

【事業所】　本社工場：同上
【創立】　1947（昭和 22）年 7 月 14 日
【設立】　1951（昭和 26）年 6 月
【資本金】　1 億円
【役員】　代表取締役社長＝戸田訓人
【関係会社】　㈱ホテルグランド富士（〒 416-0913 静岡県富士市平垣本町 8-1）　㈱プライムベーカリー（本社〒 421-3303 静岡県富士市南松野 2108-1）
【製造・販売品目】　長網・板紙抄紙機：サクセスフォーマ、ハイスピードウルトラフォーマ、コンパクトウルトラフォーマ、K フォーマ、ニューイージーフォーマ、ユニフローバット、サクセスフロー、サクセスシュープレス、スマートサイザー、MCR ソフトカレンダ、マイクロソフトカレンダ、グロスカレンダ、ポープリール、ワインダ、カッタ、サクションロール、ドライヤシリンダ

特殊抄紙機：密閉式傾斜フォーマ（KK フォーマ）、湿式不織布抄紙機、建材ボード抄造機

周辺機器：CP 付オクトパス、ビーター、ミキシングプレート（CD 坪量プロファイル調整装置）、エア通紙装置、スチームシャワ、ドライヤ用フィラーリング、シートスタビライザ、エムクリーンカンバスクリーナ、高露点密閉フード

加工機：コータ、ラミネータ、カッタ、ワインダ、スリッタほか各種産業機械

ユーティリティ機器：フィルタ、シャワ、ゆっくりーな（シャワ摺動装置）、ちょい抄きくん（小型

試験用抄紙機）

【沿革】　1947（昭和22）年7月創業、現在地に製紙専門メーカーとして設立。63年"ウルトラフォーマ"シリーズの開発によって「板紙抄紙機の小林」として世界的な地位を築く。製紙産業ならびにフィルム産業などに生産設備を提供。

【企業の特色】　高速サクセスフォーマをはじめウルトラフォーマシリーズなどラインアップは豊富で、白板紙をはじめ高・特板紙、段ボール原紙、特殊紙、石膏ボードなど対応品種も多い。上質紙から高板紙まで対応する、独自開発に基づくヘッドボックスやフォーマがそれらを支えている。またカンバスクリーナーなど関連機器も次々と開発・紹介し、注目を集めている。

　コータ、ラミネータ、カッタ、ワインダ、スリッタなど加工機にも力を入れ、「塗る」「巻く」「剪る」の技術は高評価を受け、多くの納入実績を誇っている。

　近年は2次電池セパレータ向け塗膜コータの開発に力を入れ、国内外で注目されている。また光学系フィルム業界では、ワインダ、スリッタが世界でも屈指の地位を築き上げている。

【経営戦略】　海外展開の一つとして04年1月に中国江蘇省無錫市に台湾裕力機械と合弁で、無錫裕力機械有限公司（Yueli Kobayashi Machinery）を設立し、中国に限らずアジア全体の顧客に機械の納入とメンテナンスなどを含むアフターサービスを行っている。加えて05年3月には日立造船富岡機械㈱の営業権譲渡を受け、過去に日立造船富岡機械㈱が納入してきた製紙機械の改造などの設計・製作およびメンテナンスを含むアフターサービスを行う。

　13年1月には、外山造船からの事業譲渡を受け、順流式・逆流式円網抄紙機をはじめ、ウエット方式およびドライ方式の切替運転が可能なニューイージーフォーマの提供をはじめる。

　17年6月、鈴木製技から事業譲渡を受けてビーター、フラットスクリーンなど、特殊紙抄紙機向けの設備もラインアップに加え、製紙業界での幅広いニーズに対応する。

　21年12月、リチウムイオン電池向けのコーターなどの旺盛な需要を取り込むため、中国上海市に上海小林機械貿易有限公司を設立した。

【新たな展開】　近年、木材繊維以外の原料による抄紙テストの依頼が増加している。

　具体的にはガラス繊維や炭素繊維などの無機繊維、アラミド繊維やポリエステルなどの合成繊維、CNF（セルロースナノファイバー）、CNT（カーボンナノチューブ）などの新素材またはそれらを混合したもののシート化でユーザー立会いの下、シートサンプル取りができる「ちょい抄きくん」を使用しての抄造テストが好評を得ている。

　抄紙機を、誰にも、安全に、かつ少人数で、操業できる設備とするため、その一つの手段として通紙作業の自動化に取り組み、実際に一桁坪量の極薄シートから白板紙・紙管原紙などの高坪量シートに至るまで、広範囲の坪量・紙種に対応する通紙装置をカスタムメイドし、成果を上げている。

　直近では、ドライヤセクション内の完全ロープレス化を進めている。また、各セクションの自動化および見える化を推進すべく開発に取り組んでいる。

栄工機 株式会社
Sakae Kohki Co.,Ltd.

〒417-0862　静岡県富士市石坂88-7
TEL 0545-51-3540　FAX 0545-53-1110
Eメール prosper@wonder.ocn.ne.jp

【事業所】　本社に同じ
【設立】　1970（昭和45）年3月1日
【資本金】　1,000万円
【役員】　代表取締役会長＝加茂榮一　代表取締役社長＝加茂誠行　取締役＝戸塚真之　取締役＝加茂涼子　相談役＝渡邉満
【製造・販売品目】　①プロスパーウォッシャー（ワイヤー・フェルト・キャンバス洗浄装置）　②シャトルシリンダー（シャワー摺動装置）　③プロスパージェット（紙切装置）　④フォールウォッシャー（紙料洗浄、繊維回収、灰分除去装置）　⑤ダストトレーター（リジェクト処理機）　⑥デッケルバンド（シリンダーカラーバンド）　⑦ダイナミックデスケーラー（スケール除去液）　⑧スピンクリン（水処理フィルター）
【主要製品の特徴】　①フォールウォッシャー：古紙処理設備のフロー内において、紙料洗浄・灰分除去・繊維回収装置としてどの工程にも導入が可能である。画期的な駆動方法『2軸タスキ掛けベルト懸架方式』（特許）と独創的な『撹拌羽根とセキ板』の相乗効果により、小さな駆動動力でも極めて安定した高速回転を可能とし、振動、騒音の問題も解消。また、インバーター制御によりドラム回転数を調整することで、使い手のニーズに合わせた出口パルプの性状・濃度を得ることが出来る。この結果、原質設備より良質なパルプをマシンサイドへ送ることができるため、マシンへの負荷軽減につながる。
②プロスパーウォッシャーおよびシャトルシリンダー：ワイヤー・フェルト・キャンバス洗浄装置として、国内外の製紙、建材メーカーなどで多用されているシャワー摺動装置は、工場操業上欠かせないものとなっており、抄紙機のワイヤー、フェルト洗浄に使用することで汚れ防止、ロングライフ化を図ることができ、必然的にマシン操業効率すなわち生産歩留向上につながる。
③スピンクリン：樹脂製ディスクでフィルター（20μ～400μ）を形成し、通常のフィルターより効率よく異物を除去する。入出の差圧検知により、本機にて濾過した水を利用しディスクの自動逆洗を行う。省スペース、インラインで設置可能、動力不要の斬新なオートフィルターである。
【沿革】　栄工機㈱は、1970（昭和45）年に現会長の加茂榮一が「ワイヤー・フェルト・キャンバス洗浄装置」の設計・製作を初志とし、紙パルプ業界への時代とニーズに合った製品開発を目的として設立した。また、今日に至るまでフォールウォッシャーは170台、シャワー装置は1,500台以上の納入実績があり、昨今では紙パルプ業界のみならず、異業種にも積極的にPR展開しており、さらなる飛躍発展を試みている。

スピンクリン SpinKlin Crystal

株式会社 サトミ製作所
Satomi Seisakusho Co., Ltd.

〒421-1225　静岡市葵区小瀬戸2367
TEL 054-270-1211　FAX 054-270-1604
ホームページ http://www.satomi.co.jp
Eメール info@satomi.co.jp

【事業所】　本社工場：本社に同じ
【設立】　1971（昭和46）年6月
【資本金】　2,400万円
【役員】
　代表取締役会長＝里見 仁
　代表取締役社長＝里見 力

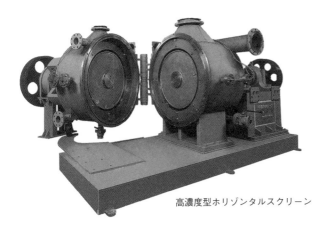
高濃度型ホリゾンタルスクリーン

チューブセパレーター

ビートファイナー

【製造・販売品目】 ①製紙用原質機械（各種スクリーン、洗浄機、濃縮機、ニーダー、クリーナー、ピラオ社製リファイナー） ②環境関連装置（し尿処理プラント、食品残渣リサイクルシステム、建築廃棄物処理装置ほか）

【沿革】 1971（昭和46）年 3F-スクリーンを開発し、2次パルパーの元祖的役割を果たす。73年パックパルパーの開発は密閉・圧力型のリジェクトスクリーンの端緒となり、また75年には世界初のワイヤータイプのスクリーンプレートを開発、新たな時代を築くなど常に原料処理技術のパイオニア的役割を担ってきた。85年には製紙技術を応用したサトミ式し尿処理プラントを開発し異業種分野への展開も図っている。87年、浮上機能を内蔵したキューブスクリーンを開発、問題であった粘着物の除去に貢献。89（平成1）年、クリーナー内蔵のCS型ホリゾンタルスクリーンを発表する。同社製品のほとんどが特許の自社開発製品であり、その多くが日本や海外で有数の納入実績を誇る。2000（平成12）年パルパー粕、スクリーン粕専用圧縮脱水減容機エクストルーダーを開発。01年、ピラオ社リファイナー国内代理店となる。05年、ビートファイナーを開発。10年、ディスク型濃縮洗浄機WaveDiskを開発。12年、ツイン・ビートファイナー（ダブルコニカルリファイナー）を開発。17年、ビートファイナーラボ装置を開発。

【企業の特色】 "ホリゾンタルスクリーン"は、原質にもマシンアプローチにも広く適用でき、大処理量にも対応する優れた特長をもったスクリーンである。ホリゾンタルスクリーンには、特許であるワイヤータイプのダイヤモンドスリットスクリーンバスケットが採用され、高い選別効果と大幅な省エネを実現している。また近年、省エネ型ローターを開発し、従来以上の省エネを達成した。古紙の精選スクリーンは、スリット間隔が0.10～0.15mmの時代に入っているが、ワイヤータイプの"ダイヤモンドスリットスクリーン"は性能を画期的に向上させ、まず欧州で高い評価を獲得、国内に展開した。また高濃度ホリゾンタルスクリーン"HDスクリーン"や高濃度パックパルパーを開発し、古紙処理工程での高濃度化にも対応している。とくに"HDスクリーン"は近年、板紙メーカーでリジェクト処理の歩留まり改善と省エネに貢献

している。

　クリーナー技術にも優れ、"アセンブルクリーナー"はアフタースクリーンでさらに高性能を発揮する低圧損の省エネタイプのクリーナーで、スクリーンの後工程やマシン前などに設置して大きな効果を発揮している。また、低圧損で高性能の高濃度クリーナー"チューブセパレーター"はパルプ工程のファインスクリーンのバスケット保護や、古紙原料の高濃度クリーナーとして多くの実績を上げている。ピラオ社リファイナーの国内代理店になったことをきっかけにリファイナー関係の技術にも精通し、ビートファイナーを開発した後はユニークなコニカルリファイナーとして多くの提案、改善を含め、省エネ、高効率化に貢献した。

　ワイヤータイプのスクリーンを使用したシリンダープレス、ドラムスクリーン、スクリュープレス、WaveDisk 等多くの脱水、洗浄、濃縮機も取りそろえ、原質機器メーカーとして、全般的に貢献できる体制を整えている。

【経営理念】　1971（昭和46）年の会社発足当時より創意工夫を社是とし、顧客の要望に応えることをモットーとしている。

【経営戦略】　古紙処理における合理化、品質向上に貢献する機器の開発を目指し、研究体制および製造体制の強化を進めてきた。これを今後とも強化するとともに、これまで手がけてきた、し尿処理プラントと食品残渣リサイクルプラントに加え建設廃材の処理にも着手、いずれも紙パで培った技術の延長線上にあり、分級技術がベースになっている。

株式会社 佐野機械

〒419-0202　静岡県富士市久沢223
TEL 0545-71-3751　FAX 0545-71-0773
ホームページ https://sanokikai.jp
E メール info@sanokikai.jp
【事業所】　工場：本社工場　第 2 工場
【設立】　1960（昭和 35）年 6 月
【資本金】　1,000 万円
【役員】　代表取締役＝佐野哲也　取締役会長＝佐

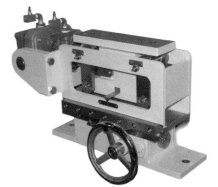

最新型の WGS 型自動ガイド装置

野勝由
【製造・販売品目】　蛇行防止装置（自動ガイド）各種機械設計製作　製紙機械・段ボール機械　加工機・省人・省力産業機械　搬送関係機械　排水処理装置　検査装置　油空圧装置　電気制御装置
【沿革】　1960（昭和35）年、前社長・佐野清により現所地、曾我兄弟の菩提寺である曽我寺の前に設立。製紙機械、自動ガイダー、段ボールの設計・製作を開始。77 年 2 月 18 日組織変更、㈱佐野機械として発足。79 年に同和商事を設立し、84 年佐野勝由が社長に就任。90（平成 2）年第 2 工場を建設。2002 年には "自動ガイド用新型 WG 型検出装置"（特許）を開発し上市。17 年 9 月、耐熱性を向上させた紙搬送用ベルト蛇行防止装置の開発が静岡県の経営革新計画に承認。2022 年 11 月、業績が評価され、静岡県の経営革新計画・優秀賞を受賞した。同年 12 月に耐熱ガイドに関する特許を取得。
【企業の特色】　紙パルプ業界向けに多くの機械を納入。とくに自動ガイダーはコンベア、フェルト、ワイヤー、ゴムベルト、ステンレススチールベルトなどの運転時に発生するベルトなどの片寄り・蛇行を防止し持続的な安定運転を保証する商品として高く評価され、全国の製紙工場などで広く採用されている。2002 年開発の "自動ガイド用新型 WG 型検出装置" は、連続蛇行を防止し高速・低速運転でも安定した状態を保つ画期的な装置。近年の家庭紙マシンの高速化にも実績を重ね、抄速 2,000m を超える高速家庭紙マシンに対して安定し

た走行を実現した。最新型の"WGS 型自動ガイド装置"はハンチング現象防止のため構造を再改良するとともに、従来のベローズ式駆動をエアシリンダー方式に改め、150℃の耐熱性をもつフッ素系パッキン採用で雰囲気温度 120℃下においても 10 年以上稼働し、ベローズ式の約 20 倍の寿命を確認。ガイドロールのメタル受けを吊り下げ方式とすることで高精度のガイド機能を実現。

株式会社 サンコウ電子研究所
SANKO ELECTRONIC LABORATORY CO., LTD.

〒 213-0026　神奈川県川崎市高津区久末 1677

TEL 044-751-7121　FAX 044-755-3212

ホームページ https://www.sanko-denshi.co.jp

【事業所】

営業統括部：〒 101-0047　東京都千代田区内神田 2-6-4　柴田ビル 7 階

TEL 03-3254-5033　FAX 03-3254-5055

東京営業所：〒 101-0047　東京都千代田区内神田 2-6-4　柴田ビル 2 階

TEL 03-3254-5031　FAX 03-3254-5038

大阪営業所：〒 530-0044　大阪市北区東天満 1-11-9 和氣ビル 2F　TEL 06-6881-1230　FAX 06-6881-1232

仙台営業所：〒 983-0868　宮城県仙台市宮城野区鉄砲町中 2-5　ボヌール・エスト 1 階

TEL 022-292-7030　FAX 022-292-7033

名古屋営業所：〒 462-0847　名古屋市北区金城 3-11-27　名北ビル

TEL 052-915-2650　FAX 052-915-7238

福岡営業所：〒 812-0023　福岡市博多区奈良屋町 11-11　TEL 092-282-6801　FAX 092-282-6803

上記の他、生産技術センターが本社の近く川崎市高津区久末 1589 に。

【設立】1963（昭和 38 年）年 8 月 1 日

【資本金】4,600 万円

【決算期】7 月

【役員】代表取締役＝藤村俊也

常務取締役＝脇田 武司　取締役＝矢野 大

【従業員数】56 名（男性 36 名、女性 20 名）

【関連企業】信光電気計装㈱

【主要営業品目】膜厚計（デュアルタイプ、電磁式、渦電流式）、探知器（ピンホール、鉄片、鉄筋）、水分計（赤外線加熱乾燥、木材、紙、モルタル、建築）、その他

【主要販売先】各種官公庁、旭化成、イオン、エスケー化研、鹿島建設、栗田工業、JFE ホールディング、セブン＆アイホールディングス、日揮、レンゴー、東京電力ほか

【沿革】1963（昭和 38）年 8 月 電気計測器及び関連機器の研究、開発、販売を目的として東京都千代田区に設立。翌 1964（昭和 39）年信光電気計装株式会社と協力し、ピンホール探知器の開発販売に着手。本社を川崎に移転し、大阪、東京、名古屋の営業所を開設。生産技術センターを開設、神奈川県優良工場・神奈川県標準工場に指定される。福岡営業所開設、生産技術センターが神奈川県モデル工場に指定される。デジタル式膜厚計が川崎ものづくりブランドに認定される。仙台営業所を開設。2018（平成 30）年 8 月、55 周年を迎える。2020（令和 2）年 6 月、全国健康保険協会神奈川支部の健康優良企業に認定される。

三晶 株式会社
Sansho Co., Ltd.

ホームページ https://www.sansho.co.jp

【事業所】

大阪オフィス：〒 540-6123　大阪府大阪市中央区城見 2 丁目 1 番 61 号 ツイン 21MID タワー 23 階

TEL 06-6941-7271（代表）　FAX 06-6941-7278

東京オフィス：〒 104-0032　東京都中央区八丁堀 3 丁目 20 番 5 号 S-GATE 八丁堀 10 階

TEL 03-4243-6340　FAX 03-6280-3817

中央研究所：〒 573-0128　大阪府枚方市津田山手 2-21-1 津田サイエンスヒルズ

TEL 072-808-0070　FAX 072-608-0050

物流センター：〒 669-2406　兵庫県丹波篠山市泉工業団地 2-8　TEL 079-556-2610　FAX 079-556-2760

【業種】工業薬品輸入・国内販売

【資本金】9,660 万円

【創立】 1955（昭和30）年7月5日

【年商高】 203億円

【決算期】 6月

【役員】 代表取締役社長＝唐川敦　専務取締役＝塗矢卓弘　取締役＝藤本震也

【主要仕入先】 Danisco社（スイス）、Nouryon社（フィンランド）、SWI社（タイ）、DelStar社（米国）、昭和産業、クラレ　ほか

【主要販売先】 日本製紙、北越コーポレーション、大王製紙、レンゴー、三菱製紙、ほか

【従業員数】 83名（2024年7月現在）

【取引銀行】 三菱UFJ銀行大阪中央支店

【特色】 三晶は創立以来、研究所を持つ技術志向型の専門商社として、レオロジーコントロール・フィルトレーション・化合繊機能紙・フイルムの分野でのエキスパートを目指している。各専門分野で特異性と専門性を活かすことで顧客の要望に応え、企業活動を通して存在価値を高め、社会に貢献していきたいと考えている。

株式会社CTI
CTI CO., LTD.

〒560-0082　大阪府豊中市新千里東町1-4-1 阪急千里中央ビル

TEL 06-6155-5016　FAX 06-6155-5017

ホームページ https://www. ctinnovation.co.jp

【事業所】 本社・工場　第二工場　第三工場　梱包工場　大阪営業所　和歌山営業所

【設立】 1978（昭和53）年12月

【資本金】 5,000万円

【役員】 代表取締役社長＝野上慎次郎

【従業員数】 50名（グループ全体80名）

【営業品目】 コーター　テンターオーブン　OEM　ODM　各種ヒートソース等

【主要販売先】 東レエンジニアリング　ヒラノテクノシード　東芝機械　王子ホールディングスグループ各社　日本製紙グループ各社　大王製紙　レンゴー　三菱製紙　北越コーポレーション　中越パルプ工業　特種東海製紙　丸三製紙　その他

【沿革】 1977年5月大阪府摂津市にて一般空調ダクト業を主体として創業、88年12月中央技建工業株式会社として法人改組、93年5月事業拡張に伴い大阪府茨木市に移転、2001年5月東京都台東区に東京営業所開設し製紙事業に本格参入、02年2月京都府亀岡市に新工場を建設（現第二工場）、04年6月産業用乾燥機製造開始、05年12月亀岡市東別院町にダクト専用工場建設（旧第二工場）、10年9月全工場を集約し亀岡市西別院町に新社屋を建設、13年5月第二工場に塗装専用工場及び製品倉庫を建設、13年7月中国上海に合弁会社上海領匠精密科技有限公司を設立、14年7月シラトリエンジニアリング技術継承、14年7月東京営業所移転及び製紙事業部を開設、16年9月組立専用工場として、第二工場（本梅工場）が稼働、17年11月中央プロテックス㈱設立、18年4月梱包部開設、19年4月大阪営業所開設、20年7月梱包工場を六甲アイランドに開設。21年4月和歌山営業所開設、23年11月資本金5,000万円に増資、24年11月株式会社CTIに社名変更。

ジー・エス・エル・ジャパン
株式会社
General Starch Japan Co., Ltd.

〒104-0053　東京都中央区晴海3-13-1　ドゥ・トゥール EAST棟 4421

TEL 03-5462-7053　FAX 03-5462-2054

ホームページ http://www.gsljapan.com

【事業所】 コンブリ工場（タイ・東北部）、カラシン工場、ライヨーン工場（タイ・提携工場）

【設立】 2004（平成16）年11月11日

【資本金】 2,000万円

【役員】 代表取締役社長＝和田洋人　会計参与＝内田正美

【取引銀行】 三菱UFJ/銀座通　商工中金/東京　日本政策金融公庫/東京

【関係会社】 ジー・エス・エル（タイ）

【製造・販売品目】 製紙用タピオカ澱粉（内添用＝キャスターチ、ジェルトロン、スターボンド、アルファボンド、塗工用＝ダイナコート、ジェネサイズ、ジェルサイズ、スプレー用＝ダイナコー

GSL 社ゆるキャラ『タッピーくん』

工場の全景

ドゥ・トゥール EAST 棟

トP、スタータック、自家変性用＝スターレックス、スタータック)、プリジェルタピオカでん粉、アルファタピオカ澱粉そのほか製紙用薬品、食品用澱粉

【主要販売先】　大手製紙メーカー各社

【企業の特色】　社是として、急がず休まず常に社会的存在価値を高める努力を怠らず、法を順守し、環境・社会に貢献する企業を目指す。

当社は遺伝子組み換えのないタピオカ芋から製造する、タイ国GSL社の澱粉製品を主に輸入・販売している。工業用途から食品用途まで幅広い分野で、トレーサビリティ・サスティナビリティに信頼のおける安全で安心な品質・サービスをもって、コストパフォーマンスに優れた製品をダイレクトに安定供給し、顧客に常に必要とされ喜ばれるサプライヤーであることを目標としている。

【企業戦略】　当社は2004年親会社であるタイ国GSL社より出資を受け、GSL社製品を輸入し、販売サービス、技術サービスを添えて取引先へ製品を供給することを目的とした合弁会社。

日本現地法人として18年の歴史を重ね、タピオカ澱粉供給者として川上から川下までのサプライチェーン機能に深く関わり、顧客とタイ工場を結ぶ新規開発プロジェクトを提案するなど、グループの連携強化によって国際的な（特にアジアにおける）存在価値や地位の向上を図るべく、日々努力を続けている。

当社が日頃から取り組んでいる重要なミッションとして、顧客ごとの定常在庫を過不足なく補充するタイムリーで最適なロジスティック網の選択、日・タイ経済連携協定下の関税割当て枠を用いた的確な製品供給枠や量の確保、新規取扱い澱粉グレードの開発などがある。

新規タピオカ澱粉開発においては、2010年よりGSLジャパンが独自に技術顧問を招聘し、大阪府立大学生物資源開発センター内に共同研究の場としてGSLジャパン試験室を設置、GSLジャパンオリジナルの研究開発および澱粉の応用ごとの性能・効果確認のための検証・試験も開始している。

常に時代に求められる市場や顧客のニーズを敏感に捉え、それを活かして顧客満足度の高い開発・製造・販売・技術サポートの一貫した流れを作るマルチプレーヤーを目指している。

敷島カンバス 株式会社
Shikishima Canvas Co., Ltd.

〒541-0051　大阪市中央区備後町3-2-6　シキボウ

ビル 3F　TEL 06-6268-5716　FAX 06-6261-3585

ホームページ https://www.shikishima-canvas.co.jp

【事業所】　東京支社：〒 103-0023　東京都中央区
日本橋本町 1-7-2　江戸橋ビル

TEL 03-3231-5336　FAX 03-3231-5335

研究所：〒 527-8577　滋賀県東近江市柴原南町
1500-5

TEL 0748-25-1733　FAX 0748-25-1764

【創業】　1897（明治 30）年

【設立】　1990（平成 2）年 7 月

【資本金】　2 億 9,000 万円

【役員】　代表取締役社長＝豊島亮治

【関連会社】　シキボウ（製品の製造、産業資材事
業部－鈴鹿工場、八日市工場、八幡工場）

【製造・販売品目】　製紙用ドライヤーカンバス
各種フィルタークロス　段ボール製造用コルゲー
ターベルトなどの産業資材繊維製品の販売　技術
サービスおよび製品開発

【主要販売先】　ドライヤーカンバス：王子製紙
日本製紙　ほか全国製紙会社　フィルタークロス：
月島機械　石垣　栗田機械　官公諸官庁　コル
ゲーターベルト：レンゴー　王子コンテナーほか
全国段ボール製造会社

【沿革】　敷島カンバスは、シキボウグループの一
員として、明治 30 年（1897 年）創業の近江帆布株
式会社以来 120 年に亘り培ってきた織りの技術を
活かし、高品質・安全・安心な製品・サービスを
お届けすることで、お客様のご要望、ご信頼にお
応えして参りました。

• ドライヤーカンバス

　明治 41 年（1908 年）に、初の国産カンバスを製
造以来、ドライパートの技術的進歩にマッチした
製品開発を進め、関連した技術的サービス体制を
確立し、国内トップメーカーとしての地位を築い
てまいりました。現在海外への販売も積極的に行っ
ています。

• フィルタークロス

　昭和 38 年（1963 年）にフィルタークロスの製造
を開始以来、水処理技術のエキスパートとして製
品開発や提案を進め、国内トップメーカーとして

あらゆる産業で使用されています。

　製紙工場でも、原質工程で多くの製品をご使用
頂いております。

　粉塵除去・クリーンルーム・ビル空調に使用さ
れるバッグフィルターやエアーフィルター等乾式
クロスも販売しています。

• コルゲーターベルト

　昭和 38 年にマシンメーカーからの要請で段ボー
ルを製造するコルゲーターマシンのベルト製造に
着手してから現在まで、国内トップメーカーとし
て安定した品質の製品を提供しています

【会社の役割】　国内初のドライヤーカンバスを製
造以来 110 年、敷島カンバスは常に紙パ産業とは「運
命共同体」であると考えている。製紙メーカーの
さまざまなニーズにいち早く対応し、各社の企業
発展に大きく寄与していくことが役務である。

　「お客様第一」が会社のポリシーであり、製品の
ハード面ではお客様のニーズ、要望をクイックレ
スポンスで生産に反映するとともに、ソフト面で
は使用時における情報、ノウハウやアフターケア
のサービス提供に注力している。

新興エンジニヤ 株式会社
Shinkou Engineer. Co.,Ltd

〒 417-0862　静岡県富士市石坂 95 番地

TEL 0545-52-2646　FAX 0545-52-4964

ホームページ http://www.engineer-shinko.co.jp

E メール honsha@engineer-shinko.co.jp

【事業所】松岡工場：〒 416-0909　静岡県富士市松
岡 18-1　TEL 0545-64-6025　FAX 0545-62-0868

E メール matsuoka@engineer-shinko.co.jp

【創立】　1978（昭和 53）年 4 月 1 日

【資本金】　1,000 万円

【代表者】　代表取締役社長＝小野秀樹

【取引銀行】　富士信金・本店　静岡・吉原北　清水・
吉原

【主要設備】　旋盤 Φ 620 × L：5000 1 台、同 Φ 410
× L：3000 1 台、同 Φ 260 × L：1000 1 台、NC フ
ライス盤 テーブル X 軸 900 × Y 軸 400 × Z 軸 470
1 台、ボーリング スピンドリル径：Φ 75 1 台、ラ

ジアル腕：1500 1台、油圧プレス 100ton 1台、走行クレーン 2.8ton 2台、ボール盤 1台、キーシーター 1台、バンドソー 1台　ポータブルフライスキー幅：30 1台、アルゴン溶接機 2台、半自動溶接機 1台、機械 CAD　富士通 SOLID-MX 1台、同 MICRO-CADAM 1台、武蔵工業 M-Draf 1台

【事業内容】　①製紙機械およびプラント設備の設計・製作・修理・販売・コンサルティング　②一般産業機械：設計・製作・修理・販売　③ドクター装置、各種ロール：設計・製作・修理・販売

【主要販売先】　＜製紙関係＞丸富製紙　丸富衛材　エリエールペーパー　日本製紙　新東海製紙　美藤製紙　藤枝製紙　北越コーポレーション　河村製紙　太洋紙業　花王製紙　特種東海エコロジー　イデシギョー　大日製紙　昭和製紙　大王製紙　能代製紙　王子エフテックス　松岡紙業　丸茂製紙　コーチョー　その他全国製紙会社

＜産業機械関係＞正久　川之江造機　旭機械　新井機械製作所　千代田工販　太盛　亀田製菓　沼津・御前崎漁業組合　パジコ　ヨネイ　日東商会　神戸製鋼所　JFE　日本製鉄

【沿革】　1978（昭和53）年、富士市石坂にて設立。79年3月、資本金1,000万円に増資。87年5月、㈱ムラノ（クリーナ設備）を吸収合併。2006（平成18）年3月、㈲ウンノ機設（ドクター装置、ポープリール、各種ロール）を吸収合併。松岡工場とする。11年2月、㈱フジモトポルコン（シリンダープレス、ストックタワー、排水処理設備）と技術提携を締結。11年3月、㈱山百（旧山本百馬製作所、ニーダー）と技術提携を締結。14年4月、㈱フジモトポルコンの事業継承。17年10月、㈱山百（旧山本百馬製作所、ニーダー、シュレッダー）の事業継承。

【特色】　1978（昭和53）年設立以後、全国の製紙会社向けに最新の設備・システム・エンジニアリングを提供してきた。近年は相次いで製紙機械メーカーの吸収合併を行い、取扱い製品を拡張させるとともに、協力各社との技術提携締結や、自社製品以外の機械メンテナンス業務にも注力することで、事業内容の充実を図っている。また既存技術

を応用し、一般産業機械の分野にも進出している。

　現在は「原質から抄紙・排水まで幅広い技術に基づいたトータルエンジニアリングでサポート致します」をモットーに顧客のニーズと信頼に応え、優れた品質の商品を生み出すための製品・システム・サービスを創造するべく社員一同、英知を結集し日々努力を重ねている。

株式会社 新浜ポンプ製作所
Shinhama Pump Mfg. Co., Ltd.

〒799-0113　愛媛県四国中央市妻鳥町289-2
TEL 0896-58-2360　FAX 0896-58-2733
ホームページ http://www.shinhama.co.jp
E メール shinhama@shinhama.co.jp

【創業】　1946（昭和21）年1月
【設立】　1952（昭和27）年11月
【資本金】　1,000万円
【業績】　売上高：3億円
【決算期】　5月
【役員】　代表取締役社長＝森實大輔
【従業員数】　16名
【製造・販売品目】　各種ポンプ　ニーダー　フローテーター　パルパー　各種脱水機　軽量異物クリーナー　排水処理装置
【販売実績】　HCP型スクリュー渦巻ポンプ350台以上　CCE型ニーダー150台　HIF型ハイフローテーター330台　SPフィルター200台　DAXクリーナー60台
【主要販売先】　全国各有力製紙メーカー　日本車輌製造　日本紙通商　南出キカイ　産福実業（台湾）　Dry Tech Corporation（韓国）　豊田通商

【沿革】　1946（昭和21）年1月に創業者・森實美津夫の個人経営にて発足。地元製紙工業の発展にともない工場の拡張と設備の充実を図り、52年11月法人組織変更と同時にポンプ部門を併設し、各種ポンプの製作を開始する。その後ポンプ部門を基盤とし、紙加工機械、原質機器、排水処理装置などの分野を開発し、現在に至る。とくに原質機器の研究開発に力を入れ、特殊品の製造も行っている。

株式会社 シンマルエンタープライゼス
Shinmaru Enterprises Corporation

〒590-0985　大阪府堺市堺区戎島町 4-45-1　ホテル・アゴーラ リージェンシー大阪堺 10 階

TEL 072-228-1101　FAX 072-227-1498

ホームページ http://www.shinmaru-e.com

【事業所】　工場：〒590-0809　大阪府堺市堺区旭ヶ丘北町 1-4-3

TEL 072-241-2101　FAX 072-241-6511

東京営業所：〒105-0014　東京都港区芝 3-17-10 高波マンション 103 号

TEL 03-3453-7280　FAX 03-3798-1924

【創業】　1972（昭和 47）年 4 月 1 日

【設立】　1973（昭和 48）年 4 月 7 日

【資本金】　3,000 万円

【業績】　売上高：10 億 5,000 万円

【決算期】　3 月

【役員】　代表取締役社長＝新丸和也　取締役＝新丸あかね　取締役＝松村悦子　取締役＝日冨正直

【従業員数】　27 名

【製造・販売品目】　スイス／ウィリー・エ・バッコーフェン社（WAB 社）：ダイノーミル（DYNO-MILL）、湿式分散機　ターブラー・ミキサー（TURBULA）、混合機　ドイツ／カールパドベルグ社：CEPA 超高速遠心分離機　デンマーク／ディアフ社：DIAF 高速ディゾルバー　ドイツ／イカ社（IKA 社）：各種撹拌装置

【主要販売先】　国内大手紙パルプメーカー各社、粉体・薬品メーカー多数

【企業の特色】　スイスのウィリー・エ・バッコーフェン社（WAB 社）製の湿式分散・粉砕機であるダイノーミルをはじめ、海外から先進の技術をもった機器を輸入販売している。日本仕様に適合するために、組み立てや改良を国内の自社工場で行い、輸入からアフターサービスまで完全な体制を整えている。

　当社はあらゆる分野の微粒化技術で社会に貢献している。

新菱工業 株式会社
Shinryo kougyo Co., Ltd.

〒101-0046　東京都千代田区神田多町 2-9-2 新菱神城ビル 3・4 階

TEL 03-5294-2501　FAX 03-5289-7131

ホームページ http://www.shinryo-kougyo.com

【事業所】　工場：〒254-0021 神奈川県平塚市長瀞 2-18

TEL 0463-23-3511　FAX 0463-23-7669

【創業】　1905（明治 38）年 2 月

【設立】　1939（昭和 14）年 9 月

【資本金】　4,000 万円

【役員】　代表取締役社長 社長執行役員＝寺垣彰雄　取締役＝焼田克彦　取締役＝宮崎保典　監査役＝河合洋二　常務執行役員＝中村浩晃　執行役員＝橋本正宏

【従業員数】　201 名

【製造・販売品目】　紙・パルプ原料調成設備および機器の設計製作　撹拌機、ミキサー、パルパー、脱水洗浄機、ノズルなど　公共用大型ポンプ　環境機器（乾燥・焼却設備、省力・環境設備）の設計製作・サイクロン型乾燥焼却炉、回転焼却炉など　ステンレス鋼構造物の設計製作　前記に係わる鋼構造物工事、機械器具設置工事、プラント工事・管工事等の施工　公共用ポンプ設備　汚泥濃縮など環境関連設備

【主要販売先】　大手製紙メーカーほか各社製紙メーカーおよび装置メーカー、商社など

【沿革】　1905（明治 38）年 2 月㈱、酒井商店製造部として創業。34（昭和 9）年 11 月、同製造部を酒井製作所と呼称、ポンプ専業メーカーとして発足。39 年 9 月、商号を㈱酒井製作所と改称するとともに、設備の拡充を図りポンプメーカーとしての地歩を築く。55 年 2 月、パルプ漂白装置および付属機器の開発・生産を開始。57 年 3 月、高濃度ストックポンプ（特許）を開発。第 1 号機を東洋紡績㈱犬山工場に納入し、爾後高濃度パルプ揚送に不可欠な商品となる。61 年 5 月、JU 型ドレン回収ポンプ（特許）の開発に成功。第 1 号機を神崎

製紙㈱尼崎工場に納入。ドレン回収装置における
わが国最初のメーカーとなる。63年3月、平塚工
場を神奈川県平塚市に建設し、生産部門の拡大を
図る（65年4月生産を蒲田工場から平塚工場に完
全移管）。

　69年11月、㈱酒井製作所から㈱新菱製作所へ社
名変更。70年12月、需要の増大に応えるため、平
塚工場内に鉄構工場を建設するとともにパルププ
ラントの設計、施工を開始し、第1号プラントを
東洋パルプ㈱呉工場（現・王子製紙）に納入。73
年9月、石油危機に際し各種ドレン回収装置を需
要家の要求に応えて多様化し、省エネルギーに寄
与。76年3月、KP多段漂白設備を本州製紙㈱釧
路工場（現・王子製紙）に納入。90（平成2）年7
月、鉄構工場を増築（94年5月、ステンレス構造
物専用工場とする）。91年6月、KP多段漂白設備
（750ADt/d）を中越パルプ工業㈱能町工場に納入。
92年1月、汚泥乾燥焼却設備に係わる各種特許取
得にともない営業開始。95年10月、日本最初の
本格的ステンレス構造建築物、不動明王殿建立に
際しステンレス構造部材の製作および建方を担当。
99年12月、CDS湿式電気集塵機を王子製紙㈱富
岡工場および同社米子工場に納入。2000年3月、
ISO9001の認証取得。同年8月、スクリュープレ
スの製造を開始、王子製紙、日本製紙、東海パル
プ（現・特種東海製紙）には国内最大のφ1,400mm
×9,000mm型を納入。05年9月、大王製紙・三島
工場においてペーパースラッジより填料の再生製
造装置の特許を取得し、世界で初めての実用パイ
ロットプラントを立ち上げ、年間3万t規模の本
プラントを完成させた。10年7月、旧新菱工業㈱
と合併。

【特色】　紙パルプ機械にはなくてはならないパル
プ洗浄、脱水フィルターの名門・旧清朝機械の技
術を継承、環境装置関係では旧小知和、旧菱和の
技術をもとに長年の技術の蓄積により、あらゆる分
野の設備、機械の製作ならびにそのシステム化を
エンジニアリングする総合専門メーカーとなって、
ユーザーの期待に応えられるようになっている。

株式会社 大昌鉄工所
Daisho Tekkosho Co., Ltd.

〒 799-0101　愛媛県四国中央市川之江町 910

TEL 0896-58-0123　FAX 0896-58-0126

ホームページ https://www.daisho-iw.com

E メール info@daisho-iw.com

【事業所】　工場：本社に同じ　工場敷地 42,082m²
建物面積 31,492m²

【創業】　1919（大正 8）年

【設立】　1959（昭和 34）年 5 月

【資本金】　2,000 万円

【業績】　売上高：100 億円

【決算期】　7 月

【役員】　代表取締役社長＝福崎祥正　代表取締役会長＝福崎健司　取締役総務部長＝福崎勝昭　取締役＝廣田秀一

【従業員数】　130 名

【営業品目】　特殊紙・不織布・フィルム関係製造設備の設計／製造　販売

【主要仕入先】　MCC トレーディング　本田電設工業　坂上鉄工所　四国ベアリング　オサキ　信栄機鋼

【主要販売先】　丸紅テクノシステム　東レ　旭化成　守谷商会　日本板硝子　宇摩製紙　日東電工　ユニ・チャーム　シンワ　阿波製紙　ニッポン高度紙工業　西華産業　クラレ　ほか日本全国・米国・中国・韓国等

【企業の特色】　大量生産ではなく一品一様で多仕様の受注生産を行いながら高品質な製品の維持に努めている。

【沿革】　1919（大正 8）年、㈱福崎鉄工所社長福崎亀市が旧川之江市古町において内燃機関および製紙機械の製造を始める。1946（昭和 21）年、製紙機械製造部門を新設、製紙機械分野を新たに開拓し抄紙機、紙加工機の製造に着手。54（昭和 29）年、製紙機械部門が発展し川之江町で独立、福崎数逸が代表者となる。59（昭和 34）年、㈲大昌鉄工所として改組。抄紙機ならびに紙加工機の製造を行う。71（昭和 46）年、㈱大昌鉄工所に改組、代表

取締役に福崎数逸が就任。

85（昭和 60）年、中国広東省へ不織布マシン輸出。杭州市へ短網ヤンキーマシン、不織布マシンを輸出。92（平成 4）年、改組。福崎数逸が会長に退き代表取締役に福崎健司就任。97（平成 9）年、NC 油圧プレスなどの製缶設備を一新。福利厚生、生産設備の拡充を図る。2002（平成 14）年、創業 50 周年記念式典を挙行。05（平成 17）年、ISO9001 認証取得。福崎健司が会長に退き、代表取締役に福崎祥正が就任。08（平成 20）年、グッドカンパニー大賞、優秀企業賞受賞。

12（平成 24）年、CE-PED（EU 圧力機器指令）認証取得。13（平成 25）年に No.11 工場、14（平成 26）年に No.12 工場を増設。同年、KAZUITSU 記念館を建設するとともに創立 60 周年記念式典を挙行する。2020（令和 2）年、開発設計棟を建設。23 年、No.14 工場を建設。24 年、創立 70 周年を迎える。25 年、No.15 工場を建設予定。

【経営理念】　「仕事の情熱から生きる喜びを。知恵と技術から生きた製品を」

株式会社 大 善
TAIZEN CO., LTD.

本社　〒 417-0061　静岡県富士市伝法 496-1

TEL 0545-22-5955　FAX 0545-22-5956

ホームページ https://www.taizen-co.jp

E メール info@taizen-co.jp

【事業所】　本社事業所：本社に同じ

【創業】　1967（昭和 42）年 11 月 10 日

【設立】　1985（昭和 60）年 4 月 1 日

【資本金】　1,000 万円

【役員】　代表取締役社長＝井出丈史　取締役＝井出砂織　取締役営業部長＝井出貴大

【取引金融機関】　静岡・広見、清水・伝法、商工中金・沼津

【関係会社】　㈲大善技術開発研究所

【製造・販売品目】　①製紙機械：ニュータイゼン、ドラム型濃縮洗浄機、タイゼン式縦型分離・洗浄・回収機"バーチカルＺ"、白水繊維回収装置、シリンダープレス、ドライヤー自動清掃装置、摺動シャ

ワー"スーパージェット"、ディクスエキストラクター、OMC白水回収装置（OMC日本総代理店）、その他関連装置・設計・製作・販売　②畜産機械：糞処理機械プラント、飼料製造プラント、有機飼料製造プラント　③脱水機：フィルタープレス、スクリュープレス　④その他製品群：機密溶解処理プラント"アルコン"、非木材パルプ化プラント、焼却炉（無煙焼却炉、汎用焼却炉）、乾燥機、排水処理プラント、集塵機、搬送コンベア、その他産業用機械・部品各種、鉄骨建物、製缶、配管など工事および修繕　⑤エンジニアリング：トータルエンジニアリング

【沿革】　1967（昭和42）年、井出工業所として創業し、85年に商号を㈱大善と変更するとともに法人化し、以来数多くの納入実績を築き、また自社製品にこだわり、全て特許製品を開発し全国の製紙メーカーに対し、主に原質機械分野で活躍している。また機密文書溶解処理装置は静岡県庁、外務省ほか官公庁などへの納入実績も増えている。さらに自社製品の海外輸出も数多く手掛けている。

同社が製紙業界に知れわたるきっかけとなった特許ニーディングマシン"ニュータイゼン"は、古紙処理における品質アップに貢献し、家庭紙業界、板紙業界を中心に大いに活用された。これらの功績が認められ、92（平成4）年度に静岡県より科学技術振興知事褒章が、93年には静岡県紙パルプ技術協会から機械優秀賞が贈られた。また98年12月には㈲大善技術開発研究所を設立し、当面する課題である難処理性古紙の有効利用の研究や、高白色度再生紙の漂白工程の研究を目的にしたプロジェクトを本格的に発足させ、2001年4月に文部科学大臣科学技術振興功労者賞を受賞した。

2009年に静岡県紙パルプ技術協会より、縦型分離・洗浄・回収機バーチカルZに優秀開発賞が贈られ、12年には永年にわたる地場産業発展への功績が認められ、富士市より市長顕彰を授与された。

12年には、超難離解機密文書の抹消システム「アルコンシステム」が資源循環技術・経済産業省システム表彰において「経済産業省産業技術環境局長賞」を受賞した。さらに18年にはバーチカルZが紙パルプ技術協会の第46回「佐々木賞」を受賞した。

【特色】　環境問題が深刻化する中、古紙リサイクルの重要性が注目されて久しい。同社はより少ない空間、電力、水、薬品およびトータルコストにおいて、本当の意味で"地球に優しい"かつ優れた品質の再生紙を生み出すためのシステムづくりから機器類の開発、設計、製作、販売までを手掛ける創造性豊かな企業である。さらなる飛躍・発展を求め、従来の自社開発製品に加え多角的見地からの新製品開発に力を入れ、最適なノウハウを顧客の手元まで提供したいと考えている。

現在、主力製品であるバーチカルZは高灰分印刷古紙の脱墨・灰分除去を少ない洗浄水（ファイバーロス小）により達成でき、省スペースで設置場所を選ばないため、家庭紙から板紙・特殊紙まで幅広い分野で活躍しており、受注も好調である。また、非木材をパルプ化するプラントにも注力しており、当研究所にてテストを重ね、非木材の種類に合せたプラントを製作・販売している。このほか最重要書類のオンサイトでの抹消処理を可能にしたアルコンシステムが、官公庁や機密取扱企業などからセキュリティーとリサイクルを同時に行えるとして注目されており、この技術を応用した他業種への販路拡大を目指している。

大和化学工業 株式会社
Daiwa Chemical Industries Co., Ltd.

〒533-0006　大阪市東淀川区上新庄3-1-11
TEL 06-6328-0500　FAX 06-6328-2160
ホームページ http://www.daiwa-kagaku.com

【事業所】　大阪工場：本社に同じ　東京支社：〒132-0021　東京都江戸川区中央4-17-19　TEL 03-3653-1171　FAX 03-3655-9025　東京工場：〒132-0021　東京都江戸川区中央4-17-28　TEL 03-3653-1171　FAX 03-3653-1176

【設立】　1958（昭和33）年6月1日

【資本金】　1億5,000万円

【役員】　代表取締役社長＝田中寛人

【従業員数】　104名

【関係会社】 オー・ジー 鈴川化学工業 東亜化成 オー・ジー化学工業 茶谷産業 大同産業 オー・ジー和歌山 山五化成工業 オー・ジーフィルム エフ・オー・テック ノアック オー・ジー長瀬カラーケミカル 江西和大金実業有限公司 無錫昱大精細化工有限公司 旭テクノ工業 やまとトレーディング 中和化学薬品

【製造・販売品目】 製紙用＝紙力増強剤 填料歩留り向上、紙力増強に：エースディンHP－100、エースディンFP－20、エースディンES－07 離解剤：メルカットFLG、メルカットSTO 透明化剤：クラリテンDCV2、クラリテンDC 消臭剤：アステンチPSB 防虫加工剤：アニンセンE－HS 抗菌加工剤：アモルデンGR－150、アモルデンGR－300、アモルデンBIP－110 防カビ加工剤：バイオデンPBM－3、アモルデンN－406 防滑剤：スリップナインR－77 防湿剤：ダイルーフEF-45 耐油剤：ダイルーフKP－332 家庭紙用糊剤："セルグルー"シリーズ

【沿革】 1958（昭和33）年、染料、工業薬品などの専門商社である大阪合同株式会社の製造部門を分離独立。大阪を本社に、大阪工場と東京工場の2工場から発足、資本金500万円。62年、資本金を1,000万円に増資。67年、資本金を2,000万円に増資、二酸化炭素製造を中止。68年、硫酸化工場設備竣工、硫酸化油の製造開始。69年、資本金を3,000万円に増資、本社新社屋完成。73年、東京新工場（537m²）、大阪工場第4工場（329m²）竣工。79年、資本金を5,000万円に増資。80年、大阪研究所完成（505m²）。82年、資本金を10,000万円に増資、大阪工場第4工場に防炎剤製造設備新設。83年、東京工場内に新研究棟完成（520m²）、84年、東京工場ソルダイン新設備完成、87年、資本金を15,000万円に増資、大阪工場内 吹田工場、北工場、南倉庫竣工。90（平成2）年、東京工場第4工場（833.9m²）竣工。94年、東京工場ソルダイン新設備完成、東京工場第4工場製造設備完成。96年、東京工場第2工場（503.6m²）竣工。98年、東京工場内に新事務所棟竣工（415m²）。99年、東京工場敷地購入（3,454.19m²）。2000年、大阪工場

ISO9002登録。01年、東京工場ISO9002登録。02年、中国無錫に無錫昱大精細化工有限公司（合弁会社）を設立。09年、両工場ともISO9001：2008に更新。11年、東京支社開設。13年、中国江西省に当社中国での生産拠点として、江西和大金実業有限公司（合弁会社）を設立。17年3月、大阪工場新第1工場竣工（553m²）、同年10月、大阪倉庫完成（759m²）。

【特色】 大和化学工業は、単なるモノづくりではなく、人と地球の快適性を追求した質づくりを目指し、創業以来60余年の歳月を歩んできた。つねに新しいものにチャレンジし、化学の可能性を模索し続けるベンチャー精神は、市場ニーズに応えた新製品開発に実を結んでいる。また、ISO9001を東京・大阪の東西両工場で取得したことは、長年培われた高度な技術力に加え、安全性と品質の安定性が評価されたことを表している。

【戦略】 これからも化学を通し人類に夢と希望を与える企業として、介護・生活環境やアメニティ分野など新しい市場へも積極的に進出していく。

大和紡績 株式会社
Daiwabo Progress Co.,Ltd.

〒541-0056 大阪市中央区久太郎町3-6-8 御堂筋ダイワビル TEL 06-6281-2512 FAX 06-6281-2522
ホームページ

https://www.daiwabo.co.jp/group/group02html

【事業所】〔合繊事業本部〕 同上
TEL 06-6281-2414 FAX 06-6281-2536
東京本社 〒103-0006 東京都中央区日本橋富沢町12-20 日本橋T&Dビル
TEL 03-4332-5223 FAX 03-4332-5237
播磨工場 美川工場 益田工場
〔産業資材事業本部〕 同上
TEL 06-6281-2413 FAX 06-6281-2535
東京本社 同上
TEL 03-4332-5222 FAX 03-4332-5221
出雲工場 明石工場 益田工場 和歌山工場
〔製品・テキスタイル事業本部〕 同上
TEL 06-6281-2405 FAX 06-6281-2523
東京本社 同上

TEL 03-4332-8229　FAX 03-4332-8237

テクノステーション

TEL 0268-71-0640　FAX 0268-71-0641

【設立】　2009（平成11）年7月1日

【資本金】　35億4500万円

【決算期】　3月31日

【役員】　代表取締役社長＝有地邦彦　取締役＝青柳良典　取締役＝眞野耕浩　取締役＝野間靖雄　取締役＝西尾博　取締役（非常勤）＝申祐一　取締役（非常勤）＝小澤拓　監査役＝野神正光　監査役（非常勤）＝河本茂行

【従業員数】　（連結）2773名、（単体）779名（2024年3月31日）

【関連会社】　アスパラントグループ、ダイワボウホールディングス

【沿革】　09年7月ダイワボウホールディングス株式会社100％出資の子会社12社による共同株式移転方式により大和紡績株式会社を設立、12年4月Daiwabo Hong Kong Co., Limited を設立、20年4月合繊不織布、産業資材、製品・テキスタイル、不動産、ビジネスサポートの各事業を統合し、事業持株会社に移行するため、子会社（ダイワボウポリテック株式会社、ダイワボウプログレス株式会社、ダイワボウノイ株式会社、ダイワボウエステート株式会社、ダイワボウアソシエ株式会社）5社を吸収合併。

【経営戦略】　繊維事業における「全体最適」の観点から、シナジー創出によるグループ総合力の一層の強化、業務効率の向上、経営資源の最適な再分配により、更なるグループ競争力の強化を図るため、繊維事業の主力3社と管理事業会社を合併し、繊維事業の再編を行い、ダイワボウホールディングスの一翼として、統括する事業会社とその傘下の国内外のグループ会社の事業連携を一段と強化し、グループ企業価値の向上に努めていく。

株式会社 TMEIC
TMEIC Corporation

〒104-0031　東京中央区京橋3-1-1　東京スクエアガーデン　TEL 03-3277-5700

ホームページ http://www.tmeic.co.jp

【事業所】　販売拠点：札幌　東京　千葉　富山　名古屋　大阪　岡山　広島　周南　高松　福岡　長崎

国内製造拠点：府中　京浜　神戸　長崎

海外拠点：北米　南米　欧州　中国　インド　東南アジア　豪州に16拠点

【設立】　2003（平成15）年10月1日

【資本金】　150億円（東芝50％、三菱電機50％）

【業績】　売上高：1,783億円（2021年度実績）

【決算期】　3月

【役員】　代表取締役＝川口章

【従業員数】　2,641名（2022年3月31日現在）

【担当部署】　営業第二部　TEL 03-3277-5438　FAX 03-3277-4563

【製造・販売品目】　製造業プラント向けを主体とした産業システムおよび電機品の販売・エンジニアリング　工事・サービスおよび製造業向け監視制御システム、パワーエレクトロニクス機器、回転機（大容量電動機等）の開発・製造

【主要販売先】　国内紙パルプメーカー各社

トーカロ 株式会社
TOCALO Co., Ltd.

〒650-0047　神戸市中央区港島南町6-4-4

TEL 078-303-3433　FAX 078-303-3435

ホームページ https://www.tocalo.co.jp

【事業所】　本社　宮城技術サービスセンター　東京工場行田事業所　東京工場鈴身事業所　名古屋工場　神戸工場　明石工場　明石第二工場　明石第四工場　明石播磨工場　倉敷工場　北九州工場　北関東営業所　神奈川営業所　山梨営業所　静岡営業所　溶射技術開発研究所

【設立】　1951年（昭和26年）

【資本金】　26億5,882万3,000円（2024年3月期）

【年商】　467億3,500万円（2024年3月期　連結）

【役員】　代表取締役会長＝三船法行　代表取締役執行役員＝小林和也　取締役副社長執行役員＝黒木信之　取締役常務執行役員（管理本部長）＝後藤浩志　取締役常務執行役員（営業本部長）＝吉

積隆幸　取締役（非常勤）＝鎌倉利光　取締役（非常勤）＝瀧原圭子　取締役（非常勤）＝佐藤陽子　取締役（非常勤）＝冨田和之　監査役（常勤）＝進英俊　監査役（常勤）＝浜田博介　監査役（非常勤）＝吉田敏彦　監査役（非常勤）＝加地則子　常務執行役員（日本コーティングセンター㈱代表取締役社長＝千葉祐二　執行役員（東京工場長）＝水津竜夫　執行役員（品質管理本部長）＝相坂弘行　執行役員（人事総務部長）＝中井勝紀　執行役員（海外事業本部長）＝中平康樹　執行役員（製造本部長）＝髙畠剛　執行役員（北九州工場長）＝濱口竜哉　執行役員（明石工場長）＝村田裕　執行役員（溶射技術開発研究所長）＝寺谷武馬

【取引銀行】　三菱UFJ銀行　三井住友銀行

【従業員数】　889名（2024年3月期・単体）

【グループ会社】　日本コーティングセンター㈱＝〒252-0002 神奈川県座間市小松原1-43-34　東華隆（広州）表面改質技術有限公司＝中華人民共和国広東省広州市夢崗区永和鎮禾豊二街9号　東賀隆（昆山）電子有限公司＝中華人民共和国江蘇省昆山市巴城鎮石牌東岳路58号　漢泰国際電子股份有限公司＝台湾台南市71041 永康区永科環路185号　TOCALO USA,Inc. ＝ 6951 Walker Street La Palma,CA 90623 USA

PT. TOCALO Surface Technology Indonesia ＝ JL. Harapan 1 Lot KK-2B Kawasan Industri KIIC, Karawang, Jawa Barat, Indonesia

TOCALO SurfaceTechnology（Thailand）Co.,Ltd. ＝Amatanakorn Industrial Estate,700/436Moo. 7, Tumbol Donhuaroh,Amphur Mueng,Chonburi Thailand

【営業品目】　表面改質加工

【主要設備】　VPS溶射装置　各種プラズマ溶射装置　HVOF溶射装置　各種溶射機　TD用各種熱処理設備　CDC-ZAC設備　PTA溶接装置　その他

【主要仕入先】　エリコンメテコジャパン　住友金属鉱山　日本ユテク　ほか

【主要販売先】　日本製紙　日本製紙クレシア　大王製紙　王子製紙　王子マテリア　川之江造機　北越コーポレーション　レンゴー　小林製作所　ISOWA　ほか

【企業の特色】　1951年（昭和26年）東洋カロライジング工業㈱として誕生。昭和33年、溶射技術を導入し、コア事業とする事で表面改質分野のトップメーカーとして発展し、現在も常に世界のトップランナーとして走り続けている。2004年には日本コーティングセンターを傘下に置くことで薄膜技術を領域に加え、2005年には中国広州市で子会社の本格操業を開始し、多くの海外企業とのオールラウンドで国際的な展開を推し進めている。2020年に「機上での施工が可能な非粘着コーティング "DryOnixH"」で紙パルプ技術協会第48回佐々木賞を受賞。

株式会社 東興化学研究所
Toko Chemical Laboratories Co., Ltd.

〒168-0071　東京都杉並区高井戸西1-18-8

TEL 03-3334-3481　FAX 03-3334-3484

ホームページ https://www.tokokagaku.co.jp

Eメール info@tokokagaku.co.jp

【創業・設立】　1950年5月

【資本金】　3,000万円

【決算期】　3月

【役員】　代表取締役社長＝赤澤興士　専務取締役＝赤澤徹朗　取締役製造部長＝渡辺春紀　取締役営業部長＝石川裕

【従業員数】　25名

【取扱品目】　pHメーター、pH測定用ガラス電極、ORPメーター、イオン電極、イオンメーター、ORP測定用金属電極、DOメーター、導電率測定用セル、導電率メーター、温度補償電極、食品塩分計、溶存酸素電極、生コン塩分計、標準緩衝剤、溶液等

【沿革】　昭和23年頃（特殊な研究者がpH測定にガラス電極の実用化を研究していたころ）所謂マッキンネス硝子を試験熔解し、ガラス管として供給していたが、昭和25年之をガラス電極として供給するよう御下命があり、例のガラス薄膜に保護

カバーを付け発売。此の時代が所謂国産ガラス電極の最初であった。以後鋭意改良研究をなし逐年その成果を修めた。すなわち昭和29年には所謂バリー組成のリチウムガラス電極を完成し、これによりガラス膜のアルカリ特性及び強度は一段と改善された。

また、昭和32年にはガラス電極内極とリード線を熔着する方法として高周波装置を完成し特殊処理を実施することにより絶縁劣化を完全に防止することに成功。昭和35年電子工業振興臨時措置法の第三号機種にpH電極が指定されるにあたり、通産省より該当メーカーとして指定された。此の事により弊所はpHガラス電極の専業メーカーとして一層その品質向上に努め昭和39年には耐酸、耐アルカリ性並びに電位勾配に秀れた組成をもつpH電極用ガラスの開発に成功、昭和48年には超高温のpH測定用ガラス電極の開発に成功。

爾来各種用途の電極を開発し品質的には国際水準以上であり本邦唯一のガラス電極専業メーカーであったが、昭和49年の計量法の改正施行による、計量法第13条に基き、昭和50年10月16日登録番号第107号計量器製造事業登録を行った。以後は従来のガラス電極の外、各種イオン電極の研究開発とともに、pHメーター、イオンメーター、溶存酵素メーター、導電等メーター等の製造販売を行っている。

トクデン 株式会社
Tokuden Co., Ltd.

〒607-8345 京都市山科区西野離宮町40
TEL 075-581-2111 FAX 075-592-1944
ホームページ https://www.tokuden.com
Eメール inq@tokuden.com
【事業所】 本社工場：〒607-8345 京都市山科区西野離宮町40
TEL 075-581-2111 FAX 075-592-1944
マキノ工場：〒520-1834 滋賀県高島市マキノ町寺久保87 TEL 0740-27-2111 FAX 0740-27-2091
京都営業課：TEL 075-581-5691 FAX 075-581-1596
関東営業所：TEL 045-475-5120 FAX 045-475-5127

海外拠点：米国（アトランタ） イタリア（ミラノ）
【創業】 1939（昭和14）年
【資本金】 4,000万円
【役員】 代表取締役社長＝北野嘉秀
【従業員数】 216名
【沿革】 1939（昭和14）年、大阪市において特殊電機研究所として発足。48年に環状成層鉄心による複巻式電圧調整器を開発し、摺動型電圧調整器の専門メーカーとしての基盤を確立。以降、各種重電機器の開発・実用化に成功した。64年、世界初の誘導発熱ロールを合成繊維の延伸装置として開発、実用化に成功。以来、プラスチックフィルムの熱加工、電池、製鉄、不織布、製紙など高精度の熱加工を必要とする分野で誘導発熱ジャケットロールは活躍している。
【製造・販売品目】 誘導発熱ジャケットロール＝ロールシェル肉厚内にジャケット室と称する気液2相の蒸発性作動媒体を減圧封入した空間を有し、ロール表面温度分布を±1℃まで均温化した誘導発熱ジャケットロール。温度範囲50～400℃。用途：高速ソフトニップカレンダー、ロングニップカレンダー、マシンカレンダー、ハードニップカレンダー。特色：平滑性および光沢度に優れた嵩高紙を製造するには、低荷重かつ高温によるカレンダーが有効である。誘導発熱ジャケットロールは設定通りの高温が得られ、しかもロール表面温度分布が±1℃以内となることから、ロール熱膨張が均一となる。したがって熱間のロール直径が均一となり、紙幅全域にわたって均一な荷重が得られる。＜実績例＞高温ロングニップカレンダー1,200φ×7,600L・300℃。

空冷式ハイブリッドロール＝加熱ロールと冷却ロールの役割を1本に合わせ持つ、水も油も使わない画期的な加熱・冷却ロール。誘導発熱ジャケットロールの均一な表面温度分布と優れた昇温性能はそのままに、エアのみで効率的にロールを冷却する降温性能を付与した。ブロワを使用してロール内部に外気を吸引するという至ってシンプルな方法で、温度設定変更を頻繁に行う多品種少量生産や、定期的なロール表面清掃を必要とする際の

降温時間短縮を実現する。

　温度範囲は常温〜 400℃で、製品基材温度がロール表面温度より高い場合のバランス運転（温調運転）にも適しており、設定温度に保持されることからフィルムの延伸や各種基材の除冷用途にも好適。さらに、水も油も使わないため、水漏れ・油漏れによる故障のリスクがない。

　過熱蒸気発生装置 UPSS ＝ MAX 1,200℃の高温過熱蒸気を発生させる装置。

　用途：脱バインダー、脱脂、樹脂の清掃、リサイクル、表面改質、殺菌

　特色：± 1℃での緻密な蒸気温度制御が可能。水と電気のみで過熱蒸気を発生。95％の高い熱効率。

株式会社 日新化学研究所
Nissinn Kagaku Kenkyusho Co., Ltd.

〒 569-8520　大阪府高槻市大塚町 1-2-12

TEL 072-671-5101　FAX 072-671-2289

ホームページ https://www.nissin-kk.co.jp

E メール nissin@nissin-kk.co.jp

【事業所】　高槻本社工場：本社に同じ　川之江工場・川之江営業所：〒 799-0101　愛媛県四国中央市川之江町 1501　TEL 0896-58-3350　北海道営業所：〒 053-0055　苫小牧市新明町 1-6-10　TEL 0144-53-8241　東北研究所：〒 983-0822　仙台市宮城野区燕沢東 1-10-1　TEL 022-253-6157　富士研究所：〒 416-0931　富士市蓼原 121-15　TEL 0545-30-9031　東京営業所：〒 101-0048　東京都千代田区神田司町 2-14　稲垣司町ビル 5F　TEL 03-6206-0870　上海事務所：上海市閘北区民立路 289 弄 1 号楼 2 座 202 室

【創業】　1931（昭和 6）年 3 月 1 日

【設立】　1955（昭和 30）年 2 月 1 日

【資本金】　7,500 万円

【従業員数】　80 名

【業績】　売上 32 億円

【役員】　代表取締役会長＝加藤晴雄　代表取締役社長＝加藤雄一朗　専務取締役＝加藤みどり　常務取締役＝岡孝　常務取締役＝中島克明　取締役＝岸本武志　取締役＝土田和明

【製造・販売品目】　離型剤・印刷適性向上剤　脱墨剤　消泡剤　嵩増剤　浸透・離解促進剤　フェルト洗浄剤　ピッチコントロール剤　デポジットコントロール剤　柔軟・剥離剤　カンバス洗浄剤　ドライヤー接着剤　吸水性向上剤　ドライヤー剥離剤　ドライヤー汚れ防止剤　保湿柔軟剤　高分子凝集剤・濾水性向上剤・ATC　耐水・耐油・防湿コート剤　スライムコントロール剤・殺菌剤　蛍光除去剤　工程洗浄剤　プレス搾水性向上剤

【企業の特色】　紙づくりのお悩みを解決するケミカル・アシスタントとして、顧客 1 人ひとりの要望に個別で対応している。

　モットーは『薬品のカスタマイズ、オーダーメード対応およびクイックレスポンス』。

　界面活性剤の製造技術を基礎に、顧客のニーズにマッチした商品を開発、またセールスエンジニア（全社員 70％以上）による技術サービスに努めている。製品ラインナップは 900 種類以上あり、紙パルプ製造工程では欠かせない存在となっている。

【経営理念】　同社の社名は、中国古典の『大学』にある古代中国の故事「殷の湯王は［まことに日に新たにせば、日々に新たにまた日に新たなり］と洗面器に刻み、朝夕修養に励んだ」に由来し、社是でもあるこの精神に則って新たに発生する諸問題に常に真正面から取り組んでいく姿勢を大切にしている。

【経営戦略】　「人にも環境にも優しい薬品を提供する」の観点から、「NISSIN-Pitch Control Method（NISSIN-PCM）」を提唱し、製紙工程全体を考えたピッチ対策の提案を行っている。

　また「薬品使用によるプレス搾水性向上効果でのエネルギーコストの低減」というユニークな提案も行っている。

　今後も「生産現場のお悩みを解決するケミカルアシスタント」として、環境への負荷を低減し、かつ安定操業、高品質製品製造に必要なあらゆる製品・技術サービスを開発・提案していく方針。

株式会社 日東商会
Nitto Shokai Co., Ltd.

〒 103-0025　東京都中央区日本橋茅場町 3-10-2 SKK ビル 2F　TEL 03-5847-1220　FAX 03-3666-1958

ホームページ https://www.nittoshokai.com

E メール tokyo@nittoshokai.com

【事業所】　静岡営業所：〒 417-0061　静岡県富士市伝法 3098-9 フジフォワードビル 3F　TEL 0545-52-2376　FAX 0545-52-9261　北海道営業所：〒 066-0021　北海道千歳市東郊 1-14-11 シーバスコート 102　TEL 0123-23-7261　FAX 0123-23-7262

【創業】　1941（昭和 16）年 1 月 1 日

【設立】　1948（昭和 23）年 6 月

【資本金】 5,000万円

【役員】 代表取締役社長＝後藤大介　取締役＝新藤淳史　取締役＝藤原彰人

【沿革】 1941（昭和16）年1月 日本フイルコン㈱（旧名・日本金網㈱）と西武ポリマ化成㈱（旧名・東京護謨㈱）の販売代理店として創業、48年6月株式組織に変更し株式会社日東商会を設立、49年6月静岡営業所開設、61年8月札幌営業所開設、74年5月ソリジュールジャパン㈱（現三菱ケミカルアドバンスドマテリアルズ㈱）と総代理店契約締結。2004（平成16）年1月資本金を5,000万円に増資、06年5月 IBS Austria GmbH と販売代理店契約締結、同10月札幌支店を千歳へ移転し北海道支店と改称、19（令和元）年11月代表取締役社長に後藤大介が就任、同12月本社事務所を現所在地に移転、20年1月 Cellwood Machinery と販売代理店契約締結、RIF S.p.A. 及び大阪富士工業㈱と秘密保持契約締結。

【取扱品目・国内メーカ】 日本フイルコン：フォーミングワイヤー。日本キャンバス：ドライヤーキャンバス。西武ポリマ化成：ゴム・ウレタンロール、サクションロール用デッケル。カンセンエキスパンダー工業：エキスパンダーロール。エスピー工業：フッ素樹脂コート、大阪富士工業：溶射全般。三菱ケミカルアドバンスドマテリアルズ：超高分子ポリエチレン製品（ワイヤー・プレス脱水エレメント及びロールドクター）。大鳥機械社：原料・清水高圧ポンプ。エムエス熱学：ドレネージシステム。カノンテクノ：ドライヤーフード、排熱回収装置。広和：強制循環給油装置。東京製綱繊維：キャリアロープ。正久エンジニアリング：ドクター、スリッター、カッター。スターライト工業：摺動材・各種樹脂製品、ドクターブレード。協和工業：スクリーンバスケット・プレート各種。MT アクアポリマー：高分子凝集剤（アコフロック）、製紙用薬品。ハリマ化成：サイズ剤、紙力増強剤。日本バルカー工業：一般パッキング類。武田エンジニアリング：ロータリージョイント、フレキシブルチューブ。横浜ゴム：コンベアベルト他工業用品。日本ポール：オイルフィルター、油水分離器。

アルテック：フィルトマット。クランツレ：高圧洗浄機。EDI ジャパン：散気管。

【取扱品目：海外メーカ】 IBS PPG：ワイヤー・プレス脱水エレメント及びセラミックブレード、ドライネスセンサー（ワイヤー）、バキュームバルブ、テンショナー（ワイヤー・プレス・ドライヤー）、RCS 枠替装置、高圧洗浄装置（ワイヤー・プレス・ドライヤー）。Cellwood Machinery：ディスパーザー、マイクロフィルター、パルパー。Runtech Systems：バキュームブロワー（ターボ）及びバキュームシステム、脱水機器（ウオータセパレータ、ドロップセパレータ）、熱回収システム、ミスト除去システム、ドクター製品、通紙装置、シートスタビライザー各種、マシン診断。BASALAN：クルパックシステム、ブランケット研磨装置。RIF：ドライヤシリンダー研磨、溶射。Newtech：コータ・フロークリーンブレード。Gatewood：スプレー・ニードルジェットノズル各種。

日本エイアンドエル 株式会社
NIPPON A & L Inc.

〒541-8550　大阪市中央区北浜4-5-33　住友ビル
TEL 06-6220-3633　FAX 06-6220-3699
ホームページ http://www.n-al.co.jp

【事業所】 東京：〒103-0016　東京都中央区日本橋小網町1-8　高木ビル TEL 03-6837-9360　ラテックス事業部　TEL 03-6837-9362　ABS 事業部 TEL 03-6837-9361

名古屋：〒461-0005　名古屋市東区東桜1-13-3 NHK 名古屋放送センタービル TEL 052-952-8971

工場：愛媛、大阪、千葉

研究開発センター：愛媛、大阪

海外：中国（香港、上海）、北米、タイ、インド

【設立】 1999（平成11）年7月1日

【資本金】 60億円（住友化学85%　三井化学15%）

【決算期】 3月

【役員】 代表取締役社長＝阪本聡司　常務取締役＝鎌倉孝之　常務取締役＝時政英之　取締役＝栗田誠二　取締役＝玉井清二　取締役＝北山威夫　取締役＝後田伸也　取締役＝一井信之　監査役＝

田福信　監査役＝大森健　監査役＝三浦宏之

【従業員数】　約 350 名

【主な関係会社・提携企業】　愛宇隆（香港）有限公司、愛宇隆貿易（上海）有限公司、A&L NORTH AMERICA, INC.（アメリカ）、IRPC A&L Co.,Ltd.（タイ）、Bhansali Nippon A&L Private Limited（インド）、エスエヌ化成株式会社

【製造・販売品目】　合成ゴム SBR・NBR ラテックス（生産能力 9 万 t/ 年）、合成樹脂 ABS 樹脂（生産能力 10 万 t/ 年）、AS、AES など

【主要販売先】　製紙メーカー各社

【沿革と特微】　日本エイアンドエル㈱は 1999（平成 11）年 7 月 1 日、住友化学㈱と三井化学㈱の出資による合弁会社として、住化エイビーエス・ラテックス㈱と三井化学㈱の ABS 樹脂事業および SBR ラテックス事業を統合し、決意を新たにスタートした。

　三井化学は 60（昭和 35）年よりスチレン樹脂事業を開始、64 年に SBR ラテックス事業を開始した。83 年には連続塊状重合 ABS 樹脂の生産を開始した。97（平成 9）年に三井石油化学工業と三井東圧化学が合併し三井化学が発足した。

　一方、住友化学は 1963（昭和 38）年に US ラバー社との合弁会社として住友ノーガタック㈱を設立、ABS・SBR ラテックス事業を開始した。80 年に住友化学の 100％出資関連会社となり、92（平成 4）年には米国ダウ・ケミカル社の資本参加により住友ダウ㈱と改称。1996 年には住化エイビーエス・ラテックス㈱に改称、再び住友化学の 100％出資関連会社となった。

　日本エイアンドエル㈱は、住化エイビーエス・ラテックスと三井化学の両社がもつ技術のシナジー効果を発揮し、より高度な技術開発により、需要家の皆様の多様化するニーズに応える優れた製品づくりに取り組んでいく。

日本車輌製造 株式会社
エンジニアリング本部　産業機械部
Nippon Sharyo. Ltd.

本社：〒 456-8691　名古屋市熱田区三本松町 1 番 1 号　TEL 052-882-3316　FAX 052-882-3781

URL https://www.n-sharyo.co.jp

エンジニアリング本部：〒 456-8691　名古屋市熱田区三本松町 1 番 1 号　TEL 052-882-3318　FAX 052-882-3424

【事業所】　産業機械部：〒 417-0057　静岡県富士市瓜島町 26-2　TEL 0545-51-2818　FAX 0545-51-5349

【資本金】　118 億 1,000 万円

【役員・幹部】　代表取締役社長 田中守

【製造・販売品目】

①製紙関連機器

・原料調整機器一般（パルパー、ニーダー、洗浄機、スクリーン、フィルター）

・抄紙機および関連機器

・加工機（ワインダー、スリッター、トイレットロール加工機、ティシュ加工機、テーブルナプキン加工機、紙おしぼり加工機）

・包装機（各種家庭紙用包装機、段ボール・クラフトケーサー、各種梱包機）

・搬送装置ほか（フレックスコンベア、各種コンベア、パレタイザ、搬送台車、自動倉庫）

・その他（ボイラー、蒸気ドレン還元装置、排水処理装置）

②環境設備

　集塵装置、防虫陽圧化設備、SSI 破砕機および関連設備

【企業の特色】　日本車輌製造㈱エンジニアリング本部産業機械部は、製紙関連機器の販売・エンジニアリングを専門に行っている。取り扱う機器、分野は広いが、とくに家庭紙分野での原質機器から抄紙機、加工機までの一貫した製品供給体制は比類がなく、つねに新しい技術情報、最新機器を提供している。

　近年は、原料調整機器や防虫陽圧・集塵装置、ワインダー、スリッターなど、洋紙分野にも展開を図り、着実に実績を重ねている。分野を超え、製紙業界すべてに世界の最新情報、エンジニアリングを提供できる「製紙機械専門部」として、今後も一層企業努力を重ねていく方針である。

写真1 ニーディングパルパー

写真2 SSI社製高トルク破砕機

【製品の紹介】

連続式高濃度パルパー（ニーディングパルパー）

本製品はニーディング機能を併せもち、高濃度・連続式の古紙原料処理に適したエネルギー効率の高いパルパーである（写真1）。離解が難しく異物の多い紙コップ、パック等のラミネート紙料の処理に優れている点が認められ、注目されている。

装置は長円形タブと内部に設けられた多段のローターからなり、上部から投入された原料は高濃度で離解されながら下降し、下部でニーディングされた後、スクリューフィーダーから連続して排出される。特徴として、

省エネルギー：上下回流による動力浪費がないためエネルギー効率が高い。

均一な離解：原料の上下回流に起因する攪拌むらがなく、均一で安定した離解度が得られる。

平成16年度静岡県紙パルプ技術協会優秀開発賞受賞。

ラガーロープ破砕・選別装置

古紙溶解工程で発生するラガーロープを破砕・選別し再資源化を可能とする破砕自動選別システム。駆動方式は油圧駆動方式または電気駆動方式、処理能力に合わせた選定が可能。また刃物の衝突や破損、粉塵の発生、振動・騒音を考慮して、低速回転、高トルク破砕機（写真2）を用いて粉砕処理を行う。

破砕機に設置してあるスクリーン排出粒度になるまで細かく破砕されたラガーロープはベルトコンベヤにて搬送する。その際、磁選機を設置して、ワイヤー等の金属類とプラスチック類等に選別する。より細かく破砕する事によりこの選別効率を上げることが可能となる。スクリーン排出寸法は、後工程や処理能力を考慮し、お客様ごとに選定。選別回収されたプラスチック類は化石燃料の代替燃料として、金属物は有価物素材として有効再利用されている。

〈破砕機の特徴〉

・効率がよく、耐過負荷性能の高い直接駆動方式を採用
・自社開発、自社製造だからできる最適な刃物設計
＊ラガーロープ処理には表面硬装を施した摩耗し難い刃物を採用
・カッターロッキングシステム（特許）による容易な刃物の締付け管理
・クリーニングフィンガーによるシャフトへの巻き付き防止機構
・メンテナンスが容易、低ランニングコスト設計

製紙工場における防虫・陽圧化、紙粉除去

紡績業界でTAC（トータルエアーコントロールシステム）としてNo.1の実績をもつピュアテック（旧日本ピュアテック）とタイアップし、防虫陽圧化、紙粉集塵対策、冷暖・湿度調節などの各種機器を共同提案している。

・防虫陽圧化ユニット（写真3）：自動クリーニング式のフィルターを通した外気の積極導入によ

り、工場内を陽圧化しエアーバランスを取ることにより、隙間などから飛来する虫の侵入を防ぐのが基本的な防虫陽圧のコンセプトである。

写真3　防虫陽圧化ユニット

　すべてが日常のメンテナンスフリーを考慮した製品となっており、簡単なチェックのみで1年を通じて安心して操業できる。
・紙粉対策；紙業界の埃の多い過酷な条件、クリーンルームの精度を要求される条件での豊富な経験が製紙用途にも十分活かされている。
　フィルター本体から、その自動洗浄にいたるまでの様々なノウハウの蓄積があり、幅広い分野での活用が可能。

株式会社 日本ジョイント
The Nippon Joint, Ltd.

〒613-0022　京都府久世郡久御山町市田北浦55
TEL 0774-23-3211　FAX 0774-24-0655
ホームページ https://www.nippon-joint.co.jp
【創業】　1965（昭和40）年2月
【設立】　1964（昭和39）年6月
【資本金】　1,326万円
【役員】　代表取締役社長＝川口剛史
【関係会社】　㈱市金工業社　㈱カワグチ産業　㈱市金テクニカル　㈱T.H.Q.製作所　㈱市金
【提携会社】　ケイデント・ジョンソン社（米国）トンプソンエクイプメントカンパニー（米国）ビカールジェット社（イタリア）
【製造・販売品目】　ジョンソンロータリージョイント　ジョンソンステーショナリーサイフォン　ジョンソンロータリーサイフォン　ジョンソンタービュレーターバー　ソビジェット洗浄機　TECO全自動フリーネス測定装置
【主要販売先】　王子製紙㈱　日本製紙㈱　大王製紙㈱　三菱製紙㈱　北越コーポレーション㈱　中越パルプ工業㈱　特種東海製紙㈱　新東海製紙㈱　王子マテリア㈱　日本製紙クレシア㈱　丸住製紙㈱　丸三製紙㈱　愛媛製紙㈱　リンテック㈱　レンゴー㈱　ほか
【沿革】　1964（昭和39）年、市金工業社の特機部から分離独立。65年2月、ロータリージョイント製造メーカーに特化。68年5月、ロータリーサイフォン装置製造販売。70年7月、現在地に工場を移転、同年9月にドレイナックフリーネス測定装置製造。87年9月、自動倉庫棟新築。89（平成1）年12月、京都府中小企業モデル工場指定。95年3月、中小企業庁長官より経営合理化表彰受賞。97年5月、ISO9002認証取得。2002年6月、ISO9001認証取得。03年7月、ソビジェット洗浄システム輸入販売。
【企業の特色】　1965年以来、ロータリージョイント専業メーカーとして米国ケイデント・ジョンソン社と技術提携し、製紙業界はじめ繊維、ゴム、プラスチック、鉄鋼、化学、印刷、食品などあらゆる業界の乾燥（冷却）プロセスにおいて生産効率を高めるために貢献してきた。とくにオイルショック以降は省力、省エネルギー、省資源面において注目されており、製品群が世界共通ということから技術、品質面と併せて、その利便性が高く評価されている。また、より良い製品をより安く、早くをモットーに品質保証の国際規格ISO9001の認証を取得した。

日本食品化工 株式会社
Nihon Shokuhin Kako Co., Ltd.

〒100-7012　東京都千代田区丸の内二丁目7番2号　JPタワー12階
TEL 03-3212-9111　FAX 03-3212-9131
ホームページ
https://www.nisshoku.co.jp

【事業所】 工場：富士、水島　研究所：富士

【創業・設立】 1948（昭和23）年7月26日

【資本金】 16億円

【株式】 東京証券取引所（スタンダード市場）

【決算期】 3月

【役員・執行役員】 代表取締役社長＝荒川健

【従業員数】 433名（2024年3月31日現在．単体）

【担当部署】 営業一部工業製品課

【関係会社】 三菱商事　ほか

【製造品目】 製紙用澱粉（酸化澱粉　エステル化澱粉）　食品用澱粉　糖化品　ファインケミカル　油脂飼料　コーンオイル　ほか

【主要販売先】 大手製紙メーカー

【沿革と特徴】 創業以来蓄積された豊富なノウハウと技術力によって生み出される当社の各種製品は、サービスとソリューションを提供する提案型営業を通じて、食品、工業、医薬をはじめ幅広い分野の顧客に大きな評価と信頼をもって迎えられている。

【今後の展開】 最近では新規加工でん粉や各種オリゴ糖の開発、新機能性素材や酵素・微生物技術の応用研究など、時代の変化、多様化するニーズに対応した各種新製品、新技術の研究開発に取り組んでおり、顧客の商品開発に繋がる提案を進めている。

日本ハネウェル 株式会社
Honeywell Japan Ltd.

〒105-0022　東京都港区海岸 1-16-1
ニューピア竹芝サウスタワー 20F

TEL 03-6730-7140　FAX 03-6730-7228

ホームページ http://www.honeywell.com

【出張所】 ［サービスセンター］北海道サービスセンター　〒066-0063 北海道千歳市幸町 3-13　仙台事務所（HPS）：〒980-0804　宮城県仙台市青葉区大町 1丁目 1-8　第三青葉ビル 6階　名古屋出張所（HPS）：〒507-0033　岐阜県多治見市本町 2-35-3　ラコービル 402　高松出張所（HPS）：〒760-0018 香川県高松市天神前 210-12 香川県天神前ビル 3F

【サービスセンター】 横浜サービスセンター

（HPS）：　〒244-0805　神奈川県横浜市戸塚区川上町 87-1　ウェルストン 1 ビル 1F　堺サービスセンター（HPS）：〒595-0055　大阪府泉大津市なぎさ町 6-1　堺泉北港ポートサービスセンタービル 401

山口サービスセンター（HPS）：〒745-0034　山口県周南市御幸通 1-11　新興ビル 3F

【グループ会社】 UOP㈱

【工場】 矢板工場（PMT 事業部 - アドバンスド・マテリアル）：〒329-1574　栃木県矢板市乙畑 1572-1

【設立】 2004年4月19日

【資本金】 250,000 千円

【出資者および出資比率】 ハネウェルノースアトランティックホールディングス　リミテッド（100%）

【役員】 代表取締役社長　藤井康　取締役　後藤浩之　取締役　チャン・シャンピエン　取締役　ジャン・ハイタン　監査役　チョイ・ビュンリュル

【従業員数】 230名

【取引金融機関】 三菱 UFJ 銀行本店　三井住友銀行　ドイツ銀行東京支店

【決算期】 12月（年1回）

【沿革】 1953年 山武計器㈱と合弁事業設立。1960年 日本ガレット㈱設立（旧ハネウェルトランスポーテーションシステムズに編入）。1970年 ペンディックスジャパン㈱設立（現ハネウェル・エアロスペースに編入）。1973年 メジャレックス・ジャパン㈱設立（現ハネウェル・プロセス・ソリューションズに編入）。1982年 アライドシグナル社日本事業開設（現パフォーマンスマテリアル＆テクノロジーズに編入）。2005年 ハネウェルジャパン㈱に各事業を統合。2018年以降 トランスポーテーションシステムズ事業部を分社化。新たに日本ハネウェル株式会社となる。

【事業概要】 先進のソフトウェア技術 - 成長戦略：モノとソフトウェアを融合するソフトウェア技術企業へ、あらゆる事業でソフトウェア技術の展開による成長戦略を掲げており、エンジニア2万2,000

人のうち半数がソフトウェアに従事している。

【4つの戦略事業部（SBG）】

エアロスペース：ガスタービンエンジン、機内空調・与圧・熱制御システム、コックピットシステム、アビオニクス、衛星通信システム、ホイール＆ブレーキなど、革新のメカニカル・デジタル技術を集約した幅広い航空宇宙向け製品とソリューションは、世界のあらゆる民間航空機、防衛航空機への搭載実績を誇る。

パフォーマンス マテリアルズ＆テクノロジーズ（PMT）：高機能化学品、プロセス技術、産業向けオートメーションの世界リーダーである PMT は、低 GWP（地球温暖化係数）冷媒、プロセス産業向けオートメーション＆ソフトウェアや紙パルプ、石油精製、石油化学、ガスプロセス産業向けにプロセス技術を提供している。

ハネウェル ビルディング テクノロジーズ（HBT）：ビルをよりスマートに、より機能的にする製品、ソフトウェアや技術を提供する。HBTのビルディングオートメーション技術は、世界1千万件のビルで採用されている。

セーフティ＆プロダクティビティ ソリューションズ（SPS）：センサ、スキャナ、モバイル端末、データを活用した包括的なソフトウェアおよびコネクティビティソリューションや、作業者の安全を守る安全保護具や機器は、安全性と効率性に優れた業務環境と、より良い事業運営を可能にする。

業界をリードする業務用モバイル機器、ソフトウェア、クラウド技術、オートメーション、安全保護具、ガス検知器など幅広い製品、ソリューションを届ける。

日本フイルコン 株式会社
Nippon Filcon Co., Ltd.

本社・工場　〒206-8577　東京都稲城市大丸 2220　TEL 042-377-5711　FAX 042-377-5714

ホームページ https://www.filcon.co.jp

【事業所】　東京営業所：〒206-8577　東京都稲城市大丸 2220　TEL 042-377-1175　FAX 042-377-5899　静岡事業所：〒419-0201　静岡県富士市厚原 1780　〈静岡工場〉TEL 0545-71-1312　FAX 0545-71-6315　〈静岡営業所〉TEL 0545-71-1311　FAX 0545-71-6315　北海道営業所：〒066-0063 北海道千歳市幸町 6-18-2　TEL 0123-22-4161　FAX 0123-22-0003　大阪営業所：〒532-0003　大阪府大阪市淀川区宮原 2-14-10　中尾ロイヤルビル 5 階　TEL 06-6152-7588　FAX 06-6152-7589　東北出張所：〒982-0031　宮城県仙台市太白区泉崎 1-20-2-102　TEL 022-244-6181　FAX 022-244-6182

【創業】　1916（大正 5）年 4 月 10 日

【設立】　1936（昭和 11）年 3 月 18 日

【資本金】　26 億 8,500 万円

【売上高】　286 億 3,900 万円（連結）（2024 年 11 月期）

【決算期】　11 月

【役員】　代表取締役社長＝名倉宏之

【従業員数】　483 名

【関係会社】　Filcon America,Inc.、FILCON FABRICS & TECHNOLOGY CO., LTD.、FILCON EUROPE SARL.、関西金網㈱、㈱アクアプロダクトなど、子会社 19 社および関連会社 3 社

【製造・販売品目】　プラスチック網　ステンレス網　水処理製品　電子部材・フォトマスク製品

【主要販売先】　王子エフテックス　王子製紙　王子マテリア　大王製紙　中越パルプ工業　特種東海製紙　日本製紙　北越コーポレーション　三菱製紙　レンゴー（五十音順）

【沿革】　機械抄き製紙技術は明治初年にわが国に伝来したが、これに欠くことのできない紙・パルプ抄造用網はそのすべてを欧米各国からの輸入に依存していた。ところが、第一次世界大戦の影響で輸入が途絶し、国内自給体制の必要が痛感された結果、1916（大正 5）年に当社の前身である東京金網㈱が発足。以後、順次設立された金網会社が合流し、36（昭和 11）年に現在の当社製紙用網事業の母体となる日本金網㈱が設立され、第 2 次世界大戦後の荒廃復興期を経て今日に至っている。

【企業の特色】　現在の社名にある FILCON は Filter の「FIL」と Conveyor の「CON」を合わせた造語で、永年紙・パルプ抄造用網の生産で培った技術を活かし事業の多角化を進めるなかで、「流

れる工程を演出する企業」として成長していく願いを込め、72（昭和47）年に社員からの公募で選ばれたものである。今日、日本フイルコンは紙の生産に欠くことのできない紙・パルプ抄造用網（製紙用プラスチックワイヤー）を生産し、国内製紙会社はもとより海外にも広く供給している。品質管理については、99年7月に静岡工場でISO9002認証を取得以来、製紙・機能ファブリックカンパニー全体でISO9001の認証を取得しており、厳格な品質管理体制を構築するとともに、開発部がユーザーの満足度をより一層高める新製品の研究開発に日夜努力している。

【経営理念】　日本フイルコングループは、産業界から要請される広範な課題に応えて、絶えず世界一の技術水準を追求し、高品質かつ革新的な製品・サービスとベストな価値をお届けすることを使命に、産業用機能フィルター・コンベア事業、電子部材・フォトマスク事業、環境・水処理関連事業を主力事業に、子会社21社および関連会社4社で構成される各種機能性資材と生産材を供給する企業グループへと成長を遂げている。

　今後も「100年越え企業として、次の100年も社会が必要とする製品・サービスを生み出し続ける企業集団」として、日本フイルコングループは総力を結集して、産業界の生産性向上に最適なソリューションで答えるための進化を加速し、グループ価値の向上に努めていく。

【経営戦略】　2005年10月にタイ王国に設立した子会社 FILCON FABRICS & TECHNOLOGY CO., LTD. に対しては、2013年に第2期設備投資を完了し、アジアを中心とする海外市場への供給体制と災害時における危機管理対応力とを強化した。

　製紙・機能ファブリックカンパニーは、製紙用具と不織布などの機能ファブリックとの生産を担い、世界の製紙用具と機能ファブリックの両市場に向けた生産拠点と販売網の再構築を実施している。本体制で新商品の開発に注力をするとともに、アフターケアの技術体制強化も行い、顧客満足度の向上を目指している。

　新製品については、斬新なアイデアで開発し市場投入した横3重織構造で上質紙や新聞用紙に特化した「N-FAST」が高い評価を得ているが、さらに縦地糸接結タイプ3重織（WSB）で板紙に特化した「N-CRAFT」を展開し、同様に高い評価を得ている。また不織布製造分野においては、スパンボンド製造用ベルト「SPUNPRO」シリーズ、スパンボンド整流用フィルター「FUJIN」、スパンレース加飾用シリンダーカバー「SPUNART」を投入し積極展開している。

　製紙・機能ファブリックカンパニーでは、製品開発・生産・販売・技術サービスのすべての力を結集し、お客様の要望に迅速に対応できる体制で、産業界の発展に貢献していきたい。

日本フエルト 株式会社
Nippon Felt Co., Ltd.

〒115-0055　東京都北区赤羽西1-7-1　パルロード3　TEL 03-5993-2030　FAX 03-5993-2380
ホームページ https://www.felt.co.jp
Eメール somu@felt.co.jp
【事業所】
埼玉工場：〒365-0043　埼玉県鴻巣市原馬室88
TEL 048-541-3663　FAX 048-543-2370
栃木工場：〒324-0246　栃木県大田原市寒井1467番地　TEL 0287-54-4172　FAX 0287-54-4176
【創業・設立】　1917年（大正6）年6月
【資本金】　24億3,542万5,641円
【役員】　取締役社長＝矢﨑荘太郎
【従業員数】　574名（連結）
【関係会社】　東山フエルト㈱　台湾恵爾得股份有限公司　ニップ縫整㈱　日惠得造紙器材（上海）貿易有限公司　NFノーウーブン㈱
【製造・販売品目】　製紙用フェルト　パルプ製造用フェルト　製紙用プラスチックワイヤー　製紙用シュープレスベルト　製紙用カンバス　スレートおよび建材製造用フェルト　工業用プラスチック織物　工業用フェルト（集塵機用ニードルバグフィルター、耐熱用フェルト、サンフォライズブランケット、プリーツマシン用フェルト、コンベア用フェルト、汚泥処理用フェルトなど）　工業用

埼玉工場

栃木工場

日本フエルト総合研究所
高速テストマシン（2,000m/分超）

織ジャケット（皮革用、研磨用など）　工業用洗剤化学工業薬品など

【主要販売先】　全国の製紙会社などへ販売

【沿革】　1917（大正6）年6月30日創設、その後19年東京・王子にて操業を開始した。以来、抄紙用フェルトと工業用繊維製品の専業メーカーとして100年あまりの歴史をもつ。

【企業の特色】　「一国の文化の指標」ともいわれる紙の生産に欠くことのできない資材（抄紙用具）を製造・販売することに使命感と誇りをもち、顧客第一・品質第一の姿勢に徹して信頼を築いてきた。また埼玉工場においては1996（平成8）年に繊維加工業として初めてISO9001、1999年にISO14001、栃木工場においては1999年にISO9001、2001年にISO14001の認証を取得、2010年からは社長自らがトップマネジメントとして品質・環境マネジメントシステムの運営に当たり、品質保証体制と環境活動の強化を図っている。

これからも技術開発力と営業力を発揮してお客さまの信頼を重ねていき、お客さまに喜ばれる製品とサービスを提供し、会社と社員の繁栄ならびに社会に貢献できる活力ある高収益の企業体質の構築に向かって邁進していく。

【経営戦略】　少子高齢化、ITの進歩によるペーパーレス化などによる紙・パルプ産業の需要減、製紙用具メーカーのグローバル化の進展による競争の激化など、当社グループを取り巻く経営環境は一段と厳しい状況にある。このような状況下において、さらなる競争力の強化を図るため、新製品の開発はもとより得意先のニーズに対応したきめ細やかなサービスおよび高機能製品を提供していく。

高度化、多様化する顧客のニーズに対応するための具体的な取組みは下記の通り。

顧客第一に徹した迅速な技術対応やサービス、また信頼される製品の提供を基本理念とし、より高性能な製紙用フェルトの開発を軸に製紙用プラスチックワイヤー、シュープレス用ベルトのさらなる品質向上に努める。

中国を中心としたアジア市場での売上げ拡大を図るため、品質価格面の競争力強化と海外子会社である台湾フエルトの販売面、技術面を強化する。

社会からの信頼を得られる企業を目指し、コーポレート・ガバナンス体制の整備と適切な運用を図るため、迅速で適正な意思決定、経営の透明性・健全性を確立し、企業価値の向上に努める。

環境問題への取組みは経営上の重要な課題であり、今後もISO14001環境マネジメントシステムに基づいた活動を通じて、「環境にやさしい企業」を目指すことに注力する。

野村商事 株式会社
Nomura Shoji Co., Ltd.

〒103-0027　東京都中央区日本橋3-15-2

TEL 03-3275-8001　FAX 03-3275-8005
ホームページ https://www.nomurashoji.com
Eメール nomurashoji@nomurashoji.com
【創業・設立】 1962（昭和 37）年 12 月
【資本金】 1,000 万円
【役員】 代表取締役＝野村友良　取締役＝野村和広
【幹部】 技術担当マネージャー＝関口利貞　営業担当マネージャー＝野村和広
【従業員数】 7 名
【製造・販売品目】 ①スタンドアロン測定機：配向性測定機 SST シリーズ（佐々木賞受賞）　地合計 FMT-4　ISO 準拠摩擦試験機 NSF-100　きょう雑物測定機 SpecScan2000　繊維長・形状測定 FQA　光学式平滑度計 OpTiSurf　フェルトの水分・通水度計 PermFlowDUO　フォーミングセクションの濾水測定機 FiberScan　各種ラボコーター　プロファイル自動試験機（PMA、TS Profiler）　ワイヤレス型ロールハードネス測定機 RQP Live　パルプ＆ポリマー用全自動粘度計 RPV-1　紙・板紙の自動試験システム Modular Line　各種物性試験機器　各種パルプ試験機器
②オンライン測定機：ワイヤーパート水分測定装置 FiberScanOnline　プレスパート水分測定装置 SmartScan　オンラインロールハードネス測定機 RQP　オンライン分光光度計 CMTS-7000　オンライン光沢計 GR-4
③工場用設備：作業用無線システム（ローカル 5G）　転がり軸受け損傷状態診断器 SPM　キャリアロープ用テンショナー
④キャリアロープ：製紙機械用キャリアロープ　キャリアロープ用シーブ
⑤ロールニップ測定用アルミニウムフォイルニップ測定器 SigmaNip、AutoNis、Digi Nip2
【販売実績】 国内製紙メーカー、フィルムメーカー、不織布メーカー、コンバーターほか
【沿革】 1962（昭和 37）年の創業以来、一貫して紙パルプ業界向けの試験機器、キャリアロープ、オンライン測定機などの輸出入、国内販売に携わる。

地合計 FMT-4

【企業の特色】 近年、測定機がフィルム・不織布の業界からも注目され、シート状試料の物性試験機器を中心とした専門商社として、関係業界の発展に貢献している。最近では、省力化や省エネに貢献する装置の販売にも注力している。また、商社ではあるが、納入機器のメンテナンス、修理など技術面のフォローにも力を入れている。自社製品として紙・フィルムなどの配向性試験機 SST、紙・不織布などの地合計 FMT、等を販売している。地合計は 2022 年 10 月に新型機 FMT-4 を発表した。
【経営戦略】 紙パルプ試験機器を中心に、国内外の先進的測定機器の紹介に努める。とくに自動化、省力化を図りながら、品質や作業性の向上にも貢献する装置の紹介をテーマとして取り組んでいく方針。また、今まで主力としてきた試験機器以外の分野でも活動の充実を図るために、例えば工場の設備診断や省エネルギー用機器など、新しい分野の製品の取扱いも始めている。

ハイモ 株式会社
HYMO Co., Ltd.

〒100-0005　東京都千代田区丸の内 3-4-1　新国際ビル

TEL 03-6212-3838　FAX 03-6212-3848

ホームページ http://www.hymo.co.jp/index.html

【事業所】　本社：東京　支店：大阪　営業所：札幌、仙台、名古屋、広島、福岡　工場：青森、神奈川、山口、福岡　その他事業所：湘南研究センター、平塚テクノセンター

【創業・設立】　1961（昭和 36）年 4 月 28 日

【資本金】　2 億 8,196 万円

【業績】　売上高：162 億 8,900 万円（2024 年 3 月期）

【決算期】　2024 年 3 月期

【役員】　代表取締役社長＝相曾 淳

【従業員数】　210 名（パートタイマー含む）

【製造・販売品目】　高分子凝集剤の製造販売（廃水処理薬品ハイモロックシリーズ）　製紙用薬剤の製造販売（歩留・濾水性向上剤、紙質改善剤ハイモロック、ハイマックスシリーズ）　土木用薬剤の製造販売　生化学分析用ゲルの製造販売

【主要販売先】　王子製紙、王子マテリア、日本製紙、日本製紙クレシア、三菱製紙、北越コーポレーション、大王製紙、大津板紙、レンゴーほか製紙会社各社

【企業の特色】　1961 年、廃水を浄化する化学薬品の製造、販売を目的として㈱協立有機工業研究所を設立。日本初の合成高分子凝集剤「ハイモロック」を開発。廃水処理薬剤の他、紙パルプ産業の生産性向上、省エネルギーに寄与する薬剤として歩留向上剤、濾水性向上剤を中心に各種機能性高分子薬品を開発、供給。1991 年「ハイモ株式会社」に社名変更。

　現在その技術力は世界的に高く評価され、とくに抄紙工程では、流失原料の低減を目的とした歩留向上剤の高度な使用技術やノウハウなどを提供、顧客の要望に応えている。さらに独自の液状薬品は、白水回収工程および排水処理分野においても作業性の改善に役立っている。

伯　東 株式会社
Hakuto Co., Ltd.

〒160-8910　東京都新宿区新宿 1-1-13

TEL 03-3225-8910　FAX 03-3225-9001

ホームページ http://www.hakuto.co.jp

【事業所】　工場・研究所：四日市　営業所：札幌、仙台、千葉、埼玉、神奈川、富士、中部、大阪、水島、岩国、四国、大分

【創業・設立】　1953（昭和 28）年 11 月 7 日

【資本金】　81 億円（2024 年 3 月末現在）

【決算期】　3 月

【役員】　代表取締役社長執行役員＝宮下環　取締役常務執行役員＝新徳布仁　取締役執行役員＝石下裕吾　取締役執行役員＝海老原憲　取締役執行役員＝松浦努　取締役執行役員＝高橋秀樹　取締役＝高山一郎　社外取締役＝村田朋博　社外取締役＝南川明　社外取締役＝小山茂典　社外取締役（常勤監査等委員）山元文明　社外取締役（監査等委員）岡南啓司　社外取締役（監査等委員）加藤純子　執行役員＝島津昌弘　執行役員＝大塚通史　執行役員＝近藤聡

【従業員数】　単体：680 名（2024 年 3 月末現在）

【担当部署】　ケミカルソリューションカンパニー
TEL 03-3225-8986

【取引金融機関】　三井住友・赤坂　三菱 UFJ・新宿　りそな・赤坂

【業績】　売上高：1,526 億 6,000 万円（2024 年 3 月期）

【製造・販売品目】　KP パルプ洗浄助剤　デポジットコントロール剤　工程洗浄剤　スライムコントロール剤　スケールコントロール剤　ピッチコントロール剤　消泡剤　フィルター脱水剤　歩留濾水向上剤　ヤンキードライヤー剥離剤　緑液・白液沈降　フェルト・ロール洗浄剤

【主要販売先】　国内大手紙パルプメーカー各社

【沿革】　1953（昭和 28）年、資本金 500 万円をもって東京都中央区銀座に伯東㈱を設立、ブラジルから水晶原石の輸入販売を開始。58 年、電子計測機器の輸入販売を開始。61 年、大阪市に大阪事務所（現関西支店）を設置。63 年、工業薬品の製造・国内

販売およびエンジニアリングサービスを目的として、伯東化学㈱を設立。69 年、伯東エンジニアリング㈱を設立。70 年、伯東化学㈱が三重県四日市市に四日市工場および四日市研究所を設置。名古屋市に名古屋出張所（現名古屋支店）を設置。80 年、本社を現在地（東京都新宿区）に移転。86 年、伯東エンジニアリング㈱を吸収合併。91（平成 3）年、伯東化学㈱を吸収合併。95 年、日本証券業協会に株式を店頭登録。98 年、化学事業部が四日市工場および購買部で品質マネジメントシステム規格「ISO9002」の認証を取得。99 年、東証二部に株式上場。芙蓉化学工業㈱の株式 53％（現 100％）を取得。

化学事業部四日市工場が環境マネジメントシステム規格「ISO14001」の認証を取得。本社、関西支店、名古屋支店および伊勢原事業所で同「ISO14001」認証を取得。2000 年、東証一部に株式を指定替え。海外現地法人の社名を「HAKUTO」に統一。01 年、化学事業部・四日市研究所が試験所、分析所などに関する「ISO/IEC ガイド 25」の認定を取得。02 年、化学事業部（各営業所、四日市工場、四日市研究所を含む）が品質マネジメントシステム規格「ISO9002」を「ISO9001」にて更新。05 年、全社で環境マネジメントシステム「ISO14001」の認証を取得。12 年、BASF ジャパンより紙パルプ事業の譲渡を受けた。17 年、マイクロテック㈱を吸収合併。Hakuto America Inc. Detroit Office を開設。18 年、Hakuto Singapore Pte. Ltd. がクアラルンプール事務所を、Hakuto Malaysia Sdn. Bhd. として現地法人化。化粧品原材料、OEM 製品及び自社ブランド製品の開発、販売等を目的として、四日市市に伯東ライフサイエンス㈱を設立。21 年、伯東ライフサイエンス㈱を吸収合併。22 年、東京証券取引所プライム市場区分に移行。

【特色】 当社では製紙工程での汚れの防止を通じて、紙の品質向上に貢献することを命題としている。スライム、ピッチ、スケールなどの汚れに対して個々に対応するのではなく、これらをトータル的にコントロールすることにより効率的なコントロールが可能になってくる。また、マシンの工程においても調成から仕上げまでを一体として、洗浄や連続コントロールを有効に駆使して、最適な汚れのコントロールを提案することができる。

さらに BASF 品等海外技術の導入で、工程の上流から下流までの薬品プログラムをトータルに提案できるようになった。

株式会社 長谷川鉄工所
Hasegawa Machinery Ltd.

〒 416-0909 静岡県富士市松岡 307 番地
TEL 0545-61-2270（代）　FAX 0545-63-5613
ホームページ
https://www.hasegawa-ml.co.jp/index.html
E メール info@hasegawa-ml.co.jp

【創業】 1948（昭和 23）年
【設立】 1960（昭和 35）年 1 月
【資本金】 1,500 万円
【業績】 売上高：8 億円
【役員】 代表取締役社長＝長谷川智基　専務取締役＝長谷川幸輝　取締役＝長谷川志保美　監査役＝長谷川弘信
【営業品目】 サクションロール、シャワー摺動装置、スーパーファイブレーター、ハイエストフィルター、パワーファイター
【従業員数】 25 名
【主要仕入先】 西武ポリマ化成、共和工機、太平洋製鋼、ヤマウチ　ほか
【主要販売先】 日本製紙、王子製紙、コアレックス三栄、興亜工業、高尾丸王製紙、日本フェイウィック、三菱製紙、特種東海製紙、ほか国内外紙パルプ関連会社
【取引銀行】 清水銀行・富士支店　富士宮信用金庫・富士支店　日本政策金融公庫・静岡支店
【沿　革】 1948（昭和 23）年先代社長の長谷川雪雄が静岡県富士郡鷹岡町（現　富士市）において個人創業。50 年富士市松岡 118 番地に移転。60 年資本金 200 万で㈱長谷川鉄工所設立。62 年富士市松岡 307 番地に 13,500m² の敷地を取得し工場を新設移転。63 年資本金を 600 万円に増資。64 年同 1,200 万円に増資。65 年同 1,500 万円に増資。81 年日本フォ

イトと原質設備についてライセンス契約を締結（現在は提携先買収に伴い契約解除）。85年長谷川弘信が代表取締役社長に就任。86年 Bachofen & Meier AG（スイス）とコーターおよびエアドライヤーについてのライセンス契約を締結（現在は提携先買収に伴い契約解除）。86年 Hunt & Moscrop Ltd.（英国）とスイミングロールについて技術提携契約を締結（現在は提携先買収に伴い契約解除）。

2001（平成13）年電動工具（パワーファイター）製造および販売を長谷川商工から長谷川鉄工所に移管。04年ホームページ開設。05年生産管理システムを一新。08年創立記念行事の一環として富士市役所および富士宮市役所に AED を寄贈。14年長谷川弘信が代表取締役会長に就任し、長谷川智基が代表取締役社長に就任。2020（令和2）年サクションロール（シェルのみを含む）累計生産本数が1,700本を突破。

【特色】　同社は永年にわたり、製紙用機械およびロール・周辺機器を製作してきた。主力製品となっているサクションロールでは、長年培われたノウハウ、加工方法の研究等をベースにさらに高性能・高精度を実現している。現在、生産本数では日本のトップクラスに位置するとともに、その生産量の55％を世界13カ国に輸出するなど、国内外で高い評価と信頼を得ている。

ハリマ化成グループ 株式会社
Harima Chemicals Group, Inc.

大阪本社　〒541-0042　大阪市中央区今橋4-4-7
TEL 06-6201-2461　FAX 06-6227-1030
ホームページ www.harima.co.jp
【創立】　1947年11月18日
【代表者】　代表取締役社長　長谷川吉弘
【資本金】　100億円
【売上高】　（連結）923億円（2024年3月31日現在）
【決算期】　3月末
【従業員数】　（連結）1,734名（2024年3月31日現在）
【主要事業所】
本社：東京本社、大阪本社
研究所：中央研究所、筑波研究所

営業所：仙台営業所、富士営業所
工場：加古川製造所、仙台工場、茨城工場、東京工場、富士工場、四国工場
【担当部署】　製紙用薬品事業カンパニー
【生産・販売品目】　製紙用薬品（サイズ剤、紙力増強剤、塗工剤、バリアコート剤、工程改善薬剤、ピッチコントロール剤）、樹脂・化成品、電子材料など
【主要販売先】　製紙メーカー各社
【関係会社】　ハリマエムアイディ株式会社、ハリマ化成商事株式会社、株式会社日本フィラーメタルズ、株式会社セブンリバー、ハリマ食品株式会社
【沿革】　1947年11月：播磨化成工業株式会社として創業（現 兵庫県加古川市）。1952年1月：トール油の試験生産を開始。1958年10月：国内初のトール油精留プラントが完成。1972年1月：播磨エムアイディ株式会社（現 ハリマエムアイディ株式会社）を設立。1973年8月：世界初の完全クローズドシステムのトール油精留プラントが完成。1980年2月：Harima USA, Inc. を設立。1983年3月：松籟（しょうらい）科学技術振興財団を設立。1985年11月：大阪証券取引所市場第二部へ上場。1989年3月：東京証券取引所市場第二部へ上場。1990年3月：米国のプラズミン・テクノロジー社（Plasmine Technology）に資本参加。4月：ハリマ化成株式会社に社名変更。9月：東京証券取引所、大阪証券取引所市場第一部へ指定替え。1996年4月：米国のプラズミン・テクノロジー社（Plasmine Technology）に100％出資、完全子会社化。1997年11月：創立50周年。1999年5月：杭州杭化播磨造紙化学品有限公司（現 杭化哈利瑪化工有限公司）が操業（中国）。6月：ISO9001全社取得。2000年6月：ISO14001取得（加古川製造所）。2002年4月：ISO14001取得（富士工場）。8月：電子材料製造設備が完成（加古川製造所）。2003年9月：Harimatec Inc. を設立（米国）。12月：杭州播磨電材技術有限公司（現 杭州哈利瑪電材技術有限公司）が操業（中国）。12月：Harimatec Malaysia Sdn. Bhd. を設立。2004年6月：

ISO14001取得（東京工場）。2005年3月：トール油精留後の副生物を燃料としたバイオマス発電設備（出力4,000kW）が稼働（加古川製造所）。2006年6月：ISO14001取得（茨城工場）。2007年2月：Harimatec Czech, s.r.o.を設立（チェコ）。3月：南寧哈利瑪化工有限公司（現LAWTER南寧）が操業（中国）。2008年12月：ジョージアパシフィック ケミカル社（Georgia-Pacific Chemicals）のロジンサイズ剤事業を、米国子会社プラズミン・テクノロジー社（Plasmine Technology）が譲受け。2009年10月：株式会社日本フィラーメタルズを子会社化。2011年1月：米国化学会社モメンティブ社（Momentive Specialty Chemicals）のロジン関連事業を取得し、ローター社として運営。2月：東莞市杭化哈利瑪造紙化学品有限公司が操業（中国）。2012年6月：哈利瑪化成管理（上海）有限公司を設立。10月：ハリマ化成グループ株式会社（持株会社）に社名変更し、新たに設立したハリマ化成株式会社が事業を継承。2014年6月：ローター社（LAWTER）がスウェーデンにおけるトールロジン生産事業へ出資。11月：ナノ粒子工場が完成（加古川製造所）。12月：高砂伊保太陽光発電所が竣工（兵庫県高砂市）。2015年12月：ローター社（LAWTER）が出資したスウェーデンのサンパイン社（SunPine）のトールロジン生産設備の試運転を開始。2016年6月：スウェーデンのサンパイン社（SunPine）のトールロジン生産設備が本格稼働し、年間2万トンのトールロジン生産体制へ。2018年11月：スウェーデンのサンパイン社（SunPine）の株式を追加取得。12月：山東杭化哈利瑪化工有限公司が操業(中国)。2020年3月：ローター社（LAWTER）へ高砂香料工業株式会社が資本参加。2022年1月：HARIMA UK LTD.を設立（英国）。6月：独のHenkel社のはんだ材料事業を買収。2023年1月：ハリマ食品株式会社を子会社化。3月：水足狩ヶ池太陽光発電所が竣工（兵庫県加古川市）。4月：ミルセンプラントが完成（加古川製造所）。2024年4月：杭州杭化哈利瑪化工有限公司を完全子会社化。

【特徴】 ハリマ化成グループは、松から得られるロジン（松やに）、脂肪酸、テレピン油などを使って化学素材をつくる化学メーカーです。

私たちの製品は、印刷インキ用樹脂や、塗料用樹脂、粘接着剤用樹脂、合成ゴム用乳化剤、製紙用薬品、電子機器に使われる接合剤（はんだ）、香料原料などとして幅広い分野で使用されています。それらは、新聞、本、カタログなどの印刷物、建造物、自動車などに使われる塗料、接着剤、包装用テープなどの粘接着剤、自動車タイヤなどの合成ゴム、ノート、本、段ボールなどの紙製品、コンピュータや携帯電話といった電子機器、かおりをもたらす香粧品など、生活に欠かせない製品に姿を変え、人々のくらしに役立っています。

そして今、私たちは世界10か国に製造拠点を有し事業を展開。お客さまのニーズに、グローバルにこたえています。

バルメット 株式会社
Valmet K.K.

【本社】 〒140-0002　東京都品川区東品川2-5-8 天王洲パークサイドビル4F

TEL 03-6744-3001㈹　FAX 03-6744-3039

ホームページ http://www.valmet.com/jp

【事業所】 岡山事業所：〒700-0826　岡山市北区磨屋町3-10 岡山ニューシティビル

TEL 086-212-3250　FAX 086-212-3255

北海道事務所：〒061-1374 北海道恵庭市恵み野北3-1-1 恵庭RBパークセンタービルS204号

TEL 0123-29-4490　FAX 0123-29-3632

富士事業所：〒416-0931 静岡県富士市蓼原831-10（ティシューコンバーティング事業部）

TEL 0545-64-9501　FAX 0545-62-5902

【設立】 2003（平成15）年9月18日

【資本金】 2億4,000万円

【決算期】 12月

【業績】 69.4億円（2023年12月期）

【役員】 代表取締役社長＝山下宏　取締役＝鈴木節夫、齊藤信、ペトリ・パウクネン、シルヴァナ・エレノ、ウィッティチャイ・チョンチャーロンンロート　監査役＝ヴァシリアス・ザーヴァス

【従業員数】　85 名

【取引銀行】　シティバンク エヌ・エイ

【主要仕入先】　バルメットテクノロジーズ Inc（フィンランド）、バルメット AB（スウェーデン）

【事業内容】　パルプ設備、製紙機械設備、エネルギー設備、バイオテクノロジー設備に加え、アナライザー、濃度計および工場全体のプロセス制御に至るまで、幅広いソリューションの提供

【主要販売品目】　製紙機械：あらゆる紙種に対応できる。オプティコンセプト（OptiConcept、業界最先端の技術並びにノウハウを集約したコンセプト）、バル製品群（Val- Products、既設設備にも適用できるプロセス改善対応）など。機械パルプ・原料調成・古紙処理プラント：CTMP プラントおよび PGW プラント、原料ライン、アプローチシステム、ブロークラインおよび白水処理システム、DIP および OCC 用古紙処理プラント KP プラント：原木の受け入れから、COMPACT COOKING 連続蒸解システムを含むトータルファイバーライン、そしてパルプドライヤまでのすべてのプロセス、環境負荷のほとんど無い高品質パルプの製造プロセス　制御機械（パルプ製造・製紙機械の制御を正確に行うための製品群）：プロセス最適化システム APC、白色度計 CORMEC5、残塩素計 POLAROX5、カッパ価計 KAPPA Q、リカバリーアナライザー Alkali R、リテンション計 RM3、チャージ計 WEM、フリーネス・ファイバー分析計 MAP、全自動紙試験機 PaperLab、パルプ分析計 FS5、全自動パルプ試験システム Pulp Expert、腐食削減アナライザー Corrosion、チップバーク水分分析計 CBA、移動式含水率分析計 MR Moisture、パルプ濃度計 SP、マイクロ波式濃度計 MCA、回転式濃度計 ROTARY、光学式濃度計 OC、2 光源式分離液濃度計 LS、マイクロ波式汚泥濃度／含水率計 TS、ペーパー IQ セレクト IQ System、欠点検出／断紙モニター PQV、

【企業の特色】　フィンランド、バルメットグループの日本現地法人。親会社のバルメット本社と同様、パルプ・エネルギー部門、ペーパーマシン部門、オートメーションサービス部門をカバーしている。

日本では 1970 年代に住友重機械工業とバルメットの間で技術提携したことから、オペレーションがスタート。その後、グローバルな M ＆ A を経て日本でもスンズ ディファイブレーター、アーカークヴァナのパルプ＆パワー部門の買収を経てメッツォペーパージャパン㈱が誕生、三菱重工業・製紙機械部門の技術を譲り受け、多くの製品群を扱う。

　2013 年末、メッツォコーポレーションから製紙部門が分社化してバルメット㈱となり、2017 年 4 月 1 日付でバルメットオートメーションと合併。また 2022 年 4 月 1 日にバルメットがネレスを統合したことにより、2023 年 6 月 1 日付でネレスジャパンと合併し、様々な産業向けにフローコントロールを網羅する総合的な製品およびサービスを提供するようになり、新生バルメット株式会社としてスタートし、現在に至る。

富国工業 株式会社
Fukoku Kougyo Co., Ltd.

〒 125-0061　東京都葛飾区亀有 3-17-3

TEL 03-5650-1261　　FAX 03-5650-1265

ホームページ http://www.fkc-net.co.jp

E メール info@fkc-net.co.jp

【事業所】　石巻工場：〒 987-1221 宮城県石巻市須江字畳石前 1-12　TEL 0225-25-4811　FAX 0225-25-4812　大阪営業所：〒 532-0021　大阪市淀川区田川北 2-2-13　TEL 06-6301-4626　FAX 06-6300-1407　釧路工場：〒 084-0913　北海道釧路市星が浦 3-3-24　TEL 0154-68-5763　FAX 0154-68-5783

【設立】　1959（昭和 34）年 5 月 11 日

【資本金】　1 億円

【決算期】　4 月

【役員】　代表取締役社長＝尾河公伯　専務取締役＝佐々木 信　取締役＝阿部英樹　取締役＝半田宏治　監査役＝梅村幸生

【従業員数】　計 97 名

【関連会社】　FKC Co., Ltd.：2708 West 18Street, Port Angels, WA, 98363, U.S.A.

【製造・販売品目】　スクリュープレス（各種パルプ、

リジェクト、汚泥脱水用） ロータリー・スクリーン・シックナー（パルプ、汚泥濃縮用） 凝集剤自動溶解装置 上記付帯設備

【販売実績】 スクリュープレス：1,100台（製紙関連、国内・海外） ロータリー・スクリーン・シックナー：300台（同）

【主要販売先】 王子製紙グループ 日本製紙グループ 三菱製紙 大王製紙 中越パルプ工業 レンゴー 丸住製紙 その他国内・海外多数

【沿革】 1959（昭和34）年5月東京都台東区にスクリュープレスメーカーとして設立。水産関係のすり身製造工程用スクリュープレス、リファイナー、ロータリースクリーンなどの開発に成功し、90％以上の高いマーケットシェアを獲得、業績を伸ばす。スクリュープレスは同一スクリューの形状では多種多様の脱水原料に対応することは不可能なことから、製紙業界の要望に応えて汚泥およびパルプ脱水用スクリュープレスの開発に着手し、製紙業界に適したスクリュー形状の開発に成功、各社に納入を開始。国内での高い評価をもとに83年には米国製紙業界に実機を納入、88年には営業、アフターサービスを目的にシアトル近郊に100％子会社・FKC Co., Ltd. を設立する。その後、年々増加する各工場の汚泥発生量に対応すべく、プレスの大型化および初代前段濃縮用ロータリースクリーンを開発し、1機当たりの処理量を飛躍的に発展させた。

91（平成3）年にはヨーロッパに実機を納入し、順次東南アジア、オーストラリアなど海外に輸出を拡大。近年は中国への輸出も増加しており、海外でも高い評価を得ている。92年、第2世代型ロータリースクリーンを開発し、処理量・出口濃度のアップおよび凝集剤添加量の減少が可能な"HC（High Capacity, High Consistency）型"の販売を開始した。2002年、汚泥濃縮のみならずパルプの濃縮・洗浄を可能にした第3世代型ロータリースクリーンの販売を開始。06年、増大する古紙パルプ製造ラインでの処理量に対応するため、世界最大級のスクリュープレス、1500型を開発し販売を開始，すでに中国市場において納入稼動させてい

る。また10年には1650型も製造、納入・稼動している。スクリュープレスについては、製紙業界だけでも全世界で1,200台、他業界も含めると約6,000台の納入実績があり、スクリュープレスメーカーとして世界的に高い評価を得ている。

【企業の特色】 スクリュープレス専門メーカーとして更なる特殊スクリュー形状の開発にあたっており、今後は古紙パルプ製造ラインにおいて、1台1,000tの処理能力を目標に技術開発を行っている。ロータリースクリーンについては、大幅な処理能力アップを目標に第4世代型を開発中。生産設備に関してはユニット化の装置や大型化する機器生産に合わせて石巻市内に新工場を建設、20年10月より本格操業を開始した。

フジ産業 株式会社
Fuji Sangyo Co., Ltd.

東京本社 〒104-0031 東京都中央区京橋2-12-9
TEL 03-6263-0841 FAX 03-6263-0842

【事業所】 大阪本社：〒530-0047 大阪市北区西天満5-14-7 TEL 06-6315-1512 FAX 06-6315-1207

【創業】 1985（昭和60）年9月

【設立】 1985（昭和60）年9月

【資本金】 4,500万円

【役員】 代表取締役社長＝川上 脩

【販売品目】 紙・パルプ用化学薬品 接着剤 漂白剤 合成樹脂 精密機器 スライムコントロール剤 防腐剤 輸入化学品

【主要販売先】 王子製紙 北越コーポレーション 中越パルプ工業 フジコーほか各製紙会社

保土谷化学工業 株式会社
Hodogaya Chemical Co., Ltd.

〒105-0021 東京都港区東新橋1-9-2 汐留住友ビル
TEL 03-6852-0300 FAX 03-6274-5813
ホームページ https://www.hodogaya.co.jp/

【事業所】 大阪支店 郡山工場 横浜工場 南陽工場 南陽分工場
筑波研究所 台北事務所

【創業】 1916（大正5）年12月11日

【資本金】 111億96百万円

【役員】 代表取締役社長＝松本祐人

【製造・販売目目】 過酸化水素 過炭酸ナトリウム（衣料の漂白剤）
オキシペール（過酢酸） ハイエッチャント（銅の溶解剤）
ハイブライト（銅および銅合金の表面処理剤） 過酸化カルシウム

【特色】 福島県郡山市にある過酸化水素製造工場では、過酸化水素のほかに幾多の過酸化水素誘導品や関連商品が研究スタッフによって生み出されており、過酸化水素とともに関連業界や一般の需要家に供給され、さまざまな形で内外の産業や社会に寄与している。

株式会社 堀河製作所
Horikawa Enginieering Works Ltd.

〒347-0014 埼玉県加須市川口4-3-8（川口工業団地内）

TEL 0480-66-1371㈹ FAX 0480-66-1376

【創業】 1959（昭和34）年6月10日

【創立】 1971（昭和46）年8月4日

【従業員数】 64名

【資本金】 2,000万円

【決算期】 12月

【役員】 代表取締役社長＝山内健次

【製造・販売目目】
ロール：抄紙機、塗工機、加工機、印刷機、製鉄用各種ロールの設計・製作・修理 各種ロール表面ゴム・メッキ・セラミック・テフロン・ステンレス及びダイナミックバランス調整（28t）
脱水機器：抄紙機用脱水機器の企画および設計製作 ワイヤーパート、プレスパート用各種セラミック製フォイル機器の設計製作および修理 同上診断および出張修理 ハイブリッド型傾斜ワイヤーマシン、二層ヘッドボックス、ラジアルフロート型ストック分配システム（イタリア・パマ社）
装置：ワイヤー、毛布、カンバス、洗浄装置の設計製作 プレスパート、スチームプロファイラーの設計製作（水分制御装置） キャレンダーロール

用薬品散布装置の設計製作 ドライヤー紙切装置の設計製作 ドライパート、ドライヤーフード・エアシステム・ＰＶダクト（カナダ・エナクイーン社） ワインダー自動化改造の設計製作（紙管供給、両面テープ、仕上テープ貼り） シートカッター・エンボスマシン・他 加工機器（イタリア・ミルテックス社） ソフトタッチアンワインダー・リワインダー（イタリア・テクノペーパー社） 平板、差取紙用自動印字装置（インクジェット） 平板、差取紙搬送装置の設計製作（ローラ、スラットコンベア） テスト抄紙機設計製作 水封式真空ポンプ・コンプレッサー（ドイツ・ガードナーデンバー ナッシュ社） その他、各パートの改造等の設計製作
部品：キャリフシーブ溝部セラミックコーティング加工 各種セラミックコーティング加工 セントリーナー用セラミック製コーン、ノズルの製作 ドライヤーキャリアシーブアタッチメント
その他：各種製缶および機械加工の製作 各種機械加工および組立 その他、各種機器設計製作

【主要販売先】 愛媛製紙 王子ホールディングス 興亜工業 大王製紙 中越パルプ工業 特種東海製紙 日本製紙 日本バイリーン 北越コーポレーション 丸住製紙 三菱製紙 レンゴー IHIフォイトペーパーテクノロジー 小林製作所 バルメット ほか各社多数

【沿革】 1959（昭和34）年に製紙機械ロールの専門メーカーとして発足し、抄紙機用特殊軽量ロールなどの開発と独自の加工技術を確立した。71年8月に埼玉県蕨市に積年の技術を継承し、新たに堀河製作所として、製紙用を中心とする各種高速精密ロールとワイヤーパートなどの脱水機器の設計製作を目的として営業活動を開始した。97（平成9）年1月、現在地に新工場が完成、し全面移転。85年5月に"セラサート"、07年5月に"スペクトラフォイルセンサー"がそれぞれ紙パルプ技術協会から『佐々木賞』を受賞。

【企業の特色】 永年の努力の結果、大型ロールを始め各種の高速精密ロールの設計製作をする専門メーカーとなった。また、約40年前からセラミッ

クを使用した脱水機器（フォイル）普及にも努力するとともに、セラミックの曲面・平面研磨加工や組立に独自の技術で取り組み、多くの工業所有権を取得している。

近年では自動計測装置の周辺装置類を独自の技術で開発し、各社に採用されている。当社は豊富な経験と実績により、独自のテクノロジーを着実に積み重ねてきた。

【経営戦略】　時代の変化、産業界のご要望に合った、先進の技術と最新鋭の設備で、品質の高度化、信頼性のある製品づくりに傾注し、常にユーザーとともに最新技術に挑戦していきたい。

株式会社 マツボー
Matsubo Corporation

〒 105-0013　東京都港区浜松町 1-30-5

TEL 03-5472-1711　FAX 03-5472-1710

ホームページ https://www.matsubo.co.jp

E メール s-24@kobelco-matsubo.co.jp

欧州事務所：TEL +49 211358001・358002　FAX 211-356236

【創業】　1949 年 4 月

【設立】　2007 年 9 月

【資本金】　4 億 6,579 万 4,310 円

【決算期】　3 月

【役員】　代表取締役社長＝築山 真

【担当部署】　産機三部第二グループ

【製造・販売品目】　ガス赤外線ドライヤー、電気赤外線ドライヤー（Solaronics 社）　エアターン、エアフロートドライヤー（Spooner 社）　コーティングカラーキッチン（Cellier 社）　接触角計、印刷シミュレーションテスターほか（IP/Fibro 社）　ISO 白色度、シート残インク濃度測定、紙自動物性試験機（IP/Technidyne 社）　表面平滑度測定機（IP 社）　動的濾水度計、パルプ分析器（PulpEye 社）　シートカッター、平判包装機（Pasaban 社）、塗工機（UMV コーティング社）、トイレットロールワインダー（Futura 社）

【販売実績】　ガス赤外線ドライヤー：国内 21 台、電気赤外線ドライヤー：国内 53 台　エアターン：国内 48 台、HPC ドライヤー：国内 4 台、コーティングカラー用混合機、顔料分散機：国内 100 台、各種試験器類：国内 500 台以上、シートカッター：国内 8 台

【企業の特色】　各種産業機械・設備の輸出入・国内販売、真空機器、情報機器およびその他の製造、計測機器の輸出入・国内販売、工業材料・化成品の輸出入・国内販売、これらに関連するエンジニアリング業務請負

【企業戦略】　国内ユーザーの高い要求を満足する技術的に優れた海外製品を開発、紹介行う。例として省エネ・省スペースを実現する乾燥装置、高機能シートカッター、家庭紙にも対応可能な断紙モニター・欠陥検出器、斬新なアイデアの試験機類など。近年、家庭紙製造向け機器の拡販と製紙関連機器の輸出などに取り組んでいる。

株式会社 丸石製作所
Maruishi Co.,Ltd.

〒 416-0909　静岡県富士市松岡 267-1

TEL 0545-61-1200　FAX 0545-63-2648

ホームページ http://www.maruishi.com

E メール sales@maruishi.com

【事業所】　工場：本社に同じ

【海外現地法人】　MARUISHI EUROPE AG：Postfach 8058 Zürich 58 Flughafen Zurich-Airport, Switzerland

TEL +41-43-833-62-22

【創業】　1943（昭和 18）年 3 月

【設立】　1961（昭和 36）年 3 月

【資本金】　2,000 万円

【役員】　代表取締役社長＝石川 眞　常務取締役＝内山博文　取締役（営業部部長）＝榊原正行　取締役（技術部部長）＝白金康彦　取締役（総務経理部部長）＝押方清次郎

【技術提携先】　アンドリッツ社（オーストリア）：パルプ抄取マシン　コアーリンク社（スイス／スウェーデン）：コアーカッター　コアー残紙除去装置　損紙ロールカッター　フィルム包装機　ファンクションコントロール社（オランダ）：シートカウンター／マーカー　ルラフレックス社（ドイツ）：エキスパンダーロール

【代理店】　クリムコ社（フィンランド）：コアーチャック　GKC 社（ドイツ）：平判紙長さ、幅、角度測定器

【製造・販売品目】　①原料設備：TWP パルプ抄取マシン・パルプカッター、パルプベーリングマシン

②仕上設備：ロール自動倉庫（バキューム／メカ式）、フルシンクロ大判カッター、平判包装機、スキッド包装機（ストレッチ、シュリンク 能力:80 包、120 包 / 時）、ロール包装機（クラフト全幅、クラ

大判高速カッター 350m/分、サッピ社向け3台

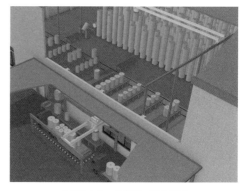
全自動トラック搬送・製品倉庫

クラフトロール包装機

平判自動包装機、納入202台

フトスパイラル、フィルムスパイラル式)、損紙ロールスプリッター、コアーカッター、ロール包装紙自動開梱機、トラック自動搬入/搬出装置、ロール自動搬送装置（能力：50-150本/時、ワインダー以降の全プラント）。

【沿革】 1943（昭和18）年、石川鉄工所を創立。61年に法人化し、㈱丸石製作所と社名変更。創業70余年の製紙関連機械メーカーとして一貫して機器の開発、設計・製作、アフターサービスの充実に努めている。

86年には平判自動包装機が佐々木賞と静岡県優秀発明考案者表彰県知事賞をダブル受賞するなど、各界から高く評価された。

【企業の特色】 海外との技術提携に積極的で、最初の提携契約は1970年にオーストリアのアンドリッツ社と締結、以来今日まで47年間にわたり継続している。

各機械の販売に際しては、国内はもとより中国、韓国、インドネシア、タイ、インドなどアジアの市場を積極的に開拓してきた。海外の販売拠点は中国、インド、ドイツ、スイスに現地スタッフを採用している。

【近年の納入実績】 2018年、サッピ社ベルギー工場へ3台の丸石高速カッター。幅2.2m、全自動サイズ替え、フルスピードパイラー、両面アート日産660t。2024年、新開発の完全電動式クラフトロール包装機（油圧機構ゼロ）、能力150本/時、2台納入。内/外当てラベルはロボットフィード。2025年、インド ナイニ社の日産400tラインへ、ワインダー以降のロールハンドリング一式、ロール包装機、平判包装機。2025年、全自動ロール中間倉庫（16.2m多段積み）、貯蔵量75,000t、幅30×180m 2棟、4台のクレーン/バキュームリフターを納入予定。

株式会社 丸十鉄工所
Maruju-ironworks.Co., Ltd.

本社　〒421-3306　静岡県富士市中之郷301
TEL 0545-81-1260　FAX 0545-81-3529
ホームページ http://maruju-iw.co.jp
Eメール kikai@maruju-iw.co.jp

【設立】　1909（明治42）年2月11日
【資本金】　1,000万円
【決算期】　12月
【役員】　会長＝斉藤純代　代表取締役社長＝斉藤淳芳　常務取締役＝水谷展代
【従業員数】　19名
【業種】　製紙機械・各種一般機械の設計・製作・組立・据付・修理・メンテナンス
【主要設備】　旋盤6M・3M、1.5M6台、NC旋盤1台、NCフライス・フライス盤2台、マシニングセンター1台、ボーリングマシン1台、研磨盤1台、ラジアルボール盤2台、スピル溝研削盤1台、プレス・シャーリング・ベンダー等製缶設備1式
【主要仕入先】　堀池ステンレス、エヌ・ビー中根屋、近藤鋼材、オグマ商会
【主要販売先】　王子キノクロス、王子エフテックス、王子パッケージング、日本製紙クレシア、日本電極、花王、横浜ゴム、ダイオーエンジニアリング、チモトコーヒー、山梨罐詰
【取引金融機関】　静岡銀行・富士川支店、商工中金・静岡支店、清水銀行・富士川支店
【企業の特色】　創業以来、製紙機械を中心に営業を展開。新規製作のみならず機械部品加工や修繕も行っている。

　機械の急なトラブルに対応「マルジュウ・マシン・ドクター」：応急処置を含め、トラブルを解消し生産を再開できる。機械を診断し不具合を治す「マルジュウ・マシン・ドクター」は、急なトラブルの対応や、その後の対応などをサポート。機械の問診・診断まで無料で行う。

　小さな改良で使い易さと安全性を向上「ちょこっとカスタマイズ」：日々の操業で感じる「ちょっと使いづらい」「ここが危ないな」といった不便・不満を解決。創業100年超の技術やノウハウを駆使して機械に手すり・足場・カバーなど付帯設備を改良し、使いやすく安全にするサポート。

　「マシン再生サポート」：設備全体を買い替えるのではなく、お客様の要望に応じて必要な箇所を修理・交換するだけで、現在の設備を現役でご使用いただけるようにするサービス。

本社・工場

三菱ガス化学 株式会社
Mitsubishi Gas Chemical Company, Inc.

〒100-8324　東京都千代田区丸の内2-5-2　三菱ビル　TEL 03-3283-5000㈹　FAX 03-3287-0833
ホームページ https://www.mgc.co.jp
【事業所】　担当部署：機能化学品事業部門無機化学品事業部
TEL 03-3283-4755　FAX 03-3287-2643
工場：四日市　鹿島　佐賀　山北　支店：大阪
海外拠点：米国　ドイツ　タイ　シンガポール　上海
【創業】　1918（大正7）年1月
【設立】　1951（昭和26）年4月
【資本金】　419.7億円
【決算期】　9月（中間）・3月
【役員】　会長＝倉井敏磨　社長＝藤井政志　取締役常務執行役員（機能化学品事業部門担当）＝山口良三
【担当部署】　無機化学品事業部
【従業員数】　2,186名（2024年3月末現在）
【関係会社】　共同過酸化水素　新酸素化学　ほか
【製造・取扱品目】　過酸化水素　ハイドロサルファイト　ほか化学工業薬品

【主要販売先】　紙パルプメーカー各社　繊維業各社　化学工業各社　電子工業各社

明産 株式会社
Maysun Co.,Ltd.

NCスリッターBC-5　主要部

本社　〒416-0946　静岡県富士市五貫島 966-2
TEL 0545-63-9510（代表）　FAX 0545-61-8979
ホームページ https://www.maysun-eng.co.jp
Eメール info@maysun-eng.co.jp
【業種】　仕上機械、制御機器製作
【創立】　1967（昭和42）年3月
【資本金】　2,400万円
【年商高】　約22億円
【決算期】　3月
【従業員数】　44名（2024年3月末現在）
【役員】　代表取締役社長＝田原義博　常務取締役＝鈴木和章、加藤茂樹　取締役＝増田浩一、堀一志、井口敏彦、浜崎雅章　顧問＝市川茂
【営業品目】　NCスリッター、クリーンスリッター、スリッティングマシン、ダスト捕集装置、非接触式厚さ計、テンションコントローラー、およびアンリールスタンド、その他省力化機器
【主要仕入先】　厚見鉄工、三明、淀川芙蓉
【主要納入先】　旭化成、王子製紙、王子マテリア、国立印刷局、住友重機械工業、大王製紙、大日本印刷、中越パルプ工業、日本製紙、日東電工、パナソニック、北越コーポレーション、三菱製紙、レンゴー、ほか
【沿革】　1967（昭和42）年3月会社設立。資本金100万円。72年3月NCスリッター、NCカッターコントローラーの製造と販売を開始。73年11月商工中金より新技術開発資金融資決定（全国第1号）、75年11月現在地に工場新設。77年紙パルプ技術協会第5回佐々木賞受賞。79年資本金1,200万円に増資、83年4月新社屋完成。85（昭和60）年第25回静岡県優秀発明賞受賞、静岡県紙及びパルプ技術協会から発明考案で表彰。86（昭和61）年静岡県から中小企業技術研究開発補助金が交付される。

1989（平成元）年非接触厚さ計測システムを開発、93年静岡県科学技術振興財団から科学技術功労理事長賞受賞。99年非接触ウェブ厚さ計が（財）日本発明振興協会・日刊工業新聞社共催第24回発明大賞千葉発明功労賞を受賞。2001（平成13）年8月中小企業創造活動促進法に基づき静岡県から認定を受ける。02年3月資本金2,400万円に増資。03年4月㈱ゴードーキコーと業務提携を締結。05年静岡県から地域活性化創造技術研究開発補助金を交付。07年3月第2工場竣工。16年5月設立50周年。

23（令和5）年3月、本社・工場を新築、現住所へ移転。

【特色】　製紙業界を母体に創業して以来、常に顧客である製紙業界各社の視点に立ち、真に顧客の求める技術開発を続けてきた。業界へのNC導入の先駆者として技術力を高く評価されている。また培った技術を集大成したスリッターや厚さ計を開発、光学フィルム、フレキシブル基板、電池極材など電気・電子分野でも豊富な実績をもつ。

明成化学工業 株式会社
Meisei Chemical Works, Ltd.

〒615-8666　京都市右京区西京極中沢町1番地
TEL 075-312-8101　FAX 075-314-1150
ホームページ
http://www.meisei-chem.co.jp/index.html
【事業所】　工場：本社、津　営業所：本社、東京、北陸　上海事務所、バンコク事務所
【創業】　1940（昭和15）年12月

【設立】 1948（昭和23）年3月16日

【資本金】 8,000万円

【役員】 代表取締役社長＝貴志宏史　取締役＝川上一裕　監査役＝中野雄介

【従業員数】 236名

【関連会社】 紹興明成精細助剤有限公司（中国浙江省紹興市）

【製造・販売品目】 製紙用薬品（消泡剤＝フォームレス、抄紙用粘剤＝アルコックス、耐油剤＝アサヒガード、ドライヤー剥離剤＝メイカテックス・シンループ、ドライヤータッチ剤＝パルセット、耐水・撥水剤＝ペトロックス・パラジット、外添ドライヤークリーナー＝シンループ、柔軟剤・密度低下剤＝メイカソフター、蒸解浸透剤＝メイサノール、IJ用バインダー＝パスコール、IJ用定着剤＝パルセット、フェルト・ワイヤー洗浄剤＝メイセリン・メイカサーフ）、繊維工業用薬品、染料・顔料、一般化学工業薬品、医薬品中間物、医薬部外品、化粧品原料

【主要販売先】 王子ホールディングス、日本製紙、東洋紡績、明成商会、三菱商事、伊藤忠商事、オージー、旭化成、東洋紡、三井化学、AGC　ほか

【沿革】 1940年12月（昭和15）創業者の貴志久太郎氏が京都市下京区西七条比輪田町54番地において明成化学工業所を創設、鉱物カーキ染色用「塩化クローム」、タンニン質セリシン定着用「ガロシン」などの製造を始める。48年3月 明成化学工業㈱（資本金150万円）に改組、明成化学工業所の業務を継承。繊維工業用薬品の非イオン系活性剤、アニオン、カチオン系活性剤、続いて樹脂加工材、染料等相次いで各種製品を上市。49年5月 業績発展に伴い京都市右京区西京極中沢町1番地に大門工場を新設、生産と研究部門を同工場に移転。51年1月 資本金500万円に増資。52年5月 合成繊維用染料分散剤ディスパーTLの工業化に成功し上市。53年2月 資本金1,000万円に増資し生産設備の近代化を図る。54年3月 貿易課を新設。57年10月 合成繊維染色に最も画期的なテリールダイアゾ染料の製造に成功し上市。58年1月 本社を大門工場に移し生産販売管理の統合合理化を図る。同年7月 家庭用非イオン系中性洗剤「ハイソープ」を新発売。59年8月 超高分子水溶性樹脂「アルコックス」の工業化に着手。

60年12月 総合研究所を新設。61年6月 テリールダイアゾ染料を住友化学工業株式会社と業務提携し、スミカロンダイアゾ染料として同社より販売。同年9月「アルコックス」の量産体制整う。64年8月 米国タナテックスケミカル社と技術交換を開始。同年9月 合成繊維の一浴アゾイック染法を発明しセラゾゲンカラーの製造販売を開始。65年3月 和紙抄造用合成粘剤「アルコックスSR」の製造販売を開始。同年10月 厚生会館を新設。69年3月 仏国セピック社へ技術輸出を開始。71年4月 18工場を新設。

79年1月 20工場を新設。88（昭和63）年12月 津市出雲伊倉津町1358番地の1に津工場を新設。94（平成6）年9月 資本金2,000万円に増資。95年12月 資本金8,000万円に増資。97年5月 津工場第2工場完成。99年9月 津工場第1工場第二期増設工事完成。

2000（平成12）年12月 ISO9002を認証取得。05年3月 新総合研究所完成。06年1月 本社においてISO14001を認証取得。同年2月 津工場第3工場を新設。同年5月 津工場第1工場第三期増設工事完成。同年12月 本社及営業所においてISO9001を認証取得。07年8月 事務所棟を新設。08年2月 OHSAS18001認証取得。同年11月 紹興明成精細剤有限公司を新設。09年9月 三洋化成工業㈱より繊維加工剤事業を譲受。

14年12月 Bluesignシステムパートナー取得。

15年3月 津第4工場工事完成。

18年11月 津工場新事務所棟完成。

【企業の特色】 繊維用染色加工剤の工業化から始まった当社は、60余年の間、繊維工業界のみならず製紙工業、洗剤工業、プラスチック工業界に蓄積した技術と感性を生かし貢献してきた。近年独自に開発した「アルコックス」は、人体に対して安全性がきわめて高い多機能水溶性プラスチックとして、農林・水産分野や環境関係分野など多方面にも大変好評を得ている。

株式会社 メンテック
Maintech Co.,Ltd.

〒 100-0005　東京都千代田区丸の内 1-6-5　丸の内
北口ビルディング 2 階

TEL 03-5220-4710　FAX 03-5220-4810

ホームページ https://www.maintech.co.jp

【事業所】富士技術開発センター：〒 417-0001
静岡県富士市今泉 511-1　TEL 0545-51-8941

明答克商貿（上海）有限公司：中国上海長寧区仙
霞路 319 号 遠東国際広場 A 棟 1111 号

TEL +86-21-62709701

Maintech Europe GmbH：Theodorstrasse 297,
40472 Düsseldorf, GERMANY

Maintech USA Corporation（Chicago Office）：
1701 East Woodfield Rd. Suite 845.
Schaumburg, IL 60173

営業所：北海道（北海道苫小牧市）、関西（大阪府
大阪市）、四国（愛媛県四国中央市）、九州（福岡
県福岡市）

【創業】　1967 年

【設立】　1973 年

【資本金】　1 億円

【従業員数】　134 名（2024 年 10 月現在）

【役員】　代表取締役社長＝関谷 宏

【事業内容】

。製紙プロセスにおける断紙・汚れに注目した技
術的な問題解決・コンサルティング装置と薬剤お
よび、自動化に向けた次世代統合システムの開発・
提供

。ティシュ製造における品質・生産性向上技術の
開発・コンサルティング

【主要取引先】〈国内〉王子製紙、興亜工業、大王
製紙、新東海製紙、日本製紙、三菱製紙、レンゴー、
ほか（80 社・123 工場）〈海外〉山鷹集団、Lee &
Man、景興、栄晟、中山聯合、世紀陽光、永豊
余、正隆、榮成（以上、中国・台湾）SCG Paper
（タイ・ベトナム・フィリピン）GS Paperboard &
Packaging、Muda Paper、Pascorp Paper（以上、
マレーシア）APP（インドネシア）Astron Paper

& Board（インド）Australian Paper（オーストラ
リア）DS Smith（フランス・スペイン）ほか（計
80 社・108 工場）

【企業の特色】　独自の薬品・装置およびそれを制
御するシステムを用いた環境技術を開発し、古紙
再生を推進する製紙工場のサポートをする。

【主な技術】

。ドライパート汚れ防止技術；ドライパート（ド
ライヤー、カンバス、カレンダー）において、適
切な薬品・装置・方法を用いることにより、用具
表面への汚れ付着を防止することができる。

。カンバス汚れ防止・洗浄技術「FabriKeeper®
（ファブリキーパー）；薬品による汚れ防止技術と
高圧水クリーナーによるカンバス洗浄技術を融合
したシステム。カンバスの汚れ除去後に防汚薬品
を塗布するという、理想的なカンバス防汚コーティ
ングプロセスが一台で可能となる。

。「SmartPapyrus®（スマートパピルス）」AI 搭
載欠点分類システム；欠点検出器の欠点画像デー
タを AI が発生箇所ごとに分類。それにより断紙・
欠点発生箇所の特定が可能になる。

。「SmartPapyrus®（スマートパピルス）」汚れ定
量化システム；操業中のフード内を 24 時間カメラ
で監視。カメラで捉えた汚れレベルをリアルタイ
ムに見える化・定量化。

。「SmartPapyrus®（スマートパピルス）」薬品一
括管理システム；一定以上の汚れレベルを検知す
ると、当社の汚れ防止アプリケーションと連動。
汚れ箇所を自動で集中洗浄し、最適な量の薬剤で
防汚コーティングする。また、ドラム缶の薬品量
も操業管理室のモニター上で管理ができ、薬品残
量が少なくなったら当社へ自動発注も可能。

。ウェットパート汚れ防止技術；ウェットパート
（ワイヤー、フェルト、プレスロール）において、
適切な薬品・装置・方法を用いることにより、用
具表面への汚れ付着を防止し、紙の剥離性を向上
させることができる。ウェットパート汚れ防止に
よるメリットは、板紙・洋紙マシンにおいて＊粕・
ピッチの付着防止⇒欠点防止、清掃作業の省力化、
用具の寿命延長＊断紙の防止⇒損紙の減少、操業

性の向上＊使用量の大幅な低減⇒コストダウン、家庭紙マシンにおいて＊粕・ピッチの付着防止⇒粕穴防止、清掃作業の省力化、用具の寿命延長＊フェルト目詰まり防止⇒フェルト寿命の延長＊水分プロファイルの安定⇒ジャンボロール形状安定、コーティング剤使用量低減＊紙の平滑性向上⇒品質向上──など。

。クレープコントロール技術：フェルト水分やヤンキードライヤー温度ムラ等の外乱影響を受けない均一で軟らかいクレープコントロール皮膜を安定的に形成することで、最適なクレープ性能を満たす。独自の技術として、ヤンキードライヤーコーティング剤「ヤンキーガード」シリーズがある。「ヤンキーガード」に含まれている固体潤滑剤の働きにより、高い耐水性と潤滑性が得られることで、均一かつ外乱影響を受けにくい皮膜形成を可能にする。クレープコントロールのメリットは＊最適なクレープ性能の実現＊ドクターの寿命が延長＊ドクター噛み込みによる紙切れ回数が減少＊ヤンキードライヤーの研磨周期が２〜５倍に延長＊ヤンキードライヤー元起こし電力の低減＊ドライヤーへの汚れ付着・紙粉発生防止──など。これらの効果は前出「ウェットパート汚れ防止」と併用することにより、一層の効果が得られる。

UBE 過酸化水素 株式会社
UBE Hydrogen Peroxide, Ltd.

〒105-6791　東京都港区芝浦1-2-1　シーバンスN館　TEL 03-5419-6340　FAX 03-5419-6342
ホームページ https://www.ube.co.jp/umhp/
【事業所】　宇部工場：〒755-0057　山口県宇部市大字藤曲 2575-78
TEL 0836-35-3000　FAX 0836-35-2288
【設立】　1989 年 11 月 28 日
【資本金】　1 億円
【決算期】　3 月
【事業内容】　過酸化水素およびこれに関連する化学品の製造と販売。前記に付帯関連する一切の事業。
【役員】　取締役社長＝桑島浩一
【株主と持株比率】　UBE 100%

【沿革】　1989 年 11 月、宇部興産（50%）とフィンランドの国営企業ケミラ社（50%）との共同出資により宇部ケミラ㈱設立。1992 年 7 月、営業運転開始。2008 年 1 月、宇部興産（51%）と三菱商事（49%）の共同出資となり、宇部 MC 過酸化水素㈱と社名変更し、2023 年 4 月 UBE100% 出資子会社となり、UBE 過酸化水素㈱に社名変更。

【取扱製品と企業の特色】　過酸化水素は水素と酸素から製造される化学物質で、分解後は水と酸素になる。このため環境に優しい漂白剤・酸化剤として、製紙や化学などの幅広い分野で使用されており、日本の製造業に不可欠な製品である。とくに製紙分野では環境を汚染する恐れのある塩素系漂白剤の代替品として、古紙やパルプの漂白に多量に使用されている。

当社では過酸化水素の安定供給のため、宇部工場で製造した製品を過酸化水素専用運搬船で全国 6 ヵ所のストックポイント（石巻、千葉、清水、堺、丸亀、八代）に移送し、そこからローリー輸送で顧客に配送している。また、ポリ缶などの小口配送も行っている。

油化産業 株式会社
YUKA SANGYO CO., LTD.

〒150-0013　東京都渋谷区恵比寿 4-1-18　恵比寿ネオナート 7 階
TEL 03-5793-1448　FAX 03-5793-1480
【事業所】　大阪支店：TEL 06-6454-6546　FAX 06-6342-6521
【創業】　1917（大正 6）年 11 月
【設立】　1966（昭和 41）年 2 月
【資本金】　4,490 万円
【株主】　日油㈱ 100%
【役員・幹部】　代表取締役社長＝遠藤勉　製紙薬剤事業部長兼製紙薬剤営業部長＝井上純一
【営業品目】　＜製紙薬剤事業部＞外添型ピッチコントロール剤：ミルスプレー、スパノール　内添型ピッチコントロール剤：ディタック、ミルトリート、ソフトール　洗浄剤：ビオレックス、メタレックス　クレーピング剤：アミコート　パルプ工程

薬剤：アミブライト、アミスパース　離解促進剤
ほか

【沿革】　1917（大正6）年11月三貿易商会を設立、創業。1966（昭和41）年2月日本油脂㈱の出資を受け油化産業㈱を設立。2002（平成14）年4月日本油業㈱と合併。04（平成16）年4月日油商事㈱化学品部門を統合。08（平成20）年4月日油㈱（2007年10月日本油脂より社名変更）からクリーニング資材・業務用洗浄剤事業を移管譲渡。09（平成21）年4月ニチユソリューション㈱と合併。医薬・化粧品関連、クリーニング・洗浄剤関連、合成樹脂・合成ゴム関連、潤滑油・金属油剤関連、製紙工業薬剤関連、家畜飼料関連、塗り床材関連の事業を展開。

＜製紙薬剤事業部＞1988（昭和63）年12月日本油脂㈱とGrace Japan（W.R.Grace社（米国）日本法人）の合弁会社（日本サービスケミカル㈱）を設立。その後日本ディアボーン㈱に社名変更。96（平成8）年Betz社（米国）がGrace Dearborn社買収を機に日本ベッツディアボーン㈱に社名変更。98（平成10）年Hercules社がBetzDearborn社を買収。2002（平成14）年Hercules社との合弁を解消、日本油脂の100％子会社として3事業を統合しニチユソリューション㈱を設立。09（平成21）年日油㈱の完全子会社油化産業㈱と合併、現在に至る。

【事業内容】　＜製紙薬剤事業部＞米国親会社より導入した技術を基に、独自の界面活性剤技術で進化させた製品をお客様の立場で提供する。
外添型ピッチコントロール剤『ミルスプレー』『スパノール』は抄紙工程のワイヤー、フェルト、ロール、および塗工工程のバッキングロールに直接スプレーすることにより、ピッチ、スティッキー、無機物などによるデポジット問題を防止し、生産性と品質の向上に貢献する。

内添型ピッチコントロール剤『ディタック』はパルプスラリーに添加し、ピッチ、スティッキーに吸着、異物を分散安定化させ、異物表面を非粘着性に改質することで凝集、粗大化することを防ぐ。また、新製品『ミルトリート』はディタックの機能を踏襲しつつ、パルプへの定着機能も有することで、さらなる効果改善を狙う。

洗浄剤『ビオレックス』『メタレックス』は系内洗浄、泡洗浄、ドライヤーカンバス洗浄など用途に合わせて各種取り揃えている。そのほかAmazon社から技術導入したヤンキードライヤー用クレーピング剤『アミコート』、漂白助剤『アミブライト』、離解促進剤、日油㈱製紙工業向け製品を販売している。

【経営理念】　モノづくりから美と健康づくりまで、幅広い分野に求められる価値をお届けし、人々の暮らしの質を高めることで社会に貢献し続ける。製紙薬剤事業部は、4-S（Specialty：特殊化学製品、Solution：問題解決型ビジネス、Site-Business：現場主義、Speedy：迅速な対応）を掲げ、顧客ニーズに対応したソリューション（製品、技術サービス）を提供する。

由利ロール 株式会社
Yuri Roll Co.,Ltd.

〒615-0037　京都市右京区西院南井御料町6-4
TEL 075-322-5001（営業課）　075-322-5008（管理部）
FAX 075-311-2921
ホームページ https://www.yuri-roll.jp/

【創業】　1909（明治42）年2月1日
【設立】　1955（昭和30）年1月7日
【資本金】　1億円
【役員】　代表取締役社長＝由利　修
【関連会社】　由利ロール機械㈱
【製造・販売品目】　①ロール：彫刻ロール　弾性ロール　グラビアロール　②製紙・紙工用機器：各種カレンダー　コーター　ラミネーター　ワディングマシン　各種エンボスマシン　ユリパオ自動包装機
【主要販売先】　国内大手紙パルプメーカー・紙加工各社
【企業の特色】　由利ロールは1909（明治42）年の創業以来、エンボスロールやグラビアロールなど各種ロールと、エンボス機やカレンダー機など、各種ロール機械を製造してきた。100年以上にわたる由利ロールの歴史は、繊維（織物）や紙のカレンダーとエンボスから始まり、その後、樹脂・フィ

ルム、不織布、金属箔・板などを基材に加えながら、加工条件の高温・高圧・高速・高精度化や、複数種類の基材の複合加工（コンバーティング）への対応を進めてきた。今日では、ロール温度400℃、線圧1000N/mm、ライン速度1000m/min、ロール精度5μmといったハイスペックや5層の貼り合せ（熱ラミネート）などの要求仕様に応え、ユーザーの製品の付加価値アップに貢献している。

由利ロール機械 株式会社
Yuri Roll Machine Co.,Ltd.

〒243-0801　神奈川県厚木市上依知3033
TEL 046-285-0733 ㈹　FAX 046-286-2280
ホームページ https://www.yuri-roll.co.jp
【創業】　1909（明治42）年2月
【設立】　1948（昭和23）年5月
【資本金】　9,680万円
【役員】　代表取締役社長＝由利 修
【関連会社】　由利ロール㈱
【担当部署】　営業部
【取扱品目】　①カレンダー・プレスマシン：超高圧プレスマシン、スーパーカレンダー、ソフトカレンダー、エンボスマシン、高温ラミネーター　②コーター：GPD（ギヤーポンプ・イン・ダイ・コーティングシステム）、ダイ・コーター、ロールコーター　③ロール：各種弾性ロール、アラミドロール、エンボスロール、グラビアカップロール
【主要販売先】　パルプ・紙、繊維製造、化学、医薬品、ゴム、鉄鋼、電気機器、精密機器、自動車などの各種業界
【企業の特色】　1909（明治42）年に創業、48（昭和23）年に東京・江東区で設立された。

　各種ロールから機械設備の設計製作を一貫して手がけ、高圧ロールプレス・高温カレンダーは、電極材・フレキシブル基板などの高機能材料業界に利用されている。コーターはロールコーターをはじめダイ・コーターを中心に展開し、特にホットメルトコーターは貼り薬製造用として多数実績を誇る。弾性ロールは260℃の高温カレンダーでの連続使用実績のあるアラミドロール、製紙スーパーカレンダー向け、エンボス加工のバックアッププロールとしてコットン（ウールン）ロールを製造している。エンボスロール、グラビアロールは従来のミール彫刻、エッチング彫刻、機械彫刻に加え最新の彫刻機を導入し、今まで彫刻できなかった、非鉄金属などへの彫刻も可能となり、幅広い分野で使用されている。

　また、社内試験用設備を備え、ユーザーの多種多様なニーズに対応し、製品の企画及び設備構築から新商品開発に貢献している。

横河電機 株式会社
Yokogawa Electric Corporation

〒180-8750　東京都武蔵野市中町2-9-32
ホームページ https://www.yokogawa.co.jp
【代表者】　代表取締役社長＝奈良 寿
【創立】　1915（大正4）年9月1日
【設立】　1920（大正9）年12月1日
【資本金】　434億105万円（2024年3月末現在）
【従業員】　17,365人（連結）
【関係会社】　横河ソリューションサービス株式会社をはじめ、122社
【販売品目】　＜制御システム＞"CENTUM VP"統合制御システム、"ProSafe-RS"安全計装システム、ネットワークベース生産システム"STARDOM"、"FA-M3V"レンジフリーコントローラ、"e-RT3"リアルタイムOSコントローラ ほか。
＜紙シート測定制御システム＞"B/M9000 VP"抄紙機・塗工機測定制御システム（BM計）、"WEBFREX NV"フィルムシート用オンライン厚さ計システム、"WEBFREX3ES"電池電極向けオンライン厚さ計システム、および各種オンラインセンサ
＜制御用プロファイラ＞スライスプロファイラ、濃調プロファイラ、エアウォータプロファイラ、インダクションプロファイラ　ほか
＜フィールド機器＞"DPharp EJX"差圧・圧力伝送器、"ADMAG AXF"電磁流量計ほか
＜分析計測器類＞"FLXA21"2線式液分析計、"GX10/GX20"ペーパレスレコーダ、"UTAdvanced"ディジタル指示調節計　ほか

＜ソリューションパッケージ＞"Exaquantum"プラント情報管理システムパッケージ、"Exapilot"運転効率向上支援パッケージ、"Exaplog"イベント解析パッケージ　ほか

＜サービスソリューション＞"VPSRemote"リモートソリューション、"DDMOnEX"最適操業支援サービス　ほか

【主な新製品】　▽IRティシュ坪量計：ティシュマシン向け1台2役センサ。ティシュ紙生産において監視が重要な絶乾坪量と水分率を1台で測定する。独自に開発した周波数変調方式の採用により、放射線を用いた測定に劣らない測定精度の赤外線センサ。薄紙向け。

▽IR水分計：従来の高精度な水分計の光源ユニットをさらに改良し、精度の長期安定性の実現と、より高坪量紙までの測定を可能にした。

▽LEDカラー計：光源にLEDを採用し、ラボ機並みの精度を実現したオンラインカラー計（連続測定・稼働部レス・長寿命光源）。

株式会社 淀川芙蓉
Yodogawa Fuyo Co.,Ltd.

〒416-0944　静岡県富士市横割4丁目9-25
TEL 0545-61-1517（代）　FAX 0545-64-5060
ホームページ http://www.yodogawa-fuyo.co.jp
Eメール info@yodogawa-fuyo.co.jp
【設立】2002（平成14）年7月
【資本金】1億円
【役員】代表取締役社長＝岡﨑裕之　取締役営業部長＝内田利一　非常勤取締役＝宮坂善和　監査役＝小山善弘
【従業員数】24名
【取引銀行】りそな銀行
【親会社】淀川製鋼所（出資比率100％）
【製造・販売品目】　製紙機械および周辺機器の設計・製作・スケッチ・改造・修理・販売：ワイヤーパート、プレスパート、ドライパート、カレンダー、リール
製紙用ロールおよびロール周辺機器の設計・製作・スケッチ・改造・修理・販売：サクションロール、

サクションロール

鋳鋼ロール、鋳鉄ロール、ハウジング

【企業の特色】設計スタッフ、機械加工スタッフ、組立スタッフをもち顧客の細かな要望に応える。ヨドコウ製スイミングロールを組み込んだカレンダー装置は高い評価を得ており、製紙会社はもとより他業種にも納入実績をもつ。

　サクションロールは、国内で唯一ガンドリルでの搾水穴明け加工が可能。当社比で従来のツイストドリルを用いて加工するよりも搾水穴の内面粗度（Ra）平均値が約5倍以上向上している。穴の内面粗度向上により紙粉詰まりを抑制しロールのメンテナンス間隔を長くできる。また全幅において平均的脱水が可能となり地合構成にも良い影響を与えている。

【企業展開】「優れた製品」を「短納期」で「安価」に提供することを目標に企業展開をする。またヨドコウとのコラボにより製紙機械を中心に各種産業機械の顧客開拓に取り組んでいく。

ラサ商事 株式会社
Rasa Corporation

〒103-0014　東京都中央区日本橋蛎殻町1-11-5
RASA日本橋ビルディング
TEL 03-3667-0091　FAX 03-3665-0458
ホームページ https://www.rasaco.co.jp
製品サイト http://スラリーポンプ.jp
【事業所】　支店：札幌、仙台、名古屋、大阪、広島、福岡　営業所：静岡、高松山
【創業】　1939（昭和14）年1月10日

【設立】 1939（昭和14）年1月10日

【資本金】 20億7,692万円

【売上高】 〈連結〉279億1,600万円（2024年3月期）
〈単体〉183億7,900万円（2024年3月期）

【役員】 代表取締役社長＝井村周一　専務取締役（物資営業本部長）＝青井邦夫　常務取締役（管理本部長）桜木和陽　取締役（機械営業本部長）＝倉持正見　取締役（管理本部副本部長）＝大内陽子　取締役（物資営業本部副本部長）＝川内裕之　社外取締役＝山口浩　社外取締役＝川尻恵理子　取締役（監査等委員）＝朝倉正　社外取締役（監査等委員）＝永戸正規　社外取締役（監査等委員）＝原田彰

【従業員数】 〈連結〉253名（2024年3月期）

【担当部署】 業務部

【取扱品目】 ポンプ（ワーマンポンプ、ヒドロスタルポンプ、NSポンプ、フェルバポンプ、プツマイスターポンプ、ウラカ高圧プランジャーポンプなど）　産業設備機器（バルブ・継手など流送用部品、シュレダール自動バイパスバルブ、ミキサー、破砕機、スクリーン、分離分散機）　環境プラント設備（スラグ・焼却灰・汚濁水リサイクルシステム、水砕製造プラント、集泥・集塵切り出しシステム）　食糧・資源

【主要販売先】 大手製紙メーカー　不織布メーカー各社

広告掲載社名一覧

〔あ〕

IHI フォイト ペー パー テクノロジー	後6
相川鉄工	後2
赤　武	中6
アクアス	前18
ADEKA	中8
安倍紙業	前17
荒川化学工業	中7
アンドリッツ	後1

〔い〕

飯田工業薬品	中11
石川マテリアル	前18
イチカワ	後見返2
井上勲紙店	前16

〔え〕

エコペーパー JP	前18

〔お〕

大久保	前19
大髙製紙	前2
岡　田	前18
小野田	前17

〔か〕

柏原紙商事	前14
片山ナルコ	後13

カミ商事	前2
紙ぷらす	前18

〔き〕

共栄紙業	前22
共益商会	前21
旭　洋	前9

〔く〕

栗原紙材	前19

〔け〕

ケイ・アイ化成	中9
CHEMIPAZ	中8
KPP グループホールディングス	前6

〔こ〕

コアレックス三栄	前1
コアレックス信栄	前1
コアレックス道栄	前1
興亜工業	前見返2
国際紙パルプ商事	前6
國　光	前20
小林製作所	後4

〔さ〕

斎藤英次商店	前21
齋藤久七商店	前21

栄工機	中3
サトミ製作所	中2
佐野機械	中2
三弘紙業	前20
三　晶	中10

〔し〕

JP コアレックス ホールディングス	前1
七條紙商事	前16
實守紙業	前23
シロキ	前11
新興エンジニヤ	中5
新生紙パルプ商事	前7
新浜ポンプ製作所	中5
シンマルエンタープライゼス	表3

〔す〕

須　賀	前21
杉　好	前17

〔た〕

大王製紙	前見返1
大興製紙	前4
大昌鉄工所	中1
大善	後3
大日三協	前17
大富士製紙	前3

大　丸	前15	日本製紙パピリア	前4	〔み〕		
大文字洋紙店	前23	日本フイルコン	後7	三木特種製紙	前3	
竹　尾	前11	日本フエルト	後8	三菱王子紙販売	前10	
谷川運輸倉庫	前16			三菱ガス化学	中7	
		〔は〕		美濃紙業	前20	
〔ち〕		長谷川鉄工所	中3	宮　崎	前18	
中央紙通商	前18	ハリマ化成グループ	中9			
		バルメット	後5	〔め〕		
〔て〕				明　産	後9	
寺松商店	前22	〔ふ〕				
TENTOK	前1	深　山	前14	〔も〕		
TMEIC	前24	福田三商	前18	もっかいトラスト	前19	
		文昌堂	前12	森紙販売	前4	
〔と〕		文友社	前12	森紙業	前4	
富　澤	前20					
トーカロ	後10	〔へ〕		〔や〕		
		平和紙業	前13	靖国紙料	前22	
〔な〕				山上紙業	前22	
永　池	前16	〔ほ〕				
		北越コーポレーション	前見返2	〔ゆ〕		
〔に〕		北越紙販売	前13	油化産業	中10	
ニッコー化学研究所	中6	北昭興業	前19	由利ロール	後14	
日新化学研究所	後16	北海紙管	前19			
日東商会	後11	堀河製作所	中12	〔よ〕		
日本紙通商	前8			淀川芙蓉	中4	
日本紙パルプ商事グループ	前5	〔ま〕				
日本キャンバス	後15	丸紅フォレストリンクス	前15	〔れ〕		
日本車輛製造	中4			レイメイ藤井	前15	
日本製紙	表2			レンゴー	前見返1	

本書使用用紙

表　　　紙：日本製紙「npi 上質」四六判 T 目 180kg
見　返　し：北越コーポレーション「ミューマット」四六判 135kg
本扉・目次：北越コーポレーション「紀州の色上質」(さくら) 厚口
編扉・本文：北越コーポレーション「HS 画王」B 判 68.5kg
広　　　告：日本製紙「アルティマグロス 70」四六判 107.5kg

タイムスデータブック 2025
〜流通・原料・機械・資材・薬品編〜

2025 年 4 月 25 日発行
定価　22,000 円　本体 20,000 円

編　集　株式会社 紙業タイムス社
発行所　株式会社 テックタイムス
発行人　髙橋彰司
印刷所　株式会社 DI Palette

本　　　社　〒 103-0013 東京都中央区日本橋人形町 2-15-7
　　　　　　TEL 03 (5651) 7175 ㈹　FAX 03 (5651) 7230
　　　　　　E-mail sigyo-times@st-times.co.jp
(テックタイムス)　TEL 03 (5651) 7161 ㈹　FAX 03 (5651) 7201
　　　　　　E-mail jj-paper-tech@st-times.co.jp
　　　　　　URL http://www.st-times.co.jp

大 阪 支 社　〒 542-0081 大阪市中央区南船場 1-3-14
　　　　　　　　　　　ストークビル南船場 705号
　　　　　　TEL 06 (6266) 1130 ㈹　FAX 06 (6266) 1131
中 部 支 社　〒 416-0923 静岡県富士市横割本町 8-8
　　　　　　TEL 0545 (61) 2774 ㈹　FAX 0545 (61) 6623

(禁・無断掲載複製)　　　　　　　　　　ISBN978-4-924813-41-0　C3060

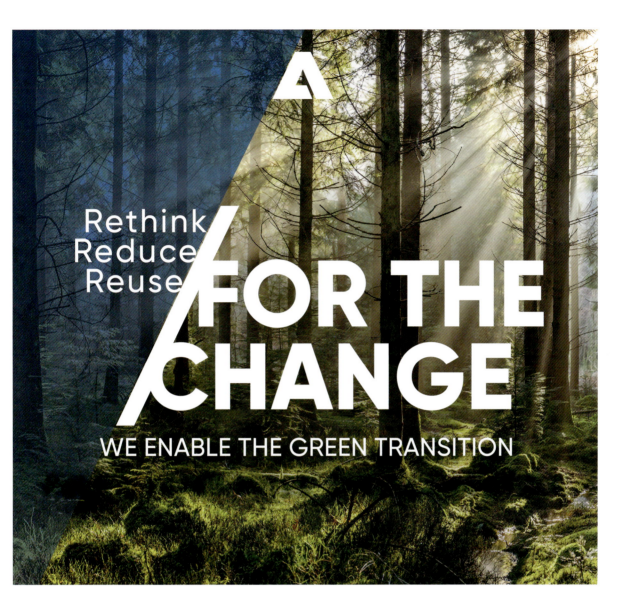

気候変動、汚染、資源不足など、待ったなしの環境問題を抱える世界に生きている私たちは、子供や孫たちの世代のためにサステナブルな新しい「グリーン経済」を構築し、移行していかなければなりません。その移行こそが「グリーン・トランジション」。

製紙産業もグリーン・トランジションの例外ではありません。そこで革新的な環境技術、循環型経済や脱炭素ソリューションといったノウハウを駆使し、アンドリッツは皆様が必要とされる、移行のための変化を後押しいたします。

紙パルプ工場全体をサステナブルな仕組みに変えていくため、我々にできること。皆様と共にできること。FOR THE CHANGE.

ENGINEERED SUCCESS
アンドリッツ株式会社 104-6129 東京都中央区晴海1-8-11 Y29F
TEL: 03-3536-9700 / FAX: 03-3536-9750
E-mail: ANDRITZ-Japan@andritz.com / URL: andritz.com

AIKAWA = Breakthrough Tech.

相川鉄工株式会社

AIKAWA FIBER TECHNOLOGIES INC: AFT
America, Finland, Canada, China, Korea, Brazil

本　　　社	静岡県静岡市葵区伝馬町 24-2 相川伝馬町ビル	TEL.054-653-5200
東京営業所	東京都品川区東大井 5-25-21 品川商工ビル3階	TEL.03-5769-2240
四国営業所	愛媛県四国中央市寒川町 4765-8	TEL.0896-25-2151
岡部工場	静岡県藤枝市岡部町村良 4-6	TEL.054-648-0600
丸子工場	静岡県静岡市駿河区北丸子 1-29-15	TEL.054-259-5181

TAIZEN

納入実績が証明する　古紙処理工程に欠かせない！

緩圧式紙料調整機　NEW TAIZEN

ニーダーの常識を超えた三軸式が大きな効果を発揮！
ワックス、ホットメルトの除去に威力！

遠心式揉み洗いの決定版　タイゼン式縦型分離・洗浄・回収機

VERTICAL Z

第46回佐々木賞 受賞

灰分除去・白色度上昇・繊維回収等に威力発揮・3つの洗浄コンセプトを搭載

TAIZEN VERTICAL Zekoo

①遠心力による強制脱水。
②繊維同士の摩擦による揉み洗い効果。
③シャフトより注入される新水と置換洗浄。

・縦型なので設置場所を選ばない
・低濃度から高濃度まで幅広い処理が可能

株式会社 大善　本社技術開発センター

TAIZEN CO.,LTD.

〒417-0061　静岡県富士市伝法496-1　☎(0545)22-5955　FAX(0545)22-5956
E-Mail: info@taizen-co.jp　URL: https://www.taizen-co.jp/

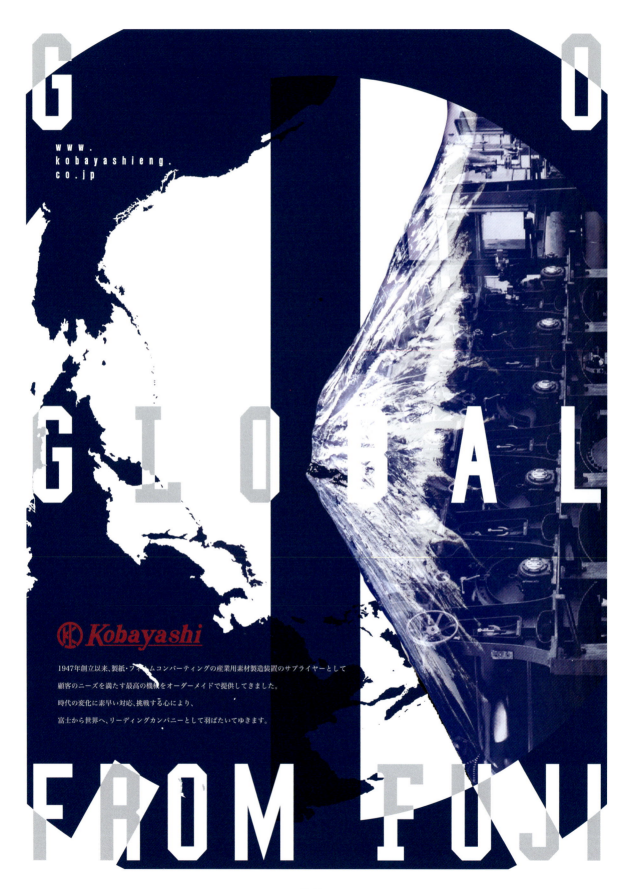

Committed to moving your performance forward

私たちはお客様のパフォーマンスを
向上、前進させることを
お約束します

バルメットの先進的で競争力あるプロセステクノロジー、オートメーション、そしてサービスは、世界中の紙パルプおよびエネルギー業界から信頼されています。また、オートメーションシステムおよびフローコントロールソリューションにより、より多くのプロセス産業に貢献しています。
19,000名に及ぶエキスパートが持続可能な結果を目指し、日々、お客様と綿密に連携しながら取り組んでいます。
お客様のパフォーマンス向上に向けて私たちがどのようにお手伝いできるのか、ウェブサイト valmet.com/jpをご覧ください。

私たちIHIフォイトペーパーテクノロジーは、唯一無二の技術力と情熱をもって

未来の紙づくりを担っていきます。

紙と共にはたらき、生活するすべての人のために。

"Papermaking for Life"

https://www.voith.com/tokyo

日・米・欧 特許

NCスリッター BC-5
世界に誇る性能と納入実績

シートカッター用（上下皿型刃使用）

- スチールベルト移動方式：紙粉トラブル解消
- 省スペース型：移動装置はビームに内蔵
- 絶対位置制御方式：精度は±0.1mm
- 上下刃接圧自動制御
- 上下刃ラップ量自動制御
- トーイン角の数値化
- 上刃ナイフ交換はワンタッチ方式
- 操作性抜群：スリッターユニット毎のローカル操作盤
- 紙粉対策には上下皿型刃仕様を推奨

maysun-eng.co.jp

高速ワインダー用（下刃椀型刃使用）

明産株式会社

〒416-0946 静岡県富士市五貫島966-2　Tel.0545-63-9510　Fax.0545-61-8979
E-mail：info@maysun-eng.co.jp　URL：http://www.maysun-eng.co.jp/

ジグザグボックス

- 脱水ボックス集約
- 風量低減
- 真空圧低減
- 駆動負荷低減

ENERGY SAVINGS

BEST PERFORMANCE EVER

IN A SYSTEM

EP ターボブロワー

- 可変速・可変容量
- 駆動動力低減
- 膨張損失低減
- 真空システム最適化

 株式会社日東商会

東京都中央区日本橋茅場町3-10-2
TEL: 03-5847-1220
E-MAIL: tokyo@nittoshokai.com

紙パルプ産業と環境 2025

SDGsとカーボンニュートラルに向けての貢献

～ 資源循環による新たな価値創造へ ～

紙パルプ産業における環境対応の現状を総合的に概観するとともに、個々の問題を掘り下げて解説。
　業界内に限らず関連他産業の企業をはじめ一般消費者、市民運動団体、官庁・公共機関など広範な対象の方々が紙パの実情に対する理解を深めるための有益な1冊。

B5判 180頁
定価2,200円　本体2,000円（送料別）

本書の内容

第Ⅰ章　木質バイオマスにより循環型社会実現に寄与
　紙パのグリーン成長戦略
　製紙連 サステナビリティレポート
　違法伐採対策モニタリング
　私はこう考える／中俣 恵一

第Ⅱ章　カーボンニュートラル実現への新たな動き
　国環研 建材のCO₂排出ゼロ達成に必要な対策とは
　コーポレートPPA
　電通「カーボンニュートラル」生活者調査
　私はこう考える／木村 篤樹

第Ⅲ章　省資源・脱プラ・廃棄物の成果と今後
　3R推進団体連絡会
　アジア大洋州のサーキュラーエコノミーと脱プラ規制
　グリーンピースがプラ意識調査を実施
　私はこう考える／岩崎 誠

第Ⅳ章　古紙業界はどのように変化しているか
　女性経営者による座談会
　「グリーン購入法」見直し
　古紙センター／地方自治体の紙リサイクル施策調査
　企業や工場によって異なる減少幅
　日本の古紙輸出／23年の古紙輸出は再び200万t台に、過半に迫るベトナムのシェア
　世界の古紙需要／途上地域では増加基調だが全体では再びマイナスに転じる

第Ⅴ章　データで見る紙パの環境対応
　原料調達：着実に成果あげる間伐材と認証材の利用
　エネルギー：進展するエネルギーの高効率利用

お問合せ・申込みは
発行：株式会社紙業タイムス社　　企画：株式会社テックタイムス
http://www.st-times.co.jp

KATAYAMA NALCO

Your First Choice in Water and Process For Growth

成長のための水とプロセスのファーストチョイス

片山ナルコは、お客様の経済面での成長はもとより
プロセスの安定操業、水やエネルギーの再利用や
使用量削減による環境負荷の低減を通じて
お客様の発展と成長に貢献するパートナーを目指しています。
パルプ工程から製紙工程、ユーティリティまで
幅広いアプリケーションを提供し
紙パルプ業界を継続的にサポートしていきます。

成長のための水とプロセスのファーストチョイス
片山ナルコ株式会社
https://katayama-nalco.jp

環境の科学で新しい価値を
株式会社片山化学工業研究所
https://www.katayama-chem.co.jp

〒533-0023 大阪市東淀川区東淡路1丁目6番7号

平判包装 三つの問題点
作業がきつい。
人手が足りない。
時間が足りない。

ユリパオが解決します。

ユリパオは、紙やフィルム・樹脂板など、フラットなシート（平判製品）のための自動包装機です。

MADE IN KYOTO

平判ワンプ（包装紙）専用のコンパクト設計。

多品種小ロット製品に特化、
簡単・迅速な段取替えが可能。

幅広い製品寸法に対応。
（1100×800〜460×395mm）

【ユリパオのしくみ】

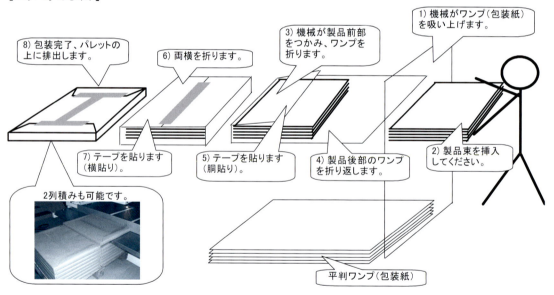

8) 包装完了、パレットの上に排出します。
7) テープを貼ります（横貼り）。
6) 両横を折ります。
5) テープを貼ります（胴貼り）。
4) 製品後部のワンプを折り返します。
3) 機械が製品前部をつかみ、ワンプを折ります。
2) 製品束を挿入してください。
1) 機械がワンプ（包装紙）を吸い上げます。

2列積みも可能です。

平判ワンプ（包装紙）

【ユリパオの仕様】
- 製品寸法　　　　　　1100×800（ハトロン判用は1200×900）〜460×395mm
- （二列積み製品寸法）　800×550〜460×395mm
- 製品厚み　　　　　　20〜55 mm（板紙用は25〜100mm）
- 包装能力　　　　　　5〜6包／分
- テーブルリフター　　（入口）L800×W1500×ST1600mm、積載荷重1500kg
- 　　　　　　　　　　（出口）L1200×W1500×ST1600mm、積載荷重1500kg
- 電　源　　　　　　　3φ-200V-50/60Hz-約20KVA

由利ロール株式会社
〒615-0037 京都市右京区西院南井御料町6-4
電話075-322-5001 FAX075-311-2921 URL: https://www.yuri-roll.jp/
担当者：営業課・平林

—後付14—

満足の価値を売る

Nippon Canvas Co.,Ltd.

お得意先のニーズに応じ最良の品質と最善のアフターサービスをお届け致します

★ISO 9001認証取得
（製紙用ドライヤーキャンバス、各種産業資材用メッシュベルト、スパイラルベルト、フィルターの設計・開発、製造及び付帯サービス）

日本キャンバス株式会社

本社・工場　〒939-1438　富山県砺波市安川284番地
TEL〈0763〉37-1110(代) FAX〈0763〉37-8118
URL: http://www.nippon-canvas.co.jp/
E-mail: info@nippon-canvas.co.jp

私たちは紙づくりのお悩みを解決するケミカルアシスタントです。

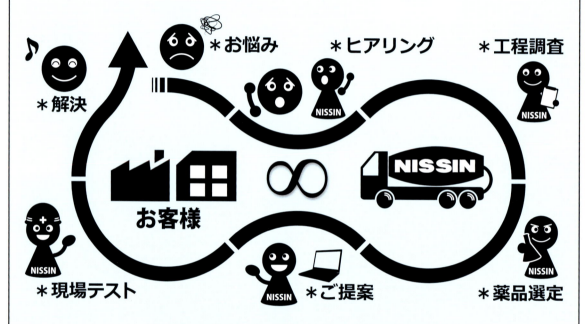

生産工程のお悩みを一緒に解決
～日新化学がサポートします～

●ピッチコントロール剤　●粘着物排出促進剤　●消泡剤
●脱墨剤　●フェルト洗浄剤　●プレス搾水性向上剤　●洗浄剤
●保湿柔軟剤　●柔軟剥離剤　●離型剤　●高分子凝集剤
●スライムコントロール剤　●防腐剤　●消臭剤　●各種製紙薬品

株式会社 日新化学研究所

HP https://www.nissin-kk.co.jp　E-mail nissin@nissin-kk.co.jp

高槻本社工場	〒569-8520	大阪府高槻市大塚町1丁目2番12号	TEL(072)671-5101
川之江工場	〒799-0101	愛媛県四国中央市川之江町1501番地	TEL(0896)58-3350
北海道営業所	〒053-0055	北海道苫小牧市新明町1丁目6番10号	TEL(0144)53-8241
東北研究所	〒983-0822	宮城県仙台市宮城野区燕沢東1丁目10-1	TEL(022)253-6157
富士研究所	〒416-0931	静岡県富士市蓼原121-15	TEL(0545)30-9031
東京営業所	〒101-0048	東京都千代田区神田司町2-14 稲垣司町ビル5F	TEL(03)6206-0870

第一線で活躍する方々の肉声を幅広く収録

タイムス インタビューズ 2025 有識者に聞く

B5判 222頁
定価 11,000円　本体 10,000円　(送料別)
ISBN 978-4-904844-48-9

紙パルプ専門出版社としての弊社は、定期刊行物や特別企画の単行本書籍などを通じ毎年多数に上る業界内外有識者の意見・提言を、活字媒体を中心に紹介しています。

主に誌面におけるインタビューという形をとったそれらのコメントは、固有の条件下で発せられた一過性の肉声でありながらも、その時点その場面における生きた現代史の証言として普遍的な価値を備えていると弊社は考えます。

これらのインタビューを毎年1冊の単行本形式に取りまとめることで、従来の年鑑形式などとは異なる、その時代の貴重な証言録としたい。これが本書のコンセプトです。

その年度に新しく企業のトップに就任された方々はもちろん、当該部門や団体の長に就任された方々、また多年にわたり業界の第一線で活躍されている方々などの肉声を幅広く収録しました。

(氏名掲載順、所属等は取材時点) 秋山 宏介(特種東海製紙)・井川 博明(カミ商事)・石川 喜一朗(中部製紙原料商工組合)・石川 眞(丸石製作所)・井出 丈史(大善)・井上 雄次(福助工業)・大河内 泰雄(中部洋紙商連合会)・鬼塚 雄二(レイメイ藤井)・柏原 昌和(柏原紙商事)・加藤 信一(バルメット・ティシュー・コンバーティング)・川口 幸一郎(五條製紙)・岸 能弘(柏原紙商事)・北村 貴則(大和板紙)・下司 功一(日本紙類輸入組合)・近藤 浩行(エフアンドエイノンウーブンズ)・坂田 保之(KPPグループホールディングス)・櫻井 將平(岡山紙商事)・塩瀬 宣行(近畿製紙原料直納商工組合)・篠原 貴裕(川之江造機)・白木 周作(シロキ)・シンシュン・ツェイ(BTG Eclépens)・鈴山 直樹(アンドリッツ)・須田 充訓(大阪府紙料協同組合)・住吉 望(田中)・関谷 宏(メンテック)・竹内 靖記(靖国紙料)・田中 数敬(王子マテリア)・田名網 進(日本紙パルプ商事)・友竹 義明(特種東海製紙)・永池 明裕(永池)・成木 勝之(新生紙パルプ商事)・西川 将 紙谷 圭一(明成化学工業)・野上 哲彦(IHIフォイトペーパーテクノロジー)・野崎 亮介(野崎紙商事)・野沢 徹(日本製紙連合会)・野尻 知巳(日本紙類輸出組合)・福村 大介(ハピックス)・藤田 和巳(相川鉄工)・水木 康雄(国際紙パルプ商事)・村本 光正(国際紙パルプ商事)・矢形 卓哉(日本バイリーン)・矢崎 荘太郎(日本フエルト)・矢崎 孝信(イチカワ)・山下 宏(バルメット)・吉田 新(竹尾)

特別企画　座談会／全原連の女性経営者、大いに語る
(氏名掲載順、所属等は取材時点) 斎藤 大介(全原連)・茂樹(全原連)・高松 ひろみ(下田商店)・吉浦 亜矢子(久米川紙業)・大久保 薫(大久保)・清水 とも子(清水)・加藤 友美(紙資源名古屋)・傍島 万記(近畿産業)・八田 典子(丸八商工)・松野 陽子(正芳商会)・田川 洋子(リソースプラザ)・菊池 秀子(丸元紙業)・篠田 朋香(エス・エヌ・テー)

お問合せ・申込みは

株式会社 紙業タイムス社　株式会社 テックタイムス

http://www.st-times.co.jp